全国高职高专规划教材

环境微生物学

（第二版）

苏锡南　主编

姚　珺　盛凤美　副主编

中国环境出版集团・北京

图书在版编目（CIP）数据

环境微生物学 / 苏锡南主编. —2 版. —北京：中国环境出版集团，2015.3（2023.1 重印）
全国高职高专规划教材
ISBN 978-7-5111-2260-5

Ⅰ. ①环… Ⅱ. ①苏… Ⅲ. ①环境微生物学－高等职业教育—教材 Ⅳ.①X172

中国版本图书馆 CIP 数据核字（2015）第 037326 号

出 版 人　武德凯
责任编辑　黄晓燕
责任校对　任　丽
封面设计　宋　瑞

更多信息，请关注
中国环境出版集团
第一分社

出版发行　中国环境出版集团
（100062　北京市东城区广渠门内大街 16 号）
网　　址：http://www.cesp.com.cn
电子邮箱：bjgl@cesp.com.cn
联系电话：010-67112765（编辑管理部）
010-67112735（第一分社）
发行热线：010-67125803，010-67113405（传真）
印　　刷　北京中科印刷有限公司
经　　销　各地新华书店
版　　次　2006 年 2 月第 1 版　2015 年 3 月第 2 版
印　　次　2023 年 1 月第 4 次印刷
开　　本　787×960　1/16
印　　张　19.75
字　　数　396 千字
定　　价　39.00 元

第二版前言

环境微生物学 2006 年第一版至今已使用多年，为广大高职高专环境保护类专业学生的学习提供了帮助，同时得到了同行和中国环境科学出版社的大力支持。为更好满足高等专科学校和高等职业技术学院环境保护类专业学生后续专业课程学习的需要，本次编写了该书的第二版。结合几年来本书的使用情况，并充分考虑到环境微生物学在高职高专环境保护类专业教学中的地位和作用，第二版依然坚持“理论教学够用为度”及“实际、实用、实践”的原则，全书共分为 10 章，在内容和结构上与第一版保持一致，在此基础上对部分章节的内容进行调整和梳理。其中，第三章微生物生理部分补充了微生物分解代谢的途径，对第四章微生物的生长和遗传变异部分作了局部内容的补充和删减，更新修改第五章微生物生态部分的内容，对第八章有机污染治理中微生物的作用部分进行压缩和删减，实验部分增加了耐热大肠菌群的测定，并对部分内容进行修改、删除。

本书第二版的编写，得到中国环境出版社、王焕校教授、王宜明教授、高红武教授以及多位使用该书教师的支持和协助，在此表示衷心感谢。

由于编者水平有限，书中不妥或错漏之处难以避免，恳请广大同仁、读者批评指正。

编　者

2015 年 1 月

前言

在微生物学领域里，由于分子生物学、分子遗传学以及生态学的发展，促进了环境微生物学的发展，许多微生物应用技术渗透到环境保护工作中，为改善人类的生存环境和消除环境污染起到了重要作用。微生物是自然生态系统中的基本成分，物质循环和能量流动与之紧密相连，它通过分解环境中的各种有机物，其中包括人类活动产生的各类废弃物和有机污染物，在维持自身生长繁殖的同时，也维持了自然生态系统的相对平衡，帮助人类“清洁”环境。

环境微生物学是环境保护类专业的专业基础课，它为学生学习水污染控制工程、大气污染控制工程、环境监测、固体废弃物处理与利用等专业课程提供了必需的微生物基本理论和实验技能。高职高专培养的是适应生产、服务、管理第一线需要的高技能应用型人才，以此为目标，本教材的编写按照“理论教学够用为度”及“实际、实用、实践”的原则，比较系统地介绍了微生物形态、构造、营养、代谢、生长繁殖及遗传变异等基础知识，在满足后续课程需要的基础上，对部分内容作了调整和删减，例如：微生物代谢部分只介绍了产能代谢。在微生物的实际应用方面，介绍了微生物对环境产生的影响，微生物在自然界物质循环中的作用，微生物技术在环境治理中的应用等内容。实验部分包括微生物的基本技能和操作方法，水中、空气中微生物的检测，污染物高效降解菌株的分离、筛选、培养等实验。

本书是高等专科学校和高等职业技术学院环境类专业的基础教材，其内容比较全面，图文并茂，叙述简明，有一定的广度和深度，并增加了现代生物技术在环境保护应用中的新方法、新技术。全书共分为十章，由苏锡南担任主编，并编写第一章、第三章的第二节、第五章、第七章的第六节，姚珺担任副主编，并编写第七章、第八章，盛凤美担任副主编，并编写第六、九章。第二章、第三章第一节由经剑颖编写，第三章的第三节和第四章由赵野编写，实验部分由葛晓燕编写。全书由云南大学生命科学院王焕校教授审稿，在此表示感谢。

由于编者水平有限，书中不妥或错漏之处难以避免，恳请广大同仁、读者批评指正。

编　者

2005 年 5 月

前　言

目 录

第一章 绪 论......1
第一节 生态环境中微生物的作用......1
一、环境问题......1
二、微生物在生态环境中的作用......2
第二节 微生物概述......3
一、微生物的分类与命名......3
二、微生物的特点......4
三、微生物对人类的影响......7
第三节 环境微生物学研究的内容和任务......8
复习与思考题......9

第二章 微生物的主要类群......10
第一节 原核微生物......10
一、细菌......10
二、放线菌......24
三、蓝细菌......26
四、其他原核微生物......28
第二节 真核微生物......29
一、原生动物......30
二、微型后生动物......35
三、藻类......38
四、真菌......41
第三节 非细胞型微生物——病毒......48
一、病毒的定义和特点......48
二、病毒的形态和构造......48
三、病毒的增殖......51
复习与思考题......56

第三章 微生物生理 57
第一节 微生物酶 57
一、酶的定义和组成 57
二、酶蛋白的结构 58
三、酶的活性中心 61
四、酶的分类与命名 62
五、酶的催化特性 63
六、影响酶促反应速度的因素 65
第二节 微生物的营养 71
一、微生物的营养物质及其功能 71
二、微生物的营养类型 73
三、培养基 75
四、物质进出微生物细胞 79
第三节 微生物的产能代谢 83
一、发酵 83
二、有氧呼吸 89
三、无氧呼吸 92
四、能量转换 95
复习与思考题 96

第四章 微生物的生长和遗传变异 98
第一节 微生物的生长及其控制 98
一、微生物的生长 98
二、环境因素对微生物生长的影响 106
三、微生物生长的控制 112
第二节 微生物的遗传变异 117
一、微生物的遗传 117
二、微生物的变异 129
三、微生物遗传变异的应用 133
第三节 菌种的衰退、复壮和保藏 136
一、菌种的衰退和复壮 136
二、菌种的保藏 138
复习与思考题 139

第五章 微生物生态 140
第一节 土壤微生物生态 140
一、土壤的生态条件 140
二、土壤中微生物的种类、数量和分布 141
三、土壤自净作用和污水灌溉 142
第二节 水体微生物生态 143
一、水体的生态条件 143
二、水体中微生物的种类、数量和分布 143
三、水体的自净作用 146
四、污染水体生物系统 147
五、水的卫生细菌学检验 148
六、水中微生物的控制 154
第三节 空气微生物生态 155
一、空气中微生物的来源 155
二、空气中微生物的种类、数量和分布 155
三、空气中微生物的卫生标准 156
四、空气中微生物的检验 157
第四节 微生物的生物环境 158
一、互生 158
二、共生 159
三、拮抗 160
四、寄生 161
复习与思考题 161

第六章 微生物对环境的污染和危害 163
第一节 水体富营养化 163
一、富营养化形成的条件 163
二、富营养化的危害 165
三、富营养化的防治 166
第二节 微生物代谢产物对环境的污染 166
一、微生物毒素 167
二、含氮化合物 170
三、气味代谢物 171
四、酸性矿水 172
第三节 病原微生物 173

一、空气中的微生物污染 173
二、水中的微生物污染 174
三、土壤中的病原微生物 175
复习与思考题 176

第七章　微生物在自然界物质循环中的作用 177
第一节　碳循环 178
一、微生物分解有机质的一般途径 178
二、淀粉的转化 179
三、纤维素的转化 181
四、半纤维素的转化 183
五、果胶质的转化 183
六、脂肪的转化 184
七、木质素的转化 187
八、烃类物质的转化 188
第二节　氮循环 190
一、蛋白质的转化 191
二、尿素的转化 193
三、硝化作用 193
四、反硝化作用 194
五、固氮作用 195
第三节　硫循环 196
一、含硫有机物的转化 197
二、无机硫化物的转化 197
第四节　磷循环 199
一、含磷有机物的转化 200
二、无机磷化合物的转化 200
第五节　金属的转化 201
一、汞的转化 201
二、砷的转化 203
三、硒 205
四、铁、锰的转化 206
五、其他金属的转化 207
第六节　人工合成有机物的降解和转化 208
一、农药的微生物降解 208

二、多氯联苯……211
三、二噁英的微生物降解……212
复习与思考题……213

第八章　有机污染治理中微生物的作用……214
第一节　水体中有机污染的微生物处理……214
一、好氧微生物处理……215
二、厌氧生物处理……224
三、微生物的生态处理……227
四、废水的生物脱氮除磷……230
第二节　固体和气体有机废物的微生物处理……233
一、固体有机废物的微生物处理……233
二、气体有机废物的微生物处理……236
复习与思考题……239

第九章　微生物技术在环境保护中的作用……241
第一节　细胞工程与环境保护……241
一、基本概念……242
二、细胞工程的应用……242
第二节　酶工程与环境保护……244
一、基本概念……244
二、酶工程的应用……245
第三节　发酵工程与环境保护……247
一、基本概念……248
二、固体发酵……248
三、有机废物生产饲料……248
第四节　微生物修复技术……249
一、微生物修复的基本原理……249
二、污染环境微生物修复技术的应用……251
第五节　微生物与可持续发展……254
一、微生物与清洁生产……255
二、微生物与废物资源化……258
复习与思考题……259

第十章　实　验 260
实验一　显微镜的使用及细菌、放线菌和蓝细菌个体形态的观察 260
实验二　霉菌、酵母菌、藻类及原生动物形态的观察 266
实验三　微生物细胞的计数 267
实验四　微生物的染色 269
实验五　培养基的制备和灭菌 272
实验六　细菌纯种分离、培养和接种技术 277
实验七　细菌菌落总数（CFU）的测定 281
实验八　总大肠菌群的测定 284
实验九　耐热大肠菌（粪大肠菌群）的测定 288
实验十　空气微生物的检测 290
实验十一　酚降解菌的驯化、分离与筛选 292

附　录 294
附录 1　教学用染色液的配制 294
附录 2　几种常用染色方法 296
附录 3　教学用培养基 297
附录 4　显微镜的保养 298
附录 5　总大肠菌群 MPN 检索表 299

参考文献 303

第一章 绪 论

第一节 生态环境中微生物的作用

一、环境问题

人类是环境发展到一定阶段的产物，环境是人类生存的物质基础。因此，人类的生活、生产和一切活动都和环境分不开，与生态系统的结构和功能状况密切相关。今天，即使是在严冬酷暑时节，人们仍然可以在温暖如春的办公室里自由自在地工作，而女性们则为了追求曲线美不惜代价地减肥。然而，人们舒适、富裕的生活是建立在消耗资源和能源，同时排出大量废弃物的基础上的。

工业革命使人类的生产能力得到了巨大的发展，大大提高了人类利用和改造环境的能力，同时也带来新的环境问题。工业生产过程中排放的废水、废气和废渣，在环境中难以降解和转化造成了严重的环境污染。与大工业相伴而来的都市化、交通运输以及农业的发展，使人类生存的环境进一步恶化。从1930年代比利时马斯河谷的大气污染事件开始，震惊世界的环境公害不断发生，大气、水体、土壤及农药、噪声和核辐射等环境污染对人类生存安全构成了严重威胁。1962年美国女作家蕾切尔·卡逊的著作《寂静的春天》出版。当时，以DDT为中心的有机氯杀虫剂，因对人畜有害的昆虫具有决定性的杀灭力，被看成是“人类的救世主”。作者在书中大胆地提出警告，指出残留毒性很强的DDT无限制地喷洒，将严重污染生态环境以致使野生生物死亡和灭绝，春天到来时，连鸟叫声都听不到的寂静的世界将要来临。该书在美国引起激烈争论，由此美国制定了限制使用DDT等持续性农药的法律。1972年在瑞典的斯德哥尔摩召开了联合国的一次人类环境会议，通过了人类环境宣言，这本书对推动各国政府和人民为维护和改善人类环境，造福全体人民和后代而共同努力发挥了重要作用。

目前对人类生存和发展产生严重威胁的环境问题，一类是因人类活动所排放的废弃物而引起的环境污染，如温室效应与气候变暖、臭氧层破坏、酸雨、有毒有害物质污染等；另一类是生态环境的破坏。环境污染产生的原因主要是资源的不合理使用，造成有用的资源过多地变为废物进入到环境中引起危害。生态破坏则是由于人类对自然资源的不合理开发利用而引起的生态系统破坏，造成生态平衡失调，生物多样性锐减和生产量下降，如植被破坏、水土流失、土壤侵蚀、土地荒漠化等。两类环境问题不是相互孤立的，而常常是相互作用、相互影响。

综上所述可看出，环境问题的实质是由于人类活动超出了环境的承受能力，对其生存所依赖的自然生态系统的结构和功能产生了破坏作用，导致人类与其生存环境的不协调。

二、微生物在生态环境中的作用

生态系统包括非生物环境、生产者、消费者和分解者组成成分，它是由生产者、消费者和分解者三个亚系统的生物成员与非生物环境成分间通过能流和物流而形成的高层次生物组织，是一个物种间、生物与环境间协调共生，能维持持续生存和相对稳定的系统（图 1-1）。生态系统是地球上生物与环境、生物与生物长期共同进化的结果。

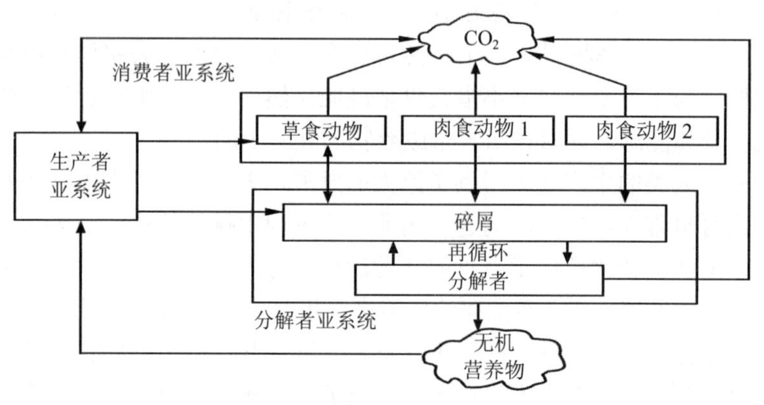

图 1-1 生态系统结构的一般性模型（李博 2000）

微生物是生态系统中的重要成员。广泛存在于自然界的异养微生物不仅是生态系统中的消费者，更为重要的是它们是自然界有机物质的积极分解者。在各种微生物的联合作用下，环境中存在的形形色色有机物可被逐步降解与转化，最终形成简单的 CO_2、H_2O、NH_3、SO_4^{2-}、PO_4^{3-}等而归还于环境，从而完成自然界生态系统中的物质循环。

当污染物大量进入自然环境后，必然引起自然界微生物群落的变动，一些不适应污染环境的微生物种类从环境中消失，原有自然环境中的微生物种群将被新的适应污染环境的微生物种群所取代，种群的组成、数量和结构随之发生变化。同时，进入环境的污染物可以诱导微生物发生变异，从而产生对污染物具有更强的耐受能力和分解能力的微生物新物种或变异菌株。因此，微生物在环境保护和环境治理中，在保持生态平衡等方面，起着举足轻重的作用。随着工业的发展和人口的增加，排放进入环境的各种污染物不断增多，且污染物的性质变化多样，而微生物的种类也可随之相应增多，显现出更加多样性。这使微生物的作用在环境污染治理和环境保护中具有重要意义。

第二节 微生物概述

微生物不是分类学上的名词。人们把那些形体微小（<0.1 mm），结构简单，肉眼难以看到，必须借助光学显微镜或电子显微镜才能看清的低等微小生物统称为微生物。根据其有无细胞结构和细胞核结构的差异将之区分为病毒、原核微生物和真核微生物。它们中大多数为单细胞，少数为多细胞，病毒则为无细胞结构。

一、微生物的分类与命名

1．微生物的分类

微生物的类群十分庞杂，它们形态各异，大小不同，生物特性差异极大，为了识别和研究微生物，将各种微生物按其客观存在的生物属性（如个体形态及大小、染色反应、菌落特征、细胞结构、生理生化反应、与氧的关系、血清学反应等）及它们的亲缘关系，有次序地分门别类排列成一个系统，从大到小，按界、门、纲、目、科、属、种等分类。“种”是分类的最小单位，微生物的种是一个基本分类单元，它是表型特征高度相似、亲缘关系极其接近，与同属的其他物种有着明显差异的一群菌株的总称。在种内微生物之间的差别很小，有时为了区分细小差别可用“株”表示，但“株”不是分类单位。

各类群微生物有各自的分类系统，如细菌分类系统、酵母分类系统、霉菌分类系统。其中以国际学术界的权威学者不间断地集体修订为特色的《伯杰氏系统细菌学手册》被公认为经典佳作，是国际上最为流行的实用版本。该手册最早成书于1923年，第一版名为《伯杰氏鉴定细菌学手册》，到现在它已先后修订出版了11个版本。

2．微生物在生物界中的地位

在历史上人们只把生物区分为两界，即植物界和动物界，把一些具有细胞壁不能运动的类群如藻类、真菌等归属于植物界，另一些不具细胞壁而能运动的类群如原生动物归属于动物界。但自然界中有许多生物，将它们归属于植物界或动物界均不适宜，因此，1969年魏塔克（Whittaker）首先提出了生物的五界系统，把自然界中有细胞结构的生物分为五界。我国学者王大耜等提出将无细胞结构的病毒看作一界，这样便构成了生物的六界系统（表1-1）。

从表1-1中可以看出，微生物包括病毒、细菌、放线菌、蓝细菌、支原体、衣原体、立克次氏体、单细胞藻类、原生动物、酵母菌、霉菌等类群，它们中既有原核生物，又有真核生物，还有非细胞结构的生物，在六界系统中占有四界。在环境微生物学中还将微型后生动物也划入研究范畴内。由此可见微生物在自然界中的重要地位。

表 1-1 生物六界系统和微生物

生物界名称	主要结构特征	微生物类群名称
病毒界	无细胞结构，大小为纳米级	病毒、类病毒等
原核生物界	细胞核为原核，无核膜和核仁的分化，大小为微米级	细菌、放线菌、蓝细菌、支原体、衣原体、立克次氏体等
原生生物界	细胞核具有核膜和核仁的分化，为小型真核生物	单细胞藻类、原生动物等
真菌界	单细胞或多细胞，具有核膜和核仁，为小型真核生物	酵母菌、霉菌、蕈菌
动物界	细胞核具有核膜和核仁的分化，为大型能运动真核生物	
植物界	细胞核具有核膜和核仁的分化，为大型非运动真核生物	

（黄秀梨　2003）

3．微生物的命名

每一种微生物都有一个自己的专用名称。名称分两类，一类是地区性的俗名，具有大众化和简明化等特点，但往往含义不够确切，易重复，如结核杆菌是结核分枝杆菌（*Mycobacterium tuberculosis*）的俗名；二类是学名，它是某一微生物的科学名称，是按“国际命名法规”命名并受国际学术界公认的正式名称。学名是用拉丁词或拉丁化的词组成的，命名通常采用生物学中的二名法命名，即由属名和种名组成，属名和种名用斜体字表达，属名在前，第一个字母大写，种名在后，第一个字母小写，学名后还要附上命名者的名字和命名的年份，但这些都用正体字表达。如大肠埃希氏杆菌的名称是 *Escherichia coli* Castellani et Chalmers 1919，枯草芽孢杆菌的名称是 *Bacillus subtilis* Cohn 1872。不过在一般情况下使用，后面的正体字部分可以省略。

如果只将细菌鉴定到属，没鉴定到种，则该细菌的名称只有属名，没有种名。如：芽孢杆菌属的名称是 *Bacillus*，羧状芽孢杆菌属的名称是 *Clostridium*。如果微生物是一个亚种或变种时，学名则需在最后加亚种（*subsp*）或变种（*var*）及加词，如酿酒酵母椭圆变种[*Saccharomyces cerevisiae*（*var*）*ellipsoideus*]。

二、微生物的特点

微生物由于其体形都极其微小，因而导致了一系列与之密切相关的五个重要共性，即体积小，比表面积大；吸收多，转化快；生长旺，繁殖快；适应强，易变异；

分布广，种类多。这五大共性不论在理论上还是实践上都极其重要。

1．比表面积大

任何固定体积的物体，如对其进行切割，则切割的次数越多，其所产生的颗粒数就越多，每个颗粒的体积也就越小。如果把所有小颗粒的面积相加，其总数将及其可观。物体的表面积和体积之比称为比表面积。微生物的比表面积非常大，如乳酸乳杆菌（*Lactobacillus lactis*）的比表面积为 12 万，鸡蛋为 1.5，而 90 kg 体重的人只有 0.3。

由于微生物突出的小体积，大面积系统，从而赋予它们具有不同于其他生物的特性。认识到这一点，我们就比较容易理解微生物的许多特性了。

2．吸收多，转化快

微生物由于其比表面积大得惊人，所以与外界环境必然有一个巨大的营养物质吸收面、代谢废物的排泄面和环境信息的交换面，这非常有利于微生物的生长代谢。在适宜条件下，微生物 24 h 所合成的细胞物质相当于原来细胞重量的 30～40 倍；而一头体重 500 kg 的乳牛，一昼夜只能合成蛋白质 0.5 kg。

利用微生物的这个特性，可以使大量有机质在短时间内转化为有用的化工、医疗产品或食品，使有害转化为无害，将不能利用的变为可利用的。

3．生长繁殖快

微生物具有极高的生长繁殖速度，例如，大肠杆菌在合适的生长条件下，细胞分裂 1 次仅需 12.5～20 min。若按平均 20 min 分裂 1 次计，则 1 h 可分裂 3 次，每昼夜可分裂 72 次，这时，原初的一个细菌已产生了 4.7×10^{21} 个后代。

事实上，由于营养、空间和代谢产物等条件的限制，微生物的几何级数分裂速度充其量只能维持数小时而已。因而在液体培养中，细菌细胞的浓度一般仅达 10^8～10^9 个/ml。微生物的这一特性在发酵工业中具有重要的实践意义，主要体现在它的生产效率高、发酵周期短上。例如，用作发面剂的酿酒酵母（*Saccharomyces cerevisiae*）其繁殖速率虽为 2 h 分裂 1 次，但在单罐发酵时，仍可为 12 h“收获”1 次，每年可“收获”数百次，这是其他任何农作物所不可能达到的。

微生物生长繁殖快的特点对生物学基本理论的研究也具有极大的优越性，它使科学研究的周期缩短、空间减少、效率提高、经费降低。然而这一特性对危害人、畜和农作物的病原微生物或会使物品霉腐变质的有害微生物而言，会给人类带来很大的损失或祸害。

4．适应性强，易变异

微生物具有极其灵活的适应性和代谢调节机制，这是任何高等动、植物所无法比拟的。其主要原因也是因为它们体积小，面积大的特点。微生物对环境条件尤其是地球上那些恶劣的“极端环境”，例如：高温、高酸、高盐、高辐射、高压、低温、高碱、高毒等的惊人适应力，堪称生物界之最。

微生物的个体一般都是单细胞，简单多细胞甚至是非细胞的，它们通常都是单倍体，加之具有繁殖快，数量多以及与外界环境直接接触等特点，因此即使其变异频率十分低（一般 10^{-5}～10^{-10}），也可在短时间内产生出大量变异的后代。正是由于这个特性，有益的变异可为人类创造巨大的经济和社会效益，如产青霉素的菌种 *Penicillium chrysogenum*（产黄青霉），1943 年时每毫升发酵液仅分泌约 20 单位的青霉素，至今早已超过 5 万单位。

5．分布广，种类多

微生物因其体积小，重量轻和数量多等原因，可以到处传播以致达到“无孔不入”的地步，只要条件合适，它们就可很好的生长发育。地球上除了火山的中心区域等少数地方外，从土壤圈、水圈、大气圈至岩石圈，到处都有它们的踪迹。因此，微生物被认为是生物圈上下限的开拓者和各项生存记录的保持者。不论在动、植物体内外，还是土壤、河流、空气、平原、高山、深海、污水、垃圾、海底淤泥、冰川、盐湖、沙漠，甚至油井、酸性矿水和岩层下都有大量与其相适应的各类微生物存在着。

微生物的种类多主要体现在以下几个方面：

（1）物种的多样性　迄今为止，人类已描述过的生物总数约 200 万种，据估计，微生物的总数在 50 万～600 万种，其中已记载过的仅约 20 万种（1995 年），包括原核生物 3 500 种，病毒 4 000 种，真菌 9 万种，原生动物和藻类 10 万种，且这些数字还在急剧增长，例如，在微生物中较易培养和观察的真菌，至今每年还可发现约 1 500 个新种。

（2）生理代谢类型的多样性　微生物的生理代谢类型之多，是动、植物所不及的。它们可分解利用地球上的各种天然有机物，甚至有毒物质。另外，微生物有着最多样的产能方式，诸如细菌的光合作用，自养细菌的化能合成作用以及各种厌氧产能途径等。

（3）代谢产物的多样性　微生物究竟能产生多少种代谢产物，1980 年末曾有人统计为 7 890 种，后来（1992 年）又有人报道仅微生物产生的次生代谢产物就有 16 500 种，且每年还在以 500 种新化合物的数目增长着。

（4）遗传基因的多样性　从基因水平看微生物的多样性，内容更为丰富，这是近年来分子微生物学家正在积极探索的热点领域。在全球性的“人类基因组计划”（HGP）的有力推动下，微生物基因组测序工作正在迅速开展，并取得了巨大的成就。

（5）生态类型的多样性　微生物广泛分布于地球表层的生物圈（包括土壤圈、水圈、大气圈、岩石圈和冰雪圈）；对于那些极端微生物而言，则更易生活在极热、极冷、极酸、极碱、极盐、极压和极旱等的极端环境中；此外，微生物与微生物或与其他生物间还存在着众多的相互依存关系，如互生、共生寄生、抗生和捕食等，如此众多的生态系统类型就会产生出各种相应生态型的微生物。

三、微生物对人类的影响

微生物在提高人类健康和造福人类方面起着重要的作用。人们通过对微生物生长规律和活动方式的认识，人为地采取一些相应措施，增加微生物的益处，减少其危害。在这方面现已取得了巨大的成功。

1．微生物作为疾病媒介

在20世纪开始时期，引起人口死亡的主要原因是传染性疾病，随着人们对疾病过程的认识、环境卫生条件的改进以及抗微生物制剂的发现和使用，使得许多传染性疾病得以控制。然而对获得性免疫缺陷综合症（AIDS）的患者，对抗癌药物处理而导致免疫系统破坏的癌症病人来说，微生物对人类的生存仍然构成主要威胁。今天虽然微生物疾病不再是死亡的主要原因，但每年仍然有成百万的人死于传染性疾病。

2．微生物与农业

在许多重要方面，农业系统均依靠微生物的活动。例如，许多主要的农作物是豆科植物的成员，它们的生长与根瘤细菌紧密相连。根瘤细菌在豆科植物的根部形成根瘤结构，在根瘤内大气中的分子氮可转变为植物与生长能够用的氮化合物。反刍动物（如牛和羊）的消化过程离不开微生物，这类动物具有专一性消化器官——瘤胃，在瘤胃内微生物进行着消化作用。在植物营养方面，微生物的代谢活动可将碳、氮、磷、硫等营养元素转化成为植物易于利用的形式。

3．微生物和食品工业

微生物在食品工业中起着重要的作用，首先我们注意到，每年由于食品的变质腐败，浪费了大量的资金。罐头、冷冻食品和干燥食品工业就是为了防止食品不受微生物的影响。但是，不是所有的微生物对食品都有害。奶制品的制造部分就是借助微生物的活动，包括乳酪、酸乳酪和黄油等。泡菜和腌制食品也归咎于微生物活动的存在。我们生活中普遍饮用的乙醇饮料，也是基于酵母菌的活动。加到许多软饮料中使之有强烈味道和口感的柠檬酸是利用真菌生产的。

4．微生物、能源和环境

在推动工业社会发展上，微生物起着重要作用。作为重要燃料的天然气是细菌作用的产物，一些矿物质和能量也是微生物活动的结果。然而原油易受微生物的袭击，故原油的钻探、开采和贮存均要在尽可能减少微生物损害的条件下进行。

地球上的所有资源都是有限的，人类的活动将会导致可开采的矿物燃料完全消耗，因此，我们必须寻找新的途径来满足社会对能源的需求，将来，微生物也许会成为主要的代替能源。光合微生物能捕获光能进行生物量的生产，并在生命有机体内贮存能量。垃圾、谷物秆及动物排泄物等，通过微生物的作用可转变成生物燃料，例如甲烷和乙醇。同时微生物庞大的多样性酝育着巨大的遗传潜力，可用来解决环境污染问题。目前在这个领域里进行着许多研究，生物技术的发展有助于从遗传学上改变野生型菌种，使之用来消除因人类活动造成的污染。

5．微生物与未来

微生物学最令人振奋的新领域是生物技术。从广义上讲，使用微生物进行大规模工业化生产需要生物技术，但是，今天我们通常所指的生物技术是遗传过程的应用，即创造新型的微生物，使它能够合成具有高度价值的专一性产品。例如通过基因操作技术，在微生物中能生产出人类的胰岛素。因此，有太多理由促使我们认识微生物和它们的活动。

第三节　环境微生物学研究的内容和任务

环境微生物学是研究人类生存环境与微生物间的相互关系与作用规律的科学，它着重研究微生物活动对人类环境所产生的有益与有害影响，并阐明微生物、污染物与环境三者间的相互关系与作用规律，为保护环境、造福人类服务。环境微生物学作为环境保护专业的重要课程，其研究的主要内容和任务如下：

1．自然环境中的微生物学研究

环境微生物学研究微生物所包括的类群及其特征；生理特性和代谢规律；遗传特性及其遗传变异；微生物的生长与环境条件的关系。研究自然环境中的微生物群落、结构、功能与动态；微生物在不同生态系统中的物质转化和能量流动过程中的作用与机理，为保护和开发有益微生物和控制有害微生物提供科学资料，使微生物在生态系统中发挥更好的作用。为人类认识自然、保护自然，防止生态系统失调与破坏，提供微生物学的资料与依据。

2．污染环境中的微生物生态学研究

在污染日益严重的情况下，通过研究微生物—污染物—环境三者关系，了解各种污染环境对于微生物活动的影响，以及由此而带来的微生物活动对于环境质量变化的影响。随着现代工业的发展，排出的大量工业废液废物严重污染了环境。由于微生物代谢类型的多样性，对于污染物质能较快适应，故可使各有机污染物得到降解转化。所以，只要找到合适的微生物，并给予适当条件，几乎所有的有机化合物均可被微生物降解以致彻底转化成无机物。

3．微生物处理污染物的原理和方法研究

以活性污泥法为中心的各种污水生物处理工程，随着对微生物反应和净化机制的深入研究，在生产应用中不断改进和完善，相继出现了多种工艺流程，使其应用范围逐渐扩大，处理效果不断提高。

由于分子生物学、分子遗传学以及生态学的发展，推动了环境微生物技术的发展和应用。分离、筛选、培育高效的降解菌株来处理污染物，采用基因工程技术构建环境工程菌，将多种微生物的降解基因组装在一个细胞中，使该菌株集多种微生物的降解性能于一身。利用细胞融合技术获得多质粒“超级细菌”，将多个细胞的优点集中到同一个细胞中，人们从利用微生物发展到改造微生物来为人类服务。

利用微生物实现废物资源化和能源化已经取得明显成就，例如利用废水产乙醇、产甲烷，利用高浓度有机废水生产单细胞蛋白，从而提高了资源的利用率，环境污染得到减轻。

4. 微生物对于环境的污染与破坏研究

人类在生活与生产过程排出的污水废物中可能带有病原微生物，在一定条件下可造成环境污染引起疾病流行。例如，不合理的灌溉会引起环境的污染与疾病的传播。有些微生物代谢过程中会产生有毒有害物质，它们甚至是致癌、致畸、致突变物质，积累于环境中，严重威胁着人体健康。例如，黄曲霉产生的黄曲霉毒素有致癌作用。由于水体富营养化，某些藻类暴发性增殖造成沿海港湾及内陆湖泊发生赤潮和“水华”，当其发生时，水色变异，水味腥臭，溶解氧低，许多鱼类不能生存。因此，研究引起环境质量下降的微生物类型，污染途径和作用规律，采用各种控制技术防止和消除危害也是环境微生物学研究的内容之一。

5. 应用微生物进行环境监测与评价

细菌总数、大肠菌群、粪链球菌等粪便污染指示菌的检测，是水体污染程度监测的常用微生物学监测方法，后来又发展了多种利用微生物快速检测环境致突变物与致癌物的方法。因此，利用微生物技术不仅可以评价与人类活动有关的环境质量的优劣，也可以评价污染物的毒性和生物降解性。

复习与思考题

1. 什么是微生物？微生物有哪些主要类群？
2. 微生物的特点有哪些？
3. 简述微生物对人类的影响。
4. 简述微生物在环境保护中的作用。

第二章　微生物的主要类群

微生物类群庞杂，种类繁多，包括细胞型和非细胞型两类。凡具有细胞形态的微生物称为细胞型微生物，按其细胞或细胞核的构造和进化水平上的差别，可把细胞型微生物分为原核微生物和真核微生物两大类。而不具有细胞结构的微生物称为非细胞型微生物，如病毒、类病毒。

第一节　原核微生物

原核微生物是指一大类细胞核无核膜包裹，只有称作核区的裸露 DNA 的原始单细胞生物。它包括细菌、放线菌、立克次氏体、衣原体、支原体、蓝细菌和古细菌等。它们都是单细胞原核生物，结构简单，没有细胞器，个体微小，一般为 1～10 μm，仅为真核细胞的十分之一至万分之一。

一、细菌

细菌是自然界中分布最广、数量最大，与人类关系极为密切的一类微生物。我们周围到处都有细菌存在，在温暖、潮湿和富含有机物质的地方，大量细菌的活动，常会散发出特殊的臭味或酸败味。如用手去抚摸长有细菌的物体表面时，就有粘、滑的感觉。在固体食物表面如果长出水珠状、鼻涕状、浆糊状、颜色多样的细菌菌落或菌苔时，用小棒去试挑一下，常会拉出丝状物；长有大量细菌的液体，会呈现混浊、沉淀或飘浮一片片小“白花”，并伴有大量气泡冒出。

（一）细菌的形态和大小

1．细菌的形态

细菌种类繁多，但其基本形态可分为球状、杆状和螺旋状（图 2-1）。

（1）球状　细胞呈球状或椭圆状，称为球菌。根据细胞分裂面的数目和分裂后新细胞的排列方式不同又可分为六种主要类型（图 2-2），即单球菌、双球菌、链球菌，四联球菌、八叠球菌、葡萄球菌。

（2）杆状　细胞呈杆状或圆柱状，称为杆菌。各种杆菌的大小和具体形状有显著差别，有的短粗近似球菌为短杆菌，有的呈长圆柱状为长杆菌，有的稍弯曲，有的一端稍膨大，有的一端具分叉。同一种杆菌的直径一般比较稳定而长度变化较大。不同杆菌的端部形态各异，一般钝圆。有的平截，如炭疽芽孢杆菌（*Bacillus anthracis*），有的较尖，如鼠疫杆菌。大多数杆菌菌体分散存在，但有的杆菌呈长短不同的链状排列，有的一个挨一个呈栅栏状或八字形。

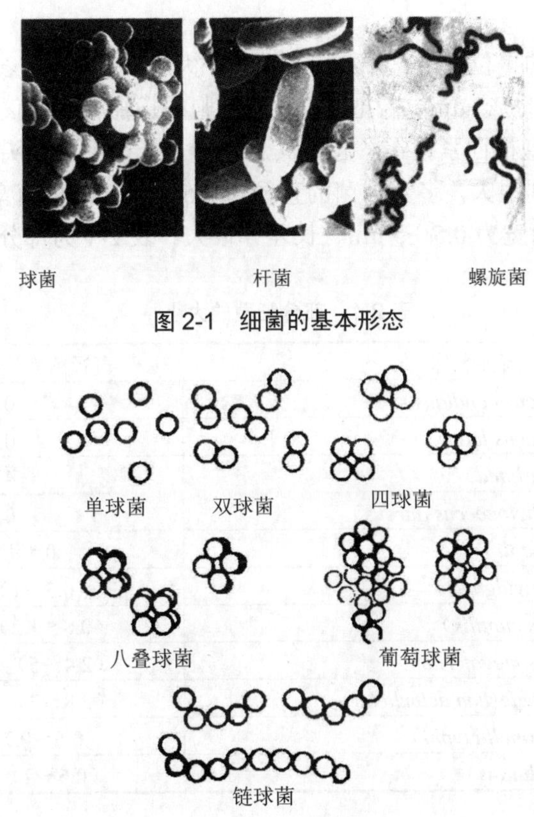

图 2-1　细菌的基本形态

图 2-2　球菌的种类

杆菌是细菌中种类最多的，工农业生产中用到的细菌大多是杆菌。例如用来生产淀粉酶与蛋白酶的枯草杆菌，生产谷氨酸的北京棒状杆菌。在农业上用作杀虫剂的苏云金杆菌以及用作细菌肥料的根瘤菌都是杆菌。当然，杆菌中也有不少是致病菌，如伤寒沙门氏菌、痢疾志贺氏菌等。

（3）螺旋状　细胞呈弧状或螺旋状。细胞壁坚韧，菌体较硬。按弯曲程度大小可分为两类：一类称为弧菌，其弯曲度小于一周而呈“C”状，如霍乱弧菌（*Vibrio cholerae*）；另一类称为螺旋菌，弯曲度大于一周。螺旋菌的旋转圈数和螺距大小因种类而异。

细菌的形态明显受环境条件的影响，如培养温度、培养时间、培养基中物质的组成与浓度、pH 等发生改变均可能引起细菌形态的改变。一般处于幼龄及生长条件适宜时，细菌形态正常、整齐，表现其特定的形态。而培养时间较长（营养物缺乏和代谢物聚集）或不正常的培养条件下，如有药物、抗生素存在时，细菌细胞常出现不正常形态，有的细胞膨大或出现梨形、丝状等不规则形态。若转移到合适的新鲜培养基中又恢复原来形态。

2．细菌的大小

量度细菌大小的单位是μm（微米）。例如，大肠杆菌（*Escherichia coli*）的平均长度约 2 μm，宽度约 0.5 μm。若把 1 500 个细胞的长径相连，仅等于一颗芝麻的长度；若把 120 个细胞横向紧挨在一起，其总宽度才抵得上一根头发的粗细。细菌随种类的不同大小差别很大，多数球菌的直径为 0.5～2 μm；杆菌宽为 0.5～1 μm、长为 1～5 μm；螺旋菌宽为 0.5～5 μm、长差异很大。表 2-1 为部分细菌的大小。

表 2-1　部分细菌的大小

菌种名称	直径或宽度×长度（μm）
金色微球菌（*Micrococcus candidus*）	0.8～1
乳酸链球菌（*Streptococcus lactis*）	0.5～1
最大八叠球菌（*Sarcina lutea*）	4～4.5
金黄色葡萄球菌（*Staphylococcus aureus*）	0.8～1
大肠杆菌（*Escherichia coli*）	0.5×（1～3）
普通变形杆菌（*Proteus vulgayis*）	（0.5～1）×（1～3）
枯草芽孢杆菌（*Bacillus subtilis*）	（0.8～1.2）×（1.2～3）
巨大芽孢杆菌（*Bacillus megaterium*）	（2.4～5）×（0.9～1.7）
德氏乳酸杆菌（*Lactobacterium delbrllckii*）	（2.8～7）×（0.4～0.7）
伤寒沙门氏杆菌（*Salmonella typhi*）	（0.6～0.7）×（2～3）
迂回螺菌（*Spirillum volutans*）	（0.5～2）×（10～20）

（二）细菌的细胞结构

细菌的细胞结构分为基本结构和特殊结构。基本结构指一般细菌都有的结构，例如细胞壁、细胞膜、细胞质、原核和内含物等；特殊结构指某些细菌在生长的特定阶段所形成的结构，例如芽孢、鞭毛和荚膜等（图 2-3）。

1．细胞壁

细胞壁是指细菌细胞的外壁，位于细胞最外层，厚实、坚韧具有一定弹性，内侧紧贴细胞膜。主要成分为肽聚糖，具有保护细胞免受机械性或渗透压的破坏，维持细胞外形的功能。失去细胞壁后，各种形状的细菌都将变成球形。细菌在一定范围的高渗溶液中原生质收缩，出现质壁分离现象，在低渗溶液中，细胞膨大，但均不会改变形状或破裂，这些都与细胞壁具有一定坚韧性和弹性有关。细胞壁的化学组成，使之具有一定的抗原性、致病性以及对噬菌体的敏感性。细胞壁可为鞭毛运动提供可靠的支点，具有鞭毛的细菌失去细胞壁后，仍保持其鞭毛，但不能运动，可见细胞壁的存在是鞭毛运动所必需的。细胞壁实质上是多孔性的，具有一定的屏障作用，水和某些化学物质可以通过，但对大分子物质有阻拦作用。细菌的个体太小给微生物学的研究者带来很大困难。1884 年丹麦人革兰姆（Christian Gram）创建了一种染色方法，将细菌分为革兰氏阳性细菌和革兰氏阴性细菌两大类，此法称为革兰氏染色法（Gram staining）。其染色要点：先用结晶紫染液染色，再加媒染剂—碘液处理，使菌体着色，然后用乙醇脱色，最后用番红或石炭酸复红复染。显微镜下菌体呈红色者为革兰氏染色反应阴性细菌（常以 G^-表示），呈紫色者为革兰氏染色反应阳性细菌（常以 G^+表示）。

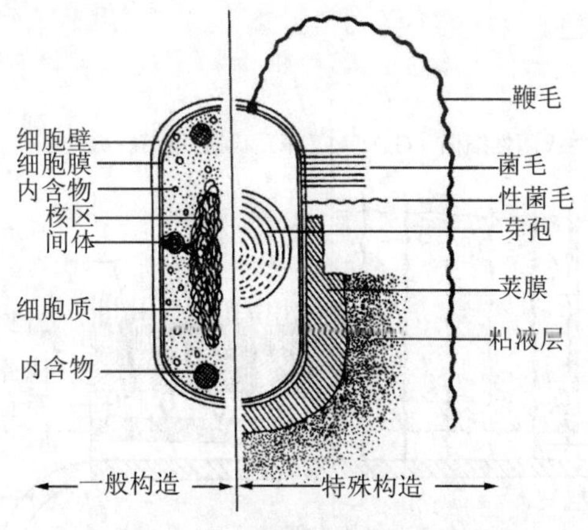

图 2-3　细菌细胞结构模式

革兰氏染色是鉴别细菌的重要方法。通过革兰氏染色出现不同反应的原因是革兰氏阳性细菌和革兰氏阴性细菌的细胞壁化学组成（表 2-2）和结构不同（图 2-4 和图 2-5）。革兰氏阳性细菌细胞壁的特点是厚度大（20～80 nm），化学组分和结构简单。革兰氏阴性细菌细胞壁的特点是较薄，厚度为 10 nm，层次多，成分和结构较复杂。

表 2-2　革兰氏阳性细菌与阴性细菌细胞壁成分的比较

成 分	占细胞壁干重的百分比	
	革兰氏阳性细菌（G^+）	革兰氏阴性细菌（G^-）
肽聚糖	含量很高（30%～95%）	含量很低（5%～20%）
磷壁酸	含量较高（<50%）	无
类脂质	一般无（<2%）	含量较高（约 20%）
蛋白质	无	含量较高

（周德庆　2002）

革兰氏染色的原理直至该法发明100年后才得到确切的证明。其原理为通过初染和媒染，细菌细胞染上不溶于水的结晶紫与碘的大分子复合物。革兰氏阳性菌由于细胞壁较厚、肽聚糖含量较高和其分子交联度较紧密，故使用乙醇（或丙酮）洗脱时，肽聚糖网孔会因脱水而收缩，再加上G^+菌的细胞壁基本上不含类脂质，因此用乙醇处理不能在细胞壁上溶出缝隙，使结晶紫与碘复合物牢牢地留在细胞壁内，而呈现紫色。反之，革兰氏阴性细菌因细胞壁薄、外层类脂质含量高、肽聚糖层薄和交联松散，遇乙醇后，类脂质迅速被溶解，这时薄而松散的肽聚糖网不能阻挡结晶紫与碘复合物的溶出，细胞壁上会出现较大的缝隙。因此，通过乙醇脱色后细胞退成无色。此时再用番红等红色染料复染，就使革兰氏阴性细菌获得了新的颜色——红色。

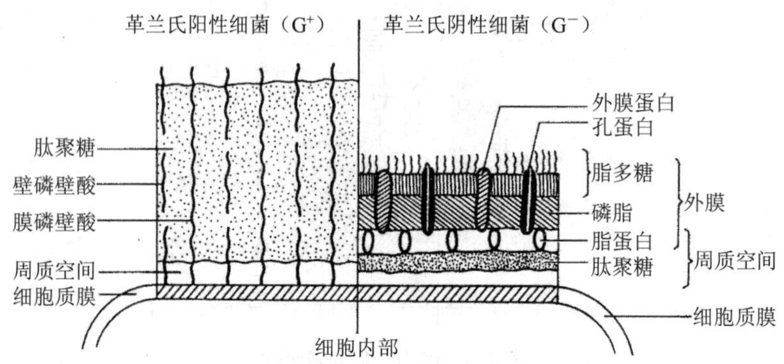

图2-4　革兰氏阳性细菌和革兰氏阴性细菌的细胞壁构造的比较

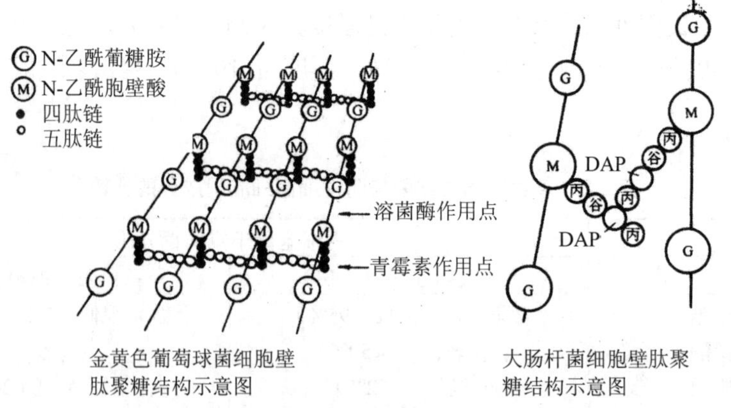

图2-5　革兰氏阳性和革兰氏阴性细菌肽聚糖的结构

2．细胞膜

细胞膜又称细胞质膜或质膜，是紧贴在细胞壁内侧的一层柔软而富有弹性的半透性薄膜，厚 7～8 nm，其化学组成主要是由脂类（20%～30%）和蛋白质（50%～70%），此外还有少量糖蛋白和糖脂（约 2%）。在电子显微镜下观察时，细胞膜呈明显的双层结构，在上下两暗色层间夹着一浅色的中间层。这是因为细胞膜的基本结构由两层磷脂分子按一定规律整齐地排列而成。每一磷脂分子由带正电荷且能溶于水的极性头和不带电荷且不溶于水的非极性尾所构成。极性头朝向膜的内外两个表面，呈亲水性；而非极性的疏水尾部则埋藏在膜的内层，从而形成一个磷脂双分子层。磷脂双分子层通常呈液态，具有流动性，不同的内嵌蛋白和外周蛋白可在磷脂表层或内层作侧向运动，犹如漂浮在海洋中的冰山。这就是辛格（Singer）和尼克尔森（Nicolson）（1972）提出的细胞膜液态镶嵌模式（图 2-6）。

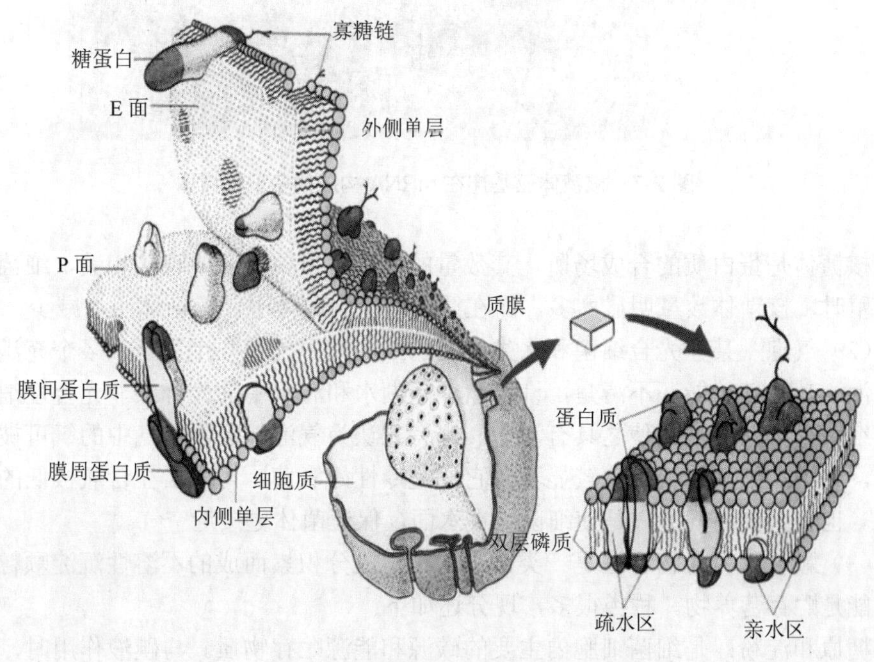

图 2-6　细胞膜结构的立体模式

对单细胞生物而言，细胞膜是极其重要的结构，其生理功能有：①选择性地控制细胞内外营养物质和代谢产物的运送与交换；②是维持细胞内正常渗透压的结构屏障；③是合成细胞壁和荚膜有关成分的重要基地；④膜上含有氧化磷酸化或光合磷酸化等能量代谢的酶系，是细菌细胞能量代谢的场所；⑤是鞭毛基体的着生点，并为鞭毛运动提供能量。

3．细胞质及其内含物

细胞质是细胞膜包围的除核区外的一切半透明、胶状、颗粒状物质的总称。其主要成分为水、蛋白质、核酸、脂类、糖、无机盐以及核糖体和一些颗粒状内含物。

（1）核糖体　由 RNA 和蛋白质构成，呈颗粒状亚显微结构。常以游离态分散于细菌细胞中，数量可达上万个。核糖体中的 RNA 一般占 60%，蛋白质占 40%。原核生物核糖体的直径约 18 nm，沉降系数为 70 *S*，由 50 *S* 大亚基与 30 *S* 小亚基组成。在生长旺盛的细胞中，核糖体常成串排列，称多聚核糖体（图 2-7）。

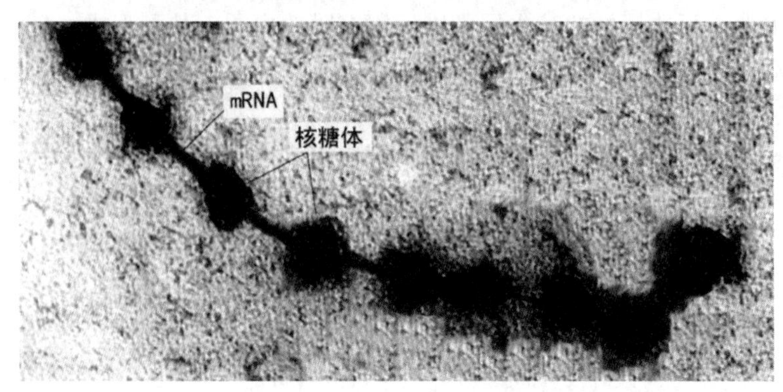

图 2-7　核糖体亚基连在 mRNA 构成的多聚核糖体

核糖体是蛋白质的合成场所，其数量的多少与蛋白质合成直接相关，细菌在快速繁殖时，核糖体数量明显增多，而在缓慢增殖的菌体中，核糖体明显减少。

（2）气泡　某些光合细菌和水生细菌的细胞质中含有几个甚至很多个充满气体的气泡，其确切功能还不清楚，许多漂浮于湖水和海水中的光合或非光合性细菌以及蓝细菌等都有气泡，使之具有浮力。也有人认为气泡能吸收空气中的氧可被细菌利用，如嗜盐细菌的气泡比较显著，它们是专性好氧菌，可生活在含氧极低的浓盐水中。也有人推测气泡只是使细菌漂在水面，保证菌体更接近空气。

（3）颗粒状内含物　这是一类由不同化学成分积累而成的不溶性沉淀颗粒，主要功能是贮存营养物。种类很多，现分述如下：

糖原和淀粉：是细菌细胞内主要的碳源和能源贮存物质。与碘液作用时，糖原呈红褐色而淀粉呈蓝色。肠道细菌常积累糖原，而多数其他细菌和蓝细菌则以淀粉为贮存物质。

聚-β-羟基丁酸（PHB）：为细菌所特有的一种是碳源和能源性贮藏物。PHB 是 D-3-羟基丁酸的直链聚合物，易被脂溶性染料（如苏丹黑）着色，而不易被普通碱性染料染色（图 2-8）。具有储藏碳源、能源和降低细胞内渗透压的作用。在细胞内羟基丁酸呈酸性，而聚合成大分子后就显中性，这样就能保持细胞内的中性环境，避免菌体内酸性增高。

很多细菌在富含碳源而贫氮源的条件下生长时有 PHB 颗粒积累，当生长条件逆转时，PHB 颗粒便降解。由于 PHB 是生物合成的高聚物，具有无毒、可塑和易降解等特点，因此正被大力开发用于制造医用塑料和快餐盒等的优质原料。

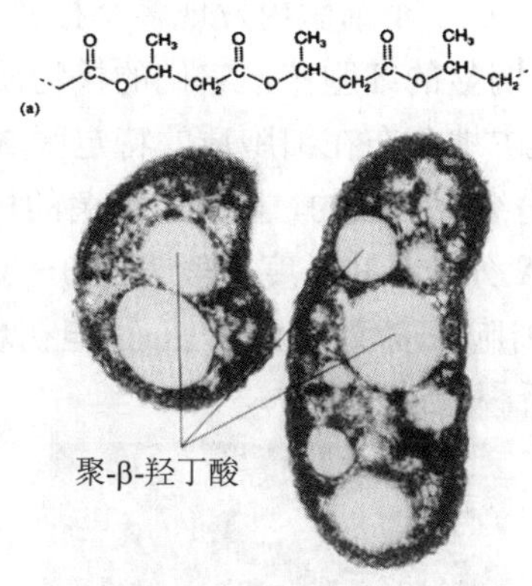

图 2-8 红色螺菌的电子显微镜图片（示胞内的 PHB 颗粒）

异染颗粒：为无机偏磷酸的聚合物，分子呈线状，化学结构式为：

$$\mathrm{H}\left[\mathrm{O}-\overset{\displaystyle \mathrm{OH}}{\underset{\displaystyle \mathrm{O}}{\overset{|}{\underset{\|}{\mathrm{P}}}}}\right]_n\mathrm{O}-\mathrm{H}$$

异染颗粒一般在含磷丰富的环境中形成，可作为能量和磷的贮藏物，供细菌代谢所需。因用蓝色染料（如亚甲蓝或甲苯胺蓝）染成紫红色，呈现异色现象，所以叫异染颗粒。最早发现于迂回螺菌（*Spirill volutans*）中，也存在于多种细菌中。在白喉棒杆菌（*Corynebacterium diphtheriae*）和结核分枝杆菌（*Mycobacterium tuberculosis*）中极易见到，故可用于这类细菌的鉴定。

不同微生物中储存内含物的种类也不同，如芽孢杆菌只含多聚-β-羟基丁酸，大肠杆菌、产气杆菌只贮存糖原，而有些光合细菌则糖原和淀粉两者均有。一般当环境中缺乏氮源，而碳源、能源丰富时，细胞内可贮存大量的内含物，有的可达到细胞干重的 50%。如将这样的细菌移至有氮源的培养基中，则这些贮藏物将被酶分解而作为碳源与能源用于合成反应。此外，这些贮藏物以多聚物的形式储藏还有利于维持细胞内环境平衡，避免细胞内渗透压过高等危害。

4．原核与质粒拟

（1）原核 又称拟核、核区。细菌没有像真核生物那样的细胞核。过去很长时间认为细菌没有核，但随着研究方法的改进与深入，现在认为细菌不是没有核，而是它的核结构和形态比真核简单、原始，所以称之为拟核或原核。

用 1 mol/L HCl 或核糖核酸酶选择性地水解细菌细胞中的 RNA，再对 DNA 进行富尔根染色后，可使细菌细胞的拟核显示出来，在光镜下拟核多呈球形、棒状或哑铃状。除多核丝状菌外，在正常情况下 1 个细胞只含有 1 个拟核。当生长旺盛时，由于 DNA 复制提前，也可以在 1 个细胞内发现多个拟核。

在电镜下原核生物没有明显的细胞核，它们的核物质没有特定的形态和结构，也不为核膜所包裹，仅较集中地分布在细胞质的特定区域内，呈现出丝状结构（图 2-9）。这是由 DNA 高度折叠缠绕形成的，因此，细菌的核实际上是一裸露的、巨大的、连续的、环状双链 DNA 分子，其长度一般为 250～3 000 μm，可比细菌本身长 1 000 倍。比如大肠杆菌的细胞长度仅有 1～2 μm，但初步估算的 DNA 的长度却可达 1 100～1 400 μm，需要折叠近千倍。

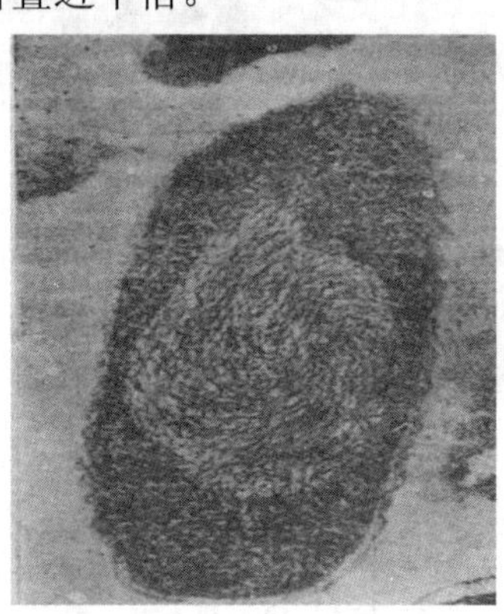

图 2-9　根癌土壤杆菌电子显微镜图片（示丝状结构的核）

拟核携带了细菌绝大多数的遗传信息，是细菌生长发育、新陈代谢和遗传变异的控制中心。

（2）质粒　质粒是细菌染色体以外的遗传物质，能独立复制，为闭合环状双链 DNA。质粒比细菌染色体小，只有约 1%拟核的长度，含有几个到上百个基因。质粒不仅对微生物本身具有重要意义，而且在遗传工程研究中是外源基因的重要载体，许多天然或经人工改造的质粒已成为基因克隆、转化、转移及表达的重要工具。

5．芽孢

某些细菌生长到一定阶段，可在细胞内形成一个圆形、壁厚、质浓、折光性强，对不良环境具有较强抗性的休眠体，称为芽孢。因为细菌芽孢的形成都在细胞内，所以又称内生孢子。

芽孢由于处在休眠状态，新陈代谢极为缓慢，所含水分非常低，只有 40%，壁厚而致密，通透性低（图 2-10）。

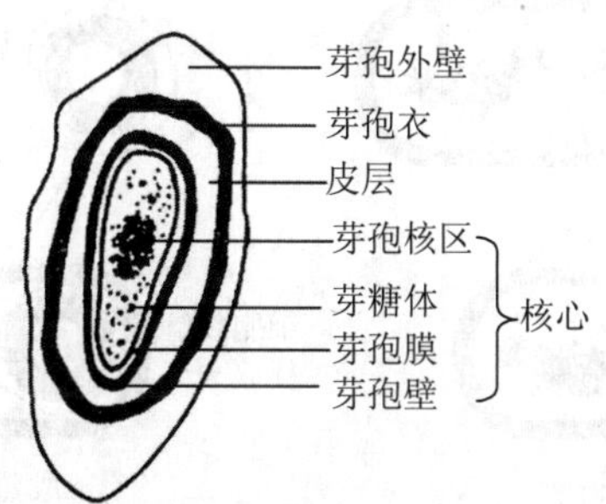

图 2-10　细菌芽孢构造模式

因此，芽孢有极强的抗热、抗辐射、抗化学药物等能力。一般细菌的营养细胞不能经受 70℃以上的高温，但是，芽孢却有惊人的耐高温能力。例如肉毒梭菌的芽孢在 100℃沸水中，要经过 5.0～9.5 h 才被杀死，至 121℃时，平均也要经 10 min 才能杀死；热解糖梭菌的营养细胞在 50℃下经短时间即被杀死，可是它的一群芽孢在 132℃下经 4.4 min 才能杀死其中的 90%；芽孢的抗紫外线能力，要比其营养细胞强约 1 倍。巨人芽孢杆菌芽孢的抗辐射能力要比大肠杆菌的营养细胞强 36 倍；芽孢的休眠能力更是突出。一般的芽孢在普通条件下可保存几年至几十年的活力。有文献记载，芽孢可休眠数百年。如环状芽孢杆菌的芽孢在植物标本上（英国）已保存 200～300 年。

可形成芽孢的细菌种类不多，主要是革兰氏阳性杆菌两个属，即好氧性的芽孢杆菌属和厌氧性的梭菌属。此类细菌在一定的环境条件下，细胞质、核质逐渐脱水浓缩、凝聚，在菌体内形成圆形或椭圆形的芽孢。芽孢在菌体内成熟后，菌体崩溃，芽孢游离出来（图 2-11）。释放出来的芽孢遇到适宜的环境条件，又可吸水膨胀，萌发形成新的菌体。一个芽孢只能生成一个菌体，因此芽孢不是细菌的繁殖方式。

各种细菌芽孢在细胞中的位置、形态和大小是一定的，这在分类鉴定上有一定的意义。多数好氧性芽孢杆菌的芽孢位于细胞中央或近中央，直径小于细胞宽度，如枯草芽孢杆菌、巨大芽孢杆菌、蜡状芽孢杆菌等；而厌氧性芽孢杆菌的芽孢多位于细胞中央，且直径大于细胞宽度，因此，孢子囊就成为两头尖，中间大的梭状，所以把厌氧性芽孢杆菌称为梭状芽孢杆菌。也有少数厌氧性芽孢杆菌的芽孢位于细胞的一端，直径又大于细胞宽度，呈鼓槌状，如破伤风梭状芽孢杆菌。细菌芽孢的主要类型见图 2-12。

6．糖被

在某些细菌细胞壁外存在着一层厚度不定的透明胶状物质，称为糖被。糖被不易着色，但用负染色法在显微镜下可观察到暗色背景和染色的菌体之间形成一透明区（图 2-13）。

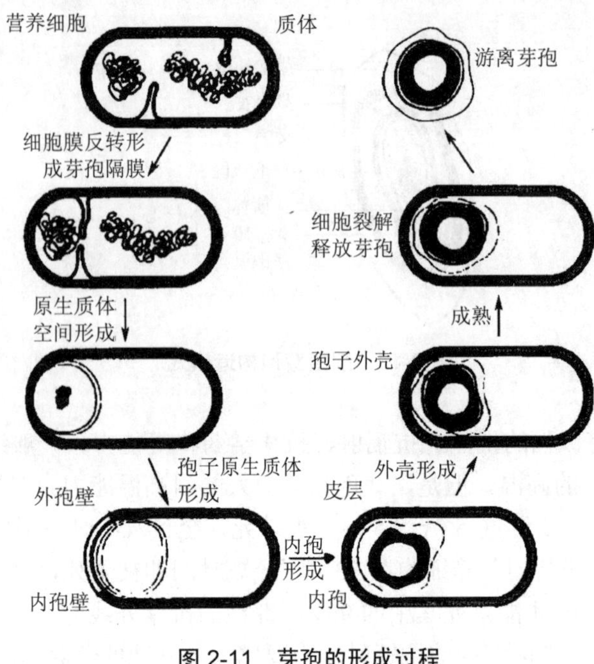

图 2-11 芽孢的形成过程

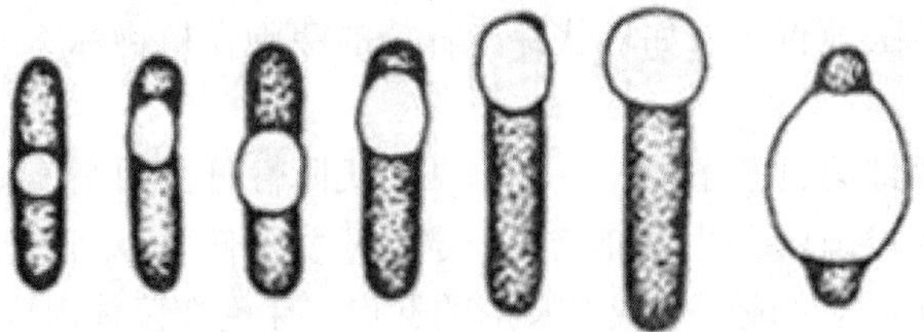

图 2-12 细菌芽孢的各种类型

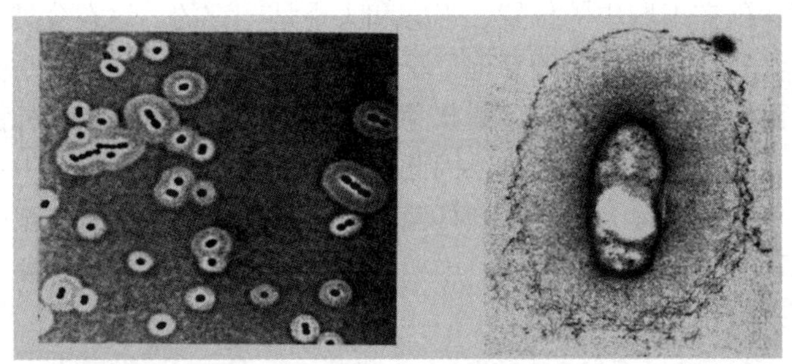

（a）细菌负染后相差显微镜图片 （b）细菌电子显微镜图片

图 2-13 细菌的荚膜

根据糖被的形状和厚度的不同，可以出现以下四种情况：①若这种黏液物质具有一定外形，相对稳定的附着在细胞壁外，这时称为荚膜或大荚膜。这种荚膜与细胞的结合力较弱，通过液体振荡或离心便可得到荚膜物质；②若这种黏液物质很薄，则称为微荚膜，它与细胞表面结合较紧，易被胰蛋白酶消化；③若这种黏液物质没有明显的边缘，比较疏松，而且可扩散到周围环境中，使培养基的粘度增加，这种黏液物质层称为黏液层；④通常情况下，每个细菌外面都包围着一层荚膜，但有些细菌的荚膜物质相互融合，连在一起，组成了共同的荚膜，使多个菌体包含在其中，此时称为菌胶团。比如肠膜明串珠菌在蔗糖培养基中长成一串，就是因为外表形成了一个共同的厚荚膜。

糖被富含水分，其组成成分随菌种而异。大多数细菌（如肺炎球菌、脑膜炎球菌等）的糖被由多糖组成；少数细菌的糖被为多肽（如炭疽杆菌）或多肽与多糖的复合物（如巨大芽孢杆菌）。

糖被并非细菌生长所必须，若用稀酸、稀碱或酶来处理，就可除去细菌的糖被，而细菌仍可存活。糖被的主要作用有：①保护细菌免受干燥损伤，对一些致病菌来说，则可保护它们免受宿主白细胞的吞噬，增强其致病能力，例如具有荚膜的 S 型肺炎球菌对人体毒力强，能引起肺炎，但如果细胞失去荚膜，致病力就下降。大多数具有荚膜的病原菌并不是荚膜有毒，而是荚膜有利于菌体在人体内大量繁殖所致。当然也有些细菌的荚膜本身具有毒性，如流感嗜血杆菌、肺炎克氏杆菌等；②贮藏养料，以备营养缺乏时重新利用；③荚膜可使菌体易于附着于适当的物体表面。例如，引起龋齿的唾液链球菌和变异链球菌等就会分泌一种已糖基转移酶，使蔗糖变成果聚糖，它易使细菌粘附于牙齿表面。由细菌发酵糖类产生乳酸，腐蚀牙齿表层，引起龋齿。

7. 鞭毛

某些细菌的表面着生有从胞内伸出的细长、波浪弯曲的丝状物，是细菌运动的“器官”，称为鞭毛。其数目为 1～10 根。鞭毛的长度一般为 15～20 μm，直径为 0.01～0.02 μm。观察鞭毛最直接的方法是用电子显微镜。用特殊的鞭毛染色法可使染料沉积在鞭毛上，加粗后的鞭毛也可在光学显微镜下清楚地观察到。在半固体培养基中（含 0.3%～0.4%琼脂）用穿刺接种法接种细菌，经培养后，如果在其穿刺线周围有呈混浊的扩散区，说明该菌具有运动能力，即可推测其存在着鞭毛，反之则无鞭毛。

在各类细菌中，螺旋菌一般都有鞭毛；杆菌有的生鞭毛，有的不生鞭毛；而在球菌中，仅有个别属（如动性球菌属）的细菌才有鞭毛。生鞭毛菌的鞭毛数目与着生位置随细菌种类而异，并依此可把鞭毛分为以下几种类型（图 2-14）。

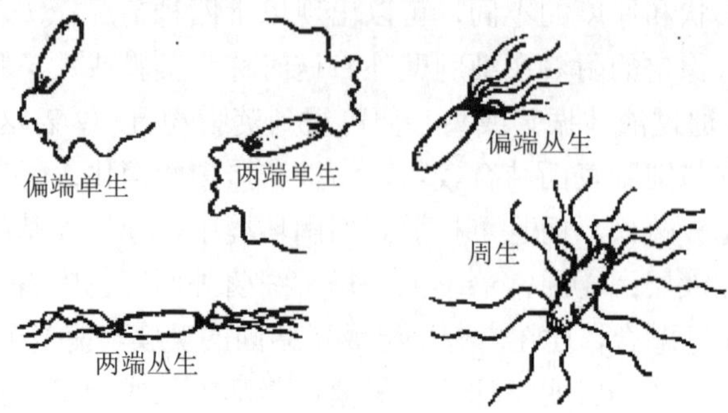

图 2-14 细菌的鞭毛类型

鞭毛是细菌的运动器官，具有鞭毛的细菌运动速度极快，一般每秒可移动 20～80 μm。例如铜绿假单胞菌每秒可移动 55.8 μm，是其体长的 20～30 倍。另外具有鞭毛的细菌在液体中运动时，往往有化学趋向性，常朝向有高浓度营养物质的方向移动，从而避开对其有害的环境。

（三）细菌的繁殖

细菌一般进行无性繁殖，表现为细胞横分裂，称为裂殖。经电镜研究得知细菌分裂分三步进行。①核分裂：核 DNA 先复制为两个双链 DNA，然后分开形成两个核区；②形成横隔壁：在两个核区间产生新的双层质膜与壁，将细胞分隔为两个，并各含 1 个与亲代相同的核 DNA；③子细胞分离：有些细菌细胞在横隔壁形成后不久便相互分离，呈单个游离状态（图 2-15），而有的细菌细胞在横隔壁形成后暂时不发生分离，呈双球菌、双杆菌、链状菌等。一些球菌，因分裂面的变化，成为四联球菌、八叠球菌等。

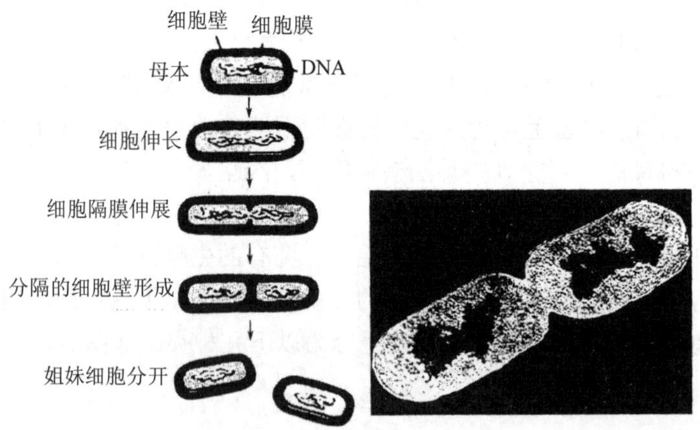

图 2-15 细菌的细胞分裂过程

（四）细菌的菌落

将单个微生物细胞或一小堆同种细胞接种在固体上，当它占有一定的发展空间并给予适宜的培养条件时，该细胞就迅速生长繁殖，结果会形成以母细胞为中心的一堆肉眼可见并有一定形态构造的子细胞集团，这就是菌落。如果菌落相互连接成一片则称菌苔。

在一定的培养条件下，各种细菌形成的菌落具有一定的特征，如菌落大小、形态（圆形、假根状、不规则等）、隆起（扩展、台状、低凸、凸面、乳头状等）、边缘（整齐、波形、裂叶状、锯齿形等）、表面状况（光滑、皱褶、颗粒状、同心环状等）、质地（油脂状、膜状、粘、脆等）、颜色、透明度等（图 2-16）。

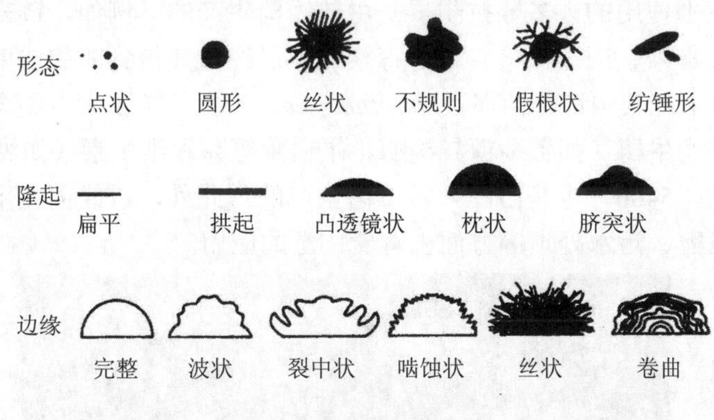

图 2-16　细菌的菌落

菌落的特征对细菌的分类、鉴定有重要意义。菌落的特征决定于组成菌落的细胞结构与生长行为。如肺炎球菌有荚膜的菌株菌落是光滑型的，而无荚膜的突变菌株菌落却是粗糙型的。有的细菌，如炭疽杆菌的细胞生长成链状，菌落表面粗糙而且卷曲，菌落边缘有毛边突起。

在含 0.3%～0.5%琼脂半固体培养基中用接种针穿刺将菌种接入培养基的深层进行培养，可以鉴定细菌的运动特征。不能运动的，即无鞭毛的菌株，只能沿穿刺方向生长，而能运动的菌株会向四周扩散，且各种细菌运动扩散的形状相差较大（图 2-17）。

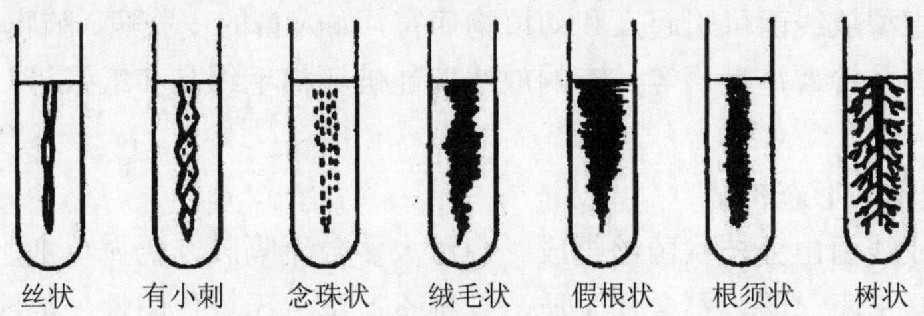

图 2-17　细菌在琼脂培养基中穿刺培养的生长特征

二、放线菌

放线菌介于细菌与真菌之间，是具有菌丝、以孢子进行繁殖、革兰氏染色阳性的一类原核微生物。一方面，放线菌具有分枝状菌丝、以孢子形式繁殖与霉菌相似；另一方面，放线菌的细胞构造和细胞壁化学组成与细菌相似，所以与细菌同属原核生物。放线菌菌落中的菌丝常从一个中心向四周辐射状生长（图 2-18），并因此而得名。放线菌在自然界中分布很广，以土壤中最多。它特别适宜生长在排水较好、有机物丰富、中性或微碱性的土壤环境中，每克土壤中含数万乃至数百万个放线菌孢子，土壤特有的“泥腥味”主要就是由放线菌所产生的代谢产物引起。

放线菌与人类的关系极为密切，其突出特性之一就是产生抗生素。到目前为止，在医药、农业上使用的大多数抗生素是由放线菌生产的。例如，链霉素、土霉素、金霉素、庆大霉素、庆丰霉素、卡那霉素等。已经分离得到的放线菌产生的抗生素达 4 000 种以上，其中链霉菌属（*Streptomyces*）产生的抗生素占绝大多数。有些放线菌还可用来产生酶（如葡萄糖异构酶、蛋白酶等）和维生素（如维生素 B_{12}）。我国使用的菌肥“5406”也是由泾阳链霉菌生产的。此外，放线菌在甾体转化、石油脱蜡、烃类发酵、污水处理等方面也有着广泛的应用。

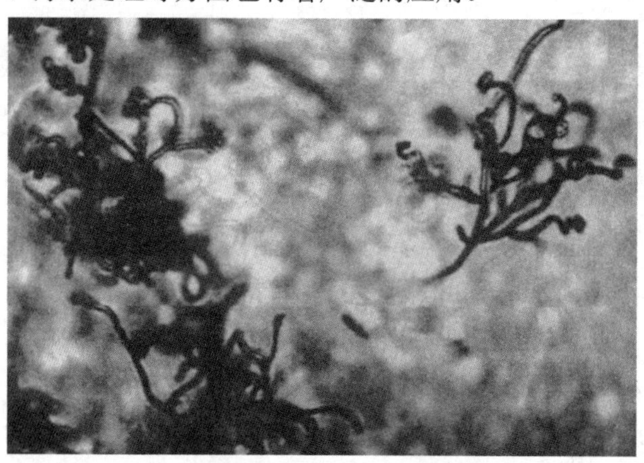

图 2-18　放线菌菌丝体光学显微镜图片

少数寄生型放线菌可引起人和动植物病害，如人畜的皮肤病、脑膜炎和肺炎等，以及植物病害马铃薯疮痂病等，有的放线菌能破坏棉毛织品和纸张等，给人类造成经济损失。

1．放线菌的形态构造

大部分放线菌由分枝状菌丝组成。菌丝大多数无隔膜，仍属单细胞，细胞壁含胞壁酸、二氨基庚二酸，不含几丁质、纤维素；革兰氏染色阳性。放线菌的菌丝由于形态、功能的不同可分为基内菌丝、气生菌丝和孢子丝（图 2-19）。

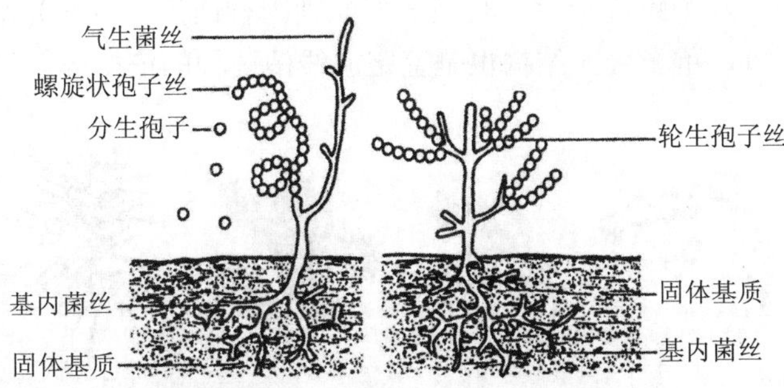

图 2-19 链霉菌的一般形态和构造

（1）基内菌丝 又称初级菌丝体。它生长在培养基内，其主要功能是吸收水分和营养物质，所以又称营养菌丝。一般无横隔膜（诺卡氏菌除外），直径通常为 0.5～1 μm，无色或产生水溶性或脂溶性色素而呈现黄、绿、橙、红、紫、蓝、褐、黑等各种颜色。

（2）气生菌丝 又称二级菌丝体。它是基内菌丝生长到一定时期，长出培养基外，伸向空间的菌丝。较基内菌丝粗，直形或弯曲状，有分枝，有的产生色素。功能是分化形成孢子丝。

（3）孢子丝 又称繁殖菌丝或产孢丝。当生长发育到一定阶段，在气生菌丝上分化出可形成孢子的菌丝。孢子丝因种类不同而形态各异，有直形、波浪弯曲形或螺旋状，着生方式有交替生、丛生、轮生（图 2-20）。孢子丝的功能是形成孢子，起繁殖作用。

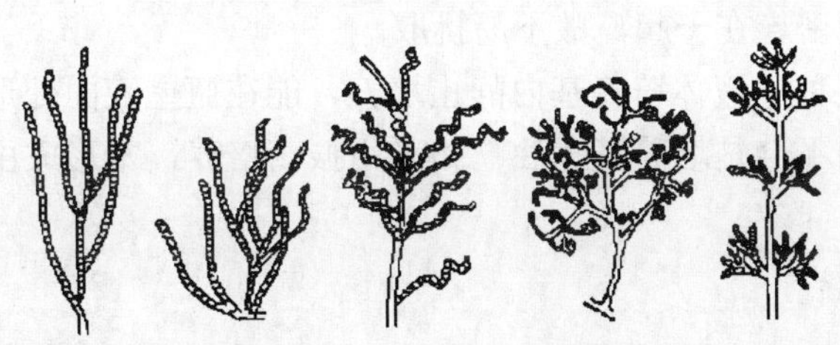

图 2-20 放线菌的各种孢子丝形态

孢子丝形成的孢子形态极为多样，有球状、椭圆状、杆状、圆柱状、梭状和瓜子状等。颜色也十分丰富，有白、灰、黄、橙黄、红、蓝、绿等颜色。孢子的表面结构在电镜下观察是有差异的，有的表面光滑，有的带小疣、刺或毛发状物（图 2-21）。孢子的表面结构与孢子丝的形态有一定关系，一般孢子丝直形或波浪弯曲形，其孢子表面光滑；孢子丝为螺旋形者，其孢子表面则因种而异，有的光滑，有的刺状，有的毛发状。所以，孢子表面结构也是鉴定放线菌菌种的依据。

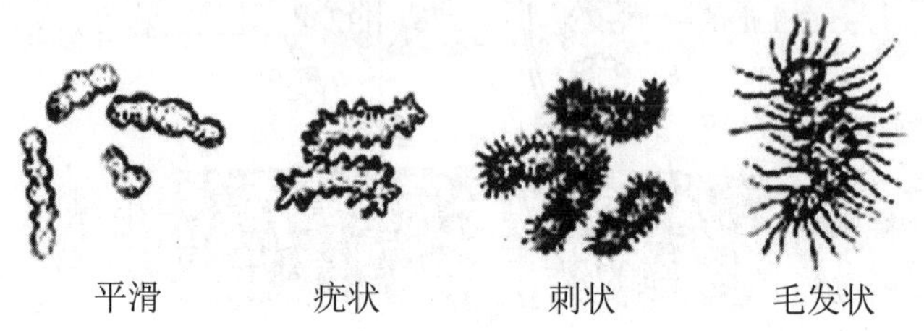

图 2-21 链霉菌的孢子表面

2．放线菌的繁殖

大多数放线菌通过形成分生孢子进行繁殖。气生菌丝生长到一定阶段，菌丝顶端先波曲成为孢子丝，然后形成横隔，细胞壁加厚并收缩，分别成为一个一个的细胞。最后，细胞成熟形成一串分生孢子。

有的放线菌如孢囊链霉菌属（*Streptosporangium*）、游动放线菌属（*Actinoplanes*）通过产生孢囊孢子进行繁殖；诺卡氏菌属（*Nocardia*）不产生特化孢子，而是通过菌丝断裂成短杆状的方式繁殖。放线菌也可靠菌丝断裂的片断，形成新的菌丝体，这种现象常见于液体培养。

3．放线菌的菌落特征

放线菌菌落由菌丝体组成，菌丝分枝相互交错缠绕，所以形成的菌落质地致密、表面呈丝绒状或有皱褶、干燥、不透明、上覆不同颜色的干粉（孢子）。由于基内菌丝和孢子产生不同的色素，菌落正面、背面呈不同色泽。菌落因基内菌丝伸入培养基中而与培养基紧密连在一起，故不易挑取。

若将放线菌接种于液体培养基内静止培养，能在瓶壁液面处形成斑状、膜状菌落或沉降于瓶底而不会是培养基浑浊；如采用振荡培养，常形成由短的菌丝体所构成的球形颗粒。

三、蓝细菌

蓝细菌曾一直被称作蓝藻或蓝绿藻。因为它与高等绿色植物和高等藻类一样，含有光合色素，能进行光合作用，所以，过去将其归于藻类。现代技术研究表明，蓝细菌的细胞核无核膜，不进行有丝分裂，没有叶绿体，核糖体为 70 S，细胞壁与细菌的相似，含肽聚糖，因此，现在将蓝细菌归属于原核生物。

在自然界中，到处可以找到蓝细菌的踪迹。它们广泛地分布在各种水体、土壤中和部分生物体内外，它们具有对不良环境的高度抵抗力和普遍的固氮能力，可在贫瘠的岩石上和高温、冰原、盐湖、荒漠等恶劣环境中找到它们，因而有“先锋生物”的美称。

蓝细菌是一类较古老的原核生物，大约在 21 亿～17 亿年前形成，它的发展使整个地球大气从无氧状态发展到有氧状态，从而孕育了生物的进化与发展。在人类生活中蓝细菌有较大的经济价值，例如，分别产于中非乍得和中美洲墨西哥的盘状螺旋蓝细菌（*Silurian platensis*）、最大螺旋蓝细菌（*Silurian maxima*），因含有丰富的蛋白质、维生素和矿物质，目前已开发成“螺旋藻”产品。蓝细菌在污水处理、水体净化中也起积极作用。但在氮、磷丰富的水体中生长旺盛，可作为水体富营养化的指示生物，某些属种在富营养化的海湾和湖泊中引起海湾的赤潮和湖泊的水华，造成水质恶化，水生动物大量死亡。

1．蓝细菌的形态与结构

蓝细菌大小差异较大，细胞的直径从一般细菌大小（0.5～1）～60μm，大多数细胞的直径在 3～10μm。细胞形态多样，有球状或杆状，单细胞或团聚体，螺旋状少见，只有螺旋蓝细菌属（图 2-22）。当许多个体聚集在一起，可形成肉眼可见的群体。若生长茂盛，可使水的颜色随菌体颜色而变化，如铜色微囊藻在夏秋雨季大量繁殖，形成水华，使水体变色。

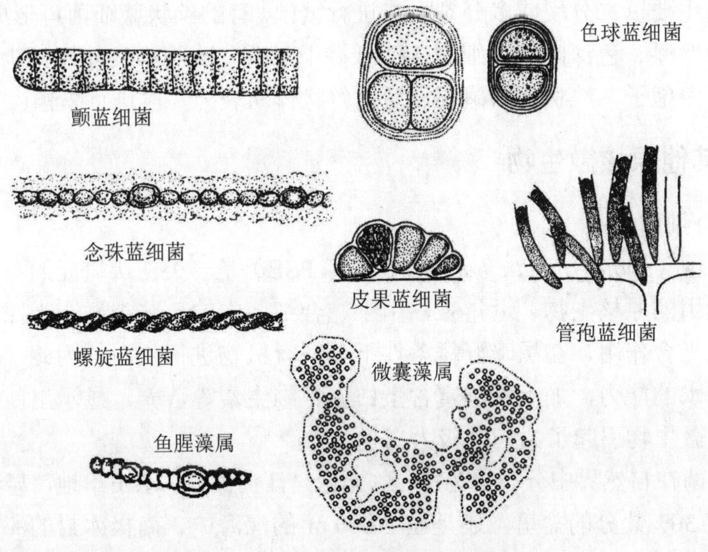

图 2-22 几类蓝细菌的典型形态

蓝细菌的细胞构造与革兰氏阴性细菌极为相似。细胞壁的外层为脂多糖，内层为肽聚糖。许多种类在细胞壁外，还有多糖类的荚膜；细胞的中心部位是核区，周围是细胞质，含有内囊体。内囊体由多层膜片相叠而成，通常位于细胞周缘（图 2-23）。在内囊体中含有叶绿素 a 及光合辅助色素。藻胆蛋白着生在内囊体膜的外表面，是光能捕获色素，含藻蓝素、异藻蓝素和藻红素三种色素。内囊体所含的色素不仅能进行光合作用，而且色素的多少可随环境条件变化而变化，从而使蓝细菌颜色也随之改变。

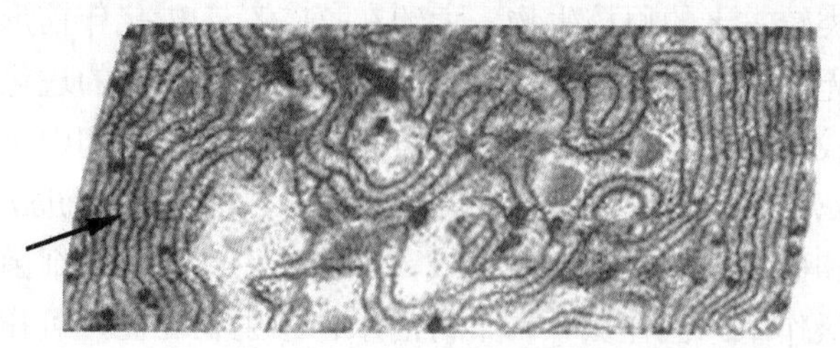

图 2-23　蓝细菌的光合膜（类囊体，箭头所指）

蓝细菌的细胞内有能固定 CO_2 的羧酶体，可作碳源的糖原、PHB，可作氮源的藻蓝素和贮存磷的聚磷酸盐。蓝细菌的脂肪酸较为特殊，含有两个至多个双键不饱和脂肪酸，而其他原核微生物通常只含饱和脂肪酸以及单个双键不饱和脂肪酸。部分丝状蓝细菌中有特化细胞——异形胞。异形胞形大、壁厚，分布在丝状体中间或末端，是有异形胞蓝细菌固氮的唯一场所。

2．蓝细菌的繁殖

蓝细菌主要以二分裂或多分裂方式进行繁殖。有的丝状蓝细菌可形成静息孢子。静息孢子为壁厚、色深的休眠细胞，能抵御干旱或冷冻等不良环境。少数种类能在细胞内形成内孢子。丝状蓝细菌还可通过丝状体断裂为片段进行繁殖。

四、其他原核微生物

1．光合细菌

光合细菌（*photosynthetic bacteria*，简称 PSB）是一类在厌氧光照条件下进行不产氧光合作用的原核生物。近年来，由于光合细菌中的一些类群在光照厌氧条件下进行不产氧光合作用，在黑暗好氧条件下分解有机物进行代谢，因此，具有降解高浓度有机污水的能力，加上细胞富含蛋白质、维生素等营养，显示出巨大的应用价值，使这类微生物引起了人们的极大兴趣。

光合细菌在自然界中分布极为广泛，无论是江河湖海、水田旱地，甚至在 90℃的温泉中，含 30%盐分的盐里，还是在 2 000 m 的深海中、南极冰封的海岸上，都有它们的踪迹。

（1）形态大小　光合细菌的细胞直径为 0.3～0.6 μm，形态极为多样，有球状、杆状、弧状、螺旋状及丝状等，大多具端生鞭毛，能运动，但丝状体靠滑行运动。细胞悬液颜色多样，有紫色、红色、橙褐色、黄褐色、褐色和绿色。

（2）类群　根据光合细菌所含色素和营养类型等特征主要分成四大类群，即着色菌科、红螺菌科、绿菌科和绿丝菌科。在环境保护中起作用的主要是红螺菌科的种类，这些种类又统称为紫色非硫细菌。

紫色非硫细菌的主要特征：

①紫色非硫细菌具有灵活的代谢途径，在光照厌氧条件下，利用光合色素和有机物进行光能异养生长，在黑暗好氧或微好氧条件下，利用有机物或无机物进行化能异养或化能自养生长。

②紫色非硫细菌主要以各种可溶性小分子有机物作为自身的主要碳源，如低级脂肪酸、多种二羧酸、醇类、芳香族化合物等，特别是能大量利用醋酸盐。

③紫色非硫细菌生长繁殖需提供生长因子，主要有生物素、硫胺素、烟酸、对氨基苯甲酸、维生素 B_{12} 等。

2．鞘细菌

鞘细菌为单细胞连成的丝状体，其外包裹着一层透明的衣鞘。丝状体不分枝或假分枝。鞘细菌主要分布在污染的河流、池塘、活性污泥等有机质丰富的流动淡水中。在活性污泥中分离出的鞘细菌，以球衣细菌（*Sphaerotilus* ）数量最多。下面以球衣细菌为例做简单介绍。

球衣细菌为具有鞘的丝状体，由杆状细胞呈链状排列在丝鞘内。多具假分枝，当一个细胞自丝鞘上端放出附着在另一个球衣细菌的丝鞘上时，便发育成新的菌丝体。由于两丝状体间无内在联系，故为假分枝（图 2-24）。球衣细菌能利用多种有机物特别是碳水化合物作为营养物质，分解有机物的能力强。球衣细菌为好氧菌，但在微氧环境更有利于球衣细菌的生长。

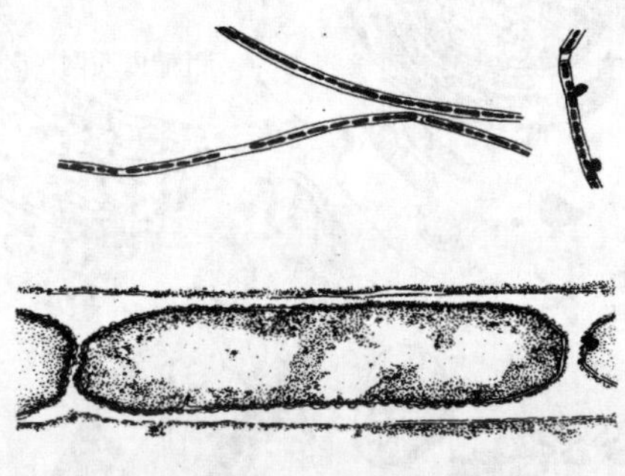

图 2-24　球衣细菌

球衣细菌是活性污泥曝气池中的常见菌种，常穿插缠绕于活性污泥团块中，成为活性污泥的网架，当数量过多时会引起污泥膨胀。

第二节　真核微生物

凡是细胞核具有核膜，能进行有丝分裂，细胞质中存在线粒体、叶绿体等细胞器的微小生物，称为真核微生物。原生动物、微型后生动物、藻类、真菌均属于真核微生物。真核生物的细胞与原核生物的细胞相比，其形态更大、结构更为复杂、细胞器的功能更为专一。真核生物已发展出许多由膜包围着的细胞器，如内质网、高尔基体、溶酶体、微体、线粒体和叶绿体等，更重要的是真核细胞已进化出有核膜包裹着的完整的细胞核，其中存在着构造极其精巧的染色体，它的双链 DNA 长链与组蛋白及其他蛋白密切结合，更完善地执行生物的遗传功能（图 2-25）。

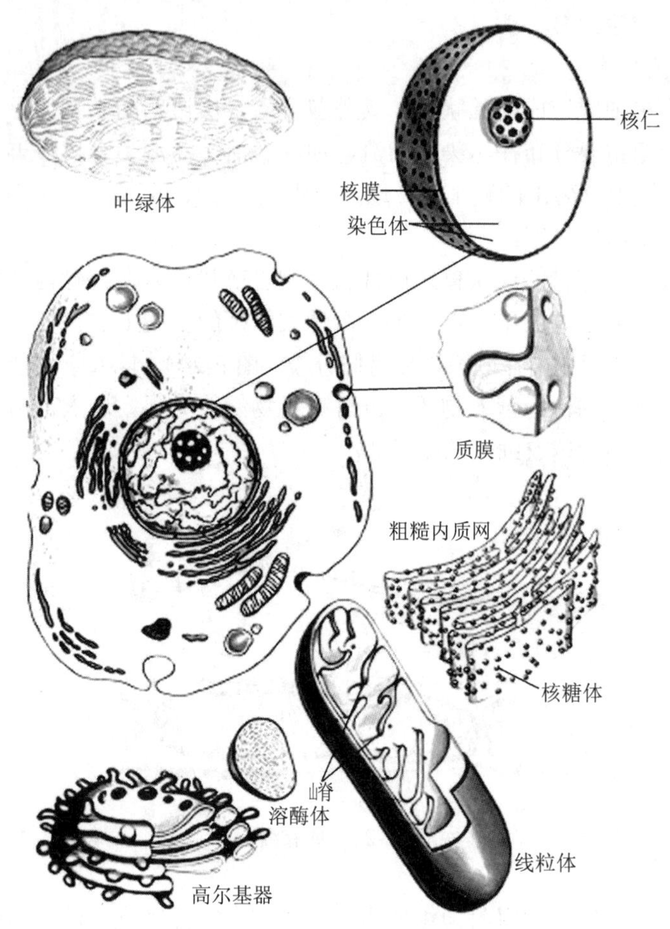

图 2-25　典型真核细胞构造的模式

一、原生动物

原生动物是动物中最原始、最低等、结构最简单的单细胞动物。在动物学中被列入原生动物门。因其形体微小，长度在 10～300 μm，需在光学显微镜下才能看到。

它们在自然界中分布广泛，特别是海水、淡水中大量存在。水体中的原生动物是重要的浮游生物。在活性污泥处理废水中原生动物以吞食细菌为生，对净化污水起到重要的作用。

1．原生动物的细胞结构与功能

原生动物为单细胞，没有细胞壁，有分化的细胞器，有一个或多个细胞核有核膜。有独立生活的生命特征和生理功能，如摄食、营养、呼吸、排泄、生长、繁殖、运动以及对刺激的反应等。上述各种功能是由相应的细胞器执行的，如：胞口、胞咽、食物泡、吸管是摄食、消化、营养的细胞器；收集管、伸缩泡、胞肛是排泄的细胞器；鞭毛、纤毛、刚毛、伪足是运动和捕食的细胞器；眼点是感觉细胞器。有的细胞器执行多种功能，如伪足、鞭毛、纤毛、刚毛既能执行运动功能，又能执行摄食功能，甚至还有感觉功能。

2．原生动物的营养类型

大多数原生动物以吞食其他生物（如细菌、酵母菌、藻类、比自身小的原生动物等）以及有机颗粒为食。有色素的原生动物如绿眼虫、衣滴虫和植物一样，在有阳光的条件下，吸收CO_2和无机盐进行光合作用，合成有机物供自身营养。有些无色鞭毛虫和寄生的原生动物通过吸收环境和寄主中的可溶性的有机物为营养。

3．原生动物的繁殖

原生动物有无性繁殖和有性繁殖两种方式：

（1）无性繁殖　原生动物的无性繁殖有几种不同方式。①裂殖：这是最常见的繁殖方式。大多数为横分裂，也有纵分裂（鞭毛虫类）（图 2-26）；②出芽生殖：如变形虫、吸管虫；③多分裂法：如寄生的孢子虫。

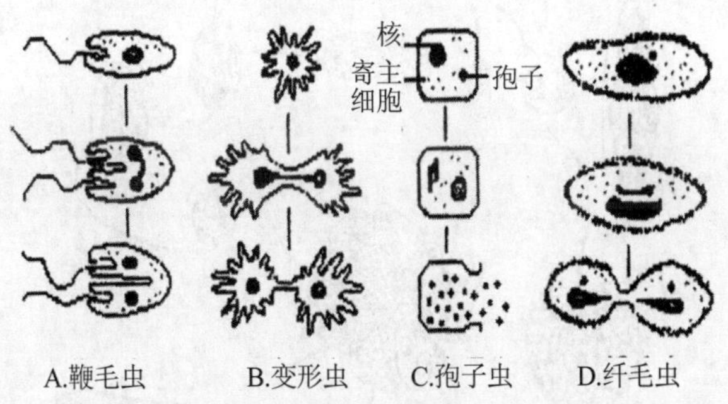

图 2-26　原生动物的繁殖方式

（2）有性繁殖　遇环境条件不良时原生动物会出现有性繁殖，有些原生动物需要交替进行无性繁殖和有性繁殖以增强其活力。如草履虫细胞内含有一个大核和一个小核，交配时两个草履虫前端接触融合，小核减数分裂成单倍体，两个草履虫互换一个小核分开后，使每个草履虫含有一对性别不同的小核；两个核融合形成双倍体核，最后，母细胞分裂成 4 个子细胞，形成 4 个草履虫（图 2-27）。

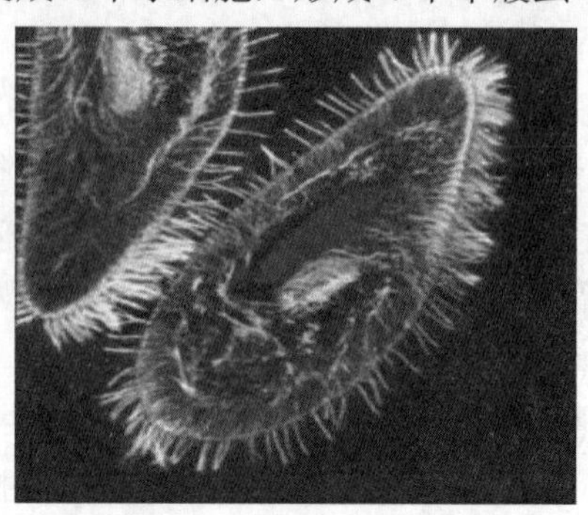

图 2-27 草履虫的有性繁殖

4．原生动物的分类及简介

原生动物可分为鞭毛纲、肉足纲、纤毛纲和孢子纲。其中鞭毛纲、肉足纲、纤毛纲存在水体中。孢子纲中的孢子虫营寄生生活，寄生在人和动物体内，可随粪便排到水中，污染水体。

（1）鞭毛纲（Mastigophora） 鞭毛纲中的原生动物称为鞭毛虫（图 2-28）。如眼虫、油滴虫、杆囊虫、绿眼虫、内管虫、波多虫、屋滴虫（个体）、屋滴虫（群体）、粗袋鞭虫等都属于鞭毛纲。鞭毛虫为单细胞，有一根或多根鞭毛。鞭毛用于运动和收集食物。鞭毛纲的营养类型随种类不同而异，有的还会随着环境条件的改变而改变其营养类型。

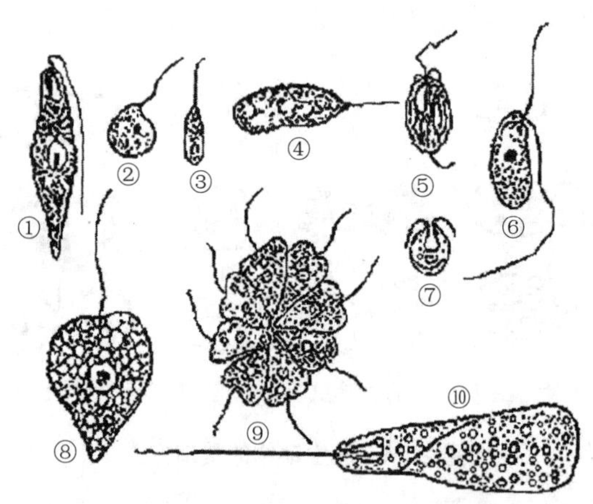

图 2-28 鞭毛纲的原生动物

①眼虫 ②油滴虫 ③绿眼虫 ④杆囊虫 ⑤内管虫 ⑥波多虫 ⑦衣滴虫

⑧屋滴虫（个体） ⑨屋滴虫（群体） ⑩粗袋鞭虫

在自然水体中，鞭毛虫喜在多污带和α-中污带生活。在污水生物处理系统中，活性污泥培养初期或在处理效果差时鞭毛虫大量出现，可作为污水处理的指示生物。

（2）肉足纲（Sarcodina） 肉足纲的原生动物称肉足虫（图 2-29）。多数肉足虫的表面仅有细胞质形成的一层薄膜，没有胞口和胞咽等结构。它们形体小、无色透明，大多数没有固定形态，因有体内细胞质不定方向的流动而成千姿百态，并形成伪足作为运动和摄食的细胞器。少数肉足虫呈球形，也有伪足。肉足纲分为两个亚纲，根足亚纲下分为变形虫目、有壳目、有孔虫目：这一亚纲的肉足虫可改变形态，故叫变形虫（Amoeba）；辐足亚纲：这一亚纲肉足虫的伪足呈针状，虫体不变呈球形，有太阳虫和辐球虫。肉足纲大多数为自由生活，也有寄生，如痢疾阿米巴。

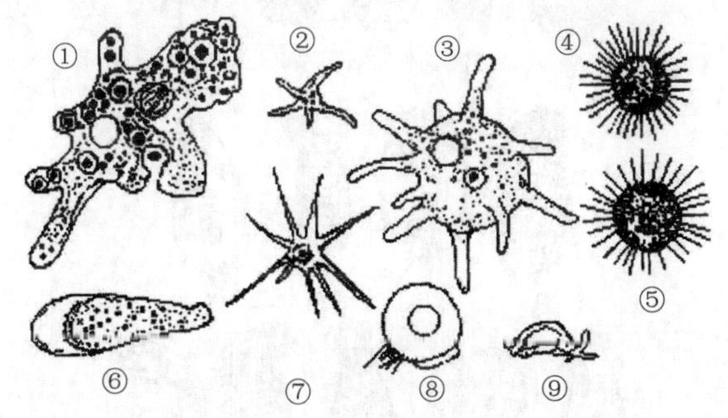

图 2-29 肉足纲的原生动物

①变形虫 ②蜗足变形虫 ③④辐射变形虫 ⑤珊瑚变形虫

⑥单核变形虫 ⑦多核太阳虫 ⑧⑨表壳虫

变形虫喜在α-中污带或β-中污带的自然水体中生活。在污水生物处理系统中，则在活性污泥培养中期出现。

（3）纤毛纲（Ciliata） 纤毛纲的原生动物叫纤毛虫。该类原生动物的特点是周身或局部着生纤毛。纤毛的主要功能是运动和摄取食物。纤毛虫是原生动物中构造最复杂的类群。主要以吞食细菌为食，生殖为裂殖和有性生殖（结合生殖）。根据其结构特点，纤毛虫有以下几类：

①游泳型纤毛虫 游泳型纤毛虫属全毛目（Holotricho），特点是周身长纤毛，纤毛的主要作用是运动和摄取食物。有四膜虫属、豆形虫属、肾形虫属、草履虫属、漫游虫属、裂口虫属、膜袋虫属、棘尾虫属等（图 2-30）。

②固着型纤毛虫 固着型纤毛虫属缘毛目（Peritricha），特点是以尾柄固着生长，局部着生纤毛，纤毛的主要作用是摄取食物。其类型有多种，有以单个生活的，如钟虫属（图 2-31），也有以群体生活的，如独缩虫属、聚缩虫属、累枝虫属、盖纤虫属等（图 2-32）。

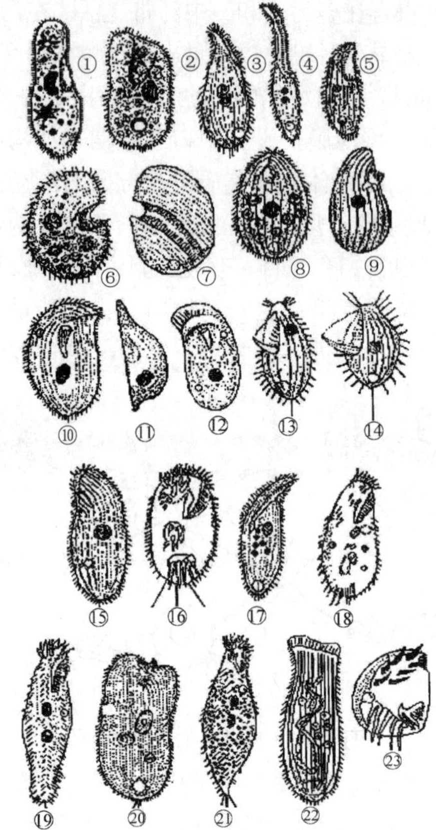

图 2-30 纤毛纲中的游泳型纤毛虫

①尾草履虫 ②绿草履虫 ③敏捷半眉虫 ④漫游虫 ⑤裂口虫 ⑥⑦僧帽肾形虫
⑧⑨梨形四膜虫 ⑩⑪⑫钩刺斜管虫 ⑬长圆膜袋虫 ⑭银灰膜袋虫 ⑮弯豆形虫 ⑯棘尾虫
⑰细长扭头虫 ⑱伪尖毛虫 ⑲纺锤全列虫 ⑳柱前管虫 ㉑粗圆纤虫 ㉒刀刀口虫 ㉓有助盾纤虫

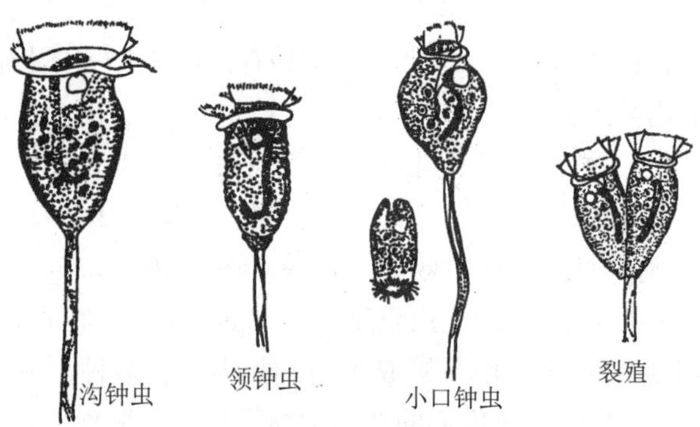

图 2-31 纤毛纲中的固着型纤毛虫（一）

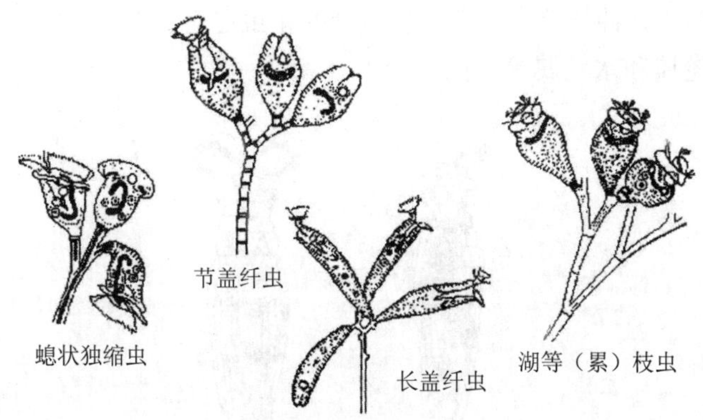

图 2-32 纤毛纲中的固着型纤毛虫（二）

③吸管虫 幼体有纤毛，成虫纤毛消失，长出长短不一的吸管，靠柄固着生活。其吸管可捕捉食物（图 2-33）。

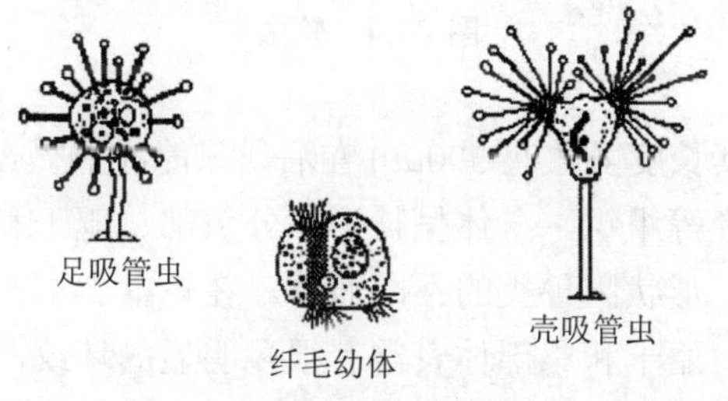

图 2-33 吸管虫

纤毛纲中的游泳型纤毛虫多数是在α-中污带和 β-中污带，少数在寡污带中生活。污水生物处理中，在活性污泥培养中期或在处理效果较差时出现。扭头虫、草履虫等可在缺氧或厌氧环境中生活，它们耐污力极强，而漫游虫则喜在较清洁水中生活。固着型的纤毛虫，尤其是钟虫，喜在寡污带中生活。钟虫类在 β-中污带中也能生活。如累枝虫耐污力较强。它们是水体自净程度高，污水生物处理好的指示生物。吸管虫多数在β-中污带，有的也能耐α-中污带和多污带。

二、微型后生动物

原生动物以外的多细胞动物叫后生动物。因有些后生动物形体微小，要借助光学显微镜方可看得清楚，故叫微型后生动物。如轮虫、线虫、寡毛虫、浮游甲壳动物等。上述微型动物在天然水体、潮湿土壤、水体底泥和污水生物处理构筑物中均有存在。

1．轮虫（Rotifera）

轮虫是一类体积很小的多细胞动物，属于担轮动物门轮虫纲。它们大多生活在淡水中，分布很广，种类繁多，目前观察到的轮虫已有252种，常见的有：旋轮属、猪吻轮属、腔轮属和水轮属等（图2-34）。

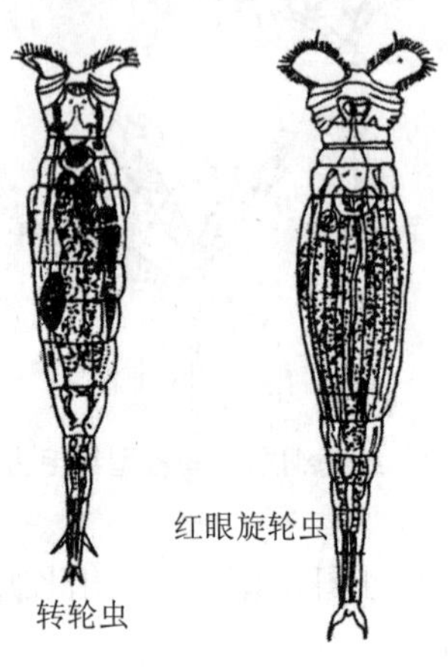

图2-34 轮虫

轮虫形体微小，其长度多数在500μm左右，只能在显微镜下看到。有消化、排泄、生殖、肌肉、神经等组织。身体呈长形，分头部、躯干和尾部。头的前端有能伸缩的头冠或称轮盘，形状因种类的不同而异。在轮盘上有一圈或两圈纤毛，是轮虫运动和摄食的器官。躯干和尾部体表常有很多明显的环纹，这些环纹是一些有规则的环形褶皱，能使身体伸缩。躯干部的外面被有一层角质层，多数角质层较薄，但有些种类的角质层高度硬化，形成坚固的被甲，被甲上往往有精致的花纹或突起。常是鉴别种类的依据之一。尾部和躯干相比，显得比较狭窄，末端常有2～4个对称的足趾，内有黏腺，能分泌粘性物质，借以固着在其他动物体上。轮虫雌雄异体而且异形，雄体小，雌体大，通常以孤雌生殖繁殖后代，仅在不良环境下进行有性生殖。雄性出现的时间很短暂，有些种类的雄性至今尚未发现。

大多数轮虫以细菌、霉菌、藻类、原生动物及有机颗粒为食，这种行为特性在动物学中被称为杂食性，而猪吻轮虫为肉食性生物，在污水生物处理中若猪吻轮虫大量出现，活性污泥将会被蚕食。

轮虫在自然环境中分布很广，栖息地也多种多样，但多数栖息在沼泽、池塘、浅水湖泊和深水湖泊的沿岸带。轮虫生活需要较高的溶解氧量，因此，轮虫是水体寡污带和污水生物处理效果好的指示生物。

2．寡毛类动物

寡毛类动物属于环节动物门（Annelida）的寡毛纲（Oligochaeta）。有陆生生活的（如蚯蚓），也有营水生生活的（如颤体虫、颤蚓、水丝蚓等），另外还有一些为半水生或两栖性。

颤体虫、颤蚓、水丝蚓为水栖寡毛类，体积较小，通常在 1～30 mm，身体为蠕虫形或圆柱形，柔软细长并分节，全身可分头部和躯干两部分，头部仅有一节，身体每节的两侧有刚毛，靠刚毛爬行活动。

在污水生物处理中出现的多为红斑颤体虫（图 2-35）。它的前叶腹面有纤毛，是捕食器官。此虫为杂食性，主要食物为污泥中的有机碎片和细菌，适宜在夏秋两季的水体中生长。颤蚓和水丝蚓中有些是厌氧生活的，多生活在河流、湖泊等淡水中，尤其适宜生活在被有机物严重污染的小沟、小水潭、池塘或小河边缘等地方，所以颤蚓和水丝蚓为河流、湖泊底泥污染的指示生物。

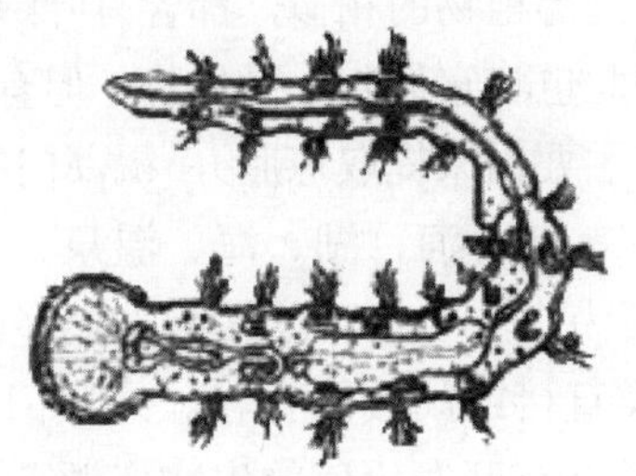

图 2-35　寡毛纲红斑颤体虫

3. 浮游甲壳动物

浮游甲壳动物属于节肢动物门（Arthropoda）的甲壳纲（Grustacea），都是水生生物，营浮游生活。在浮游生物中占重要地位，数量大，种类多，是鱼类的基本食料，因此，甲壳动物的数量对鱼类影响很大。它们广泛分布于河流、湖泊和水塘等淡水水体和海洋中，尤其以淡水为最多。

常见的甲壳动物有剑水蚤和水蚤（图 2-36），水蚤的体长一般为 0.2～3 mm，身体左右侧扁，分节不明显，具有一块两片合成的甲壳，包被于躯干部的两侧；剑水蚤体长不超过 3 mm，身体纵长，分为 16～17 个体节，但由于体节各节之间往往发生愈合，所以一般不超过 11 节，第一节最大，叫头部，后五节叫带足节（各带一对浮游足）。

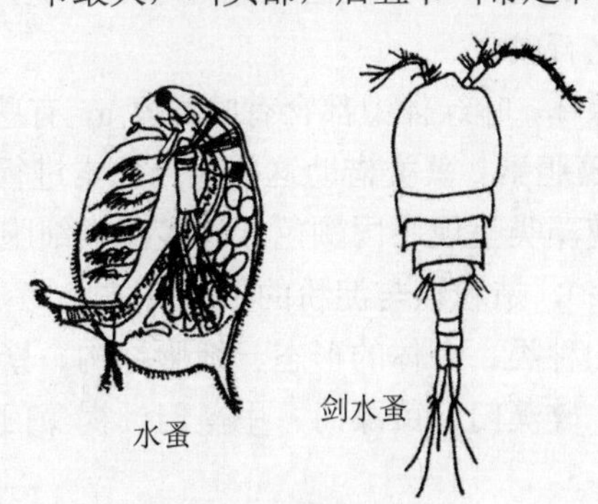

图 2-36　浮游甲壳动物

水蚤的血液中含有血红素，由于水蚤没有血管系统，所以血液是在血腔内运行，包括其肌肉、卵巢、肠壁等细胞中都含有血红素。血红素的含量随环境中溶解氧的高低而变化，水体中溶解氧高，水蚤的血红素含量低，颜色变浅；当水中溶解氧缺乏时，水蚤的血红素含量增高，红色加深。如果水蚤多而密集，则水也呈红色。由于污水中含氧量低，清水中含氧量高，所以，我们可以利用水蚤的这个特点，判断水体的清洁程度。

三、藻类

藻类这一名词系指一个大的、多种多样的真核微生物类群。这个类群的特征是具有真正的细胞核，叶绿体与高等植物的相似，都含有叶绿素，能进行光合作用。由于大多数藻类是显微大小，因此也将它们归入微生物。但有一些种类是肉眼可见的，例如红藻门的紫菜和石花菜（主要用来提取琼脂），褐藻门的海带可长达几十米。

在自然界藻类分布很广，江、河、湖、海、温泉、土壤、岩石、树干、冰原等环境中都可以生长，但主要为水生生物。单细胞藻类多浮游于水体的上层，故亦称浮游生物，是鱼、虾、贝类直接或间接的食物。绿藻门中的小球藻（*Chlorella*）蛋白质含量高达 50%以上，是具有开发价值的生物资源。在自然界水生生态系统中，藻类是重要的初级生产者，对物质循环和氧含量的平衡，起着极为重要的作用。但在某些特定条件下，藻类异常增殖可造成水体严重污染——水体富营养化。

1．藻类的形态和结构

藻类的形态非常多样，为单细胞或是群体，群体是以集合体形式出现，例如细胞排列为球状、丝状、片状、盘状、不规则团状等（图 2-37）。藻类细胞通常有 1 条、2 条或 4 条鞭毛，因此许多藻类能运动。

大多数情况下，藻类的细胞壁是由纤维素形成的网状结构。裸藻没有坚韧的细胞壁，由细胞质膜下的一层蛋白质表膜保护细胞。在硅藻中细胞壁是由二氧化硅构成的，其内含有蛋白质和多糖，即使硅藻死亡之后有机质被分解，外部结构仍保留着。由于能抵抗腐烂，它可长期完整地保存下来，形成很好的藻类化石。从这种化石记载中我们得知，大约 20 亿年前硅藻已经在地球上出现。工业用过滤介质——硅藻土，就是硅藻细胞的化石成分。

藻类细胞中具有叶绿体，叶绿体中都含有叶绿素 a，有些还含有叶绿素 b、c、e、d，胡萝卜素、叶黄素和藻胆素。藻类借助这些光合色素进行光合作用，同时也由于所含光合色素的不同而使藻类呈现不同颜色。许多藻类细胞中常有一种细胞器称为造粉核（淀粉核或蛋白核），造粉核与淀粉的形成有关。

根据藻类光合色素的种类、个体的形态、细胞结构、繁殖方式等将藻类分为绿藻门、裸藻门、金藻门、硅藻门、黄藻门、甲藻门、褐藻门、红藻门及轮藻门。藻类主要类群的特征见表 2-3。

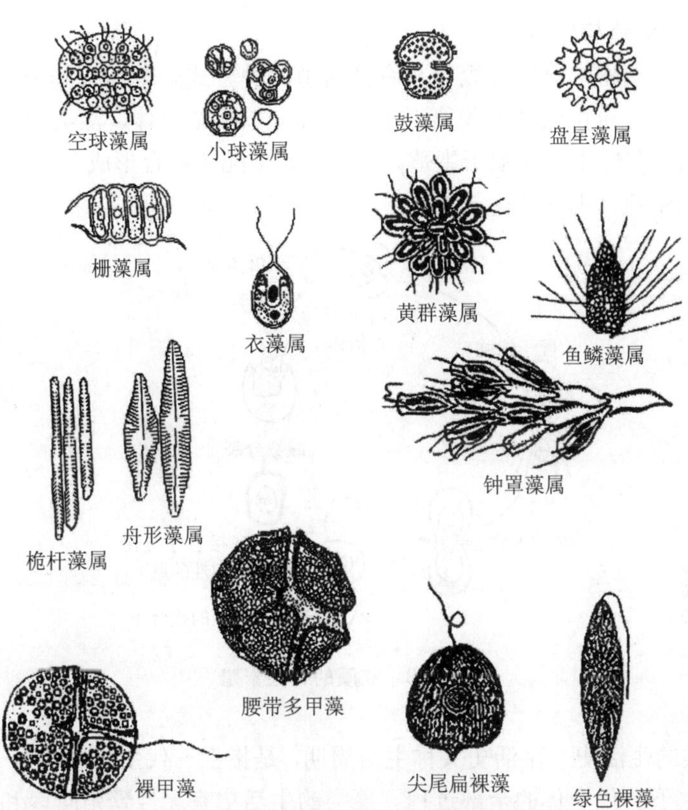

图 2-37 部分藻类的典型形态

表 2-3 藻类主要类群的特征

藻类类群	名称	形态	色素	代表种	可贮藏的碳源物质	细胞壁	主要栖息地
绿藻门 (Chlorophyta)	绿藻	单细胞到多叶状	叶绿素 a 和 b	衣藻	淀粉 a-1,4 葡聚糖	纤维素	淡水，土壤，少数海洋
眼虫藻门 (Euglenophyta)	眼虫藻类	具鞭毛的单细胞	叶绿素 a 和 b	眼虫	裸藻淀粉（β-1,2 葡聚糖）	无细胞壁	淡水，少数海洋
金藻门 (Chrysophyta)	金褐藻硅藻	单细胞	叶绿素 a 和 b 和 e	硅藻	类脂	由两片硅质壳盖合	淡水、海水、土壤
褐藻门 (Phaeophyta)	褐藻	丝状体到多叶状，偶有块状	叶绿素 a 和 c，叶黄素	海带	昆布多糖（β-1,3 葡聚糖）甘露醇	纤维素	海洋
甲藻门 (Rrophyta)	甲藻	具鞭毛单细胞	叶绿素 a 和 c	膝沟藻	淀粉（a-1,4 葡聚糖）	纤维素	淡水，海洋
红藻门 (Rhodophyta)	红藻	单细胞，丝状到多叶状	叶绿素 a 和 d 藻胆蛋白，藻红蛋白	多管藻	4 和a-1,6 葡聚糖）佛罗里多苷(甘油-半乳糖苷）	纤维素	海洋

（沈苹 1999）

2．藻类的繁殖与生活史

（1）藻类的繁殖　分无性繁殖与有性繁殖两种方式。单细胞藻类靠细胞分裂进行增殖，多细胞体可由藻体上脱离下来的一部分长成新个体，藻类也可以产生孢子进行无性繁殖。有性生殖为配子生殖。同型或异型配子结合形成合子（图 2-38）。有些藻类为卵配生殖，形成卵孢子。

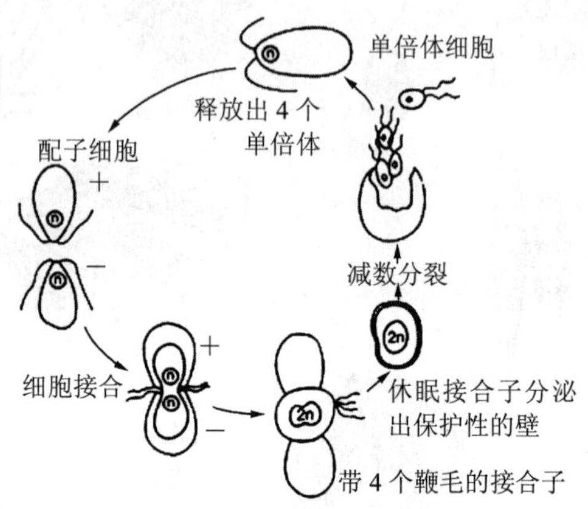

图 2-38　衣藻的有性繁殖

（2）藻类的生活史　生活史又称生活周期，是指上一代生物个体经一系列生长、发育阶段产生下一代个体的全部过程。藻类的生活史有无性繁殖阶段和有性繁殖阶段。无性繁殖阶段表现为许多细胞藻类的营养体长至一定大小时细胞分裂或形成孢子。而有性繁殖是由无性繁殖至某一时期分化出配子，配子再结合产生合子，由合子萌发生成孢子（图 2-39）。

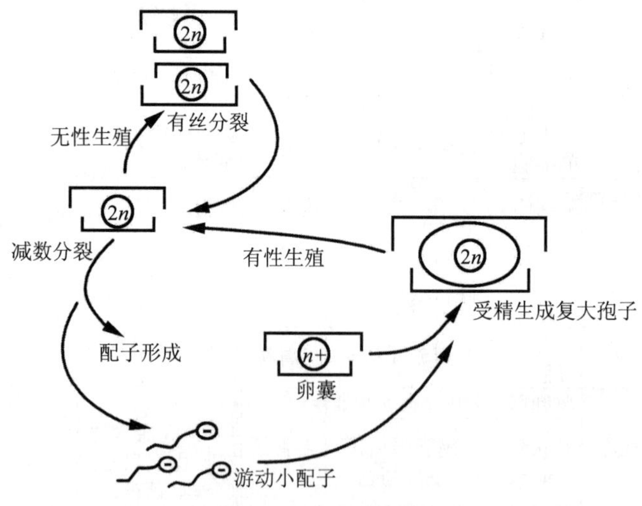

图 2-39　硅藻的生活史

四、真菌

真菌是一类分布广阔、类群庞大而多样的生物，估计约有 150 多万种，但被人类认识的还不到 7 万种。在土壤、水环境、空气中以致几万米的高空，都可以找到它们的足迹。它们不含叶绿素，具有真正的细胞核，能在黑暗、潮湿以及有机物质存在的环境下生长良好。因真菌能生产丰富的酶系，具有很强的分解复杂有机物的能力。真菌同人类的生产、生活关系密切，是人类实践活动中最早认识利用的一类真核微生物。它们的代谢产物也被人类广泛利用。但是真菌对人类可造成极大的危害，如有些真菌可引起人、畜疾病，有些可寄生于植物造成作物减产，长期以来，真菌引起的农作物病害一直是困扰农业发展的一大障碍。

目前真菌的分类是以形态特征和有性生活史作为分类的指征，各类群的主要特征见表 2-4。为研究方便通常可分为三类菌，即酵母菌、霉菌和蕈菌，它们归属于不同的类群。

表 2-4　真菌的类群和主要特征

类群	名称	菌丝	代表种	有性孢子类型	栖息地	病害
子囊菌纲（Ascomycetes）	子囊真菌	有隔	脉胞菌、酵母菌、羊肚菌	子囊孢子	土壤，腐烂的植物残体	栗树枯萎麦角
担子菌纲（Basidiomycetes）	蕈菌	有隔	鹅膏菌（有毒蕈菌）、伞菌（可食蕈菌）	担孢子	土壤，腐烂的植物残体	小麦锈病，玉米黑穗病
接合菌纲（Zygomycetes）	霉菌	多核	毛霉、根霉	接合孢子	土壤，腐烂的植物残体	食物腐败，包括少数寄生的病害
卵菌纲（Oomycetes）	水生霉菌	多核	异水霉属	卵孢子	水中	马铃薯枯萎病、某些鱼病
半知菌纲（Deuteromycetes）	半知真菌	有隔	青霉、曲霉、假丝酵母	无	土壤，腐烂的植物残体，动物体表	植物枯萎，动物感染，如癣、足癣和其他半知菌病，表面和组织感染（假丝酵母）

（沈萍　1999）

（一）酵母菌

酵母菌是单细胞真菌的统称。在自然界分布很广，常生长在有糖的环境中。如水果、蔬菜、蜜饯的表面和果园土壤中。酵母菌种类很多，约 56 属 500 多种。与人类关系密切，被认为是人类的“第一家养微生物”。千百年来人类几乎每天都离不开酵母菌，例如人们利用发酵型酵母菌生产各种酒类、面包、甘油、饲用、药用以及食用单细胞蛋白等；从酵母菌体内提取核酸、麦角甾醇、辅酶 A、细胞色素 C、凝血质和维生素等生化药物。但是少数酵母菌可寄生在动物体上，引起人或其他动物的疾病，如白色念珠菌可引起呼吸道、消化道和泌尿系统等多种疾病。

1．酵母菌的形状与大小

大多数酵母菌为单细胞，形态有球形、卵圆形、椭圆形或圆柱形。有些酵母菌子细胞与母细胞连在一起形成链状，称为假菌丝。酵母菌的细胞大小大约为细菌的 10 倍，直径 1～5 μm，长 5～30 μm 甚至更长。

2．酵母菌的细胞结构

酵母菌的细胞结构已接近于高等生物，具有细胞壁、细胞膜、细胞核、一个或多个液泡、线粒体、核糖体、内质网、微体、微丝及内含物等（图 2-40），但没有高等生物中普遍存在的高尔基体。

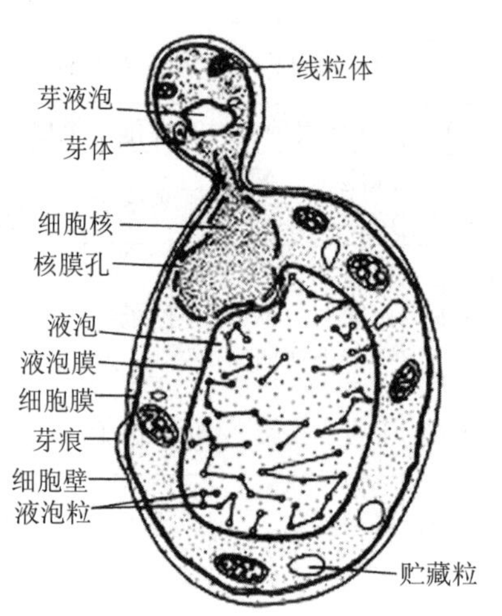

图 2-40　酵母菌细胞

酵母菌的细胞壁厚约 25 nm，其组分与细菌不同，含葡聚糖、甘露聚糖、壳多糖（曾用名为几丁质）、蛋白质及脂类，主要成分是葡聚糖和甘露聚糖。酵母菌的细胞核具有核膜、核仁，DNA 与蛋白质形成染色体，是其遗传信息的主要贮存库。酵母菌细胞膜上含有丰富的维生素 D 的前体——麦角甾醇，它经紫外线照射后可转化为维生素 D，可作为维生素 D 的来源。成熟的酵母菌细胞中有一个大的液泡，液泡中含水解酶、聚磷酸、类脂中间代谢物和金属离子等，具有贮藏水解酶，提供营养物质和调节渗透压的作用。内质网为双层膜，位于细胞膜与核膜之间，其上附有 80 S 核糖体，是合成蛋白质的场所。多数酵母细胞含有折光性很强的脂类颗粒，在电镜下呈透明状，用苏丹黑或苏丹红染色时呈蓝黑色或蓝红色，有的酵母细胞积累的脂类物质可达细胞干重的 50%。

3．酵母菌的培养特征

（1）在固体培养基上的培养特征　酵母菌的菌落形态特征与细菌相似，但比细菌大而厚、湿润、表面光滑、多数不透明、黏稠，菌落颜色通常呈乳白色，少数红色，个别黑色。菌落容易用针挑起，质地均匀，正、反面及中央与边缘的颜色一致。不产生假菌丝的酵母菌，菌落更加隆起，边缘十分圆整；形成大量假菌丝的酵母，菌落较平坦，表面和边缘粗糙。

（2）在液体培养基上的生长特征　不同种的酵母菌表现不一样，有的酵母菌在培养基液面上形成薄膜，有的酵母菌产生沉淀沉在瓶底。发酵型的酵母菌产生二氧化碳气体使培养基表面充满泡沫。

4．酵母菌的繁殖和生活史

（1）无性繁殖　芽殖（budding）是酵母菌最常见的繁殖方式（图 2-41）。在良好的营养和生长条件下，酵母菌迅速生长繁殖，其芽殖形成的子细胞尚未与母细胞分离，便又在了细胞上长出新芽，从而形成串的酵母细胞，极像霉菌菌丝，故称为假菌丝（图 2-42）。少数酵母菌具有与细菌类似的二分裂繁殖方式。

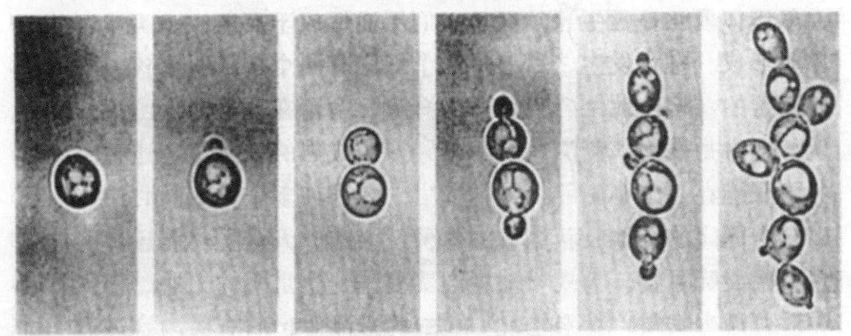

图 2-41　酵母菌的芽殖

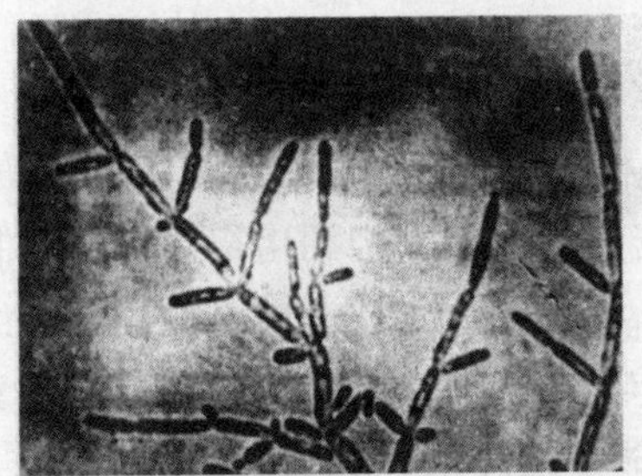

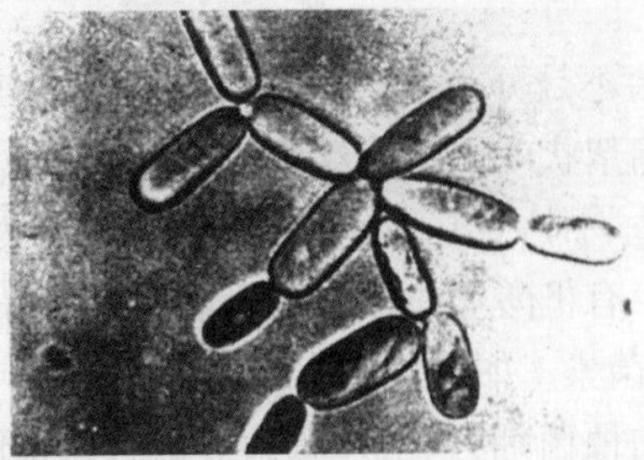

图 2-42　酵母菌的假菌丝

（2）有性繁殖 酵母菌以形成子囊和子囊孢子的方式进行有性繁殖。酵母菌生长发育到一定阶段，分化出不同性别的细胞，它们先通过质配、核配形成二倍体。二倍体细胞转变为子囊，子囊内的核通过减数分裂，最终形成子囊孢子。成熟的子囊孢子释放，并萌发成单倍体酵母细胞。

（3）酵母菌的生活史 图 2-43 为酿酒酵母（*S.cerevisiae*）的生活史。其特点是一般情况下以营养体状态进行出芽繁殖；营养体既能以单倍体形式存在，也能以二倍体形式存在；有性繁殖在特定的条件下才进行。酿酒酵母的二倍体营养细胞因其体积大、生命力强，故广泛应用于工业生产、科学研究或遗传工程实践中。

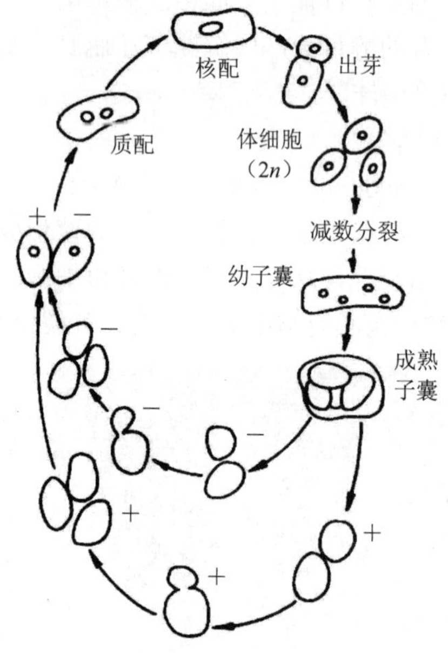

图 2-43 酿酒酵母的生活史

（二）霉菌

霉菌不是分类学上的名词，而是一些丝状真菌的总称。凡在营养基质上形成绒毛状、棉絮状或网状菌丝体的小型真菌，统称为霉菌。霉菌广泛分布于土壤、空气、水体和生物体内外等处，与人类关系极为密切。例如人们利用霉菌制酱、制曲、生产酒精、有机酸（如柠檬酸、葡萄糖酸等）、酶制剂（如淀粉酶、蛋白酶和纤维素酶等）、抗菌素（如青霉素和头孢霉素等）、植物生长刺激素（赤霉素）、维生素、杀虫农药（白僵菌剂）、甾体激素等。有些霉菌能清除废水中的氰化物、含硝基化合物，如镰刀霉能分解无机氰化物，对废水中氰化物的去除率达 90%以上。然而霉菌也给人类带来极大的损害，它们引起粮食、水果、蔬菜等农副产品及各种工业原料、产品、电器和光学设备的发霉或变质，据统计，全世界平均每年由于霉变而不能食（饲）用的谷物达 2%。有的种类能引起植物和动物疾病。如马铃薯晚疫病、小麦锈病、稻瘟病和皮肤癣症等。少数霉菌还能产生毒素，严重威胁着人们的身体健康。

1．霉菌的形态与构造

霉菌的营养体由菌丝构成。菌丝可无限伸长并可产生分枝，分枝的菌丝相互交错在一起，形成了菌丝体。在显微镜下看，霉菌的菌丝有两类：一类菌丝中无横隔，整个菌丝体就是一个单细胞，内含多个细胞核，如根霉（*Rhizopus*）、毛霉（*Mucor*）和绵霉（*Achlya*）等。另一类菌丝有横隔，每一段就是一个细胞，内含一个或多个核，整个菌丝体是由多个细胞构成，在隔膜中央小孔连通，使细胞质、细胞核及养料可以自由流通，如青霉（*Penicillium*）、曲霉（*Asoergillus*）、镰刀霉（*Fusarium*）、木霉（*Trichoderma*）等（图 2-44）。霉菌菌丝直径一般为 3～10 μm，与酵母细胞类似，但比细菌或放线菌的细胞约粗 10 倍。

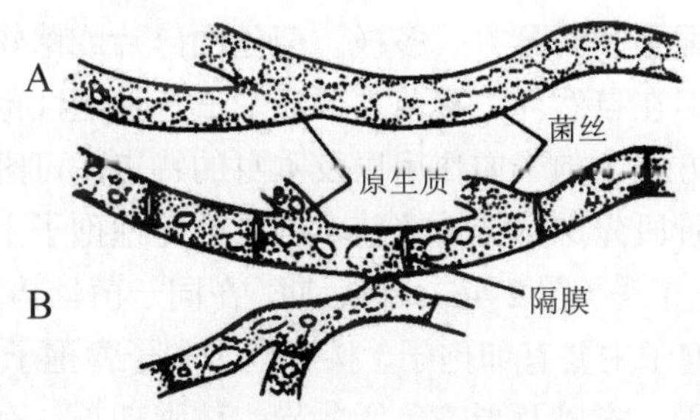

图 2-44　霉菌的营养菌丝

霉菌的菌丝分化为营养（基内）菌丝和气生菌丝。营养菌丝深入培养基内或匍匐蔓生在培养基的表面，从培养基中吸取养分；气生菌丝是由营养菌丝向空中生长而形成的，其中一部分气生菌丝生长发育到一定阶段，便分化为繁殖丝，产生孢子（图 2-45）。

霉菌丝状细胞的构造与酵母菌细胞十分相似，也有细胞壁、细胞质膜、细胞核、细胞质及内含物等组成。霉菌菌丝的细胞壁厚 0.1～0.3 μm。主要由壳多糖组成，少数水生低等霉菌为纤维素。壳多糖是 N-乙酰葡糖胺分子以-1,4-糖苷键连接而成的多聚糖，它与纤维素的结构很相似，只是与葡萄糖上第二个碳原子相连的不是羟基而是乙酰氨基。

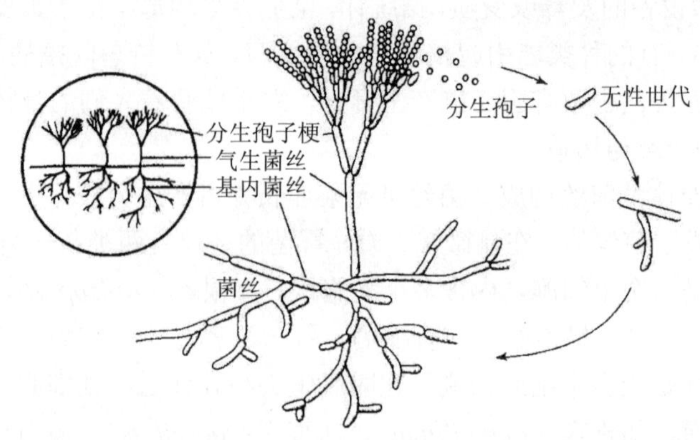

图 2-45 霉菌的基内菌丝和气生菌丝

2．霉菌的繁殖方式

霉菌的繁殖能力很强，而且方式多样。菌丝的碎片或菌丝截段均可发育成新个体，称为断裂增殖。但在自然界，霉菌主要靠形成各种无性孢子和有性孢子进行繁殖。根据孢子的形成方式、孢子的作用以及本身的特点，可区分为多种类型。一般霉菌菌丝生长到一定阶段先进行无性繁殖，产生的无性孢子主要有分生孢子、节孢子、厚垣孢子、孢囊孢子等（图 2-46）。到后期，在同一菌丝体上产生有性繁殖结构，形成有性孢子。有性孢子主要有卵孢子、接合孢子和子囊孢子等（图 2-47）。霉菌孢子的特点是小、轻、干、多以及形态色泽各异，休眠期长，有较强的抗逆性。孢子的这些特点有助于它们在自然界中的传播和生存。

3．霉菌的菌落特征

将霉菌接种在培养基上，经过一定时间的生长繁殖，可以看到由菌丝聚合而成的菌落。霉菌的菌落呈圆形、蛛网状、绒毛状或棉絮状，菌落形态较大，比细菌菌落大几倍到几十倍，有的菌落如根霉、毛霉菌丝在固体培养基表面蔓延，以致菌落没有固定大小。霉菌菌落的质地一般比放线菌疏松，外观干燥，不透明。菌落正反面的颜色以及边缘与中心的颜色常不一致。菌落正反面颜色不同，是由于气生菌丝及其分化出来的子实体（孢子等）的颜色往往比分散于固体基质内的营养菌丝的颜色深。菌落中心与边缘的颜色不同，是因为越接近中性的气生菌丝生理年龄越大，其发育分化和成熟度也越高，所以颜色也越深。由于不同霉菌的孢子有不同形状、结构和颜色，因而使各种霉菌菌落呈现不同结构和色泽。有的霉菌可产生水溶性色素而使菌落背面及培养基变色。同一种霉菌在不同成分的培养基上形成的菌落特征可能会有所变化，但各种霉菌在一定培养基上形成菌落的大小、形状、颜色等却相对稳定。所以，菌落特征也是霉菌分类鉴定的重要依据之一。

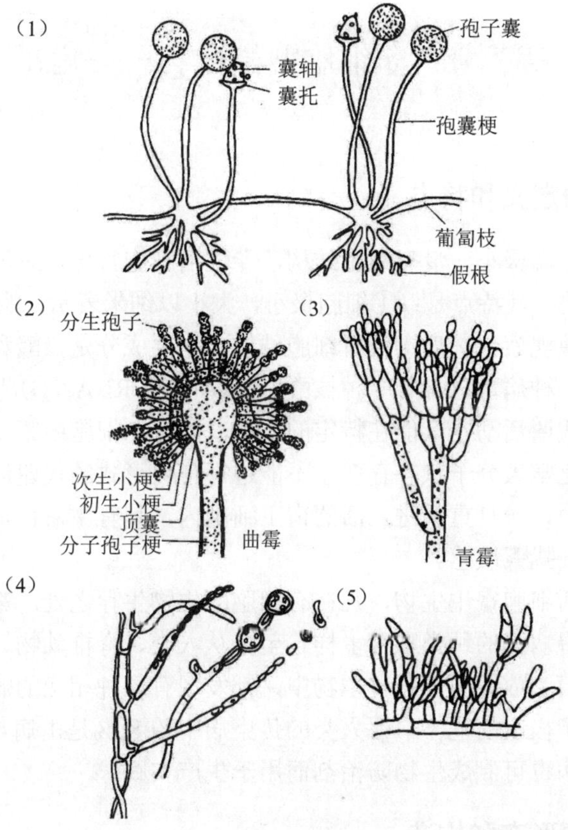

图 2-46 霉菌的无性繁殖

(1) 霉菌丝及孢囊孢子；(2) 曲霉分生孢子；(3) 青霉分生孢子；(4) 地霉厚垣孢子；(5) 赤霉节孢子

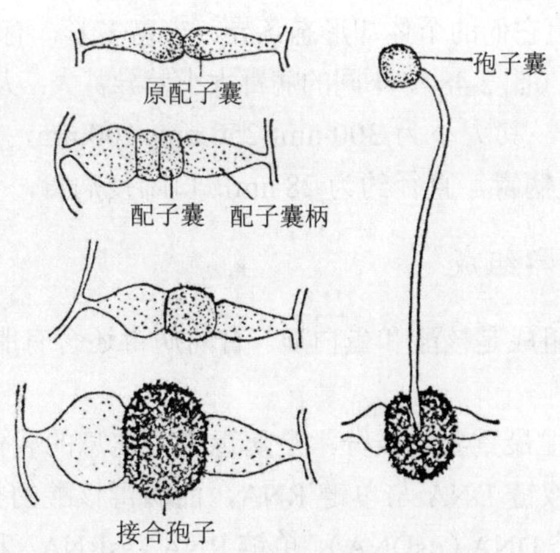

图 2-47 毛霉接合孢子的形成过程

第三节 非细胞型微生物——病毒

一、病毒的定义和特点

病毒是一类形态极小、没有细胞结构，专性活细胞寄生，只能在电子显微镜下才能看到的微生物。其特点是：①细胞极小，大小以纳米表示，能通过细菌过滤器，需借助电子显微镜观察；②病毒没有细胞结构，主要成分是核酸和蛋白质，故又称分子生物；③每一种病毒只含有一种核酸，DNA 或是 RNA；④严格的活细胞内寄生，没有独立的代谢活动，只能在特定的生活着的寄主细胞中繁殖；⑤在离体条件下，以无生命的化学大分子状态存在，不能进行任何形式的代谢活动，但仍保留感染宿主的潜在能力，一旦重新进入活的宿主细胞内又具有生命特征；⑥对一般抗生素不敏感，但对干扰素敏感。

病毒是专性活细胞寄生生物，凡在有细胞的生物生存之处，都有与之相对应的病毒存在，这使得病毒的种类多种多样。至今从人类、脊椎动物、无脊椎动物、植物以及真菌、细菌、放线菌等各种生物中，都发现有各种相应的病毒存在。病毒对人类的健康造成了极大的危害，在人类的传染病中约 80%是由病毒引起的。但许多侵染有害生物的病毒可制成生物防治剂而用于生产实践。

二、病毒的形态和构造

（一）病毒的形态和大小

病毒虽然很小，但它们的个体却形态各异，丰富多彩，有圆形、椭圆形、砖形、杆状、丝状、蝌蚪状等（图 2-48）。不同的病毒大小差异甚大。大多数界于 10～300 nm。最大的病毒如痘病毒，其大小为 300 nm×250 nm×100 nm，最小的病毒仅为 20～30 nm，如脊髓灰质炎病毒，直径约为 28 nm，口蹄疫病毒，直径约为 22 nm。

（二）病毒的化学组成

病毒的基本化学组成是核酸和蛋白质。有的病毒还含有脂类、多糖等其他组分。

1．病毒的核酸

核酸是病毒粒子中最重要的成分，是病毒遗传信息的载体和传递体。一般生物细胞中的核酸仅存在双链 DNA 与单链 RNA，而病毒核酸的类型呈多样性，有单链 DNA（ssDNA）和双链 DNA（dsDNA），单链 RNA（ssRNA）和双链 RNA（dsRNA）。一般说来，动物病毒以线状 dsDNA 和 ssRNA 为多，植物病毒以 ssRNA 为主，噬菌体以线状 dsDNA 居多，已详细研究过的 33 种真菌病毒都属 dsNA 病毒。

2．病毒的蛋白质

蛋白质是病毒的主要组成成分，其含量远大于核酸。例如流感病毒核酸的含量仅为 1%，烟草花叶病毒核酸的含量为 5%。少部分病毒仅含一种蛋白质，如烟草花叶病毒；大部分病毒含有多种蛋白质，如流感病毒含 10 种蛋白质。

蛋白质的作用包括构成病毒的衣壳，保护病毒核酸；决定病毒感染的特异性，使病毒与敏感细胞表面特定部位有特异亲和力，从而使病毒可牢固地附着在敏感细胞上；病毒蛋白还具有致病性、毒力和抗原性。

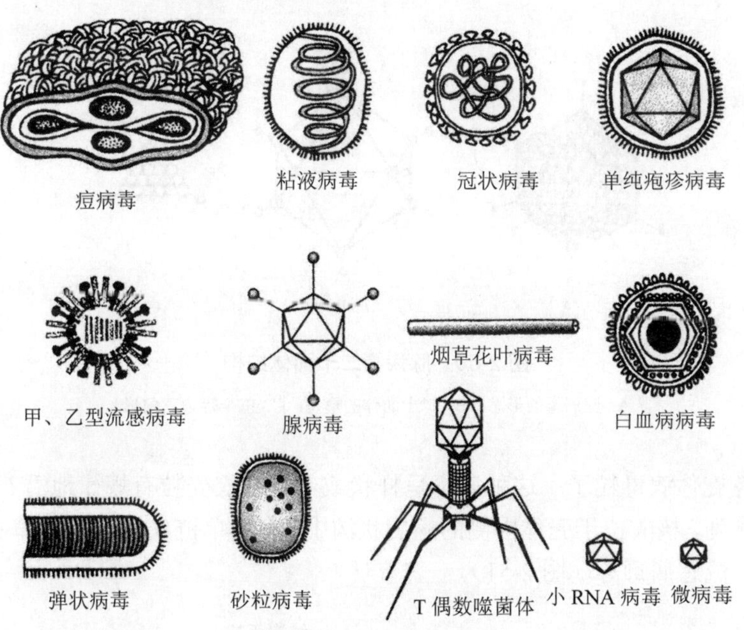

图 2-48　部分病毒的形态

（三）病毒的结构

病毒没有细胞结构，整个病毒体分两部分：一是蛋白质外壳，称衣壳；二是核酸内芯，称核髓。核髓和衣壳合称核衣壳。有的病毒的核衣壳裸露，有的病毒的核衣壳外还有被膜包围。如图 2-49。完整的、具有感染力的病毒体叫病毒粒子或病毒颗粒。

病毒的蛋白质衣壳是由一定数量的衣壳粒（由一种或几种肽链形成的蛋白质亚单位）按一定的排列组合方式构成的。按照衣壳粒的排列组合方式不同，可以表现出不同的构型和形状：

（1）二十面体病毒粒子　衣壳粒沿着三个互相垂直的轴对称排列，形成二十面体，每个面是等边三角形。如腺病毒、疱疹病毒、脊髓灰质炎病毒等（图 2-50）。

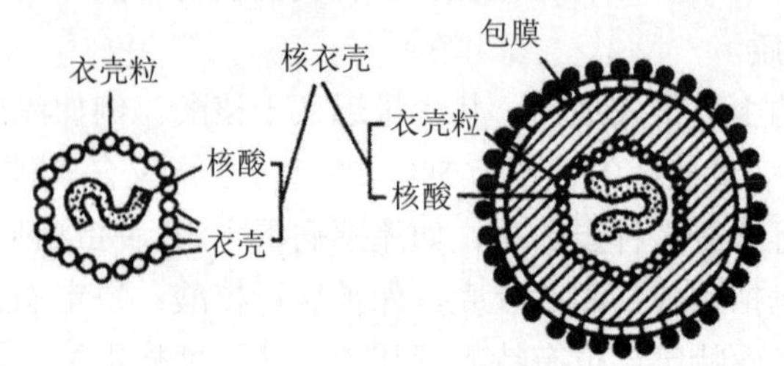

图 2-49 病毒的基本结构

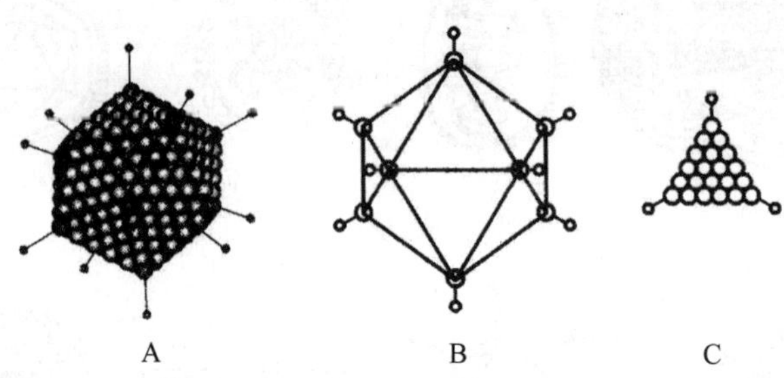

图 2-50 腺病毒二十面体结构

A. 腺病毒的形态；B. 二十面体的形态；C. 单个等边三角形

（2）螺旋体病毒粒子 这种病毒呈杆状或丝状，衣壳粒有规律地沿着中心轴呈螺旋对称排列，核酸位于壳体内侧的螺旋状沟中，多为单链 RNA。如烟草花叶病毒，狂犬病毒、流感病毒等（图 2-51）。

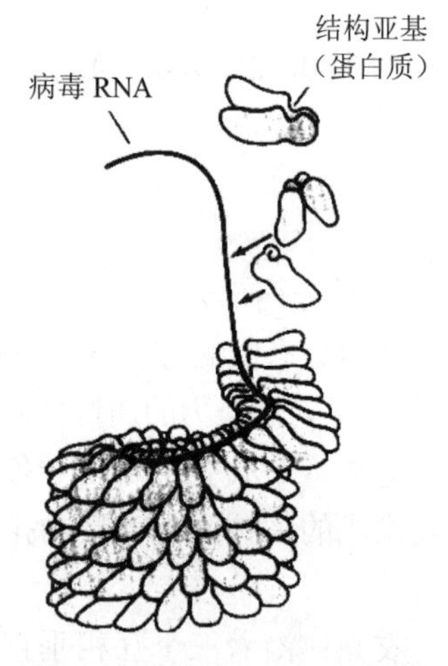

图 2-51 烟草花叶病毒的形态构造

（3）复合对称型病毒粒子　少数病毒的衣壳为复合对称结构。衣壳既有螺旋对称结构，又有二十面体对称结构。如大肠杆菌 T 噬菌体，它的头部呈二十面体对称型，尾部为螺旋对称型。如图 2-52：

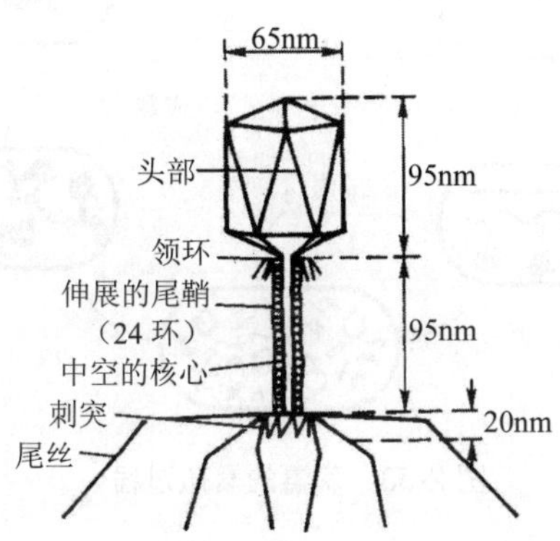

图 2-52　大肠杆菌噬菌体 T_4

三、病毒的增殖

（一）病毒的繁殖过程

病毒的增殖方式与细胞型微生物不同。病毒是专性活细胞内寄生生物，缺乏生活细胞所具备的细胞器（如核糖体、线粒体等）以及代谢必需的酶系统和能量，增殖所需的原料、能量和生物合成的场所均由宿主细胞提供，在病毒核酸的控制下合成新的病毒核酸（DNA 或 RNA）与蛋白质等成分，然后在宿主细胞内装配为成熟的、具感染性的病毒粒子，再以各种方式释放至细胞外，感染其他细胞。这种增殖方式称为复制。无论是动物病毒、植物病毒或噬菌体，其繁殖过程虽不完全相同，但基本相似。概括起来可分为吸附、侵入、复制、装配与释放 5 个连续步骤。目前研究比较清楚的是大肠杆菌 T 系噬菌体，其繁殖过程如下（图 2-53）。

1. 吸附

吸附是病毒表面蛋白或专门的吸附器与细胞受体特异性结合，使病毒吸附于细胞表面的现象。如大肠杆菌 T 系噬菌体是用它的尾丝（吸附器）吸附到敏感细胞表面上某一特定的化学成分，细胞壁、鞭毛或是纤毛，然后用尾钉（刺突）固定（图 2-54）。

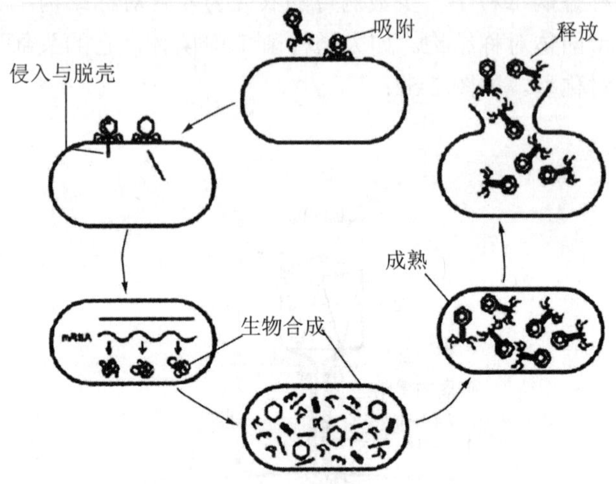

图 2-53 病毒的繁殖过程

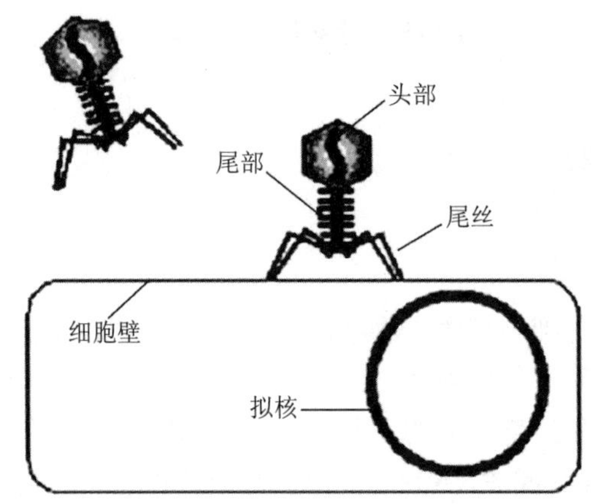

图 2-54 病毒的吸附

2．侵入与脱壳

不同的病毒侵入宿主细胞的方式不一样，其中噬菌体的侵入最复杂。如大肠杆菌 T 系噬菌体以其尾部吸附到敏感细胞的表面后，将尾丝展开，通过尾部的刺突固着在细胞上；然后用尾部释放的酶水解细胞壁的肽聚酶形成小孔；接着尾鞘收缩，将尾髓压入宿主细胞内，尾髓再将头部的 DNA 注入宿主细胞内，蛋白质外壳留在宿主细胞外（图 2-55）。如果大量噬菌体短时间内侵入同一细胞，将使细胞壁产生许多小孔，在尚未进行噬菌体增殖时就可能引起细胞立即裂解，这种现象叫细胞外裂解。没有尾鞘的丝状大肠杆菌噬菌体 M_{13} 也能将 DNA 注入宿主细胞内，这说明尾鞘并不是噬菌体侵入宿主细胞所必需的，但它可以加快噬菌体的侵入速度，例如大肠杆菌

T_2 噬菌体的侵入速度比丝状噬菌体 M_{13} 要快 100 倍。

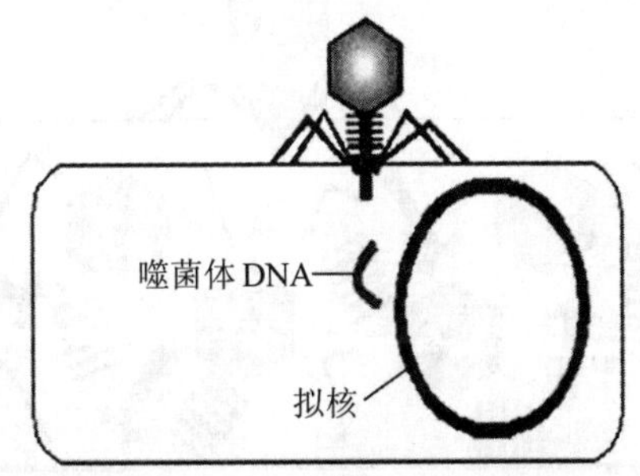

图 2-55　病毒的侵入与脱壳

3．复制

病毒侵入敏感细胞后，将核酸释放于细胞中，与此同时，宿主细胞的代谢也发生了改变，宿主细胞内的生物合成不再由细胞本身支配，而受病毒核酸携带的遗传信息控制。病毒利用宿主细胞的核糖体、tRNA 以及酶等，使病毒核酸复制，并合成大量病毒蛋白质（图 2-56）。

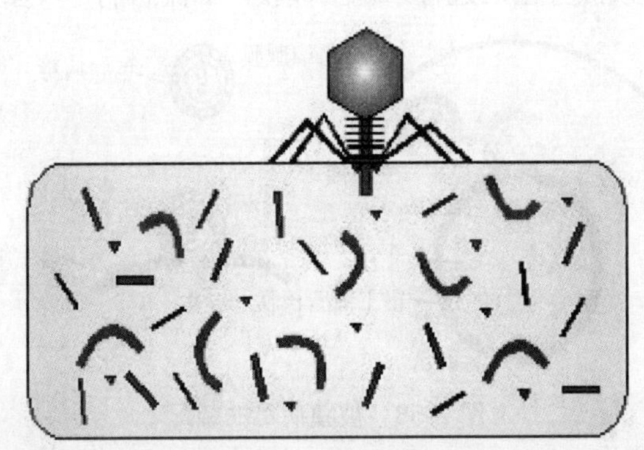

图 2-56　病毒的复制

4．装配（成熟）

在病毒感染的宿主细胞内，将合成的病毒各部分按一定的方式组合为成熟病毒粒子的过程称为装配。大肠杆菌噬菌体 T_4 的装配过程如下：先组装含 DNA 的头部，然后再组装尾部的尾鞘、刺突、尾丝，并逐个加上去就装配成一个完整的新的大肠杆菌噬菌体 T_4（图 2-57）。

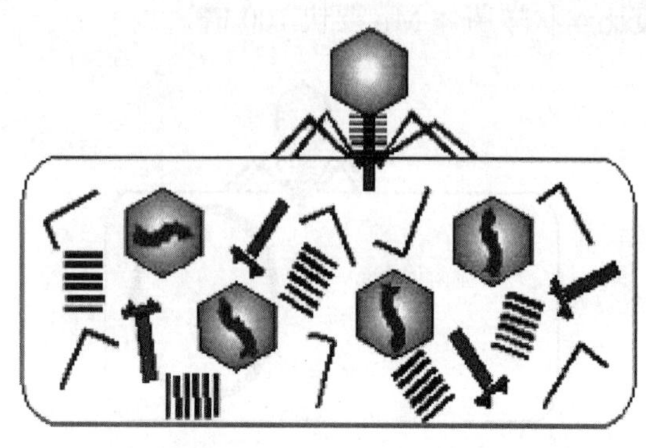

图 2-57 病毒的装配

5．释放

当宿主细胞内大量的噬菌体成熟后，噬菌体的水解酶水解宿主细胞壁而使宿主细胞裂解，噬菌体被释放出来（图 2-53）。释放出来的病毒粒子，可再重新感染新的宿主细胞。有被膜的病毒先装配好核衣壳，再包装上被膜，而且这一过程往往与病毒的释放同时发生。有的病毒是从宿主细胞核芽出的过程中从核膜上获得被膜，如疱疹病毒；有的病毒则是从宿主细胞质膜芽出的过程中包上被膜，如流感病毒（图 2-58）。

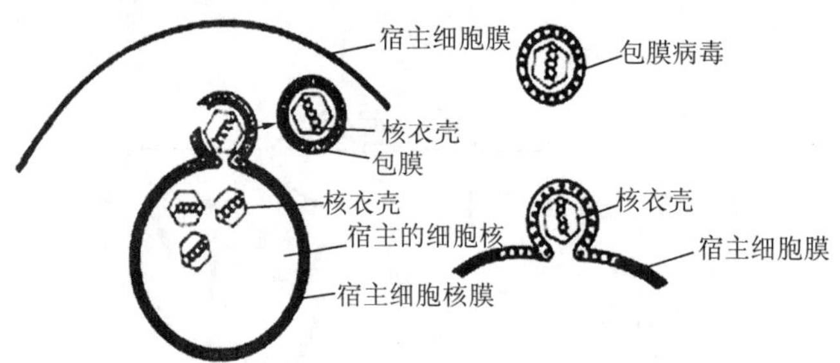

图 2-58 被膜病毒的装配

（二）病毒的溶原性

上述噬菌体感染宿主细胞后可引起宿主细胞裂解，这类噬菌体称为烈性噬菌体。该类噬菌体进入宿主细胞后会立即控制宿主细胞的代谢，并利用宿主细胞的酶及“机器”产生大量新的噬菌体，最后导致宿主细胞裂解死亡。但是，并不是所有的噬菌体都是烈性的，另外还有些噬菌体感染宿主细胞后，宿主细胞不仅不裂解，而且能继续生长繁殖，这类噬菌体称为温和噬菌体。温和噬菌体进入宿主细胞后，在形态上看不到噬菌体粒子，而是以其核酸附着并整合在宿主细胞的染色体上和宿主细胞的核酸同步复制，随宿主细胞的繁殖而传给每个子细胞（图 2-59），所以温和噬菌体又叫溶原性噬菌体，而含有溶原性噬菌体的宿主细胞被称做溶原细胞。在溶原细胞内的温和噬菌体，称为原噬菌体（或前噬菌体）。

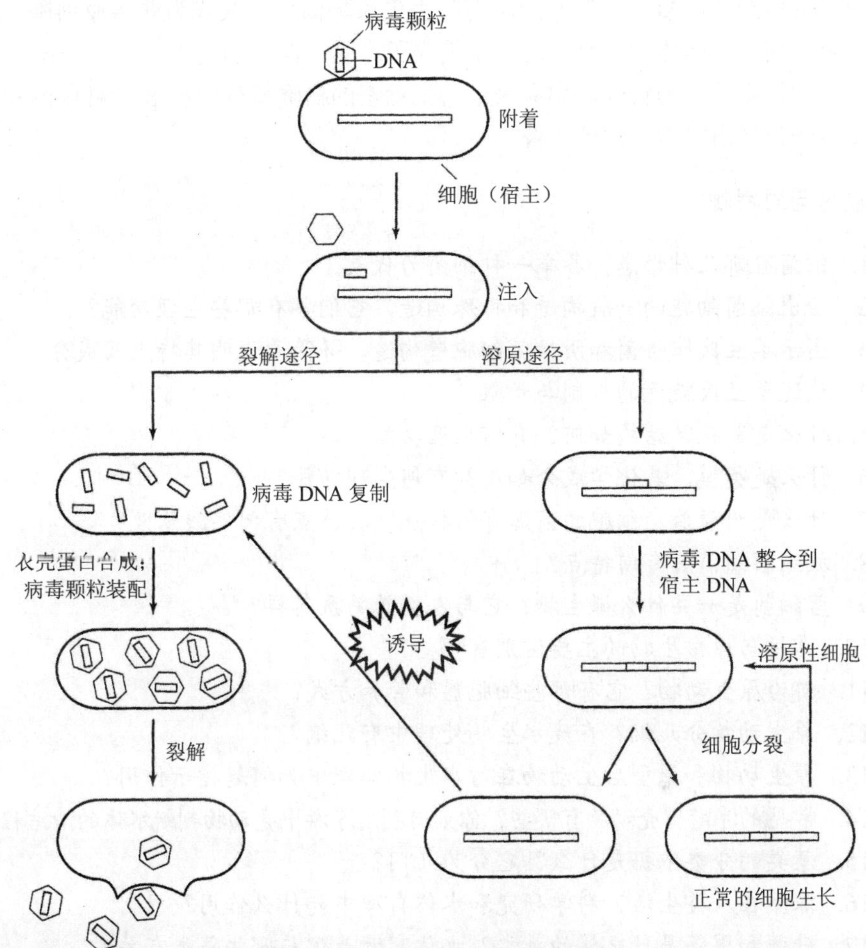

图 2-59　温和性噬菌体的生活周期

原噬菌体不同于营养期的噬菌体，它没有感染性，但它赋予溶原细胞有以下特点：

（1）具有遗传的、产生原噬菌体的能力，整合到寄主基因组中的原噬菌体在细胞分裂时随同寄主基因组一起复制，代代相传。在某些情况下，溶原细胞培养物中会有一小部分（10^{-6}～10^{-3}）细胞，由于原噬菌体脱离整合状态，在寄主体内增殖产生大量的子噬菌体而导致细胞裂解。溶原细胞在自然情况下的裂解称为自发裂解，若经紫外线、X 射线、氮芥等理化因子处理，大部分甚至全部溶原细胞都会裂解。这种经诱导因子处理的高频率裂解称为诱发裂解。

(2) 具有抗原噬菌体感染的"免疫性"。即溶原细胞对赋予其溶原性的噬菌体及其相关的噬菌体不敏感，这些噬菌体不能导致溶原细胞的裂解。

(3) 溶原细胞的复愈。溶原细胞有时丢失原噬菌体，又成为非溶原细胞，此过程称为溶原细胞非溶原化。复愈的细胞丧失了产生噬菌体的能力。

(4) 获得新的生理特性。如原来不产生毒素的白喉棒杆菌被 β 棒杆菌温和噬菌体感染后变为产白喉毒素的致病菌。

复习与思考题

1. 细菌有哪几种形态？各举一种细菌为代表。
2. 绘出细菌细胞的一般构造和特殊构造，它们各有哪些生理功能？
3. 图示革兰氏阳性菌和阴性菌细胞壁构造，并简要说明其特点及成分。
4. 试述革兰氏染色的机制与步骤。
5. 什么是芽孢？结构如何？有何生理功能？
6. 什么是荚膜，其化学成分如何？有何生理功能？
7. 什么是叫菌落，细胞的菌落有何特点？其特点有何实践意义？
8. 放线菌的菌落有何特点？
9. 蓝细菌是一类什么微生物？它与人类的关系怎样？
10. 真核与原核生物的主要区别有哪些？
11. 何为原生动物？它有哪些细胞器和营养方式？
12. 原生动物分几纲？在废水生物处理中有几纲？
13. 原生动物和微型后生动物在污水生物处理中如何起指示作用？
14. 常见的浮游甲壳动物有哪些？你如何利用浮游甲壳动物判断水体的清洁程度？
15. 藻类的分类依据是什么？它分为几门？
16. 绿藻在人类生活、科学研究和水体自净中起什么作用？
17. 硅藻和甲藻是什么样的藻类？水体富营养化与哪些藻类有关？
18. 真菌包括哪些微生物？它们在废水生物处理中各起什么作用？
19. 酵母菌有哪些细胞结构？
20. 试述霉菌形态与构造。
21. 细菌与酵母菌、放线菌与霉菌在细胞结构及菌落形态上有何差异？
22. 什么是病毒？它有何特点？
23. 试述病毒的形态与构造。
24. 试述大肠杆菌 T 系噬菌体的繁殖过程。
25. 何为烈性噬菌体和温和噬菌体？
26. 什么叫溶原细胞？什么叫原噬菌体？

第三章 微生物生理

第一节 微生物酶

生物体内生命现象的基本特征是新陈代谢，而新陈代谢过程所包含的各种化学反应几乎都是在酶的催化下进行的。所以没有酶就没有新陈代谢，没有新陈代谢，也就没有生命。

一、酶的定义和组成

人们对酶的认识首先来源于生产实践，我国有几千年的制作发酵饮料和发酵食品的历史。19 世纪初在法国为了解决酒的变质问题，曾对酒的发酵过程进行大量的研究，确定了发酵的总方程式为：1 葡萄糖→2 乙醇＋2CO_2，由此认为酒精发酵是酵母细胞活动的结果。1897 年成功地使用不含细胞的酵母汁实现了发酵，人们逐步认识到发酵的过程是由酶作用完成的。1926 年 Sumner 第一次从刀豆中提出了脲酶结晶，它具有蛋白质的一切性质，能催化尿素的分解。因此，酶的定义为由活细胞产生的，在细胞内外都能促进化学反应的生物催化剂，其化学本质是蛋白质。

根据酶的组成成分可将酶分为单纯酶和结合酶两类。单纯酶只含有蛋白质，如胃蛋白酶、脲酶、脂肪酶等均属于此类。结合酶由蛋白质部分和非蛋白质部分组成，前者称为酶蛋白，后者称为辅助因子。辅助因子一般是小分子有机化合物或金属离子。酶蛋白与辅助因子结合形成的复合物即叫结合酶，也叫全酶，只有全酶才具有催化活性。

由于酶蛋白和辅助因子结合的紧密程度不同，所以辅助因子又分为辅酶和辅基。其中辅酶与酶蛋白结合疏松，通过透析和超滤方法可以将其除去；辅基则与酶蛋白结合紧密，不能通过透析或超滤方法将其除去。金属离子多为酶的辅基，小分子有机化合物有的属辅酶（如 NAD^+、$NADP^+$等），有的属辅基（如 FAD、FMN、生物素等）。

酶的辅助因子本身无催化作用，但参与氧化还原或基团转运作用（表 3-1）。许多辅酶或辅基的分子结构中常含有维生素或维生素类物质，因此维生素经常是生物体的必需组分，当供应不足时，即引起缺乏性疾病（表 3-2）。

表 3-1 部分辅酶（辅基）在催化中的作用

转移的基团	辅　酶	辅　基
氢原子、电子	NAD^+（尼克酰胺腺嘌呤二核苷酸，辅酶Ⅰ）	
氢原子、电子	$NADP^+$（尼克酰胺腺嘌呤二核苷酸磷酸，辅酶Ⅱ）	
氢原子		FMN（黄素单核苷酸）
氢原子		FAD（黄素腺嘌呤二核苷酸）
氢原子	CoQ（辅酶 Q）	
电子		铁卟啉
羧基	TPP（焦磷酸硫胺素）	
酰基	CoA（辅酶 A）	
酰基	硫辛酸	
氨基	磷酸吡哆醛	
甲基、甲酰基及甲酰甲氨基	四氢叶酸	

表 3-2 某些辅基、辅酶的维生素前体和缺乏性疾病

辅　酶	前　体	缺乏性疾病
辅酶 A	泛酸	皮炎
FAN，FMN	核黄素（维生素 B_2）	生长阻滞
NAD^+，$NADP^+$	烟酸	糙皮病
焦磷酸硫胺素	硫胺素（维生素 B_1）	脚气病
四氢叶酸	叶酸	贫血症
脱氧腺苷钴胺素	钴胺素（维生素 B_{12}）	恶性贫血症
磷酸吡哆醛	吡哆醇（维生素 B_6）	皮炎

（仿 B. D. 黑姆斯　2001）

二、酶蛋白的结构

氨基酸是蛋白质的结构单体。从细菌到人类，所有各种蛋白质均由 20 种氨基酸构成（图 3-1）。许多氨基酸按一定的排列顺序通过肽键（—CO—NH—）连接成的肽链就是蛋白质。肽键是一个氨基酸的α-氨基和另一个氨基酸的α-羧基之间形成的共价键。肽链没有支链，一端有游离的氨基，另一端有游离的羧基，其长短差异很大，有的仅有几个氨基酸，有的则包含成千上万个氨基酸。每一条肽链都有特定的氨基酸序列，并在蛋白质中具有特定的三维空间结构（构象）。有的蛋白质由一条以上的多肽链组成，每条肽链是蛋白质分子的亚单位。

甘氨酸（Gly）　丙氨酸 (Ala)　缬氨酸 (Val)

亮氨酸 (Leu)　异亮氨酸 (Ile)　甲硫氨酸 (Met)

苯丙氨酸 (Phe)　色氨酸 (Trp)　脯氨酸 (Pro)

丝氨酸 (Ser)　苏氨酸 (Thr)　半胱氨酸 (Cys)

酪氨酸 (Tyr)　天冬酰胺 (Asn)　谷氨酰胺 (Gln)

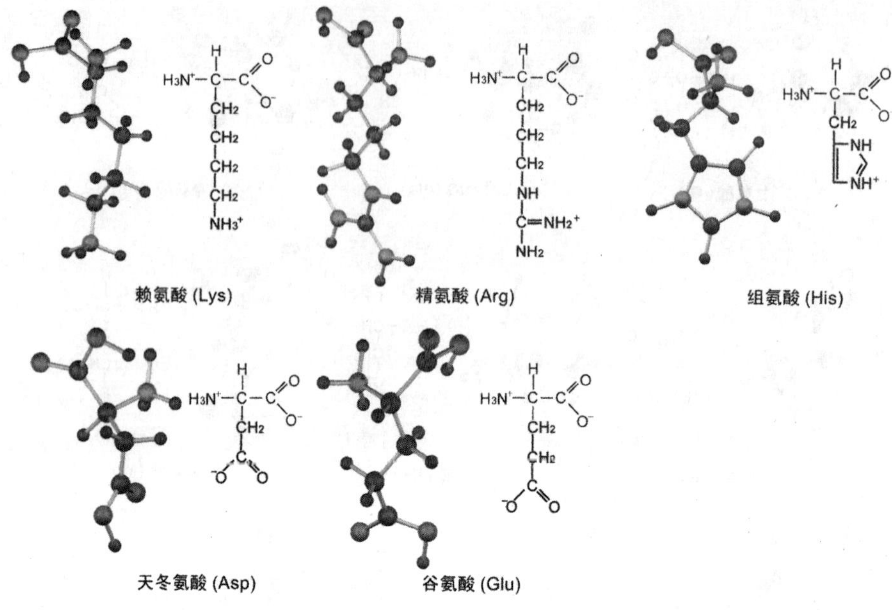

图 3-1 构成蛋白质的 20 种氨基酸（吴庆余 2002）

$$^{+}H_3N-\underset{H}{\overset{R_1}{C}}-COO^- + {}^{+}H_3N-\underset{R_2}{\overset{H}{C}}-COO^- \rightleftharpoons {}^{+}H_3N-\underset{H}{\overset{R_1}{C}}-\overset{O}{\overset{\|}{C}}-\underset{H}{N}-\underset{R_2}{\overset{H}{C}}-COO^- + H_2O$$

肽键

肽键的形成

$$H_3N-\underset{H}{\overset{R_1}{C}}-\overset{O}{\overset{\|}{C}}-\underset{H}{N}-\underset{H}{\overset{R_2}{C}}-\overset{O}{\overset{\|}{C}}-\underset{H}{N}-\underset{H}{\overset{R_3}{C}}-\overset{O}{\overset{\|}{C}}-\underset{H}{N}-\underset{H}{\overset{R_4}{C}}-\overset{O}{\overset{\|}{C}}-\underset{H}{N}-\underset{H}{\overset{R_4}{C}}-COO^-$$

N－末端　　氨基酸残基　　C－末端

蛋白质有四种结构层次：一级结构、二级结构、三级结构和四级结构，每一级结构决定了更高一级的结构特点（图 3-2）。

蛋白质的一级结构是氨基酸以肽链连接的线性序列，这种序列是由核苷酸碱基序列所决定的；二级结构是指多肽链区段的规则折叠，有α-螺旋和β-折叠两种形式，其成因是肽键的羰基与氨基酸氨基上的氢形成氢键；三级结构是多肽链在二级结构的基础上再盘绕或折叠形成的三维空间形态。许多蛋白质含有两条或两条以上的肽链，每一个肽链就是一个亚单位（或亚基）；四级结构就是这种由亚基相互作用并结合形成的整个蛋白质特定的结构。

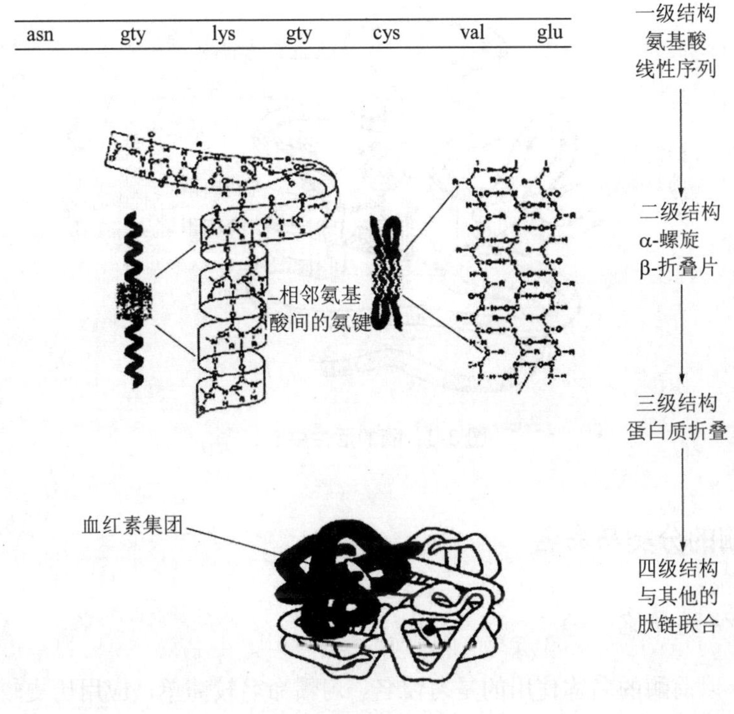

图 3-2 酶蛋白的结构

三、酶的活性中心

酶与底物结合并发挥其催化作用的特定空间部位称为酶的活性中心。酶的活性中心一般处于酶分子表面或裂隙中，在一级结构上可能相距很远，通过肽链的盘旋、折叠而在空间上相互靠近，形成具有一定空间结构的区域。对含有辅酶或辅基的酶来说，其辅酶或辅基也参与酶活性中心的组成。

在酶分子中存在着各种化学基团，但并不都与酶的活性有关。与酶活性密切相关的基团称为酶的必需基团。它们可以在酶的活性中心内，也可以在酶的活性中心外。酶活性中心内的必需基团有两种：一种是结合基团，其作用是与底物相结合；另一种是催化基团，其作用是影响底物中某些化学键，促进底物转化为产物。还有一些必需基团位于酶的活性中心以外，它们虽然不参与酶的活性中心的组成，但对于维持酶活性中心的空间构象却是必不可少的（图 3-3）。

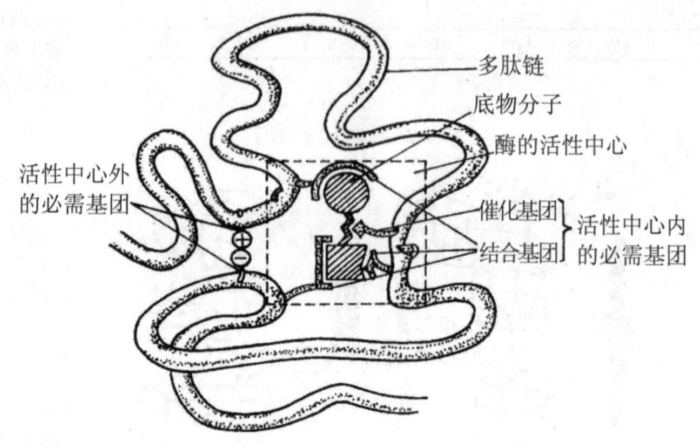

图 3-3 酶的活性中心

四、酶的分类与命名

（一）酶的命名

1961 年以前酶的名称使用的是习惯名。习惯命名较简单，应用历史较长，但缺乏系统性，有时出现一酶数名或一名数酶的情况。因此，国际酶学委员会于 1961 年提出国际系统命名法。

1．习惯命名

（1）根据酶所作用的底物命名： 例如水解淀粉的酶叫淀粉酶，水解蛋白质的酶叫蛋白酶，有时在前面加上来源以区别不同来源的同一类酶，如胃蛋白酶，胰蛋白酶等。

（2）根据酶所催化的反应性质命名：如转氨酶、水解酶等。

（3）有的酶则结合上述两个原则命名：如异柠檬酸脱氢酶、琥珀酸脱氢酶等。

2．系统命名

国际系统命名法要求能确切表明底物的化学本质及酶的性质，包括两部分，即底物名称及反应类型，并且每一个酶都有一个国际编号，这样酶与酶之间就不会出现混乱，但过于繁琐。

例如：乳酸脱氢酶

其系统命名为：L 乳酸：NAD^+ 氧化还原酶；

国际编号为： EC.1.1.1.27

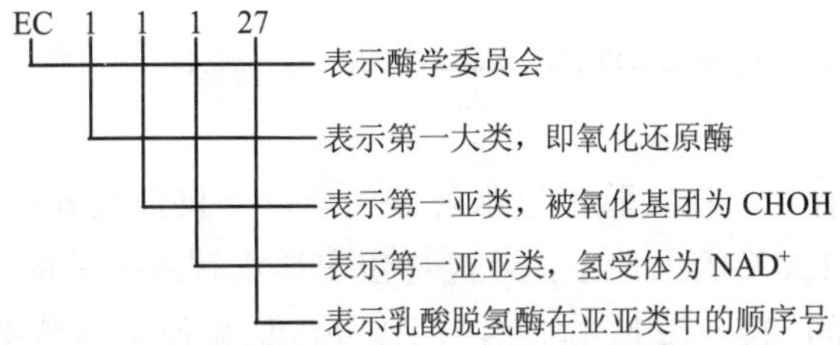

（二）酶的分类

1961 年国际生化协会酶学委员会根据酶促反应的性质，把酶分为六大类（表 3-3）。在每一大类中，又可根据不同的原则，分为亚类，每一亚类又可分为亚亚类，然后把亚亚类中的酶按顺序排好（即国际编号），由四个数字组成。如乳酸脱氢酶，国际编号为 EC.1.1.1.27。

表 3-3　酶的国际系统分类

类　别	酶促反应性质	举　例
氧化还原酶类	催化底物进行氧化还原反应	乳酸脱氢酶　过氧化物酶
转移酶类	催化底物间进行基团转移或交换	转氨酶　磷酸化酶
水解酶类	催化底物发生水解反应	脂肪酶　胃蛋白酶
裂解酶或裂合酶类	催化从底物上脱去某种基团而形成双键的反应或其逆反应	醛缩酶　柠檬酸合成酶
异构酶类	催化同分异构体的相互转化	磷酸丙糖同分异构酶
合成酶类	催化两分子作用物合成一分子产物并伴有高能磷酸键水解的反应	谷氨酰胺合成酶 氨基酰 tRNA 合成酶

（1）根据酶作用部位的不同，可把酶分为胞外酶、胞内酶和表面酶。

（2）根据酶作用底物的不同，可把酶分为淀粉酶、蛋白酶、脂肪酶、纤维素酶、核糖核酸酶等。

五、酶的催化特性

1．酶具有催化剂的特性

酶和一般催化剂一样用量少，可降低反应的活化能，加快反应速度，但不改变化学反应的平衡点。反应前后酶的性质和数量不变。

2．酶的催化效率极高

酶的催化效率比一般催化剂高 10^7～10^{13} 倍，远远超过一般催化剂的能力。例如，在实验室里将蛋白质水解成氨基酸，其反应式如下：

$$蛋白质 \xrightarrow[24\sim72\ h]{6mol\ HCl\quad 120\ ℃} 氨基酸$$

从上述反应可看到，在实验室里水解蛋白质，不仅需要 6 mol HCl 作催化剂，而且还需要在高温 120℃的条件下，才能将蛋白质水解成氨基酸，尽管如此，它还需要一个漫长的时间 24～72 h。因此，在体外，如果没有这些条件，蛋白质是很难水解成氨基酸的。而蛋白质在人的消化道里却很容易水解成氨基酸，其反应式如下：

$$食入蛋白质 \xrightarrow[2\sim3\ h]{蛋白酶\quad 37\ ℃} 氨基酸$$

由此可见，蛋白质在人的消化道里水解速度快，只需要 2～3 h，而且不需要强酸、高温等条件，只需要蛋白酶，而人的消化道内恰恰含有蛋白酶。

酶为什么有这么高的催化效率？其主要原因是酶能降低反应的能阈，从而降低反应物所需要的活化能。如酵母菌蔗糖酶催化蔗糖水解，需要 48 kJ/mol 的活化能；而用 H^+催化时，则需要 108.8 kJ/mol 的活化能。

3．酶的催化作用具有高度特异性（或专一性）

一种酶只作用于一种物质或一类物质，催化一种或一类化学反应，产生一定的产物。例如：蛋白酶能水解含肽键的蛋白类物质发生水解反应；脲酶只能催化尿素水解，而不能催化甲基尿素水解。

$$\underset{尿素}{O{=}C(NH_2)_2} \xrightarrow{脲酶} 2NH_3\uparrow + CO_2\uparrow \qquad \underset{甲基尿素}{O{=}C(NH{-}CH_3)(NH_2)} \xrightarrow[不能水解]{脲酶}$$

4．酶具有不稳定性

由于酶的本质是蛋白质，其作用是在温和条件下进行，很容易受外界因素的影响。如强酸、强碱、紫外线、高温、重金属等，这些因素均可使酶的结构发生改变，从而导致酶的活性降低或丧失。

5．酶的催化活性的调节控制

在一个小小的活细胞内，多种代谢途径在以不同的速度同时进行，各条代谢途径保持着各自的独立性而又密切联系、彼此协调的进行，使生物体需要的一切物质及其产物，既不过剩，也不缺乏。显然，各种酶的活性是受调节和控制的，调控的方式很多，包括共价修饰调节、抑制剂调节、反馈调节、酶原激活、酶的合成与分解等。

六、影响酶促反应速度的因素

1．酶浓度对反应速度的影响

在一定条件下（即一定的温度、pH、无抑制剂等），当底物浓度足够大时，酶促反应速度与酶浓度成正比（图 3-4）。也就是说，在一定条件下，酶的浓度越高，酶促反应的速度也越快。

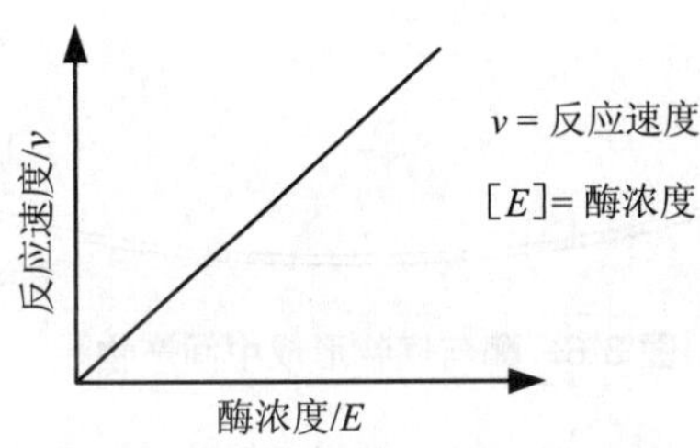

图 3-4　酶浓度对反应速度的影响

2．底物浓度对反应速度的影响

在酶浓度和其他条件不变的情况下，底物浓度对酶促反应的影响可用一矩形双曲线来表示（图 3-5）。从图可看到当底物浓度较低时，底物浓度与反应速度成正比关系，表现为一级反应；随着底物浓度的增加，反应速度虽然升高，但不再与底物浓度成正比，反应为混合级反应；当底物浓度很高时，几乎所有的酶都被底物饱和，这时反应速度逐渐趋近极限值，称最大反应速度（v_{max}）；此时反应速度与底物浓度无关，表现为零级反应。

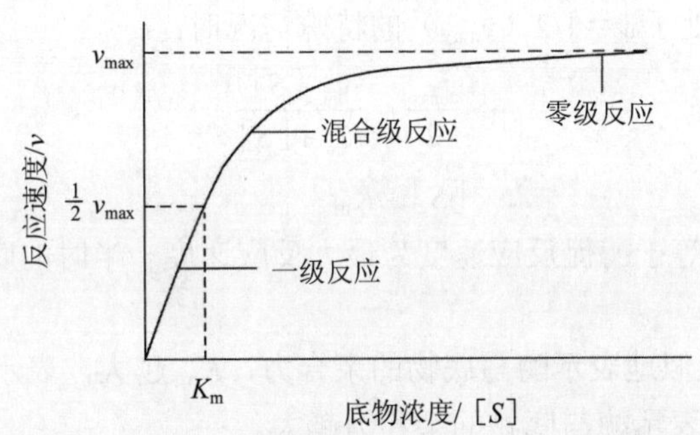

图 3-5　酶反应速度与底物浓度的关系

对于反应速度与底物浓度之间的这种曲线关系，曾经有过各种假说，其中 Henri 等人的中间产物学说是公认的比较合理的学说。该学说认为：酶与底物首先生成中间产物，中间产物不稳定，易分解生成产物和游离态酶（图 3-6）。当酶被底物所饱和，酶促反应的速度也就不能增加了。

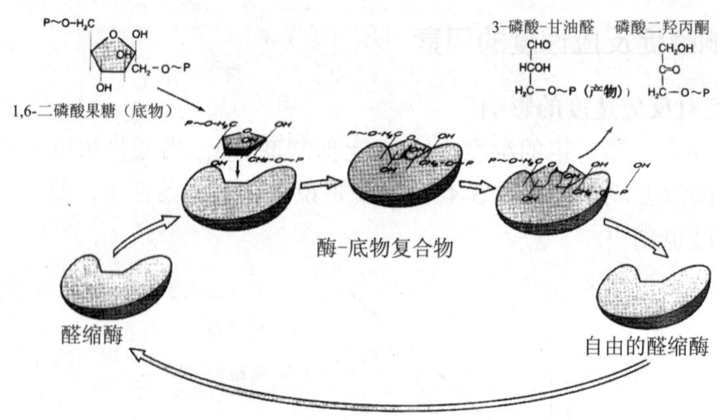

图 3-6 酶与底物形成中间产物

1913 年 Michaelis 和 Menten 根据中间产物学说，对酶促反应进行了动力学分析，推导出酶促反应速度与底物之间关系的基本公式，称为米氏方程：

$$E+S \underset{K_2}{\overset{K_1}{\rightleftharpoons}} ES \xrightarrow{K_3} E+P$$

$$v=\frac{v_{\max}[S]}{K_m+[S]}$$

$$K_m=\frac{K_2+K_3}{K_1}$$

K_m 称为米氏常数，是酶学研究中的一个重要常数，其意义有：

（1）当酶促反应处于 $v=1/2$（$v_{\max}$）的特殊情况时：

$$\frac{v_{\max}}{2}=\frac{v_{\max}[S]}{K_m+[S]}$$

$$\therefore\ [S]=K_m$$

由此看出，K_m 值等于酶促反应速度为最大反应速度一半时的底物浓度。其单位与底物浓度一致。

（2）K_m 值可以近似地表示酶与底物的亲合力，K_m 越大，表示酶与底物的亲和力越小；K_m 值越小，表示酶与底物的亲和力越大。

（3）K_m 值是酶的特征性常数，不同的酶，K_m 值不同，即便是同功能的酶，K_m 值也不同，K_m 值由酶的性质决定，与酶的浓度无关。

（4）已知 K_m 值，针对所要求的反应速度（应达 $v_{\max}$ 的百分数），可求出应加入底物的合理浓度。例如：求出反应速度是最大反应速度的 99%时的底物浓度。按照米氏方程计算，其底物浓度应为：

$$99\% = \frac{100\%[S]}{K_m + [S]}$$

$$99\% K_m + 99\%[S] = 100\% [S]$$

$$\therefore [S] = 99 K_m$$

在实际中即使用很大的底物浓度，也只能得到趋近于 v_{max} 的反应速度，而测不到准确的 K_m 值。但可以将米氏方程的形式加以改变，用双倒数作图法（Lineweaver-Burk）求出 v_{max} 和 K_m。

$$\frac{1}{v} = \frac{1}{v_{max}} + \frac{K_m}{v_{max}} \times \frac{1}{[S]}$$

选择不同的［S］测定相对应的 v，以 $1/v$ 对 $1/$［S］作图，绘出直线（图 3-7）。在 y 轴上截距等于 $1/v_{max}$，x 轴上截距等于 $-1/K_m$。

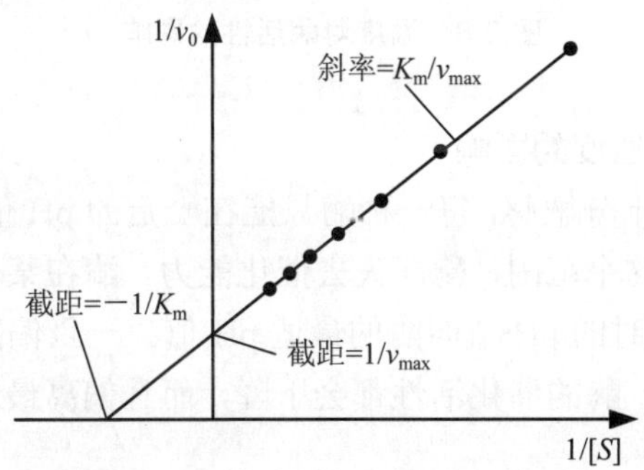

图 3-7 Lineweaver-Burk 双倒数作图

3．温度对反应速度的影响

温度对酶促反应的影响有两方面。一方面和一般化学反应一样，随着温度升高，活化分子数目增多，酶促反应速度加快；另一方面，随着温度升高，酶蛋白逐渐变性失活，反应速度也随之降低。因而酶促反应必须在一定的温度范围内进行。综合以上两方面的因素，把酶促反应速度最快时的温度称为酶促反应的最适温度。如果以反应速度对温度作图，可以得到一条曲线，这条曲线可反映温度对酶促反应的两方面影响（图 3-8）。

每一种酶都有其最适的反应温度，高等动物体内酶活性的最适温度一般在 36～40℃；大部分微生物酶的最适温度在 25～60℃；一般植物酶的最适温度在 45～60℃，但也有例外，如巨大芽孢杆菌、短乳酸杆菌、产气杆菌等体内的葡萄糖异构酶的最适温度为 80℃；枯草杆菌的液化型淀粉酶的最适温度为 85～94℃。

在高温条件下，酶发生不可逆变性，其催化作用完全丧失。而低温可使酶活性降低，但酶并不被破坏，当温度回升时，酶的催化活性也随之恢复。

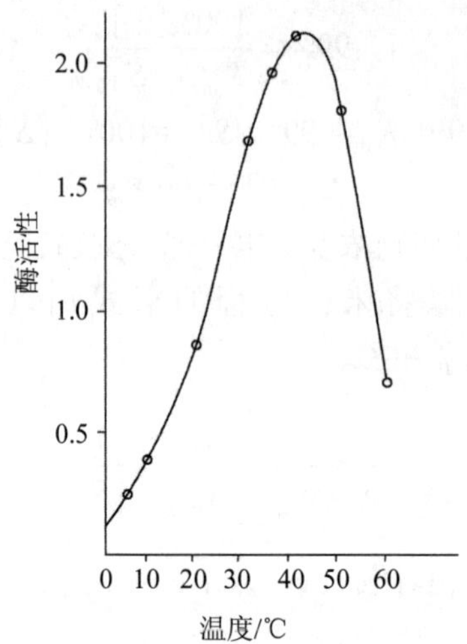

图 3-8 温度对酶活性的影响

4．pH 对酶促反应速度的影响

酶对环境的 pH 值十分敏感，每一种酶只能在一定的 pH 值范围内才能发挥催化作用，如果 pH 值超出这个范围，酶即失去催化能力。酶在某一 pH 值时，其催化能力最强，活性最高，这时的 pH 值叫酶的最适 pH 值。一旦偏离酶的最适 pH 值，无论 pH 是增大或是偏小，酶的催化活性都会下降，而且偏离最适 pH 值越远，酶的活性越低。

各种酶的最适 pH 值是不一样的。其中多数植物和微生物来源的酶最适 pH 值常在 4.5～6.5，动物来源的酶 pH 值常在 6.5～8.0，但少数例外：如胃蛋白酶的最适 pH 值在 1.5～2.0。用酶促反应速度对 pH 值作图，一般都可以得到一个钟形曲线，但也有例外，如图 3-9。

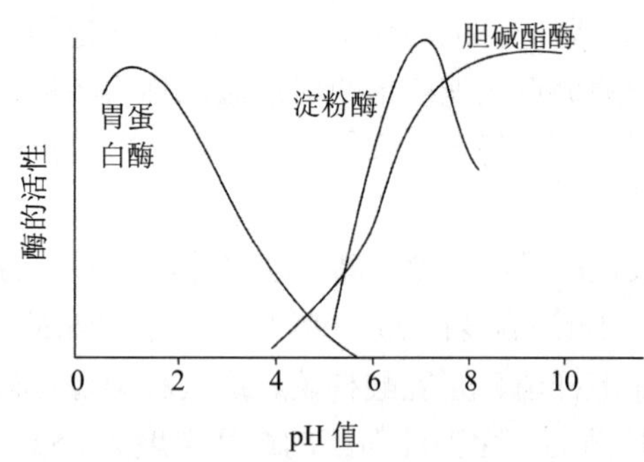

图 3-9 pH 对某些酶活性的影响

pH 对酶活性的影响表现为：①改变底物和酶的带电状态，从而影响酶与底物的结合；②影响酶的稳定性，进而使酶被破坏。

5．激活剂对酶促反应速度的影响

凡能提高酶活性的物质都称为激活剂。激活剂大部分是离子或低分子有机化合物，作为激活剂起作用的无机离子有：K^+、Na^+、Mg^{2+}、Mn^{2+}、Fe^{2+} 、 Zn^{2+} 、Ca^{2+}、Cl^-、Br^-等。例：Mn^{2+} 激活醛缩酶，Cl^-激活唾液淀粉酶。有机化合物主要有维生素 C、半胱氨酸、巯基等。

激活剂能提高酶活性的机理通常认为有三种：①参与了酶活性中心的构造；②与酶、底物结合形成复合物；③作为底物（或辅酶）与酶蛋白之间联系的桥梁。

6．抑制剂对酶促反应速度的影响

凡能减弱或破坏酶催化活性，但不引起酶蛋白变性的物质，称为酶的抑制剂。强酸、强碱、乙醇和加热等都可引起酶的活性丧失，但它们还引起酶蛋白变性，所以不属于抑制剂，而叫变性剂。

根据抑制剂与酶结合的方式和抑制作用是否可逆，酶的抑制作用分为可逆性抑制与不可逆抑制两大类。

（1）不可逆抑制作用　这类抑制剂通常以共价键与酶的必需基团结合，使酶活性降低甚至丧失。丧失活性的酶不能用透析、超滤等方法除去抑制剂而恢复酶活性，但可以用解毒剂来解毒。例如：某些重金属离子（Hg^{2+}、Ag^+）等可与酶分子上的巯基结合使酶失活，但可用二巯基丙醇来解毒。反应过程如下：

$$E(SH)_2 + Hg^{2+} \longrightarrow E\langle S_2 \rangle Hg + 2H^+$$

含巯基的酶　　失活的酶

$$E\langle S_2 \rangle Hg + CH_2OH\text{—}CHSH\text{—}CH_2SH \longrightarrow E(SH)_2 + CH_2OH\text{—}CHS\text{—}CH_2S\langle Hg \rangle$$

二巯基丙醇　　巯基酶复活

（2）可逆性抑制作用　可逆性抑制剂与酶蛋白以非共价键疏松地结合引起酶活性下降或丧失，结合是可逆的，可用透析、分子筛过滤等物理方法除去抑制剂，恢复酶活性。根据抑制剂与底物的关系，可逆性抑制作用又可分为以下三类：

①竞争性抑制作用　竞争性抑制剂是指抑制剂与酶作用的底物结构相似，二者共同竞争酶的活性中心，结果是一部分酶的活性中心被抑制剂占据而不能再与底物结合，使酶促反应的速度下降。反应过程如下：

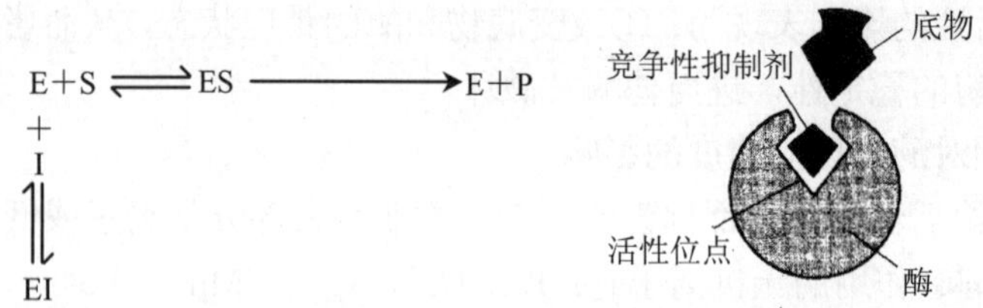

注释：E=酶　S=底物　ES=中间产物　P=产物　I=抑制剂

从反应式可知由于 I 的存在，使反应体系中的酶以 E、ES、EI 三种形式存在。如果在反应过程中有 I 的存在或增加 I，则 EI 复合物增加，导致 ES 减少，使酶促反应速度减慢；如果在反应过程中增加 S，则 ES 复合物增加，当 S 足够高时可全部夺回酶的活性中心，使酶的催化活性全部恢复。比如丙二酸与琥珀酸的结构相似，是琥珀酸脱氢酶的竞争性抑制剂。

$$\underset{\text{琥珀酸}}{\begin{matrix}COO^-\\|\\CH_2\\|\\CH_2\\|\\COO^-\end{matrix}} + FAD \xrightarrow[\text{脱氢酶}]{\text{琥珀酸}} \underset{\text{延胡索酸}}{\begin{matrix}COO^-\\|\\CH\\\|\\CH\\|\\COO\end{matrix}} + FADH_2 \qquad \underset{\text{丙二酸}}{\begin{matrix}COO^-\\|\\CH_2\\|\\COO^-\end{matrix}} \xrightarrow[\text{脱氢酶}]{\text{琥珀酸}} \text{无反应}$$

②非竞争性抑制　此类抑制剂与酶作用的底物结构不相似，不影响底物与酶活性中心结合，但抑制剂可与酶活性中心以外的基团结合，形成酶-底物-抑制剂复合物，这种含有抑制剂的酶无催化活性，因此不能使酶促反应进行。反应过程如下：

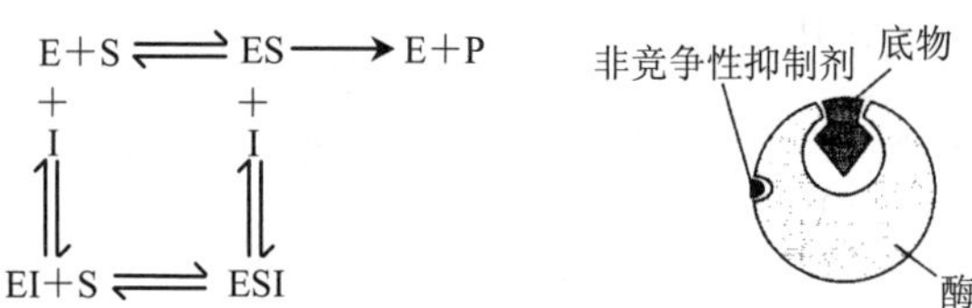

从反应式可知由于抑制剂 I 的存在，使反应体系中的酶以 E、ES、EI 和 ESI 四种形式存在。如果在反应过程中有 I 的存在或增加 I，则反应向着生成 EI 和 ESI 的方向移动，使反应体系中 E 和 ES 下降，导致酶促反应速度降低；如果在反应过程中增加 S，则在增加 ES 的同时，ESI 也增加。所以 S 的增加，并不能降低 I 对酶的抑制程度。

③反竞争性抑制　此类抑制剂与酶和底物形成的中间产物（ES）结合，使中间产物（ES）的量降低，从而导致酶促反应速度降低。这种抑制作用不仅不排斥 E 和 S 的结合，反而增加二者的亲和力，与竞争性抑制作用恰巧相反，故称为反竞争性抑制作用。其反应过程如下：

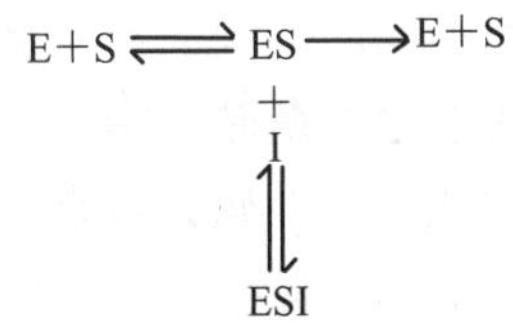

第二节　微生物的营养

营养是指生物体从外界环境中摄取对其生命活动必需的能量和物质，以满足正常生长和繁殖需要的一种最基本的生理功能。所以，营养是生命的起始点，它为一切生命活动提供必需的物质基础。有了营养，微生物才能进一步进行代谢、生长和繁殖，并为人类提供各种有益的代谢产物和特殊服务。外界环境中具有营养功能的物质称为营养物，它们可为微生物的生命活动提供结构组分、能量、代谢调节物质和良好生理环境。

微生物细胞是由水、蛋白质、核酸、多糖、脂质、无机盐、维生素等多种物质组成。通常微生物营养细胞的 70%～90%是水，其余 10%～30%是干物质，而细胞干物质的 96%是蛋白质、核酸、多糖和脂质这四类生物大分子。构成微生物细胞的形形色色的化学物质均由碳、氢、氧、氮、磷、硫、钾、钙、镁、铁等化学元素构成。微生物细胞利用含这些化学元素的物质制造其细胞物质和组分，并进一步将它们组织成为微生物细胞的结构。

一、微生物的营养物质及其功能

微生物对营养的要求无论是在元素水平上还是在营养要素水平上，都与动物和植物十分接近，它们之间存在着“营养上的统一性”。在元素水平上需要 20 种左右，其中以碳、氢、氧、氮、磷、硫六种元素为主。在营养要素水平上则主要为碳源、氮源、能源、生长因子、矿质元素和水六大类。

1．碳源

碳是微生物细胞需要量最大的元素，占细胞干重的 50%。能提供微生物营养所需碳（元）素或碳架的营养物质称为碳源。能被微生物用作碳源的物质种类极其广泛。简单的无机含碳化合物（CO_2、$NaHCO_3$ 和 $CaCO_3$ 等）、比较复杂的有机物（烃类、醇、羧酸、脂肪酸、糖及其衍生物、杂环化合物、氨基酸和核苷酸等）、复杂的有机大分子（蛋白质、脂质和核酸等），乃至复杂的天然含碳物质（牛肉膏、蛋白胨、花生饼粉、糖蜜、石油等）都可以被不同的微生物利用。甚至像二甲苯、酚等有毒的物质都可以被少数微生物用作碳源。

不同营养类型的微生物利用不同的碳源。异养微生物常利用某一类有机物中的一种或几种作为它们的碳源，其中糖类是微生物利用最广泛的碳源。其他微生物或是利用 CO_2 或碳酸盐作为唯一的或主要的碳源，或是利用 CO_2 及简单有机物作为主要碳源。不同微生物利用碳源的范围差异很大，有的微生物范围很广，有的则范围很窄。例如，洋葱伯克霍尔德氏菌（*Burkholderia cepacia*）可利用 90 多种不同类型的有机物作为碳源，而产甲烷菌绝大多数利用 CO_2 作为碳源，有些也利用甲酸、甲醇和乙酸等作为碳源。

对于为数众多的化能异养微生物来说，碳源是兼有能源功能的双功能营养物。

2．能源

能源是提供微生物生命活动所需能量的物质。绝大多数微生物的能源物质是化学物质（有机物和无机物），只有光合细菌利用光作为能源。对于绝大多数细菌和全部真核微生物来说，它们所利用的有机碳源在被微生物细胞分解代谢的过程中不仅提供微生物细胞的碳素和碳架，而且还提供微生物生命活动所需的能量。有的微生物所需的能源与碳源不同。如光能自养微生物的能源是光，而碳源为 CO_2；化能自养微生物的能源为 NH^{+}_{4}、NO_2^-、S、H_2 和 Fe^{2+}等还原态无机化合物，而碳源是 CO_2。

3．氮源

氮是微生物细胞需要量仅次于碳的元素，是构成蛋白质和核酸的主要元素，占细菌干重的 12%～15%。能提供微生物所需氮素的营养物质称为氮源。能被微生物用作氮源的物质种类也很广泛。有分子态氮、氨、铵盐和硝酸盐等无机含氮化合物；尿素、氨基酸、嘌呤和嘧啶等有机氮化合物。多数微生物利用无机氮化物，如 $(NH_4)_2SO_4$ 和 KNO_3 等作为氮源，但它们也可利用有机含氮化合物作为氮源，只有少数固氮微生物（固氮菌、根瘤菌和蓝细菌等）能利用分子态氮（N_2）作为氮源。实验室中常用的氮源有牛肉膏、蛋白胨和酵母膏等。生产上常用的有鱼粉、玉米浆、饼粉（黄豆饼粉和花生饼粉）和蚕蛹粉等。

氮源的主要功能是提供细胞原生质和其他结构物质中的氮素，一般不作为能源使用。但化能自养细菌中的亚硝化细菌和硝化细菌能从 NH_3 和 NO_2^- 的氧化过程中获得能量，所以对于它们来说，NH_3 和 NO_2^- 是兼有氮源和能源的双功能营养物质。对于异养微生物而言，含有 C、H、O、N 的有机物是具有碳源、能源和氮源的多功能营养物质。

4．矿质元素

微生物除了需要碳源、能源和氮源之外，还需要磷、硫、镁、钙、钾、钠、铁、锌、钴、钼、铜、锰、镍和钨等元素。其中元素需要浓度在 10^{-4}～10^{-3} mol/L 范围内的称大量元素；需要浓度在 10^{-8}～10^{-6} mol/L 范围内的称微量元素。前者如磷、硫、镁、钙、钾、钠和铁等；后者如锌、钴、钼、铜、锰、镍和钨等。上述元素大多是以无机盐的形式提供的，故称无机盐或矿质元素。

无机盐的需要量虽远比 C、N 少，但微生物的生长代谢同样重要。它们的生理功能包括：①是微生物细胞化学组成中的重要元素之一，如 P 和 S 分别为核酸与含硫氨基酸（半胱氨酸和甲硫氨酸）的重要组成元素；②与酶的组成和活力有关，如 Fe 是细胞色素氧化酶的必要组分，Mg、Cu 和 Zn 等是许多酶的激活剂；③调节和维持微生物的渗透压、氢离子浓度和氧化还原电位等生长条件，如 Na 和 K 有调节细胞渗透压的作用，由磷酸盐组成的缓冲剂能保持微生物生长过程中 pH 值的稳定；谷胱甘肽可降低氧化还原电位；④作为某些化能自养细菌的能源物质；⑤作为呼吸链末端的氢受体。

5．生长因子

有些微生物的生长除了需要上述营养物之外，还必须补充微量的有机物质才能生长或者生长良好，这些微生物生长必不可少的微量有机物质称为生长因子。通常包括维生素、氨基酸、碱基、卟啉及其衍生物、固醇、胺类等。能提供生长因子的天然物质有酵母膏、蛋白胨、麦芽汁、玉米浆、动植物组织或细胞浸液以及微生物生长环境的提取液等。

生长因子的主要功能是提供微生物细胞重要化学物质（蛋白质、核酸和脂质）、辅助因子（辅酶和辅基）的组分和参与代谢。

多数真菌、放线菌和部分细菌在其生长过程中不需要从环境中获取任何生长因子。而有的微生物需要从环境中获取一种或几种生长因子才能维持正常生长，如乳酸细菌补充需要多种维生素、氨基酸和碱基。少数微生物可合成并大量分泌某些维生素，因此，可用作维生素生产菌，例如，利用阿舒假囊酵母（*Eremothecium ashbya*）和棉阿舒囊霉（*Ashbya gossyii*）生产维生素 B_2。

6．水

实际上水本身并不是营养物质，但水是微生物营养中不可缺少的一种物质。因为水是微生物细胞的主要化学成分；水是营养物质和代谢产物的良好溶剂，营养物质与代谢产物都是通过溶解于水中而进出细胞的；水是细胞中各种生物化学反应得以进行的介质，并参与许多生化反应；水还可维持各种生物大分子结构的稳定性；此外，水的比热高，汽化热高，是热的良好导体，能有效地吸收代谢过程中产生的热量并将热迅速散发出体外，这保证了细胞内的温度不会剧烈变化。

二、微生物的营养类型

由于微生物种类繁多，其营养类型比较复杂。划分微生物营养类型的标准或角度各种各样，但通常是根据能源、供氢体和碳源的不同，将微生物划分为光能自养型、光能异养型、化能自养型以及化能异养型四种营养类型（表 3-4）。

表 3-4 微生物的营养类型

营养类型	能源	氢供体	基本碳源	实例
光能自养型（光能无机营养型）	光	无机物	CO_2	蓝细菌、紫硫细菌、绿硫细菌、藻类
光能异养型（光能有机营养型）	光	有机物	CO_2及简单有机物	红螺菌科的细菌（即紫色非硫细菌）
化能自养型（化能无机营养型）	无机物	无机物	CO_2	硝化细菌、硫化细菌、铁细菌、氢细菌、硫黄细菌等
化能异养型（化能有机营养型）	有机物	有机物	有机物	绝大多数细菌和全部真核微生物

（黄秀梨 2003）

1．光能自养型

这类微生物利用光作为能源，以 CO_2 为基本碳源，还原 CO_2 的供氢体是还原态无机化合物（H_2O、H_2S 或 $Na_2S_2O_3$ 等），藻类、蓝细菌和光合细菌属于这种类型。这些微生物都含光合色素，因而能将光能转变为化学能供菌体利用。

藻类和蓝细菌细胞内含叶绿素，可进行产氧光合作用。它们利用 H_2O 作为供氢体，在光照下同化 CO_2，并释放出 O_2。

$$CO_2 + H_2O \xrightarrow[\text{叶绿素}]{\text{光能}} [CH_2O] + O_2$$

光合细菌细胞内含菌绿素，光合作用不以 H_2O 作为氢供体，所以它们进行不产氧光合作用。它们利用的供氢体是 H_2S、S 和 $Na_2S_2O_3$ 等还原态硫化物，因此它们的生长是在严格的厌氧条件下进行的。

$$CO_2 + 2H_2S \xrightarrow[\text{菌绿素}]{\text{光能}} [CH_2O] + H_2O + 2S$$

2．光能异养型

这类微生物不以 CO_2 作为主要碳源或唯一碳源，需以简单有机物作为供氢体，利用光能将 CO_2 还原成细胞物质。红螺菌属（*Rhodospirillum*）就是这一营养型的代表，它们利用异丙醇作为供氢体。

$$CO_2 + 2CH_3CHOHCH_3 \xrightarrow[\text{光合色素}]{\text{光能}} [CH_2O] + 2CH_3COCH_3 + H_2O$$

一些紫色非硫细菌具有利用甲醇作为碳源进行光合生长的能力。它们在厌氧条件下利用甲醇和 CO_2 生长，其反应式为：

$$2CH_3OH + CO_2 \longrightarrow 3[CH_2O] + H_2O$$

有的光能异养型在黑暗、好氧条件下停止光合作用，而依靠环境中的有机物进行化能异养，在有光照、厌氧条件下表现为光能异养。

3．化能自养型

这类微生物利用无机化合物氧化过程中释放出的能量，以 CO_2 为碳源生长。主要类群有硫细菌、硝化细菌、铁细菌、氢细菌等。例如硫细菌可从 H_2S、S、$S_2O_3^{2-}$ 等还原态无机硫化合物的氧化作用中获得将 CO_2 合成细胞物质所需的能量与还原力，其反应式为：

$$H_2S + 2O_2 \longrightarrow SO_4^{2-} + 2H^+$$

$$S + H_2O + 1\frac{1}{2}O_2 \longrightarrow SO_4^{2-} + 2H^+$$

$$S_2O_3^{2-} + H_2O + 2O_2 \longrightarrow 2SO_4^{2-} + 2H^+$$

产甲烷菌大多数能自养生活，属厌氧化能自养细菌，它们以 H_2 作为能源和氢供体，以 CO_2 作为碳源生长，其反应式为：

$$CO_2 + 4H_2 \longrightarrow CH_4 + 2H_2O$$

4．化能异养型

目前已知的大多数细菌、真菌和原生动物属于化能异养型微生物，所有的致病微生物都属于此种营养类型。对于这一营养类型的微生物来说，有机碳化合物是兼有能源与碳源功能的双重营养物。其中主要是淀粉、蛋白质等大分子物质以及单糖、双糖、有机酸和氨基酸等简单有机物。

应该指出的是，上述微生物营养类型的划分是相对的，很多情况下取决于生长环境。许多微生物是兼性营养类型的。例如，红螺细菌在有光与厌氧的条件下为光能营养型，而在黑暗与有氧的条件下成了化能异养型，所以是兼性光能营养型。许多异养微生物也不是绝对不利用 CO_2，只是它们不以 CO_2 作为唯一碳源，它们也具有固定 CO_2 的能力，如固定 CO_2 到丙酮酸中生成草酰乙酸。

三、培养基

培养基是人工配制的、适合微生物生长繁殖或产生代谢产物的营养基质。无论是以微生物为材料的研究，还是利用微生物生产生物制品，都要进行培养基的配制，它是微生物学研究和应用的基础。由于微生物种类、营养类型以及人们培养目的的多样性，因此培养基的配方和种类多种多样。

（一）制备培养基的基本原则

1．目的明确

根据培养的对象和目的，如培养何种菌，获何种产物，用于实验室还是大规模生产以及作种子培养用还是发酵用等来制备培养基。

不同微生物的培养基是不同的，专性寄生微生物不能在人工制备的一般培养基上生长，而须用鸡胚培养、细胞培养和动物培养等方法培养。自养微生物有较强的生物合成能力，所以自养微生物的培养基完全由无机盐组成。异养微生物的生物合成能力较弱，所以培养基中至少要有一种有机物，通常是葡萄糖。

如为获取微生物细胞或作种子培养基用，一般地说，营养成分宜丰富些，尤其是氮源含量应高些，即 C、N 比低，这样有利微生物的生长与繁殖；反之，如为获取代谢产物或用作发酵培养基，其 C、N 比应该高些，即所含氮源宜低些，以使微生物生长不致过旺而有利于代谢产物的积累。

实验室中作一般培养时，常用营养丰富，取材与制备均较方便的天然培养基，进行精细的代谢或遗传等研究时，则必须用合成培养基。在发酵生产中除考虑满足菌种的营养需要外，还须选择来源广的廉价粗料，如采用野生原料，代用品，甚至废物等。一般情况下，在生产含碳量较高的代谢产物时，培养基所用原料 C、N 比要高。例如，柠檬酸发酵培养基只用山芋作原料，而生产氨基酸类含氮量高的代谢产物时，要增加氮源比例。例如，谷氨酸发酵培养基中除了含有水解淀粉或大量的糖外，还有尿素和玉米浆。在有些代谢产物的生产中还要加入作为它们组成部分的元素或前体物质，如生产维生素 B_{12} 时要加入钴盐，在金霉素生产中要加氯化物。

2．营养协调

培养基除含有维持微生物最适生长所必需的一切营养物质，更重要的是营养物质的浓度与配比要合适，即要营养协调。就占微生物大多数的异养微生物来说，它们所需各种营养要素的比例大体是：水＞碳源＞氮源＞P、S＞K、Mg＞生长因子。其中碳源与氮源的比例（即 C、N 比）尤为重要。不同微生物要求不同的 C、N 比。如细菌和酵母菌培养基中的 C、N 比为 5∶1，霉菌培养基中的 C、N 比约为 10∶1。如为获得微生物细胞或制备种子培养基，通常用较低的 C、N 比；如所要代谢产物中含碳量较高，则 C、N 比要高些；如所要代谢产物中含氮量较高，C、N 比要低些。谷氨酸发酵中，种子培养基的 C、N 比通常为 100∶（0.5～2），可使菌体大量繁殖；发酵培养基的 C、N 比为 100∶（11～12），可使谷氨酸大量积累。

污水生物处理中好氧微生物群体要求的碳氮磷比为 100∶5∶1，厌氧消化污泥中的厌氧微生物群体要求的碳氮磷比为 100∶6∶1，有机固体废弃物、堆肥发酵要求的碳氮比为 30∶1，碳磷比为 75～100∶1。城市生活污水能满足活性污泥的营养要求，不会出现营养不足的问题。但有的工业废水会缺少某种营养物，需要人为供给或补充。

3．条件适宜

微生物的生长除了取决于营养因素之外，还受 pH 范围、氧、渗透压等物理化学因素的影响，而微生物的生长反过来又可影响环境条件。因此创造适宜的生长条件，才能使微生物良好地生长繁殖，并积累代谢产物。

不同类群的微生物有其各自生长的 pH 范围。一般来说，细菌生长的最适 pH 在 7.0～8.0，放线菌在 7.5～8.5，酵母菌在 3.8～6.0，霉菌在 4.0～5.8。一些专性嗜碱菌的生长 pH 在 11 甚至 12 以上，嗜酸菌如氧化硫硫杆菌的生长 pH 范围为 0.9～4.5。因此为保证微生物能良好地生长，繁殖或积累代谢产物必须调节培养基的 pH。

培养基 pH 可以加 NaOH 或 HCI 来调节。但是由于微生物在代谢过程中会产生使培养基 pH 改变的代谢产物，因此要在培养基中加入能使 pH 保持相对稳定的物质。例如，微生物生长时产生有机酸会使培养基 pH 下降；微生物分解蛋白质与氨基酸时产生的氨会使培养基 pH 上升。这种由于微生物代谢作用而引起的 pH 变化不利于微生物的进一步生长，通常可在培养基中加入缓冲液或微溶性碳酸盐来保持 pH 的相对稳定。

此外，还需根据微生物的不同特性提供相应的培养条件，如培养好氧微生物时必须提供足够的氧气，培养严格厌氧微生物时要把培养基和周围环境中氧气驱除掉。在密闭容器中培养紫硫细菌等厌氧光合细菌时，可在培养基中加入 $NaHCO_3$ 作为 CO_2 的来源。但在培养好氧微生物的培养基中不能加 $NaHCO_3$，因为 $NaHCO_3$ 中的 CO_2 释放到大气中，留下的 Na 会使培养基呈强碱性。培养好氧的，特别是产酸的自养细菌，如亚硝化单胞菌属（*Nitrosomonas*）可向培养基中加 $CaCO_3$，它不仅能提供 CO_2，而且是很好的缓冲剂。

4．经济节约

经济节约的原则也是不可忽视的，尤其是在设计、制备大规模生产用的培养基时更应如此，保证微生物生长与积累代谢产物需要的前提下，经济节约原则大致有："以粗代精、以野代家、以废代好、以简代繁、以烃代粮、以纤代糖、以氮代朊和以国产代进口"等方面。

（二）培养基的种类及其应用

1．根据对培养基成分了解的程度区分

可分为化学成分不确定的培养基——天然培养基、化学成分确定的培养基——合成培养基以及化学成分部分确定的培养基——半合成培养基。

天然培养基采用动植物组织或微生物细胞以及它们的提取物配制而成，如牛肉膏蛋白胨培养基。配制这类培养基常用牛肉膏、蛋白胨、酵母膏、麦芽汁、玉米粉、马铃薯、牛奶和血清等营养价值高的物质。天然培养基的优点是所用物质取材容易，营养丰富，配制方便、价格低廉。缺点是所用物质的成分不清楚、不稳定，因而培养基的营养成分难以控制，实验结果的重复性差。

牛肉膏蛋白胨培养基：	牛肉膏	3 g	水	1 000 ml
	蛋白胨	5 g	NaCl	5 g

pH 7.4～7.6

合成培养基是通过顺序加入准确称量的高纯化学度剂与蒸馏水配制而成的，所含成分（包括微量元素在内）以及它们的量都是确切知道的，如高氏 1 号培养基和察氏培养基就属于这类培养基，合成培养基的优点是化学成分确定并精确定量，所以实验的可重复性高；缺点是配制麻烦，成本较高。合成培养基一般用于实验室中进行的营养、代谢、遗传育种、鉴定和生物测定等定量要求较高的研究。

高氏 1 号培养基：	可溶性淀粉	20 g	KNO_3	1 g
	K_2HPO_4	1 g	NaCl	1 g
	$MgSO_4 \cdot 7H_2O$	0.5 g	水	1 000 ml
	$FeSO_4 \cdot H_2O$	0.01 g	pH	7.4～7.6

半合成培养基主要用于化学试剂，并加入部分天然物质配制而成的，如培养真菌用的马铃薯蔗糖培养基。

2．根据制备培养基的物理状态区分

可以分为液体培养基、固体培养基和半固体培养基。呈液态的培养基为液体培养基。它广泛用于微生物实验和生产，在实验室中主要用于生理代谢研究和获得大量菌体。在发酵生产中极大多数发酵培养基为液体培养基。

外观呈固体状态的培养基都称固体培养基。固体培养基又可根据培养基的固态性质分为加凝固剂后制成的；直接用天然固体状物质制成的和在营养基质上覆上滤纸或膜等制成的。常用的固体培养基是在液体培养基中加入琼脂（约 2%）或明胶（5%～12%），加热熔化，然后再冷却凝固的培养基。常用的凝固剂是琼脂，其主要成分为硫酸半乳聚糖。琼脂没有什么营养价值，所以不被大多数微生物所分解液化。琼脂的溶解温度约 96℃，凝固温度约 40℃，透明、黏着力强，经过高压灭菌也不被破坏。这些优良特性，使琼脂成为制备固体培养基时常用的凝固剂。多数微生物在琼脂培养基表面能很好地生长，尤其是生长在琼脂平板上的微生物常形成可见的菌落，所以琼脂平板在微生物中应用极广。

天然固体培养基直接用某些天然固体状物质制成，如培养真菌用的麸皮、大米、玉米粉和马铃薯块培养基。这些培养基的取材和制备都很方便，所以为生产所常用。在营养基质上覆盖滤纸或微孔滤膜（如硝酸纤维滤膜），或将滤纸条一端插入培养液而另一端露出液面的培养基也具有此性质。这类培养基用于特殊目的，如滤纸条培养基专门用纤维素分解细菌的培养。

如在液体培养基中加 0.5%或更低浓度的琼脂就制成柔软的糨糊状半固体培养基，它主要用于微好氧细菌的培养或细菌运动能力的确定。

3．根据培养基的功能区分

可以分为选择性培养基和鉴别性培养基。

（1）选择性培养基　可通过加入不妨碍目的微生物生长而抑制非目的微生物生

长的物质以达到选择的目的。常用的抑制物质有染料和抗生素。如分离真菌用的马丁培养基中加有抑制细菌生长的孟加拉红、链霉素和金霉素。

选择性培养基也可通过在培养基中加入目的微生物特别需要的营养物质以达到选择目的，这种选择性培养基被称为加富培养基。用于加富的营养物质通常是被富集对象需要的碳源和能源，例如富集纤维素分解菌选用的纤维素；富集石油分解菌用的石蜡油以及富集酵母菌用的高糖液。温度、氧、pH 以及盐度等理化因素也可用来选择某些特殊类型的微生物，如嗜热和嗜冷微生物、好氧和厌氧微生物、嗜酸和嗜碱微生物以及嗜盐微生物等。

（2）鉴别性培养基　是在培养基中添加某种营养物质或化学物质（指示剂或抑制剂）而将目的或对象微生物的菌落与同一平板上的其他微生物菌落区别开来，所以鉴别性培养基也有选择的含义。用于鉴别肠道杆菌中某些细菌的伊红美蓝（EMB）培养基就是最好的例子。EMB 培养基在饮用水、牛乳的细菌学检查以及遗传学研究上有着重要的用途。

四、物质进出微生物细胞

细胞壁和细胞膜是物质进出微生物细胞必经之地。但是细胞壁对物质进出微生物的作用不大。细胞膜由于具有高度选择透性而在营养物质的进入与代谢产物的排出上起着极其重要的作用。细胞膜的基本结构是磷脂双分子层，所以物质的通透性与物质的脂溶性程度直接有关。一般地说，物质的脂溶性越高，越容易透过细胞膜。气体（O_2和 CO_2）和小分子物质（乙醇）等能透过细胞膜，但糖类、氨基酸、核苷酸、离子（H^+、Na^+、K^+、Ca^{2+}）以及细胞的很多代谢产物都是非脂溶性的，它们需要借助细胞膜中负责运输的载体蛋白才可进出细胞。水虽然不溶于脂，但由于它分子小，不带电以及水分子的双极性结构，所以也能迅速地透过细胞膜。

物质进出微生物细胞的主要方式有单纯扩散、促进扩散、主动转运和基团转位。

1．单纯扩散

又称被动转运或自由扩散，这是物质进出细胞最简单的一种方式（图 3-10）。单纯扩散是物质非特异地从浓度较高一侧被动或自由地透过膜向浓度较低一侧扩散的过程，其驱动力是细胞膜两侧的物质浓度梯度（浓度差），如细胞膜两侧的物质浓度梯度消失（即细胞膜两侧的物质浓度相等），单纯扩散就停止。但是由于进入细胞的营养物质不断被消耗，使胞内始终保持较低的浓度，故胞外物质能源源不断地通过单纯扩散进入细胞。这种扩散形式是一个纯粹的物理过程，被扩散的分子不发生化学反应，其构象也不发生变化。扩散的物质主要是一些气体（如 O_2、CO_2）、水和乙醇、甘油等小分子物质。此扩散过程无特异性或选择性，扩散速度慢，因此不是物质运输的一种主要方式。

图 3-10　单纯扩散

2．促进扩散

有些物质（主要为糖和氨基酸等）借助于细胞膜上一些与它们进行特异性结合的蛋白，从浓度高的一侧透过膜向浓度低的一侧扩散，这种扩散称促进扩散或易化扩散。与物质结合并载运它们的膜蛋白称载体蛋白。载体蛋白有很多类似于酶的特点，其中最重要的是有特异性，即载体蛋白只转运一种分子或一类分子，如葡萄糖载体蛋白只转运葡萄糖，转运芳香族氨基酸的载体蛋白不转运其他氨基酸；其次是载体蛋白本身在运输前后不发生改变，但被运输物质的类似物对载体蛋白的易化扩散有抑制作用等。

载体蛋白通过其构象变化及所伴随亲和力的改变进行易化扩散。载体蛋白有两种不同的构象：在膜外侧，载体蛋白以一种向膜外露出溶质结合位点的构象存在。此种构象的载体蛋白与溶质亲和力较高，易与溶质结合并移位到膜内侧。在膜内侧，载体蛋白改变成为一种向膜内露出溶质结合位点的构象，此种构象的载体蛋白与溶质的亲和力较低，结果就向膜内释放出溶质（图 3-11）。

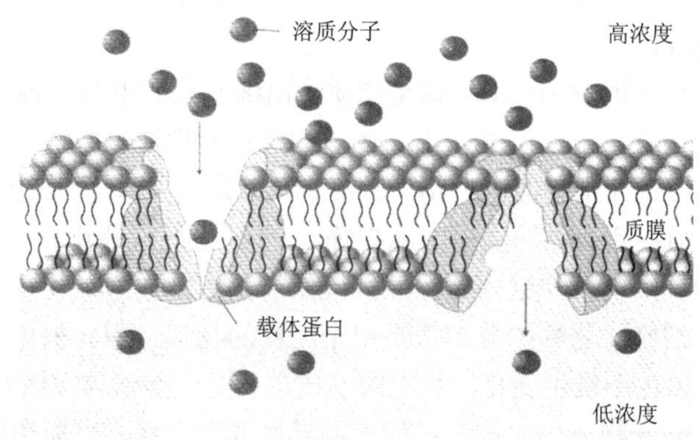

图 3-11　促进扩散

促进扩散与单纯扩散一样，驱动力也是浓度梯度，因此也不需要能量。但是它为有特异性或选择性的扩散，通常在微生物处于高营养物质的浓度情况下发生，如葡萄糖通过促进扩散进入酵母菌细胞，甘油可通过促进扩散进入沙门氏菌、志贺氏菌等肠道细菌细胞。

3．主动运输

主动运输是微生物吸收营养物质的一种主要方式。载体蛋白除了有特异性外，还能像泵一样主动抽送特异溶质逆浓度梯度进入细胞，这一过程需要消耗能量。这种需要消耗能量，由载体蛋白参与的逆浓度梯度的物质转运称为主动运输。通过主动运输转运的物质有无机离子（如 K^+、SO_4^{2-}、PO_4^{3-}等）、糖类（如乳糖、葡萄糖、果糖等）、氨基酸和有机酸等。细菌和真菌类细胞膜上的主动运输系统是质子泵（图 3-12）。质子泵首先消耗 ATP 将 H^+泵到膜外，造成 H^+在膜外的浓度高于膜内，由于化学渗透作用，H^+通过特殊的载体蛋白（图中为果糖-H^+协同转运蛋白）再次回到膜内侧时，同时协助特异溶质通过膜进入到细胞内。这种运输方式是间接地消耗 ATP，因此又称为协同运输。

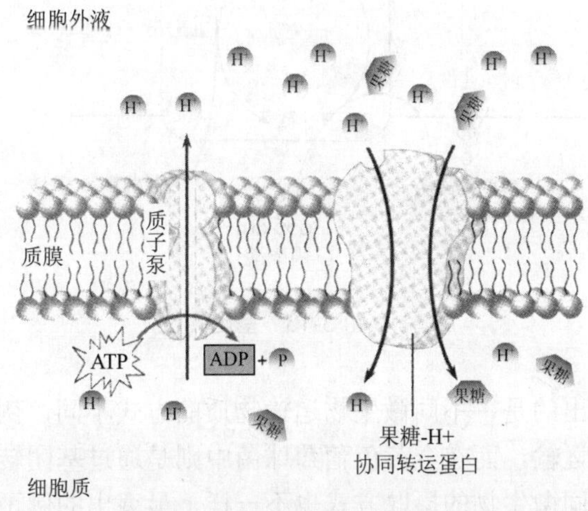

图 3-12　主动运输

4．基团转位

基团转位是物质在运输的同时由于受到化学修饰而源源不断地进入细胞的一种运输方式。基团转位时也有特异性载体蛋白参与和需要能量，不过它的能量来源是磷酸烯醇式丙酮酸（PEP）。通过基团转位运输的物质除了葡萄糖、甘露糖、乳糖、果糖、N-乙酰葡糖胺和 β-乳糖苷等及其衍生物外，还有嘌呤、嘧啶和脂肪酸等。基团转位时的化学修饰是磷酸化。

以大肠杆菌摄入葡萄糖为例，大肠杆菌是靠磷酸转移酶系统摄入葡萄糖的（图

3-13）。该系统由 E_1、E_2、一种热稳定蛋白（HPr）等几种不同的蛋白质组成，其中 HPr 为一种相对低分子量的可溶性蛋白，它起着高能磷酸载体的作用。葡萄糖的转运步骤如下：

在 E_1 的催化下，HPr 被 PEP 磷酸化生成 P-HPr 并转移到膜的内表面，其反应式为：

PEP+HPr——P-HPr+丙酮酸

葡萄糖被 P-HPr 磷酸化生成 6-磷酸葡萄糖，然后进入细胞。这步反应由 E_2 催化：

P-HPr+葡萄糖——6-磷酸葡萄糖+HPr

在这一步中葡萄糖先与位于膜外表面的特异性酶 E_2 结合并移位到膜的内表面，在那里被 P-HPr 磷酸化并进入细胞。

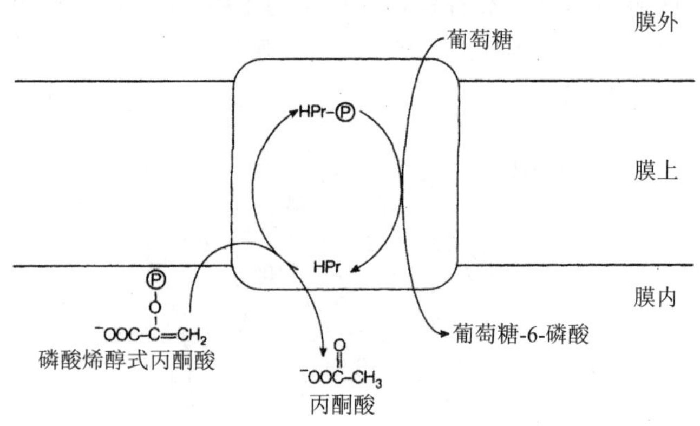

图 3-13 基团转位

这里需要指出的是，不同微生物运输物质的方式不同，例如，半乳糖在大肠杆菌中靠促进扩散运输，而在金黄色葡萄球菌中则是通过基团转位来运送的。即使对同一种物质，不同微生物的摄取方式也不一样，最突出的例子是不同微生物摄取葡萄糖的方式（表 3-5）。

表 3-5 不同微生物摄取葡萄糖的方式

磷酸转移酶系统	主动转运	促进扩散
大肠杆菌	铜绿假单胞菌	酵母菌
枯草杆菌	维涅兰德固氮菌	
巴氏芽孢梭菌	藤黄微球菌	
金黄色葡萄球菌	耻垢分枝杆菌	

（黄秀梨 2003）

第三节 微生物的产能代谢

微生物的生长繁殖以及维持其生命活动需要能量，能量的来源产生于机体的产能代谢。和其他生物一样，微生物体内主要提供能量的物质也是ATP。微生物产能代谢的方式极为多样化，占微生物绝大多数的异养微生物利用有机物降解或无机物氧化过程中释放的能量，通过氧化磷酸化和底物磷酸化合成ATP。产能代谢基本的生化反应就是生物氧化。

根据氧化过程中最终受氢体性质的不同，微生物的生物氧化可分为发酵和呼吸，呼吸又可分为有氧呼吸和无氧呼吸。下面就以大多数异氧微生物通常利用的生物氧化基质——葡萄糖为例进行介绍。

一、发酵

广义的发酵是指利用微生物生产有用代谢产物的一种生产方式。狭义的发酵是指在能量代谢或生物氧化中微生物以自身代谢产物作为最终氢（电子）受体的产能过程。由于发酵对有机物的氧化不彻底，因此，释放出的能量较少，并有代谢产物生成。

1．发酵途径

微生物在厌氧条件下分解葡萄糖产能的途径有EMP途径（糖酵解途径或二磷酸己糖途径）、DE途径（2-酮-3-脱氧-6-磷酸葡萄糖裂解途径）、HMP途径（磷酸戊糖途径）、PK途径（磷酸酮解酶途径）。其中EMP途径是大多数微生物共有的一条基本代谢途径，对于有的微生物来说是唯一的产能途径。

（1）EMP途径（糖酵解途径或二磷酸己糖途径）

EMP途径可分为两个阶段，第一阶段是不涉及氧化还原反应及能量释放的准备阶段，只是生成两分子的中间代谢产物：甘油醛-3-磷酸。第二阶段发生氧化还原反应，产生2分子ATP和2分子丙酮酸（图3-14）。

EMP途径可分为两个阶段，第一阶段是不涉及氧化还原反应及能量释放的准备阶段，只是生成2分子的中间代谢产物：甘油醛-3-磷酸。第二阶段发生氧化还原反应，产生2分子ATP和2分子丙酮酸（图3-13）。

在第一阶段，葡萄糖在消耗ATP的情况下被磷酸化，形成葡糖-6-磷酸。初始的磷酸化能增加分子的反应活性。葡糖-6-磷酸再转化为果糖-6-磷酸，然后再次被磷酸化，形成果糖-1,6-二磷酸。在醛缩酶催化下果糖-1,6-二磷酸裂解成两个三碳化合物：甘油醛-3-磷酸及磷酸二羟丙酮，磷酸二羟丙酮在异构酶的作用下转化为甘油醛-3-磷酸，至此，还未发生氧化还原反应，所有的反应均不涉及电子转移。

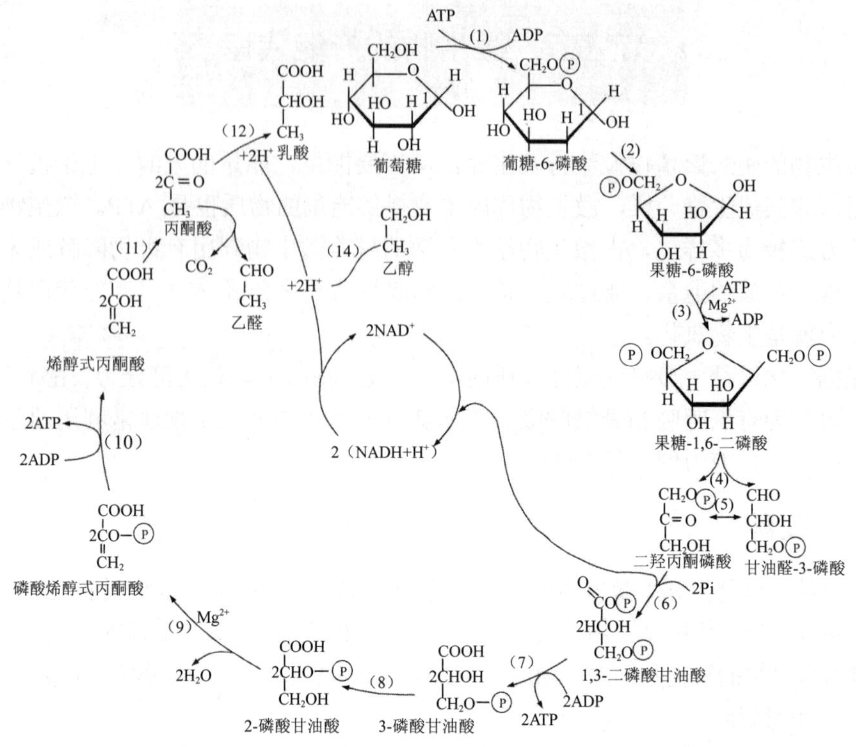

图 3-14 糖酵解（EMP）和发酵的全过程

（1）己糖激酶或葡萄糖激酶；（2）磷酸葡萄糖异构酶；（3）磷酸果糖激酶；（4）醛缩酶；（5）磷酸丙糖异构酶；（6）磷酸甘油醛脱氢酶；（7）磷酸甘油酸激酶；（8）磷酸甘油酸变位酶；（9）烯醇化酶；（10）丙酮酸激酶；（11）非酶促反应；（12）乳酸脱氢酶；（13）丙酮酸脱羧酶；（14）乙醇脱氢酶

在第二阶段，甘油醛-3-磷酸转化为 1,3-二磷酸甘油酸的过程是氧化反应，辅酶 NAD^+接受氢原子形成 $NADH + H^+$。同时，3-磷酸甘油醛都接受无机磷酸被磷酸化形成 1,3-二磷酸甘油酸。与己糖磷酸的磷酸键不同，甘油酸二磷酸中含有高能磷酸键，在 1,3-二磷酸甘油酸转变成 3-磷酸甘油酸的反应过程中，发生 ATP 的合成反应。同样磷酸烯醇式丙酮酸也含有高能磷酸键，在其转变成烯醇式丙酮酸的反应过程中合成 ATP。由于有 2 分子的 ATP 用于糖的磷酸化，因此，通过 EMP 途径一个分子的葡萄糖可净得两分子 ATP。

EMP 途径的总反应式为：

$$C_6H_{12}O_6+2ADP+2H_3PO_4+2NAD^+ \longrightarrow 2CH_3COCOOH+2ATP+2（NADH + H^+）$$

（2）DE 途径（2-酮-3-脱氧-6-磷酸葡萄糖裂解途径）

少数细菌如假单胞菌、根瘤菌、土壤杆菌等以 DE 途径代替 EMP 途径（图 3-15）。

此途径的特点是：①1 分子葡萄糖经过一系列反应生成 2 分子丙酮酸，但 2 分子丙酮酸的来源不同，1 分子为 2-酮-3-脱氧-6-磷酸葡萄糖（KDPG）裂解时产生的，另 1 分子则由 3-磷酸甘油醛经 EMP 途径转化而来。②具有一特征反应（2-酮-3-脱氧-6-磷酸葡萄糖裂解为丙酮酸和 3-磷酸甘油醛），故又称 2-酮-3-脱氧-6-磷酸葡萄糖裂解途径。③催化特征反应的酶为 2-酮-3-脱氧-6-磷酸葡萄糖醛缩酶（KDPG 醛缩酶）。④产能效率低，1 分子葡萄糖经 DE 途径只生成 1 分子 ATP。

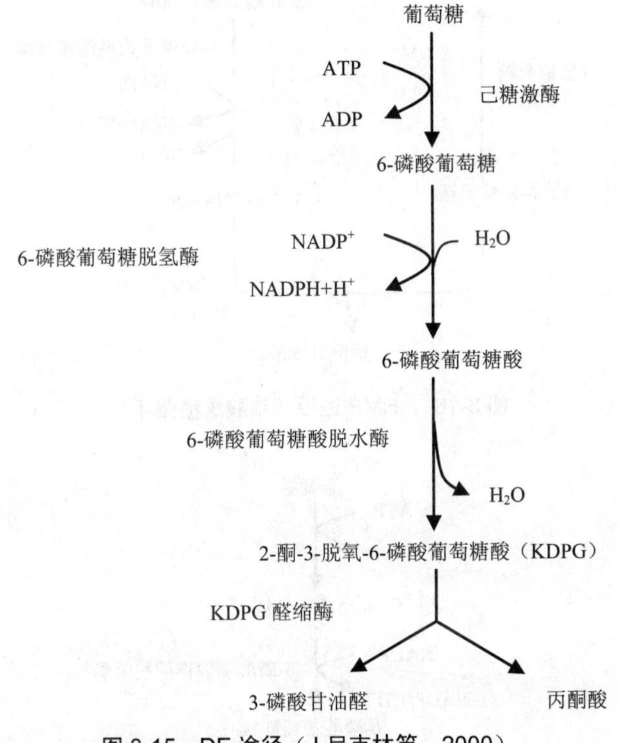

图 3-15 DE 途径（J.尼克林等，2000）

（3）HMP 途径（磷酸戊糖途径）

HMP 途径可与 EMP 途径或 DE 途径同时存在，也能在有氧或无氧条件下发生。在许多微生物中 HMP 途径是重要的产能来源，然而，它的主要作用是用于生物合成（图 3-16）。该途径产生的大量 $NADPH+H^+$和各种不同长度的碳架原料，可用于芳香族氨基酸和核苷酸的生物合成。反应中的 3-磷酸甘油醛经 EMP 途径产生能量。

（4）PK 途径（磷酸酮解酶途径）

磷酸酮解酶途径因特征酶为磷酸酮解酶而得名，途径中的关键反应为 5-磷酸木酮糖裂解生成乙酰磷酸和 3-磷酸甘油醛，催化反应的酶为磷酸酮解酶（图 3-17）。乙酰磷酸进一步转化生成乙醇，3-磷酸甘油醛经丙酮酸转化为乳酸。

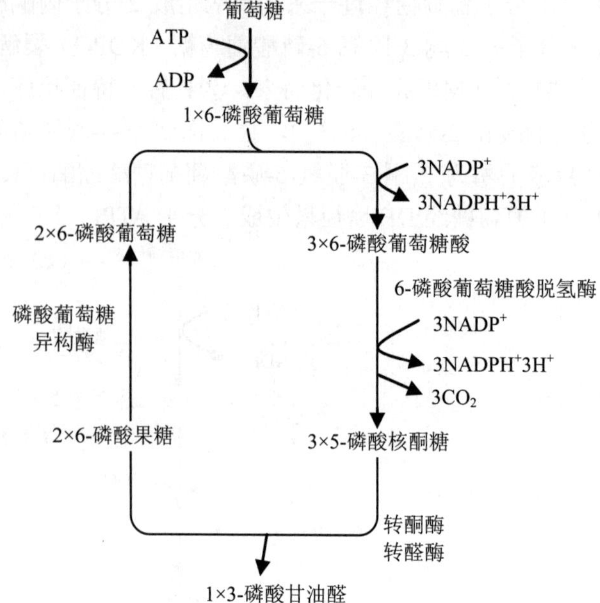

图 3-16　HMP 途径（磷酸戊糖循环）

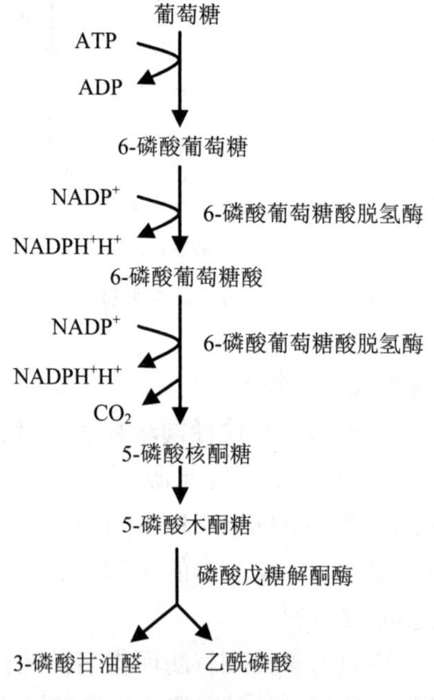

图 3-17　磷酸酮解酶途径

2．发酵类型

在2分子的1,3-二磷酸甘油酸的合成过程中，2分子NAD^+被还原为$NADH+H^+$。然而，细胞中的NAD^+供应是有限的，假如所有的NAD^+都转变成$NADH+H^+$，葡萄糖的分解氧化将会中断。这样，微生物就以葡萄糖分解过程中形成的各种中间产物为氢（电子）受体来接受$NADH+H^+$的氢，使其氧化为NAD^+再利用，于是就产生了各种各样的发酵产物。根据发酵产物的种类可分为乙醇发酵、乳酸发酵、混合酸发酵、丁二醇发酵、乙酸发酵、丙酸发酵等。下面介绍其中的几种发酵。

（1）乙醇发酵　乙醇发酵是研究最早了解最清楚的一类发酵，主要有酵母型乙醇发酵和细菌型乙醇发酵。

进行酵母型乙醇发酵的微生物主要是酵母菌和少数细菌。在酵母型乙醇发酵中，葡萄糖先经EMP途径降解为两分子丙酮酸，丙酮酸在丙酮酸脱羧酶的催化下脱羧生成乙醛，然后乙醛作为氢受体接受来自$NADH + H^+$的氢生成乙醇（图3-13）。其总反应式为：

$$C_6H_{12}O_6 + 2ADP + 2H_3PO_4 \longrightarrow 2CH_3CH_2OH + 2CO_2 + 2ATP$$

以上乙醇发酵只在pH 3.5～4.5以及厌氧条件下发生。发酵终产物为乙醇，这种发酵类型称为酵母的一型发酵；如果在培养基中加入亚硫酸氢钠时，它可与乙醛反应生成难溶的磺化羟基乙醛。由于乙醛和亚硫酸盐结合而不能作为$NADH + H^+$的氢受体，所以不能形成乙醇，由磷酸二羟丙酮代替乙醛作为氢受体，生成α-磷酸甘油，α-磷酸甘油进一步水解脱磷酸而生成甘油。

若在弱碱性（pH＞7.5）条件下，乙醛也不能作为正常的氢受体，于是两分子乙醛之间发生歧化反应，1分子乙醛氧化生成乙酸，1分子还原生成乙醇：

$$CH_3CHO + H_2O + NAD^+ \longrightarrow CH_3COOH + NADH + H^+$$
$$CH_3CHO + NADH + H^+ \longrightarrow CH_3CH_2OH + NAD^+$$

同时由磷酸二羟丙酮担任氢受体，接受氢生成α-磷酸甘油，所以发酵的产物有甘油、乙醇和乙酸。

由此可见，发酵产物可随着发酵条件的改变而改变。在酵母菌进行甘油发酵时，1分子葡萄糖只产生1分子甘油而没有ATP的生成，此时菌体生长所需能量仍要由乙醇发酵来提供，所以添加的亚硫酸盐必须控制在3%的适量水平。

细菌型乙醇发酵只有运动发酵单胞菌（*Zymomonasmobilis*）和厌氧发酵单胞菌（*Zymomonasanaerobia*）等少数细菌能进行，它们利用ED途径分解葡萄糖为丙酮酸，然后得到两分子乙醇，但只产生1分子ATP（图3-18）。

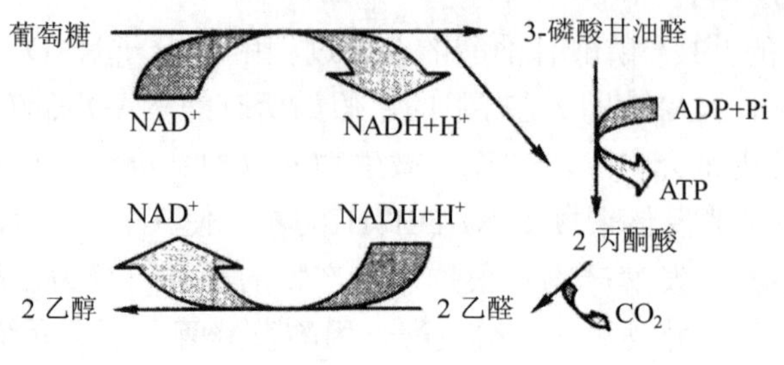

图 3-18 细菌型乙醇发酵

（2）乳酸发酵　许多细菌能利用葡萄糖产生乳酸，这类细菌称为乳酸细菌。根据产物的不同，乳酸发酵有两种类型：同型乳酸发酵和异型乳酸发酵。同型乳酸发酵的过程是：葡萄糖经 EMP 途径降解为丙酮酸，丙酮酸在乳酸脱氢酶的作用下被 NADH+H^+还原为乳酸（图 3-14）。由于终产物只有乳酸一种，故称为同型乳酸发酵。

异型乳酸发酵是指发酵中产物中除乳酸外还有乙酸或乙醇等其他产物的发酵。例如，肠膜状明串珠菌（*Leuconostoc mesenteroides*）因缺乏 EMP 途径中的醛缩酶和异构酶等若干重要酶，而利用 PK 途径分解葡萄糖。该途径先分解葡萄糖为 5-磷酸核酮糖，经异构酶的作用转化为 5-磷酸木酮糖，然后在裂解酶的催化下裂解成甘油醛-3-磷酸和乙酰磷酸，其中乙酰磷酸经两次还原变为乙醇，甘油醛-3-磷酸经丙酮酸转化为乳酸，同时产生 2 分子 ATP（图 3-19）。扣除发酵开始激活葡萄糖时用去的 1 分子 ATP，可净得 1 分子 ATP，由此可看出异型乳酸发酵产能比同型乳酸发酵产能低。

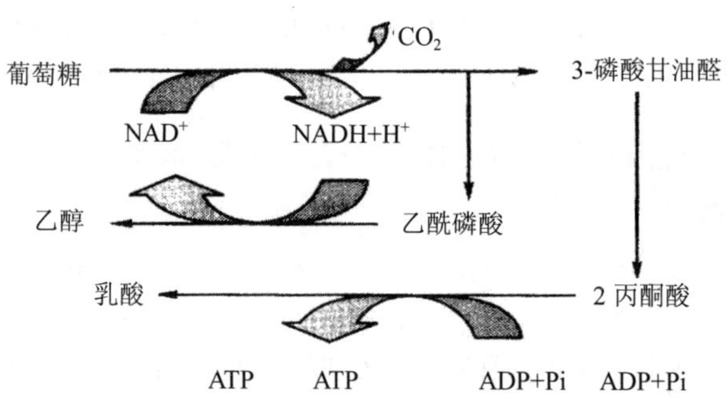

图 3-19 肠膜状明串珠菌的异型乳酸发酵

两歧双歧杆菌（*Bifidobacterium bifidum*）进行的是一种发酵途径和产物稍有不同的异型乳酸发酵，称为双歧发酵。在双歧发酵中，两分子葡萄糖可产生 3 分子乙酸、2 分子乳酸和 5 分子 ATP。

（3）混合酸发酵 埃希氏菌属（*Escherichia*）、沙门氏菌属（*Salmonella*）和志贺氏菌属（*Shigella*）中的一些细菌发酵葡萄糖生成乳酸、乙酸、甲酸、琥珀酸、乙醇、CO_2 和 H_2 等产物，因为产物中含多种有机酸，所以称为混合酸发酵。

混合酸发酵是以 EMP 途径为基础的，它的多种产物是由葡萄糖分解生成的丙酮酸，在多种酶的催化下生成的。在大肠杆菌和产气肠杆菌中存在着一种在厌氧条件合成的甲酸氢解酶，它在酸性条件下能催化甲酸裂解成 CO_2 和 H_2，所以大肠杆菌和产气肠杆菌发酵葡萄糖是可产酸、产气（图 3-20），而志贺氏菌没有甲酸氢解酶，故发酵葡萄糖是可产酸、不产气，这样就可以通过葡萄糖发酵实验将大肠杆菌和志贺氏菌区分开。

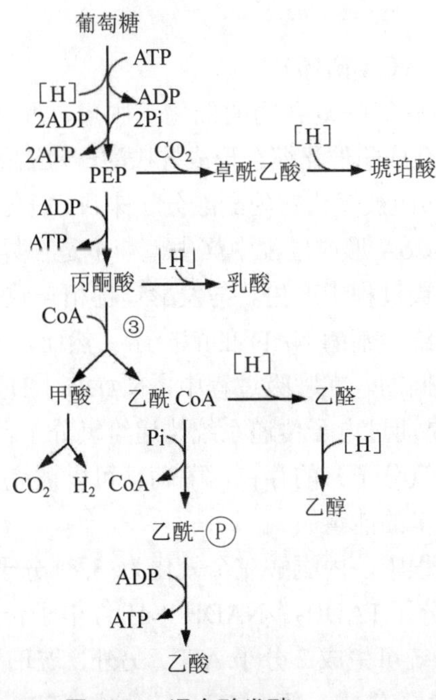

图 3-20 混合酸发酵

二、有氧呼吸

上面我们讨论的是葡萄糖分子在没有外源电子受体时的分解过程。如果从葡萄糖或其他有机基质上脱下的电子（氢），经过一系列载体最终传给外源分子氧或其他氧化型化合物并产生的生物氧化，则这一过程称为呼吸。以分子氧作为最终电子受体的呼吸称为有氧呼吸，以氧以外的其他氧化型化合物作为最终电子受体的呼吸称为无氧呼吸。由于葡萄糖通过有氧呼吸产生的能量比通过发酵产生的能量多得多，因此，在有氧条件下，兼性厌氧微生物将会终止厌氧发酵而转为有氧呼吸，这种呼吸抑制发酵的现象称为巴斯德效应。

有氧呼吸是微生物中最普遍、最重要的生物氧化方式和主要的产能方式。1 分子葡萄糖在有氧条件下通过有氧呼吸彻底氧化为 CO_2 和 H_2O，同时产生 38 个 ATP。整个氧化过程可分为以下几部分：①在细胞质中通过 EMP 途径分解产生 2 分子丙酮酸、2 分子 ATP 和 2（$NADH+H^+$）；②丙酮酸氧化脱羧、脱氢并与辅酶 A 结合生成 2 个乙酰-CoA，产生 2（$NADH+H^+$），此过程原核微生物是在细胞质中进行，而真核微生物是在线粒体基质中进行；③乙酰-CoA 进入三羧酸循环。真核微生物的三羧酸循环酶系位于线粒体基质中，而原核微生物则多数在细胞质中，只有琥珀酸脱氢酶是在细胞膜上；④上述过程中脱下的电子（氢）经电子传递链最终传递给分子氧生成 H_2O。真核微生物的电子传递链位于线粒体的膜上，而原核微生物的电子传递链位于细胞膜上。

1．三羧酸循环（TCA 循环）

丙酮酸在丙酮酸脱氢酶复合物的催化下脱羧、脱氢形成乙酰-CoA，乙酰-CoA 和草酰乙酸由柠檬酸合成酶催化缩合形成柠檬酸，反应由此进入 TCA 循环（图 3-21）。对于每个经 TCA 循环而被氧化的丙酮酸分子来讲，氧化过程中共释放出 3 个分子的 CO_2。一个是在乙酰-CoA 形成过程中产生，一个是在异柠檬酸脱羧时产生，另一个是在α-酮戊二酸的脱羧过程中产生。与发酵过程相一致，TCA 循环过程中氧化释放出的电子通常先传递给含辅酶 NAD^+的酶分子。然而，$NADH + H^+$的氧化方式在发酵和呼吸作用中是不同的。在呼吸过程中，$NADH + H^+$中的电子不是传递给中间产物（如丙酮酸），而是通过电子传递系统传递给氧分子，因此，在有氧呼吸过程中，因有外源电子受体（氧分子）的存在，葡萄糖可以被完全氧化成 CO_2 和 H_2O，从而可产生比发酵过程更多的能量。

在三羧酸循环过程中，丙酮酸完全氧化为 3 个分子的 CO_2，同时产生 4 分子（$NADH + H^+$）和 1 分子 $FADH_2$。$NADH + H^+$经电子传递系统可生成 3 分子 ATP，$FADH_2$ 经电子传递系统可生成 2 分子 ATP。另外，琥珀酰辅酶 A 在氧化成延胡索酸时伴随着 1 分子 GTP 的生成，随后 GTP 转化成 ATP。这样丙酮酸经三羧酸循环可生成 15 分子 ATP。此外，在 EMP 途径中产生的 2 分子（$NADH + H^+$）可经电子传递系统重新被氧化，产生 6 分子 ATP。在葡萄糖转变为 2 分子丙酮酸时还可借底物水平磷酸化生成 2 分子的 ATP。因此，好氧微生物通过有氧呼吸完全氧化 1 分子葡萄糖后总共可得到 38 分子的 ATP，约占葡萄糖所含化学能的 43%，其余的能量以热的形式散失。

三羧酸循环的重要功能不仅在于产能，而且是物质代谢的枢纽。它既是联系糖、蛋白质和脂质代谢的桥梁，又可为许多重要物质的合成代谢提供原料。例如，草酰乙酸和α-酮戊二酸是天冬氨酸和谷氨酸的合成原料；乙酰-CoA 是脂肪酸的合成原料；琥珀酸是卟啉、类卟啉、细胞色素和叶绿素的原料。

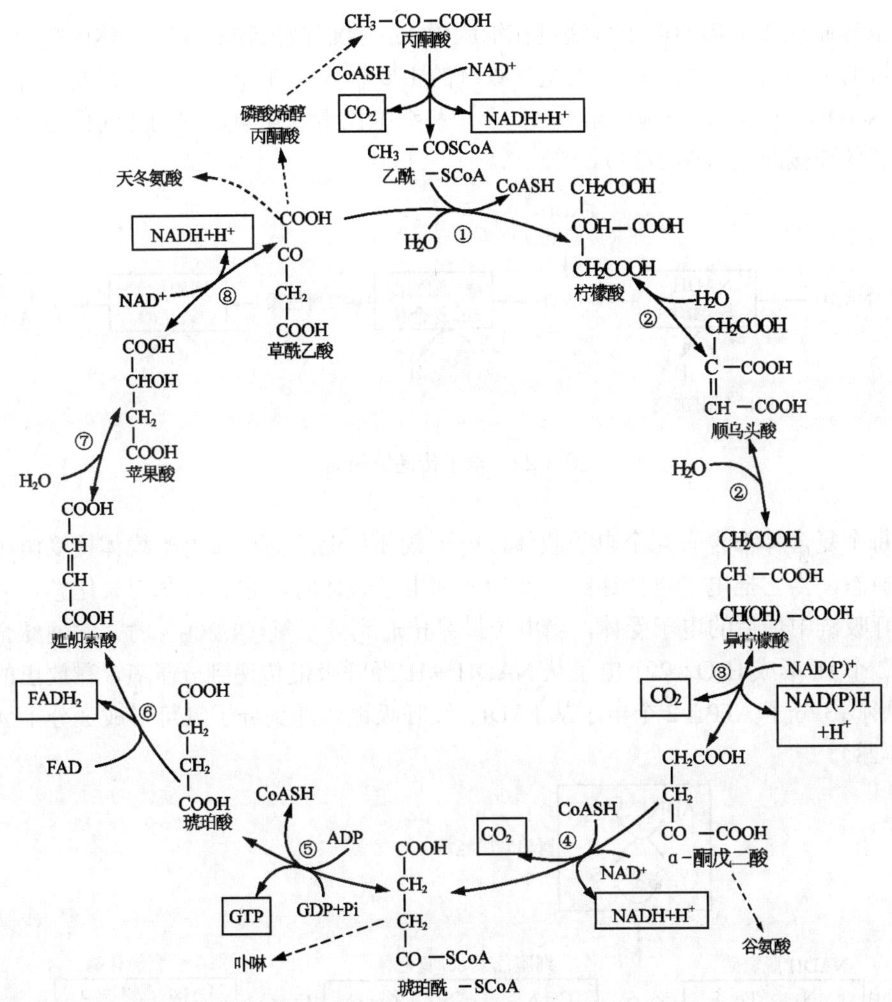

图 3-21 三羧酸循环

①柠檬酸合成酶；②乌头酸酶；③异柠檬酸脱氢酶；④α-酮戊二酸脱氢酶复合体；

⑤琥珀酰-CoA 合成酶；⑥琥珀酸脱氢酶；⑦延胡索酸酶；⑧苹果酸脱氢酶

2．电子传递链（呼吸链）

呼吸链是指从葡萄糖或其他化合物上脱下来的电子（氢），经过一系列按氧化还原势由低到高顺序排列的电子（氢）载体，定向有序的传递系统。葡萄糖通过 EMP 途径和三羧酸循环氧化分解所产生的能量少部分直接形成 ATP，大部分保留在 $NADH + H^+$和 $FADH_2$ 中。通过呼吸链高能电子从 $NADH + H^+$和 $FADH_2$ 最终传递给分子氧，同时随着电子能量水平的逐步下降，高能电子所释放出的能量通过磷酸化贮存到 ATP 分子中。

虽然原核微生物的电子传递链在细胞膜上，真核微生物的在线粒体内膜上，但呼吸链的主要组分是类似的。典型呼吸链的主要组分是 3 个大的蛋白质复合体，分别为 NADH 脱氢酶、细胞色素 bc_1 复合体和细胞色素氧化酶，它们之间由 2 个小的电子载体连接起来（图 3-22）。

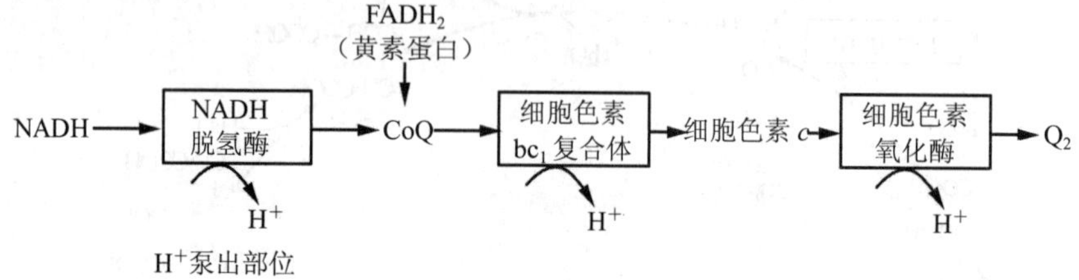

图 3-22 电子传递链简略

每个复合体都含有几个电子载体，电子载体从上游的相邻电子载体接受电子后呈还原态，当它把电子再传递给下游的相邻电子载体时，它又转变为氧化态。分子氧是呼吸链中最后的电子受体，当电子最终传递到分子氧（$1/2O_2$）时，它便结合周围的 2 个 H^+形成 H_2O。2 个电子从 NADH + H^+经呼吸链传递到分子氧，释放出的能量可形成 3 分子 ATP，2 个电子从 $FADH_2$ 经呼吸链传递到分子氧可形成 2 分子 ATP（图 3-23）。

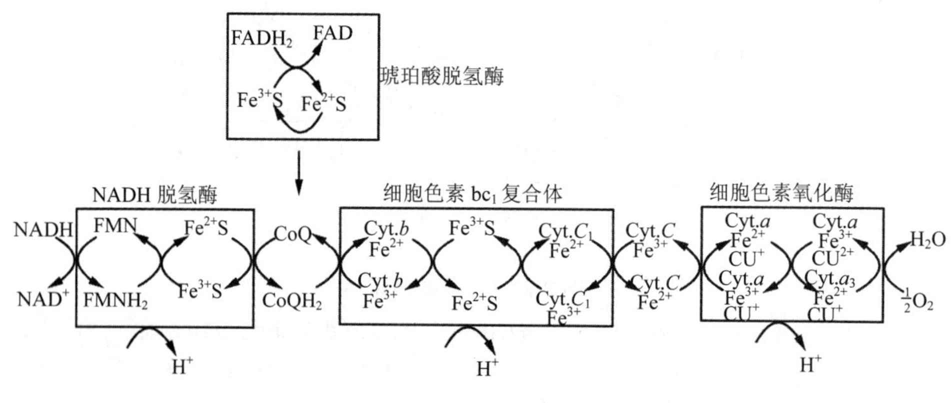

图 3-23 电子传递链

三、无氧呼吸

无氧呼吸是指在厌氧条件下，厌氧或兼性厌氧微生物以外源无机氧化物或有机物作为末端氢（电子）受体时发生的一类产能效率较低的特殊呼吸。外源无机氧化物主要有 NO_3^-、NO_2^-、SO_4^-、$S_2O_3^{2-}$、CO_2、Fe^{3+}等，有机物很少见，有延胡索酸、甘氨酸等。

无氧呼吸的特点是底物按常规途径脱氢后，经部分呼吸链传递，最终由氧化态的无机物或有机物接受氢，并完成氧化磷酸化的产能反应。与有氧呼吸相比无氧呼吸的产能效率更低，但较之单独发酵却大得多。进行无氧呼吸的微生物绝大多数是细菌。根据呼吸链末端氢（电子）受体的不同，可把无氧呼吸分为以下多种类型。

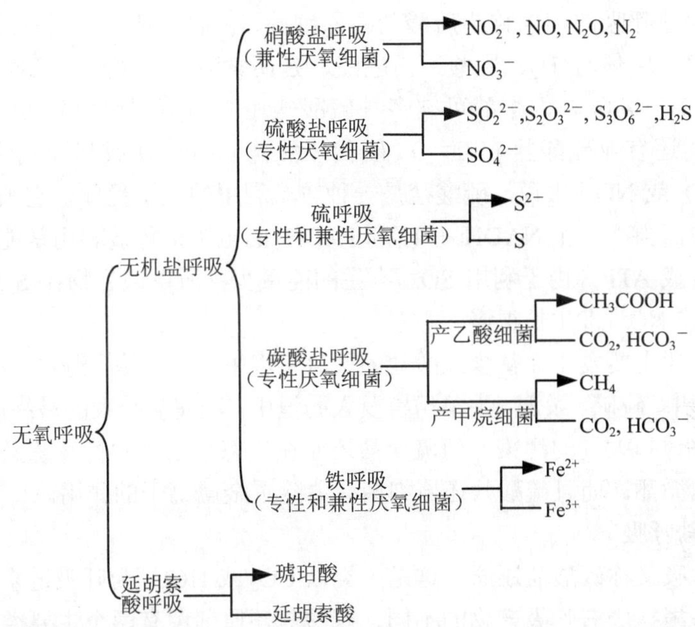

1．硝酸盐呼吸

硝酸盐呼吸又称反硝化作用，是指NO_3^-被某些微生物还原为NO_2^-，然后再逐步还原为NO、N_2O和N_2的过程，因此，硝酸盐呼吸还可称为硝酸盐还原。进行反硝化作用的微生物均为兼性厌氧微生物，典型的反硝化细菌有地衣芽孢杆菌（*Bacillus licheniformis*）、脱氮副球菌（*Paracoccus denitrificans*）、脱氮硫杆菌（*Thiobacillus denitrificans*）、铜绿假单胞菌（*Pseudomonas aeruginosa*）等。大肠杆菌也是一种反硝化细菌，但它只能将NO_3^-还原成NO_2^-。

在无氧条件的诱导下，反硝化细菌合成一系列催化硝酸盐还原反应的酶，而分子氧对这些酶的合成却有阻遏作用。

反硝化作用发生在有硝酸盐存在的土壤、水体、淤泥和废物处理系统中。由于好氧微生物的呼吸作用，氧被消耗，造成缺氧环境，引起反硝化细菌的硝酸盐还原作用，造成土壤中氮素的损失，对农业生产造成不利。但反硝化作用对促进氮素循环和环境保护有重要意义，通过反硝化作用可以降低水体中的硝酸盐含量，从而减少水体的污染和富营养化。

2．硫酸盐呼吸

硫酸盐呼吸又称硫酸盐还原，是微生物在厌氧条件下，利用硫酸盐（SO_4^{2-}）作为有机质氧化时末端电子受体的一类特殊呼吸。从 SO_4^{2-}到 H_2S 的还原过程经过一系列的中间态，其中有 8 个电子被还原。

$$SO_4^{2-} + 8e^- + 8H^+ \longrightarrow S^{2-} + 4H_2O$$

进行硫酸盐呼吸的细菌称为硫酸盐还原细菌，它们都是严格厌氧细菌。硫酸盐还原细菌的电子供体有 H_2、乳酸、丙酮酸、延胡索酸、苹果酸、乙酸、乙醇等有机物，其中 H_2、乳酸、丙酮酸可被多种硫酸盐还原细菌利用。除 SO_4^{2-}外，可作为电子受体的还有亚硫酸盐（SO_3^{2-}）、硫代硫酸盐（$S_2O_3^{2-}$）或其他氧化态硫化物。

相对于 O_2 或 NO^{3-}来说，硫酸盐是一种较难利用的电子受体，它须经激活后才能被利用，然而当能产生 NADH + H^+和 $FADH_2$ 的电子供体被利用是能释放足够多的能量用于合成 ATP。由于利用 SO_4^{2-}产生的能量少，所以微生物在 SO_4^{2-}上生长的速率较在 O_2 或 NO^{3-}上生长得慢。

硫酸盐还原主要发生在富含硫酸盐的厌氧生境中，如土壤、海水、污水、温泉、油井、天然气井、硫矿、淤泥、牛羊瘤胃及人肠道中。硫酸盐呼吸的最终产物是 H_2S，因此会造成水体和大气的污染。但硫酸盐还原在生态学上有着特殊意义，它参与了自然界的硫素循环，而且硫酸盐还原细菌有清除重金属离子的作用。

3．碳酸盐呼吸

碳酸盐呼吸又称碳酸盐还原，这是一类以 CO_2 或 HCO_3^-为呼吸链末端电子受体的无氧呼吸。根据厌氧呼吸产物的不同，碳酸盐还原细菌有两个主要类群。一类利用 H_2 作为电子供体，以 CO_2 作为末端电子受体，产物为甲烷（CH_4），大多数产甲烷菌属于这一类群。

$$4H_2 + H^+ + HCO_3 \longrightarrow CH_4 + 3H_2O - 142.1\ kJ/mol$$

另一类群为产乙酸菌中的同型产乙酸菌，它们可利用 H_2 和 CO_2 进行无氧呼吸，产物为乙酸。

$$4H_2 + 2H^+ + 2HCO_3^- \longrightarrow CH_3COOH + 4H_2O - 112.9\ kJ/mol$$

同型产乙酸菌并不是分类学上一个确定的类群，它们包括各种不同的微生物，如革兰氏阳性的产芽孢醋酸梭菌（*Clostridium aceticum*）、革兰氏阴性的不产芽胞伍氏醋酸杆菌（*Acetobacteriun woodii*）。它们中的大多数还能通过发酵利用糖类和其他有机物进行生长。同样，产甲烷菌也不是仅能在 H_2 和 CO_2 上生长，许多产甲烷菌可利用甲醇、甲酸和乙酸生长并产生甲烷。

碳酸盐还原菌都是专性厌氧细菌，在厌氧生境系统中起着重要的作用。特别是产甲烷菌，它作为厌氧生物链中的最后一个成员，在自然界的沼气形成以及环境保护的厌氧消化中担负着重要的角色。

四、能量转换

在产能代谢过程中，微生物通过底物水平磷酸化和氧化磷酸化将物质氧化而释放的能量储存于 ATP 等高能分子中，对光合微生物而言，则可通过光合磷酸化将光能转变为化学能储存于 ATP 中。

1．底物水平磷酸化

物质在生物氧化过程中，常生成一些含有高能键的化合物，而这些化合物可在酶的催化下直接偶联 ATP 或 GTP 的合成，这种产生 ATP 的方式称为底物水平磷酸化。底物水平磷酸化既存在于发酵过程中，也存在于呼吸作用过程中。例如，在 EMP 途径中（图 3-14），1,3-二磷酸甘油酸转变为 3-磷酸甘油酸以及磷酸烯醇式丙酮酸转变为丙酮酸的过程中都分别偶联着 ATP 的形成；在三羧酸循环过程中（图 3-21），琥珀酰辅酶 A 转变为琥珀酸时偶联着 GTP 的形成。图 3-24 为在酶的催化下磷酸烯醇式丙酮酸转变为丙酮酸，并合成 ATP 的过程。

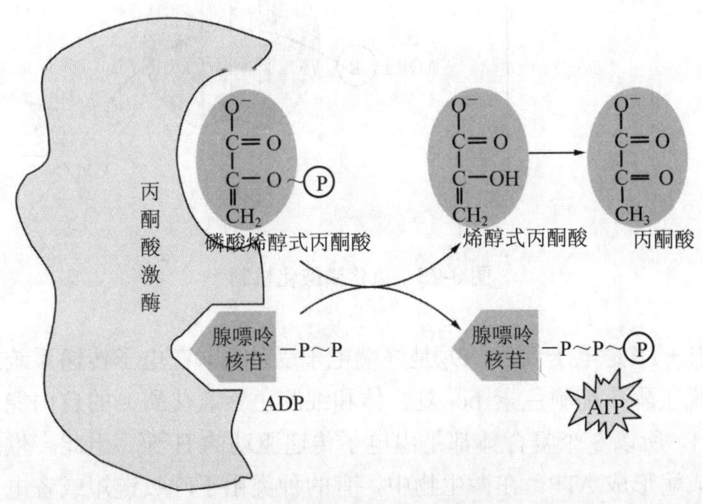

图 3-24　底物水平磷酸化

2．氧化磷酸化

物质在进行生物氧化过程中形成的 NADH + H^+和 $FADH_2$通过电子传递系统将电子最终传递给氧或其他氧化型物质，在这个过程中，线粒体内膜上和细胞质膜上发生的氧化作用和磷酸化合成 ATP 的作用密切偶联，这种产生 ATP 的方式称为氧化磷酸化。氧化磷酸化机制可用化学渗透学说来解释。其要点是当呼吸链进行电子传递时，从 NADH + H^+或 $FADH_2$ 脱下的 H^+穿过膜被泵出膜外，结果造成 H^+跨膜在膜两侧的不均衡分布，产生质子动力（H^+的化学梯度和膜电势的总和）。当 H^+从膜的外侧返回到膜的内侧时，能量被释放出来，并推动 ATP 的合成。这一过程是由 ATP 合成酶催化完成（图 3-25）。

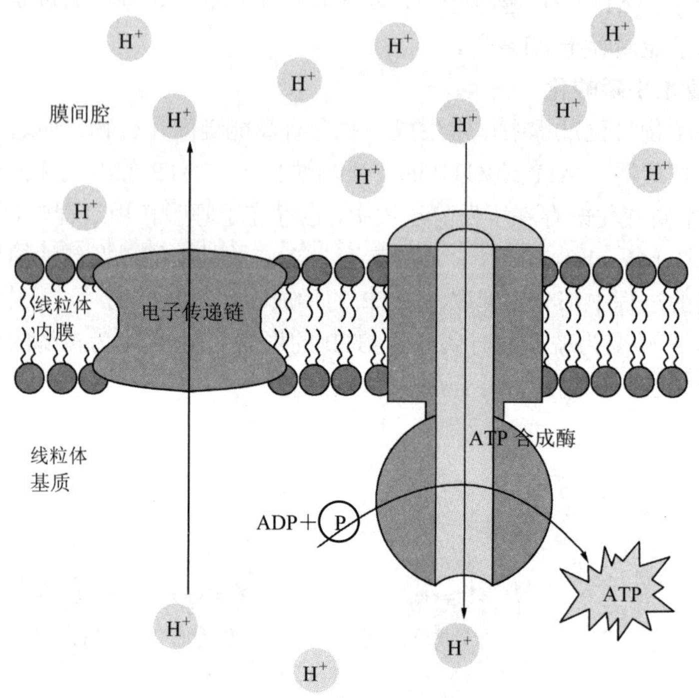

图 3-25 氧化磷酸化机制

当 NADH + H^+是电子供体，O_2是终端电子受体时，在电子传递系统上有 3 个点位（NADH 脱氢酶、细胞色素 bc_1 复合体和细胞色素氧化酶）的自由能变化足够将 H^+从膜内泵出，所以 3 个复合体都是由电子传递驱动的 H^+泵，由此产生的质子动力推动 ATP 合成酶形成 ATP。在微生物中，有的种类由于呼吸链短或者电子在链的其他点位进入呼吸链，而造成 ATP 的产量低。

复习与思考题

1. 什么是酶？酶的催化特性有哪些？
2. 什么是辅酶？什么是辅基？有哪些物质可作为辅酶或辅基？
3. 什么是酶的活性中心？酶的活性中心有哪些特点？
4. 什么是酶的专一性？有哪几种类型？
5. 试述影响酶活性的因素及它们如何影响酶的催化活性？
6. 试述微生物营养中 6 大要素物质及其生理功能。

7. 异养微生物与自养微生物的能源物质是否相同？什么原因？

8. 什么是生长因子？它包括哪些物质？是否任何微生物都需要生长因子？

9. 什么是单功能营养物、双功能营养物和多功能营养物？试各举一例。

10. 微生物有几大营养类型？划分它们的依据是什么？试各举例。

11. 利用葡萄糖作为唯一碳源和能源的微生物应属于哪一营养类型？利用元素硫作为能源的微生物属于哪一营养类型？如果后一种微生物利用 CO_2 作为唯一碳源生长，又如何称呼呢？

12. 物质进出微生物细胞的方式主要有几种？试比较它们的异同。

13. 什么是培养基？制备培养基的基本原则是什么？

14. 什么是选择培养基和鉴别培养基？它们在微生物学工作中有何重要性？

15. 什么是发酵？举例说明在人们的生活及生产活动中是如何利用发酵的。

16. 在有氧条件下，1 分子葡萄糖如何被氧化分解为 CO_2 与 H_2O，最终可形成多少个 ATP?

17. 三羧酸循环的生物学意义。

18. “氧化磷酸化”是如何得名的？氧化磷酸化的具体过程是怎样的？

19. 比较微生物发酵和有氧呼吸的异同。

20. 什么是无氧呼吸？无氧呼吸的最终电子受体有哪些？

第四章　微生物的生长和遗传变异

第一节　微生物的生长及其控制

一、微生物的生长

微生物在适宜环境条件下，不断地吸收营养物质，并按照自己的代谢方式进行新陈代谢活动，如果同化作用超过异化作用，细胞原生质量不断增加，体积得以增大，表现为生长。细胞的生长是有限度的，当细胞增长到一定程度时，开始分裂形成两个基本上相似的子细胞。在单细胞微生物中，细胞分裂的结果是个体数目的增加，这就是繁殖。在多细胞微生物中，细胞数目增加如不伴随着个体数目增加时，只能称其为生长。一般情况下，环境条件适宜，生长与繁殖始终是交替进行的。从生长到繁殖是由量变到质变的发展过程，这一过程就是发育。

在高等动植物中，生长与繁殖是两个容易区分的过程，但在微生物中，特别是对于单细胞微生物而言，生长与繁殖紧密联系很难区分。当单细胞个体增长达到一定程度后就会引起个体数目的增加，不久，原有的个体发展成为一个群体。随着群体中各个体的进一步生长、繁殖，引起了这一群体的生长。除了特定的目的以外，在微生物的研究和应用中，只有群体的生长才有意义，因此，在微生物学中所提到的“生长”，一般均指群体生长。

（一）微生物纯培养及分离

在自然环境中，通常栖息着的是许多不同微生物混杂在一起的群体。即使是尘土或一滴水珠，也常含有多种细菌及其他微生物。这种含有一种以上微生物的培养称为混合培养。当我们需要研究或利用某一种微生物时，就必须把混杂的微生物类群分离开来以得到只含一种微生物的培养物。微生物学中将在实验条件下从一个单细胞繁殖得到的后代称为纯培养。

纯培养获得的微生物可作为保藏菌种，用于各种微生物的研究和应用。我们通常所说的微生物培养就是采用纯培养进行的，如果其他微生物进入到纯培养中便称之为污染。但在许多微生物的应用工艺中也常使用混合培养，将几种微生物共同接种到一个培养基中进行培养，如污水的生物处理工艺。

为了获得微生物纯培养可以采用以下几种方法：

（1）稀释倒平板法 先将待分离的材料用无菌水作一系列的稀释（如 1∶10、1∶100、1∶1 000、1∶10 000），然后分别取不同稀释液少许，与已熔化并冷却至50℃左右的琼脂培养基混合，摇匀后倾入灭过菌的培养皿中，待琼脂凝固后，制成可能含菌的琼脂平板，保温培养一定时间即可出现菌落（图 4-1）。如果稀释得当，在平板表面或琼脂培养基中就可出现分散的单个菌落，这个菌落可能就是由一个细菌细胞繁殖形成的。随后挑取该单个菌落或重复以上操作数次，便可得到纯培养。

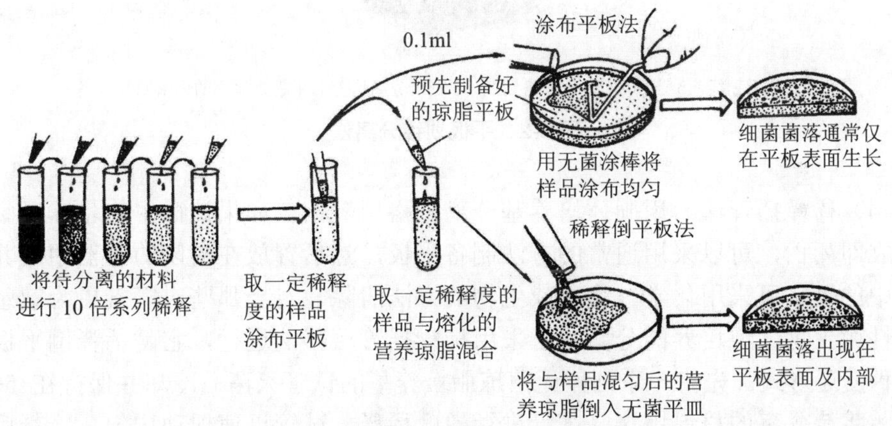

图 4-1 稀释后用平板分离细菌单菌落

（2）涂布平板法 由于将含菌材料先加到还较烫的培养基中再倒平板易造成某些热敏感菌的死亡，而且采用稀释倒平板法也会使一些严格好氧菌因被固定在琼脂中间缺乏氧气而影响其生长，因此可采用涂布平板法进行纯种分离。其做法是先将已熔化的培养基倒入无菌平皿，制成无菌平板，冷却凝固后，将一定量的某一稀释度的样品悬液滴加在平板表面，再用无菌玻璃涂棒将菌液均匀分散至整个平板表面，经培养后挑取单个菌落（图 4-1）。

（3）平板划线分离法 用接种环以无菌操作蘸取少许待分离的材料，在无菌平板表面进行平行划线、扇形划线或其他形式的连续划线（图 4-2），微生物细胞数量将随着划线次数的增加而减少，并逐步分散开来，如果划线适宜的话，微生物能一一分散，经培养后，可在平板表面得到单菌落。

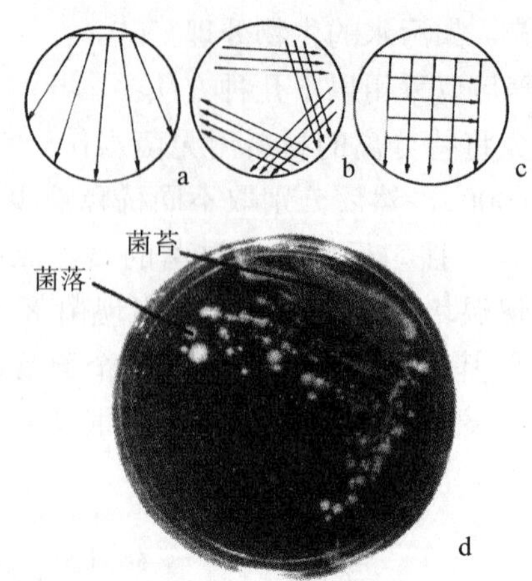

a.扇形划线 b.连续划线 c.方格划线 d.划线分离培养后平板上显示的菌落照片

图 4-2 平板划线分离法

（4）稀释摇管法 用固体培养基分离严格厌氧菌，如果该微生物暴露于空气中不立即死亡，可以采用通常的方法制备平板，然后置放在封闭的容器中培养，容器中的氧气可采用化学、物理或生物的方法清除。对于那些对氧气更为敏感的厌氧性微生物，纯培养的分离则可采用稀释摇管培养法进行，它是稀释倒平板法的一种变通形式。先将一系列盛无菌琼脂培养基的试管灭菌后冷却并保持在 50℃左右，将待分离的材料用这些试管进行梯度稀释，试管迅速摇动均匀，冷凝后，在琼脂柱表面倾倒一层灭菌液体石蜡和固体石蜡的混合物，将培养基和空气隔开。培养后，菌落形成在琼脂柱的中间。进行单菌落的挑取和移植，需先用一只灭菌针将液体石蜡—石蜡盖取出，再用一支毛细管插入琼脂和管壁之间，吹入无菌无氧气体，将琼脂柱吸出，置放在培养皿中，用无菌刀将琼脂柱切成薄片进行观察和菌落的移植。

（5）单细胞（单孢子）分离法 稀释法有一个重要缺点，它只能分离出混杂微生物群体中占数量优势的种类，然而在自然界中，很多微生物在混杂群体中都是少数。这时，可以采取显微分离法从混杂群体中直接分离单个细胞或单个个体进行培养以获得纯培养，称为单细胞（单孢子）分离法。单细胞分离法的难度与细胞或个体的大小成反比，较大的微生物如藻类、原生动物较容易，个体很小的细菌则较难。对于较大的微生物，可采用毛细管提取单个个体，并在灭菌培养基中转移清洗几次，除去较小微生物的污染。这项操作可在低倍显微镜，如解剖显微镜下进行。对于个体相对较小的微生物，需采用显微操作仪，在显微镜下用毛细管或显微针、钩、环等挑取单个微生物细胞或孢子以获得纯培养。单细胞分离法对操作技术有比较高的要求，多限于高度专业化的科学研究中采用。

（6）利用选择培养基分离法　不同的细菌需要不同的营养物。有些细菌的生长适于酸性，有些则适于碱性。各种细菌对于化学试剂，例如消毒剂、染料、抗生素以及其他物质等具不同抵抗能力。因此，可以把培养基配制成适合于某种细菌生长而限制其他细菌生长的。这样的选择培养基可用来分离纯种微生物。也可以将待分离的样品先进行适当处理以排除不希望分离到的微生物。例如想分离得到芽孢细菌，可在倒平皿前将样品在高温处理一段时间，以破坏所有的非芽孢细菌，这样分离得到的菌落将是芽孢形成菌。

（二）微生物生长的测定方法

微生物特别是单细胞微生物，个体的生长很难测定，而且实际应用意义不大。因此，它们的生长往往不是依据细胞大小，而是测定群体的增长量。如直接或间接地测定群体中细胞数的增加、测定生物量或细胞中某些生理活性的变化等。

1．直接计数法

（1）涂片染色法　将一已知容积的细菌悬液（例如 0.01 ml），均匀地涂布于载玻片上的一定面积内。经固定、染色后，在显微镜下，借镜台测微尺测得视野的半径与面积，从涂布菌的总面积得知其中视野的总数。然后从几个视野的平均细胞数计算出每毫升原液的细菌数。

（2）计数器测定法　用特制的细菌计数器或血球计数器进行计数。将细菌悬液置于计数器载玻片与盖玻片之间的计数室中。由于载玻片上计数室内的容积是已知的，并有一定刻度，因此，可以从载玻片刻度内所观察到的细菌数，计算出细菌悬液中的含菌浓度。

（3）比例计数法　将待测细菌悬液与等体积血液相混涂片，在显微镜下测得细菌数与红血细胞数的比例。由于每毫升血液中的红血细胞数是已知的，如正常人的红血细胞约 500 万个/ml，于是从细菌数与红血细胞数的比例，可计算出每毫升样品中的细菌数。

直接计数法所需设备简单，可迅速得到结果，而且在计数的同时，可以观察到所研究的细菌的形态特征。缺点在于不能区别死菌与活菌，因此所测的结果为总菌数。

2．间接计数法

间接计数法又称活菌计数法，是基于细菌在新鲜培养基中有生长繁殖能力的方法。用此法测定的为活菌数，通常所得数值比直接计数法测定数小。

（1）平皿菌落计数法　将熔化后冷却至 50℃左右的琼脂培养基，混以一定量经稀释过的细菌悬液，倾入无菌培养皿中，摇匀、静置待凝。经过培养后，由培养皿中出现的菌落数，可推算出原液中的细菌数（图 4-3）。

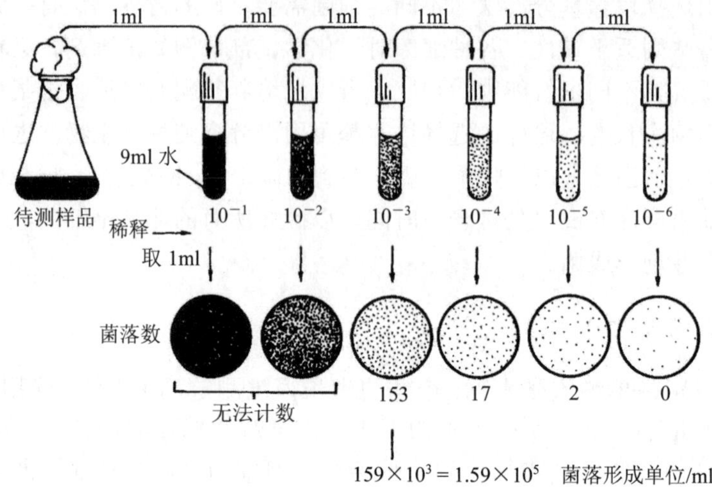

图 4-3 活菌计数的一般步骤

平皿菌落计数法是最常用的一种活菌计数法，而且即使样品中菌数较少，也可以测出。常用来测定水、土壤、牛乳、食品以及其他材料中的含菌数。但此法是以每一生活有机体可以形成一个菌落为基础的，应该注意的是并非所有的活细菌都可以在实验条件下及实验期间内生长、形成菌落，特别是当所测样品中含有不同生理类型的生物机体时更是如此。其次，假如样品中细菌聚集成团，则所得结果势必低于其实际数值。此外，有些细菌可能在稀释、倾倒平皿的过程中遭到损坏，所有这些都是造成误差的因素。

（2）薄膜过滤计数法　用微孔薄膜（如硝化纤维素薄膜）过滤法，可以测定空气或水中的含菌数。此法特别适宜于测定量大而且其中含菌浓度很低的样品。水或空气通过薄膜过滤后，将膜与其上收集的细菌一起放在培养基或浸透了培养液的支持物表面，进行培养，从形成的菌落数可计算样品中的含菌量。此法结合鉴别培养基的应用来检测水中大肠菌群总数。

3．微生物生长量和生理指标的测定方法

（1）测定细胞湿重　将微生物培养液离心，收集细胞沉淀物，然后称重。

（2）测定细胞干重　单位体积培养物中细胞的干重，可用来表示菌体的生长量。先将离心得到的细胞沉淀物置于 100～105℃的烘箱中干燥去除水分，然后再称重。这是测定细胞物质较为直接而可靠的方法，但只适用于菌体浓度较高的样品，而且要求样品中不含菌体以外的其他干物质。

（3）比浊法测定细菌悬液浓度　细菌菌体是不透光的，光束通过细菌悬液，将会由于散射或吸收而降低其透过量。细菌悬液的光密度或透光度可以反映细菌的浓度，因此可用浊度计、光电比色计等来测定细菌悬液浓度。此法虽然灵敏度较差，但却有简便、快速、不干扰或不破坏等优点。

（4）用细胞总含氮量来确定细菌浓度　细胞的主要物质是蛋白质，而氮又是蛋白质的重要组成，可以用细菌含氮量来表示细菌的多少。从一定量培养物中分离出细菌，洗涤以除去由于培养基带来的含氮物质，用凯氏微量定氮法测定总氮含量，以表示原生质含量的多少。此法只适用于细菌浓度较高的样品，而且操作过程较繁。

测定微生物生长繁殖的方法很多，上述是较为常用的几种，而且各有其优缺点，工作中应根据具体情况选用或加以改进。

（三）微生物的生长规律

1. 单细胞微生物的生长

单细胞微生物主要包括细菌、酵母菌及原生动物等，它们的生长是以群体中细胞数量的增加来表示的，因而其生长速率就是单位时间内细胞数目或细胞生物量的增加。这里以细菌为例来说明其生长规律。当细菌接种到均匀的液体培养基后，以二分裂方式进行繁殖。在不补充营养物质或移去培养物，保持整个培养液体积不变的条件下，以时间为横坐标，以菌数为纵坐标，根据不同培养时间里细菌数量的变化，可以作出一条反映细菌在整个培养期间菌数变化规律的曲线，这条曲线称为生长曲线。典型的生长曲线可以分为迟缓期、对数期、稳定期和衰亡期四个生长时期（图 4-4）。

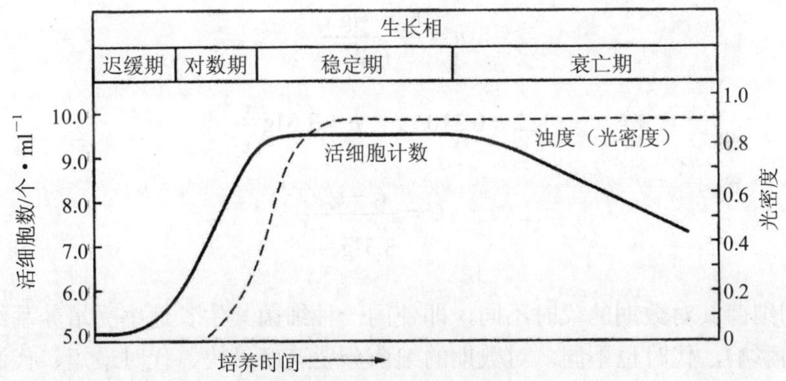

图 4-4　细菌生长曲线

（1）迟缓期　细菌被接种到新鲜培养基后处于一个新的生长环境，因此在一段时间里细胞不立即进行分裂，细菌的数量基本维持恒定，甚至稍有减少，这段时间被称为延迟期。此时胞内的 RNA、蛋白质等物质含量有所增加，相对地此时的细胞体积最大。处于延缓期的细胞代谢活力强、细胞中 RNA 含量高、嗜碱性强、对不良环境条件较敏感，这些都说明细胞处于活跃生长中，只是细胞分裂延迟。延迟期的出现被认为是细胞接种到新的环境中，需要新合成必需量的酶、辅酶或某些中间代谢产物，以及适应新的环境而出现的调整代谢的时期。延迟期的长短与菌种遗传性、菌龄及移种至新鲜培养基前后所处的环境条件是否相同等因素有关，短的只几分钟，长的可达几小时。繁殖速度较快的菌种其延迟期一般较短；接种菌种来自对数生长期的延迟期短，甚至检查不到延迟期；接种到同样组成的培养基比接种到组成不同的培养基中，延迟期明显要短些；接种量增大可缩短甚至消除延迟期。所以在生产实践中缩短或消除延迟期的措施有增加接种量、选择适宜的培养基、选用最适菌龄（即用处于对数期的菌种）的菌种进行接种。

（2）对数期　一旦细菌细胞的生理修复或调整完成，延迟期即告结束，细胞开始快速分裂，生长进入对数期。在此期中，以细菌数的对数与培养时间作图则成一直线。对数期细胞数按几何级数增加，1→2→4→8→……，即 $2^0 \to 2^1 \to 2^2 \to 2^3 \to 2^4 \cdots\cdots \to 2^n$，所以又称指数期。这里指数 n 为细菌分裂的次数或增殖的代数。也就是 1 个细菌繁殖 n 代产生 2^n 个细菌。如在时间 t_0 时菌数为 x，经过一段时间，到 t_1 时，繁殖 n 代后，菌数为 y，则代时（G），即每增加一代所需的时间（又称增代时间）应为：

$$G = \frac{t_1 - t_0}{n}$$

由于

$$y = x \cdot 2^n$$

$$\lg y = \lg x + n \lg 2$$

$$n = \frac{\lg y - \lg x}{\lg 2}$$

$$\lg 2 = 0.310 \qquad n = 3.3 \lg \frac{y}{x}$$

即

$$G = \frac{t_1 - t_2}{3.3 \lg \frac{y}{x}}$$

不同细菌其对数期的代时不同，即使同一种细菌其生长速率受培养基组成及物理环境的影响，代时也不同。对数期的细菌分裂速度最快、代时最短、代谢旺盛、对环境变化敏感，群体中的细胞化学组成及形态、生理特征比较一致，通常在生产上作为接种种子。实验室也多取用对数期细胞作为实验材料。

（3）稳定期　在一定容积的培养基中，细菌不可能按对数期的高速率无限生长。这是由于对数期中细菌活跃生长引起营养物消耗、有害代谢产物积累以及其他环境条件如 pH、氧化还原电位等的改变对细菌生长不利。所以对数期末细菌生长速率逐渐下降，代时延长，细胞活力减退，死亡速率逐渐增高，以致出现新增殖的细胞数与死亡细胞数趋于平衡，活菌数保持相对稳定，因此称为稳定期。处于稳定期的细胞开始积累贮存物质，如肝糖、异染颗粒、脂肪粒等。大多数芽孢菌在这个生长阶段形成芽孢。由于稳定期活菌数达到最高水平，如要得到大量菌体，应在此期开始时收获。稳定期持续时间长短取决于菌种与环境条件。

（4）衰亡期　稳定期后如再继续培养，细菌死亡率逐渐增加，以致死亡数大大超过新生数，总活菌数明显下降，称之为衰亡期。其中活菌数以几何级数下降的阶段，被称为对数衰亡期。在这阶段细菌常出现多种形态，有时缠身畸形，细胞大小悬殊，代谢活性降低，G^+染色反应转变为G^-染色反应，细胞死亡伴随着自溶。

应该指出的是，细菌生长曲线的不同时期反映的是群体而不是个体细胞的生长规律，延迟期、对数期、稳定期、衰亡期只适用于细胞的群体而不适用于个体。认知和掌握微生物的生长曲线有重要的实践意义。例如，酒精生产过程中要设法缩短延迟期，延长对数期，以便在最短的时间内获得最大产量。而生产食品酵母，则要在稳定期收集菌体，因为这时菌体的数量最大。

2．微生物的连续培养

前面讨论的细菌群体生长是以一种密闭的方式进行的，称之为分批培养，即是将细菌置于一定容积的培养基中，经过培养一次性收获的培养方式。在分批培养中，培养基一次加入，不予补充、更换，随着细菌的活跃生长，培养基中营养物质被逐渐消耗，代谢产物逐渐积累产生毒害作用，必然会造成生长速率下降并最终停止生长。为了防止上述情况发生，人们发明了连续培养的方法。所谓连续培养就是在一个恒定容积的流动系统中培养微生物，一方面以一定速率不断加入新的培养基，另一方面又以同样的速率流出培养物（菌体或代谢产物），以使培养系统中的细胞数量和营养状态保持恒定。

连续培养主要有恒浊连续培养和恒化连续培养两种方式：

（1）恒浊连续培养　是一种使培养液中细菌的浓度恒定，以浊度为控制指标的培养方式。按试验目的，首先确定培养液的浊度保持在某一恒定值上。调节进水（含一定浓度的培养基）流速，使浊度达到恒定（用自动控制的浊度计测定）。当浊度较大时，加大进水流速，以降低浊度；浊度较小时，降低流速，提高浊度。发酵工业采用此法可获得大量的菌体和有经济价值的代谢产物。

（2）恒化连续培养　是维持进水中的营养成分恒定（其中对细菌生长有限制作用的成分要保持低浓度水平），以恒定流速进水，以相同流速流出代谢产物，使细菌处于最高生长速率状态的培养方式。

在连续培养中，微生物的生长状态和规律与分批培养中的不同。它们往往处于分批培养中生长曲线的某一个生长阶段。

恒化连续培养法尤其适用于污（废）水生物处理。除了序批式间歇曝气器（SBR）法外，其余的污水生物处理法均采用恒化连续培养。

在废水生物处理的连续运行过程中，活性污泥中的微生物生长规律与分批培养时的规律不一样。它只能是分批培养生长曲线的某一生长阶段：不同的废水生物活性污泥处理法中，其活性污泥中微生物的生长状态不同，它们处于稳定期、对数生长期或衰亡期。

在废水生物处理设计时，按废水的水质情况（主要是有机物浓度），可利用不同生长阶段的微生物处理废水。如常规活性污泥法利用生长下降阶段的微生物，包括对数期的后期和稳定期的微生物；高负荷活性污泥法利用生长上升阶段（对数期）和生长下降阶段（稳定期）的微生物。

为什么常规活性污泥法不利用对数生长期的微生物而利用稳定期的微生物呢？对数生长期的微生物生长繁殖快，代谢活力强，能大量去除废水中的有机物。尽管微生物对有机物的去除能力很高，但要求进水有机物浓度高，因此出水的有机物绝对值也相应提高，不易达到排放标准。另外对数期的微生物生长繁殖旺盛，细胞表面的黏液层和荚膜尚未形成，运动很活跃，不易凝聚成菌胶团，沉淀性能差，致使出水水质差。而处于稳定期的微生物代谢活力虽然比对数生长期的差，但仍有相当的代谢活力，去除有机物的效果仍然较好。其最大特点是体内积累了大量贮存物，如异染粒、聚β-羟基丁酸、黏液层和荚膜等，强化了生物的吸附能力，絮凝、聚合能力强，在二沉池中泥水分离效果好，出水水质好。

用延时曝气法处理低浓度有机废水时，不用稳定期的微生物，而利用衰亡期的微生物的原因是：低浓度有机物满足不了稳定期微生物的营养要求，处理效果不会好。若采用延时曝气法，通常延长曝气时间在 8 h 以上，甚至 24 h，延长水力停留时间，以增大进水量，提高有机负荷，满足微生物的营养要求。从而取得较好的处理效果。

二、环境因素对微生物生长的影响

影响微生物生长的外界因素有很多，除前面已经介绍过的营养条件外，还有许多物理和化学因素。

（一）温度

温度是影响机体生长与存活的最重要的因素之一。它对生活机体的影响表现在两方面：一方面随着温度的上升，细胞中的生物化学反应速率加快，生长速率加快；另一方面，机体的重要组成如蛋白质、核酸等都对温度较敏感，随着温度的增高而可能遭受不可逆的破坏。因此，只是在一定范围内，机体的代谢活动与生长繁殖才随着温度的上升而增加，温度上升到一定程度，开始对机体产生不利影响，如温度继续提高，细胞功能急骤下降以至死亡。

微生物可生长的温度范围较广，已知微生物在－10～95℃均可生长。但每一种微生物只在一定的温度范围内生长，都有其最适生长温度、最高生长温度与最低生长温度。这三个温度被称为基本温度，通常基本温度反映了每一类微生物的特征。处于最低生长温度下的微生物生长速率很低，低于最低生长温度则微生物生长完全停止；随着温度的上升，微生物的生长速率随之而增加，达到最适生长温度时，生长速率最快；温度如再上升，生长速率减慢，达到最高生长温度时，微生物生长速率已显著下降；一旦超过最高生长温度，微生物不仅不能生长而且出现死亡（图 4-5）。

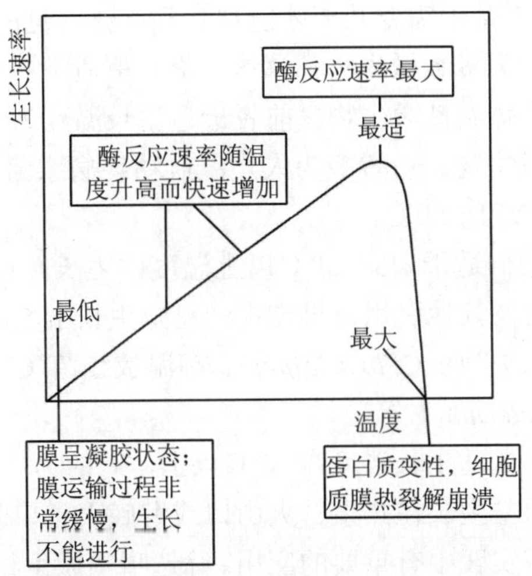

图 4-5 温度对微生物生长的影响

微生物的生长温度有的很宽，有的很窄，这与它们长期进化过程中所处的生存环境的温度有关。微生物按其生长温度范围的不同，可分嗜冷微生物、嗜温微生物、嗜热微生物和嗜高热微生物（图 4-6）。

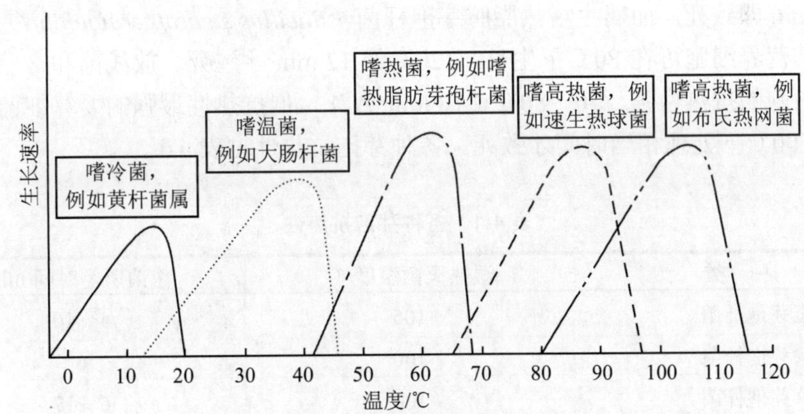

图 4-6 温度与各类微生物生长速率的相关性

①嗜冷微生物 这类微生物可在较低温度条件下生长，常出现在两极地区的水

域、土壤中，也见于海洋深处、冷泉中。食物冷藏中出现的腐败，大多数由这类微生物引起。如假单胞菌中有些嗜冷的种，于低温生长，造成冷藏食品的腐坏、冷藏血浆的污染等。嗜冷微生物的最适生长温度为15℃或以下，最高生长温度为20℃，最低生长温度为0℃或更低。能在0℃生长，最适生长温度为25～30℃，最高生长温度为35℃或更高的微生物称为耐冷微生物。尽管耐冷微生物在0℃时能生长，但生长很慢。0℃时在培养基中需要几周才能观察到肉眼可见的菌落。

②嗜温微生物　绝大多数微生物都属这一类。最适于在20～40℃生长。其中又可分为室温性微生物与体温性微生物。前者最适生长温度为20～25℃，包括许多土壤、水体及植物病原微生物。后者多为人及温血动物病原菌，它们的最适生长温度与其宿主体温相近，在30～50℃。

③嗜热微生物　它们适于45～50℃以上温度中生长，最适生长温度为50～60℃。常见于温泉、堆肥及其他腐烂有机物中。已知生长于55～70℃的细菌有芽孢杆菌（*Bacillus*）、梭状芽孢杆菌（*Clostridium*）、高温放线菌（*Thermoactinomyces*）、产甲烷杆菌（*Methanobacterium*）等。

④嗜高热微生物　最适生长温度在80℃以上，有的为100℃以上。嗜高热微生物都是古细菌，它们通常生长在热泉、火山口或海底火山口附近的环境中。

微生物的耐热性在实践中有重要的应用。筛选嗜热微生物进行发酵有很多优点，如高温发酵周期短、效率高，同时有利于非气体物质在发酵液中的扩散和溶解，并可防止杂菌的污染。

不同温度对微生物的影响如下：

（1）高温对微生物的影响　不同微生物对高温的敏感性不同。多数微生物的营养细胞和病毒在50～65℃，10 min内可致死。如梅毒密螺旋体对热较为敏感，经43℃，10 min即致死。而腐生嗜热脂肪芽孢杆菌（*Bacillus stearothermophilus*）抗热性很强，其营养细胞可在80℃下生长，120℃经12 min才致死。放线菌和霉菌的孢子比营养细胞的抗热性强，76～80℃，10 min致死。但抗热性最强的要算细菌芽孢，在高于100℃下处理相当时间才致死。各种芽孢抗热性见表4-1。

表4-1　各种芽孢抗热性

种　类	湿热灭菌温度/℃	杀菌所需时间/min
炭疽芽孢杆菌	105	5～10
蜡状芽孢杆菌	100	6
枯草芽孢杆菌	100	6～17
嗜热脂肪芽孢杆菌	120～121	12
肉毒梭状芽孢杆菌	120～121	10

同一菌种的不同菌株或不同菌龄，其抗热性也可能不同。一般幼龄比老龄对热

敏感，例如菌龄为 1.75 h 和 2.75 h 的大肠杆菌在 53℃加热 15 min，其菌数分别下降 10 000 倍与 2 000 倍，而菌龄为 62 h，在同样条件下菌数只降低 12 倍。微生物所处培养基成分对抗热性也有影响。培养基富含蛋白质时，可能由于在菌体周围形成一层蛋白质膜而提高其抗热性。

（2）低温对微生物的影响　不同微生物对低温的反应也不一样，有些微生物可在较低温度下生长。目前还不了解为什么低温微生物能在低温下生长，一般认为它们体内的酶在低温下仍能有效地起作用。另外还观察到低温微生物与其他微生物相比，细胞质膜中不饱和脂肪酸含量较高，因而推测可能是由于它们的细胞质膜在低温下仍保持半流体状态而仍能进行活跃的物质传递。其他生物则由于细胞质膜中饱和脂肪酸含量高，在低温下成为固态而不能履行其正常功能。

处于低温条件下的大部分微生物代谢活动降低，生长繁殖缓慢或停滞，但仍能存活，一旦遇到合适的生活环境就可生长繁殖，故可用低温保存菌种。一些细菌、酵母菌、霉菌的琼脂斜面培养，通常都保存在 4℃冰箱里，很多细菌与病毒可保存于－70～－26℃的冰冻条件下。液氮（－196℃）用来保存很多病毒与微生物以及哺乳动物的组织、细胞。也有少数细菌，如淋球菌、脑膜炎球菌和流行性感冒菌等对低温比较敏感，在冰箱中比在室温下更易死亡。

低于冰点的温度致死微生物，主要是由于细胞内水分转变成冰晶，引起细胞脱水。另外，细胞内形成的冰晶对细胞结构特别是细胞质膜产生物理损伤。如采取快速冷冻以及在细胞悬液中加入保护剂，可减少冰冻对细胞的有害效应，而使冰冻成为保藏菌种的良好方法。这一方面是由于快速冷冻时，细胞内形成的冰晶体积小，对细胞的损害小；另一方面保护剂对细胞起保护作用。常用与水易溶的液体如甘油作为保护剂加入细胞悬液中，可降低脱水的有害作用；加入大分子物质如血清蛋白、葡聚糖等作为保护剂，是由于它们与细胞表面结合而保护细胞免受冰冻损害。低温还常用于保藏食品。但需注意冷藏食品中如污染有病原菌则仍有传播疾病的可能。

（二）酸、碱度

pH 影响微生物的生长，原因包括影响生活环境中营养物质的可给状态和有毒物的毒性；影响菌体细胞膜的带电荷性质、膜的稳定性和膜对物质的吸收能力；使菌体表面蛋白质变性或水解。各种微生物有其可以生长的 pH 范围，以及最适生长 pH。大多数自然环境的 pH 值为 5～9，适合于大部分微生物生长，只有少数种类可生长在 pH 值低于 2 或高于 10 的环境中。大多数酵母与霉菌在微酸性（pH 5～6）中生长良好，而细菌、放线菌则在中性或微碱性条件下生长最好。

微生物通过其活动也能改变环境的 pH 值，如细菌发酵葡萄糖产生乳酸，将降低环境的 pH，利用氨基酸或其他含氮化物，由于脱氨作用产生酸而使环境 pH 下降，由于脱羧作用产生碱性胺而使环境pH上升。虽然微生物可在较广pH范围环境中生长，但据研究，各种微生物细胞内的pH多接近中性。细胞中有很多组分是对酸与碱不稳定的，如DNA、ATP、叶绿素等在酸性条件下均被破坏；RNA与磷脂对碱性条件敏感；细胞内酶的作用最适pH也多接近中性。

强酸与强碱具有杀菌力。无机酸如硫酸、盐酸等杀菌力强，但由于腐蚀性大，实际上不宜用作消毒剂。某些有机酸如苯甲酸可用作防腐剂。在面包及食品中加入丙酸可防霉。酸菜、饲料青贮则是利用乳酸菌发酵产生的乳酸抑制腐败性微生物的生长，使之得以长久贮存。强碱可用作杀菌剂，但由于它们的毒性大，其用途局限于对排泄物、仓库及棚舍等环境的消毒。碱对革兰氏阴性细菌与病毒的作用比对革兰氏阳性细菌的作用强，如结核分枝杆菌抗碱力特强，实验室中对结核菌作检查前常先将待检样品（如痰）以强碱（4%KOH）处理30 min，使样品中的物质液化，这样的强碱条件是其他微生物所不能耐受的。

（三）氧

微生物对氧的需求或耐受能力在不同类群中变化很大。根据微生物和氧的关系可将其分为好氧微生物、兼性好氧微生物和厌氧微生物。

（1）好氧微生物　包括所有需要氧才能生长的微生物，可分两类，一类是专性好氧微生物，它们需要在有充足氧存在的情况下生长，快速分裂的细胞比缓慢生长的细胞要求更多的氧；另一类是微好氧微生物，它们在有少量自由氧存在的条件下生长最好，这是因为它们吸收氧的限制性能力及它们含有一些对氧敏感的分子，如对氧敏感的酶。

（2）兼性好氧微生物　此类微生物在有氧存在下通常进行好氧代谢，但氧缺乏时可以转变为厌氧代谢，有氧条件下的生长较无氧条件下的生长更旺盛。兼性好氧微生物有两套酶系统，一套能利用氧作为电子受体；另一套在缺氧时能利用其他物质作为电子受体，因而在有氧或无氧条件下都能生长。

（3）厌氧微生物　不能利用氧作为终端电子受体的微生物称之为厌氧微生物。可分两类，即耐氧厌氧微生物和严格厌氧微生物。前者尽管不需要氧，但可耐受氧，并在有氧的条件下仍然能够生长；而后者则对氧敏感，有氧存在即可被杀死，只能在严格缺氧的条件下生长。

（四）辐射

除光合细菌外，一般微生物的生长不需要辐射，辐射往往对微生物是有害的。辐射中波长最长的是无线电波，其次是红外线，它们对生物的效应微弱。380～760 nm的部分为可见光，是藻类用于光合作用的主要能源。更短的是紫外线辐射，包括380～200 nm波长部分。紫外辐射对生物体有害，特别是其中波长较短部分。可见光与紫外辐射的最强来源是太阳。由于大气层的吸收，紫外与红外部分不能全部达到地面。更短的辐射包括X射线、γ射线、宇宙线等，这些辐射能引起H_2O与其他物质的电离，对生物体亦有害（图4-7）。

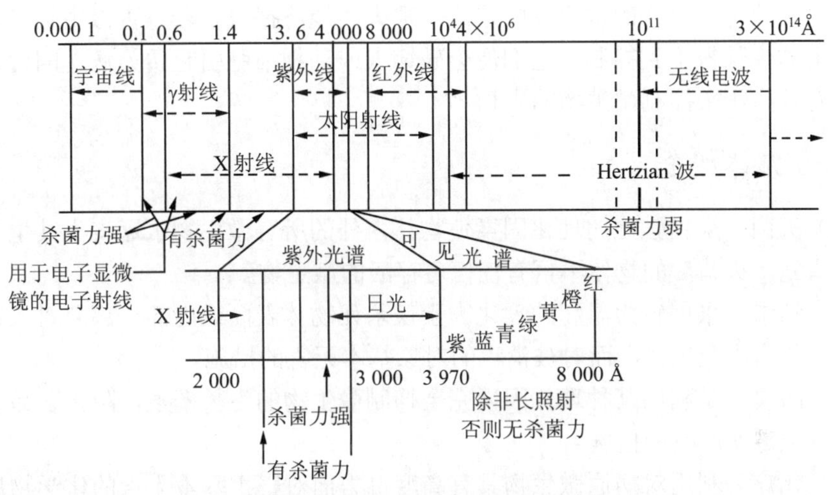

图4-7 不同波长的辐射作用

（五）渗透压

适宜于微生物生长的渗透压范围比较广，而且它们往往对渗透压有一定的适应能力。突然改变渗透压将使细菌失去活性，但逐渐改变渗透压，则细菌常能适应这种改变。在海水、盐湖、水果汁中生长的细菌大部分可以逐渐适应在低渗透压的培养基中生长。也有些是专性嗜高渗的，它们必须在高渗环境中生长，在淡水内不能生存。中等嗜盐微生物可在2%盐溶液中生长，极端嗜盐的可在15%～30%盐溶液中生长。高度耐盐的细菌常存在于死海和盐含量高的海水中。对一般微生物而言，它们的细胞如置于高渗溶液（如20%NaCl）中，水将通过细胞质膜从低浓度的细胞内扩散到细胞周围的溶液中，于是使细胞脱水而引起质壁分离。脱水的细胞不能生长甚至死亡。相反，如将细菌置于低渗溶液（如0.01%NaCl）或水中，则水将从溶液进入细胞内引起细胞膨胀，甚至使细胞破裂。

日常生活中用高浓度盐或糖保存食物（腌渍蔬菜及肉类、蜜饯等）就是根据一般微生物不能耐高渗压的缘故。通常糖的浓度（50%～70%）要比用盐（10%～15%）的为高，因为盐的分子量小并能离解，在盐与糖溶液百分浓度相等情况下，前者渗透压大于后者。

三、微生物生长的控制

在我们周围的环境中，存在着各种各样的微生物，它们中的一部分是对人类有危害的微生物。当有害微生物传播到合适的基质或生物体上时，可造成种种危害。如在食品工业中，食物的霉变腐败造成了很大的经济损失。若有害微生物在人或动物组织上的生长得不到控制，它们便会破坏人或动物细胞引起传染病。因此，有必要采取有效措施来控制微生物的生长。

（一）基本概念

（1）灭菌　采用强烈的理化因素使物体内外的所有微生物永远丧失其生长繁殖能力的措施。灭菌后的物体不再有任何可存活的微生物。

（2）消毒　采用较为温和的理化因素仅杀死物体表面或内部一部分对人或动、植物有害的病原微生物，而对被消毒的对象基本无害的措施。

（3）防腐　是利用某种理化因素完全抑制微生物的生长繁殖，防止食品、生物制品等发生霉变腐败的措施。

（4）化疗　利用对病原微生物具有高度毒力而对寄主基本无毒的化学物质来抑制寄主体内病原微生物的生长繁殖，以达到治疗该寄主传染病的措施。

（二）控制微生物生长的化学物质

（1）抗微生物剂　又称杀菌剂，是一类能够杀死微生物或抑制微生物生长的化学物质。通常又可将其分为消毒剂和防腐剂，前者是用于非生命体杀菌的化学物质，后者是能杀死微生物或抑制微生物生长的化学物质，这类物质对或组织是无毒性的（表 4-2）。杀菌剂广泛用于不能使用加热灭菌的情况下，如医院中的热敏感材料温度计、镜检设备、聚乙烯的试管和导管等的处理，食品工业中的地表、墙面、设备表面等的处理。

（2）抗代谢物　在微生物生长过程中常常需要一些生长因子才能正常生长，可以利用生长因子的结构类似物干扰机体的正常代谢，以达到抑制微生物生长的目的。例如磺胺类药物是叶酸组成部分对氨基苯甲酸的结构类似物（图 4-8），磺胺类药物被微生物吸收后取代对氨基苯甲酸，干扰叶酸的合成，导致代谢的紊乱，从而抑制生长。同样，对氟苯丙氨酸、5-氟尿嘧啶和 5-溴胸腺嘧啶，分别是苯丙氨酸、尿嘧啶和胸腺嘧啶的结构类似物，由这些结构类似物取代正常成分之后造成代谢紊乱，从而抑制机体的生长。因此生长因子等的结构类似物称为抗代谢物，它在治疗由病毒和微生物引起的疾病上起着重要作用。

表 4-2　部分的防腐剂和消毒剂

试　剂	作用范围	作用原理
防腐剂		
有机汞	皮肤	与蛋白质的 SH 基团结合
硝酸银（0.1～1%）	新生儿眼睛发炎	蛋白质沉淀剂
碘液	皮肤	与酪氨酸结合、氧化剂
酒精（70%乙醇）	皮肤	脂溶剂、蛋白质变性、脱水
表面活性剂	皮肤	破坏细胞质膜
过氧化氢（3%）	皮肤	氧化剂
消毒剂		
二氯化汞	桌子、台面、地板等	与蛋白质的 SH 基团结合
硫酸铜	游泳池	蛋白质沉淀剂
碘液	医疗器械	与酪氨酸结合、氧化剂
氯	饮用水、生活用水	氧化剂
氯化物	牛奶厂、食品厂设备、生活用水	氧化剂
酚类	表面	蛋白质变性
醛类	物品、接种室熏蒸	蛋白质变性
阳离子去垢剂	医疗器械、食品及奶制品设备	破坏细胞质膜
臭氧	饮用水	氧化剂

（沈萍　1999）

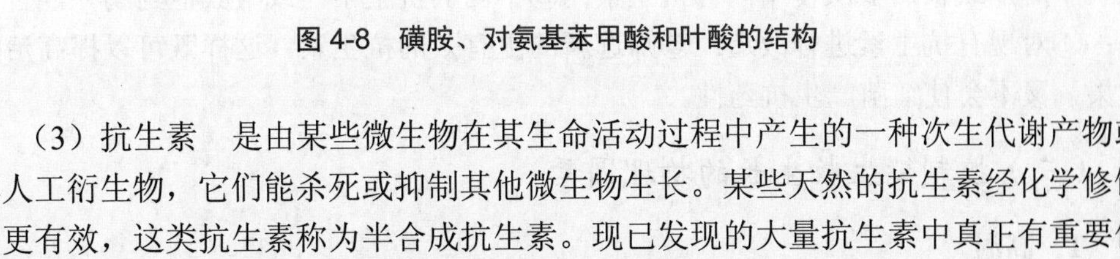

H_2N—⌬—SO_2NH_2　H_2N—⌬—COOH

（a）对氨基苯磺酰胺　（b）对氨基苯甲酸　（c）叶酸

图 4-8　磺胺、对氨基苯甲酸和叶酸的结构

（3）抗生素　是由某些微生物在其生命活动过程中产生的一种次生代谢产物或其人工衍生物，它们能杀死或抑制其他微生物生长。某些天然的抗生素经化学修饰后更有效，这类抗生素称为半合成抗生素。现已发现的大量抗生素中真正有重要价值的仅占 1%，它们对治疗疾病起到了很大的作用。

抗生素的种类很多，其作用机制大致可分为四类（图 4-9）：①抑制细胞壁的合成，如青霉素可特异性的结合在细菌细胞壁的肽聚糖上，抑制细胞壁的合成；②破坏细胞质膜的功能，如多黏菌素可作用于膜磷脂使其溶解，从而抑制细菌生长；③抑制蛋白质的合成，抗生素可特异地和核糖体的 30 S 或 50 S 结合，抑制蛋白质的合成，使原核微生物的生长受阻；④抑制核酸的合成，如新生霉素作用于细菌的DNA酶，因而抑制细菌的生长。

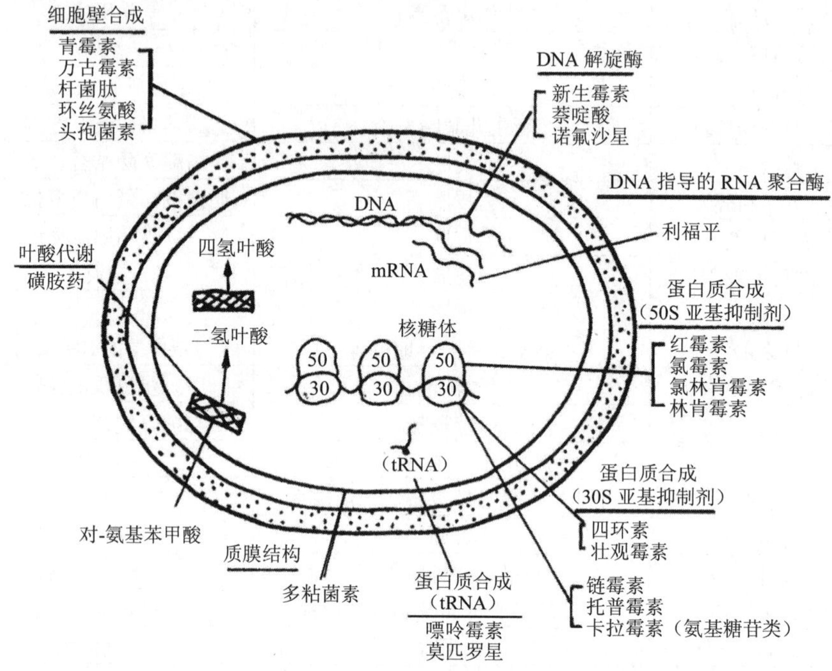

图4-9 主要抗生素和抗代谢物作用模式

抗生素与其他一些抗代谢药物如磺胺类药物通常是临床上广泛使用的化学治疗剂，但多次重复使用，使一些微生物变得对它们不敏感，作用效果也越来越差。这种微生物能够抵抗化学药物作用而正常生长的能力称为微生物的抗药性。为了避免出现微生物的抗药性，使用时一定要注意：①第一次使用的药物剂量要足；②避免在一个时期或长期多次使用同种抗生素；③不同的抗生素（或与其他药物）混合使用；④对现有抗生素进行改造；⑤筛选新的更有效的抗生素，这样既可以提高治疗效果，又不会使细菌产生抗药性。

（三）控制微生物生长的物理因素

1. 高温

当环境温度超过微生物生长的最高生长温度后，就会导致微生物细胞成分发生不可逆的失活而死亡，故高温灭菌是最重要和应用最广泛的方法。高温条件下热量可以快速穿透化学试剂不易渗入的物质，引起细胞蛋白质凝固变性。不同微生物对温度的敏感性不一样，微生物的抗热性越高，灭聚所需要的温度就越高，所需时间也越长。

（1）干热灭菌

①焚烧灭菌法　此法用于灭菌彻底可靠，而且迅速简便，但使用范围有限。常用于接种工具以及污染物品、实验动物尸体等废弃物的处理。

②烘箱干热灭菌法　在电热烘箱内利用热空气来灭菌。通常在160℃处理1～2 h可达到灭菌目的。如体积较大，传热较差或物件堆积过挤，需适当延长灭菌时间。此法只适用于玻璃器皿，金属用具等耐热物品的灭菌。其优点是可保持物品干燥。

（2）湿热灭菌　在同样温度下，湿热灭菌效果比干热好。其主要原因是细胞原生质在含水量高的情况下更易变性凝固，而且热蒸汽的穿透力比热空气强。

①煮沸消毒法　物品在水中煮沸15 min以上，可杀灭细菌的所有营养细胞和一部分芽孢。如煮沸时间延长，并在水中加1%碳酸钠或2%～5%石炭酸，则效果更好。这种方法适用于注射器、解剖用具及家用餐具等的消毒。

②高压蒸汽灭菌法　常压下水的沸点为100℃，在加压情况下温度可高于100℃。另外蒸汽热穿透力强，可迅速引起蛋白质凝固，所以高压蒸汽灭菌是湿热灭菌中效果最好的。高压蒸汽灭菌需要在高压蒸汽锅（图4-10）中进行。它是一个可密闭的装置，锅内可充满饱和蒸汽，并在一段时间内使之维持一定温度与压力。使用高压蒸汽锅时要完全排出锅内的冷空气而代之以饱和蒸汽。如蒸汽中混有空气，则锅内的温度将低于同样压力下为纯饱和蒸汽的温度。高压蒸汽灭菌不是由于压力的作用而是由于蒸汽的高温致死微生物。此法适用于各种耐热物品的灭菌。如一般培养基、生理盐水等各种溶液、玻璃器皿、工作服等。灭菌所需温度与时间取决于被灭菌物品的性质、体积与容器类型等。对体积大、热传导性较差的物品，加热时间需延长。

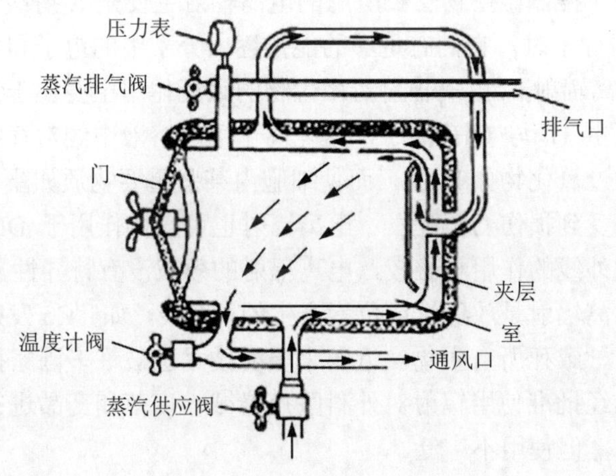

图4-10　高压蒸汽灭菌锅

③巴斯德消毒法　是采用温和加热处理，以降低牛奶和其他对热特别敏感的食品中微生物群体数量，而不损坏食品的营养和风味的方法。因最早由巴斯德用于果

酒消毒而得名。巴斯德消毒法虽然也是一种湿热处理方法，但没有沸水和高压蒸汽条件剧烈，因而只能消毒不能灭菌。该法可以使食品中的微生物数量下降97%～99%，并能够杀死其中存在的病原微生物（如牛奶中的结核分枝杆菌或沙门氏菌）。巴斯德消毒处理牛奶可采用71.6℃快速处理至少15 s或63～66℃处理30 min两种方法。

2．辐射作用

紫外线、电离辐射具有杀菌作用，可用来控制微生物的生长和保存食品。

（1）紫外线　波长为260 nm左右紫外线的杀菌效应最高。已有专制的紫外杀菌灯管，在医疗卫生及无菌操作中广泛应用。由于紫外线透过物质能力很差，不易透过玻璃、衣物、纸张等大多数物体，但能够在空气中传播，所以紫外光杀菌灯只适用于空气及物体表面的消毒。

紫外线对细胞的损伤作用是由于细胞中很多物质对紫外线的吸收，造成这些分子的变性失活。DNA与RNA的吸收峰在260 nm，蛋白质的吸收峰在280 nm。紫外线致死细胞的原因主要是由于它对DNA的作用，吸收紫外线后胸腺嘧啶二聚体的形成，从而抑制DNA的复制，轻则发生突变，重则造成死亡。

此外，紫外线的杀菌效果与菌种的生理状态有关。干细胞比活细胞对紫外线抗性强，孢子比营养细胞对紫外线抗性强，带色细胞的色素若可吸收紫外线则可起到保护作用。

经紫外线照射后受损害的微生物细胞再暴露于可见光中，有一部分可恢复正常，这称为光复活现象。光复活的程度与暴露在可见光下的强度、时间、温度等条件有关。

（2）电离辐射　控制微生物生长所用的电离辐射主要是X射线与γ射线。当X射线与γ射线撞击分子时，它们有足够的能量逐出分子中的电子和质子，形成离子和自由基，故称电离辐射。电离辐射对微生物的致死作用主要在于它们引起物质电离，如使水电离产生H^+与OH^-离子，这些离子可与溶液中经常存在的氧分子产生一些具强氧化性的过氧化物如H_2O_2，而使细胞内某些重要物质如蛋白质、酶等发生变化，从而使细胞受到损伤乃至死亡。电离辐射也可直接作用于DNA，导致DNA分子的断裂。与紫外线的作用相比较，电离辐射的效应没有特异性。

使用最多的电离辐射是放射性同位素产生的γ射线，如^{60}Co发射出的高能量辐射，具较强穿透力，致死所有生物。近年来辐射技术已被许多国家接受，如美国药物和食品管理局已经批准使用辐射对外科医疗器械、疫苗和药品进行消毒。食品也可以用辐射法灭菌，但使用不广泛。

3．过滤作用

高压蒸汽灭菌可以除去液体培养基中的微生物，但对于空气和不耐热的液体培养基的灭菌是不适宜的，为此设计了一种过滤除菌的方法。现今使用最多的膜滤器采用微孔滤膜作材料。微孔滤膜可由醋酸纤维素或硝酸纤维素制成，可根据需要使之具有5～

0.025 μm 大小的特定孔径。当含有微生物的液体通过微孔滤膜时，大于滤膜孔径的微生物被阻拦在膜上与通过的滤液分离开。过滤除菌可用于对热敏感特体的灭菌，如含有酶或维生素的溶液、血清等。过滤除菌还可用于啤酒生产代替巴斯德消毒。

4．干燥

水是微生物细胞的重要成分，占营养细胞的 90%以上，它参与细胞内的各种生理活动。通过降低物质的含水量直至干燥，就可以抑制微生物生长，防止物质的腐败与霉变。因此干燥是保存干果、谷物、干菜、奶粉等食品的主要手段。干燥并不一定杀死微生物，但因使细胞失水造成代谢停止，从而抑制微生物生长，有时也可引起微生物细胞的死亡。

第二节　微生物的遗传变异

遗传和变异是生物界最本质的属性之一。生物的亲代与子代之间具有相似的性状，这种子代与亲代相似的现象称为遗传。遗传现象保证了生物种的相对稳定性。但在外因和内因的相互作用下，子代常表现出与亲代的某些差异，并可以遗传给后代，这种子代与亲代间的差异称为变异性。遗传保证了物种的存在和延续，变异则推进物种的进化与发展。

在亲代传给子代的遗传物质中，携带着它的全部遗传因子（即基因），由这些遗传因子决定着生物的遗传型（基因型）。在合适的外界环境条件下，特定遗传型的个体通过新陈代谢和生长发育表现出来的种种具体性状，称为该生物的表型（表现型）。遗传型相同的个体在不同的环境条件下会呈现不同的表型。表型的改变不能称为变异，它是群体中每一个体都可发生的一种不涉及遗传物质的变化，是一类只发生在转录或转译水平上的暂时性变化，它仅在当代表现而不能遗传给下一代。因此，表型的改变与变异是完全不同的两个概念。例如，黏质赛氏杆菌（*Serratia mercescens*）在较低温度（25℃）下培养时，会产生一种深红色的灵杆菌素。可是在 37℃下培养时，群体中的所有细胞产色素能力均被抑制。在固体培养基上，我们看到的是不产色素的菌落。如果重新降低温度，它的产色素能力又可恢复，这就是表型的改变。相反，该菌的产色素能力有时也会发生变异，并且某一个体一旦发生无色突变后就会遗传给后代，从而使所有后代都丧失产色素能力。

一、微生物的遗传

（一）遗传变异的物质基础——DNA

1865 年孟德尔（Mendel）在布鲁诺（Brun）自然科学学会上宣读《植物杂交实

验》，由此宣布了遗传学的诞生。1903 年萨顿（Sutton）提出染色体的遗传行为与性状的遗传行为有着平行的关系。其后随着细胞核、染色体和核酸研究的长足进展，遗传物质的探索发展到了核酸水平，其经典的实验有格里菲斯（Gliffith）的转化实验和大肠杆菌 T2 噬菌体感染实验。

1．转化实验

1928 年格里菲斯将无毒、活的 RⅡ型（无荚膜，菌落粗糙型）肺炎链球菌（*dipneumoniae*）注入小白鼠体内，结果小白鼠健康活着。将有毒的、活的 SⅢ型（有荚膜、菌落光滑型）肺炎链球菌注射到小白鼠体内，结果小白鼠病死。单独将加热杀死的 SⅢ型肺炎双球菌注入小白鼠体内，小白鼠不死，若将少量无毒、活的 RⅡ型肺炎链球菌和大量经加热杀死的有毒的 SⅢ型肺炎链球菌混合注入小白鼠体内，结果小白鼠病死，并发现在死鼠体内有活的 SⅢ型肺炎链球菌（图 4-11）。

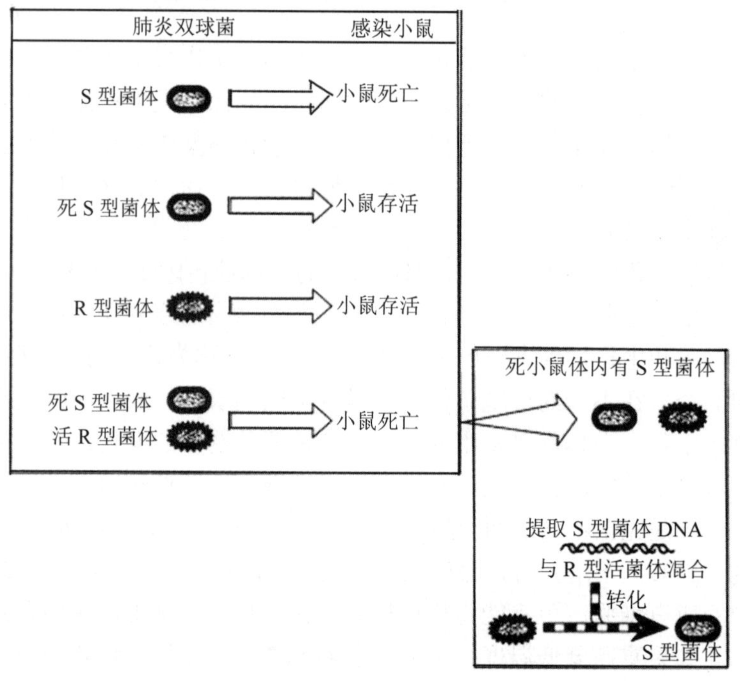

图 4-11　肺炎球菌的转化现象

SⅢ型死菌体内能引起转化的物质是什么？1941 年埃弗里（Avery）等人对转化的本质进行深入研究，他们从 SⅢ型活菌体内提取荚膜多糖、蛋白质、RNA 和 DNA，将它们分别和 RⅡ型活菌混合均匀后注入小白鼠体内，结果多糖、蛋白质和 RNA 均不引起转化，只有注射 SⅢ型菌的 DNA 和 RⅡ型活菌混合液的小白鼠才死亡，这是一部分 RⅡ型菌转化为有荚膜、有毒的 SⅢ型菌所致。而且它们的后代都是有荚膜、有毒的。如果用 DNA 酶处理 DNA，则转化作用丧失。由此证明实验中的转化因子是 DNA。

2．噬菌体感染实验

大肠杆菌 T2 噬菌体感染大肠杆菌是又一证明 DNA 是遗传物质的实验。1952 年赫西（Hersey）和蔡斯（Chase）用 $^{32}PO_4^{3-}$ 和 $^{35}SO_4^{2-}$ 标记大肠杆菌 T2 噬菌体，因蛋白质分子中只含硫不含磷，而 DNA 只含磷不含硫。故将大肠杆菌 T2 噬菌体的头部 DNA 标上 ^{32}P，其蛋白质衣壳被标上 ^{35}S。用标上 ^{32}P 和 ^{35}S 的 T2 噬菌体分别感染大肠杆菌，10 min 后 T2 噬菌体完成了吸附和侵入的过程。将被感染的大肠杆菌洗净放入组织捣碎器内强烈搅拌，以使吸附在菌体外的 T2 蛋白质外壳均匀散布在培养液中，然后离心沉淀。分别测定沉淀物和上清液中的同位素标记，结果全部 ^{32}P 和细菌在沉淀物中，全部 ^{35}S 留在上清液中。证明只有 DNA 进入大肠杆菌体，而蛋白质外壳留在菌体外（图 4-12）。进入大肠杆菌体内的 T2 噬菌体 DNA，利用大肠杆菌体内的酶及核糖体复制大量 T2 噬菌体，这又一次证明了 DNA 是遗传物质。

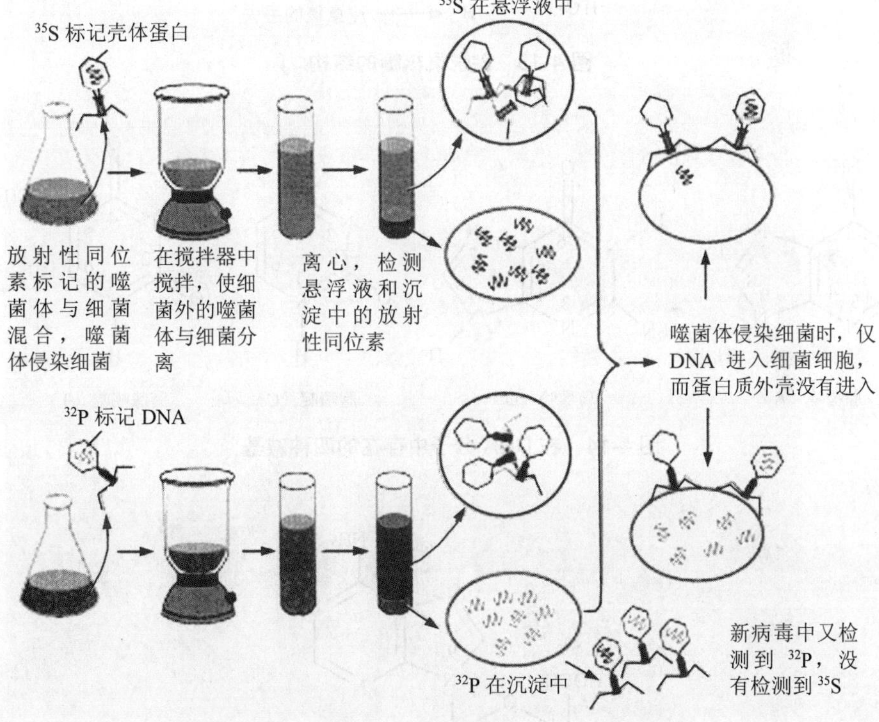

图 4-12　大肠杆菌 T2 噬菌体感染大肠杆菌实验

（二）DNA 的结构与复制

除少数病毒的遗传物质是 RNA 外，其余各种生物的遗传物质都是 DNA。

1. DNA 的结构

DNA 是由核苷酸单体组成的链状聚合物，称为多聚核苷酸。每个核苷酸含有三个部分：单糖、含氮碱基和磷酸。DNA 所含的单糖为五碳核糖，它的 2′碳上的氢氧根被 H 取代称为 2-脱氧核糖（图 4-13）。碱基分为四种：腺嘌呤（A）、鸟嘌呤（G）、胞嘧啶（C）和胸腺嘧啶（T）（图 4-14）。碱基与核糖的 1′碳原子相连构成核苷（图 4-15）。含有磷酸的核苷被称为核苷酸。核苷酸中磷酸与单糖的 5′碳原子相连，它可以带有 1～3 磷酸，在细胞中可以单体形式存在，也可以 DNA 或 RNA 的多聚体形式存在。

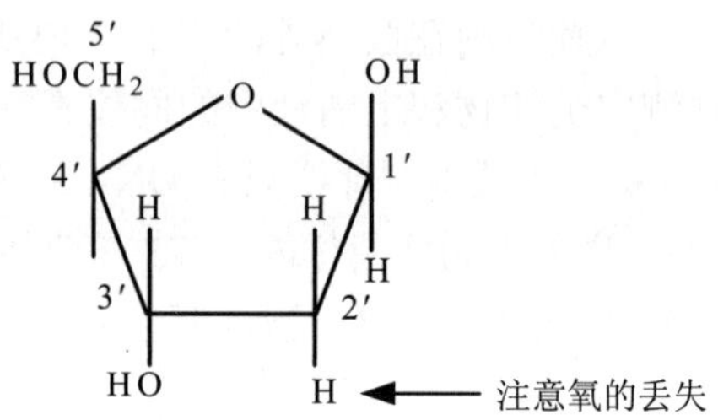

图 4-13 2-脱氧核糖的结构

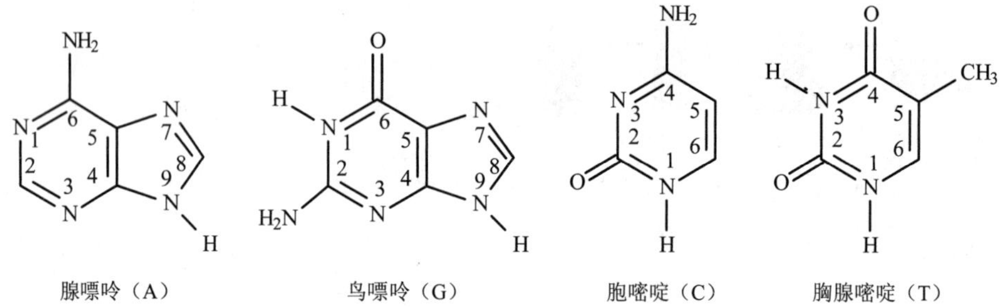

腺嘌呤（A） 鸟嘌呤（G） 胞嘧啶（C） 胸腺嘧啶（T）

图 4-14 在 DNA 分子中存在的四种碱基

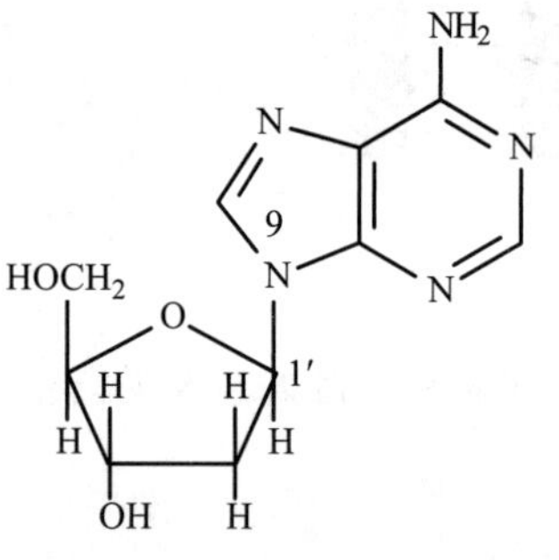

图 4-15 2-脱氧腺苷（核苷）

DNA 的多聚核苷酸链是由带有四种碱基的核苷酸连接而成，其中一个核苷酸的 5′磷酸与另一个核苷酸的 3′羟基形成磷酸二酯键（图 4-16）。多聚核苷酸链的一端（5′端）为游离的磷酸，另一端（3′端）则为氢氧根。碱基的顺序编码了遗传的信息，阅读方向可以从 5′到 3′，也可以从 3′到 5′，但遗传信息的编码通常是从 5′端到 3′端。DNA 分子很长，对核苷酸数目和排列方式均无限制。对一条核苷酸链来说，它可以有 4^n 种排列方式，n 表示核苷酸的数目。

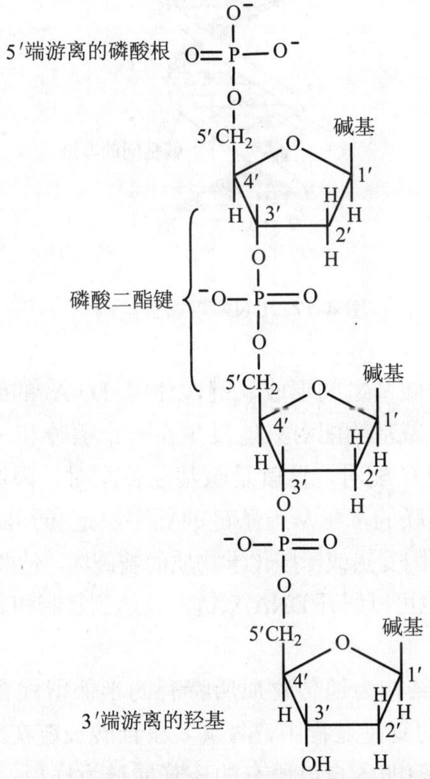

图 4-16　DNA 多聚核苷酸链

DNA 具有与众不同的、特征性的双螺旋结构（图 4-17）。脱氧核糖和磷酸根形成 DNA 的脊柱或骨架，位于螺旋外侧，碱基则面向螺旋体的中心重叠排列。DNA 双螺旋为右旋，每旋转一周有 10 个碱基对，高度大约是 34 Å。双螺旋呈反向平行，其中一条由 5′到 3′，另一条由 3′到 5′。DNA 的双螺旋结构不是绝对对称的，从图 4-17 中可看到存在大沟和小沟。

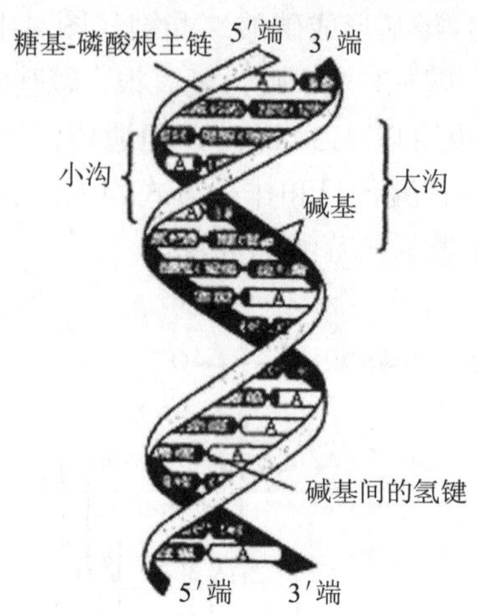

图 4-17 DNA 双螺旋结构

两条多核苷酸链上的碱基之间形成氢键，使得 DNA 的螺旋结构变得很稳定。由于双链间的空间限制，碱基的配对只能发生在一个嘌呤和一个嘧啶之间，其中 A 只能与 T 配对，G 只能与 C 配对，这就是碱基互补配对。限制性的配对意味着两条链上的碱基顺序是相互关联的，可从一条链的顺序决定和判断另一条链的顺序。

DNA 双螺旋结构可以因受热或一些化学物质而被破坏，使两条双螺旋链分开，这称之为变性。在细胞内，酶也可以解开 DNA 双链，以达到复制和表达遗传信息的目的。

2．DNA 的复制

DNA 分子的双螺旋结构为遗传物质所特有的半保留式自我复制和传递遗传信息提供了可能。在 DNA 的复制过程中，两条多核苷酸长链在酶的作用下，碱基之间的氢键断裂而彼此松开，随即各自以原有的核苷酸链为样板，根据碱基配对的规律，按照原有链上核苷酸的排列顺序，各自合成一条新的互补的长链（图 4-18）。正是 DNA 这种独特的半保留复制方式保证了生物遗传性的相对稳定。

（三）基因和基因表达

1．基因

基因是遗传信息的基本单位，是位于 DNA 上的离散片段，每个基因包含合成一种多肽的信息。基因的大小可以从少于 100 个碱基到几百万个碱基不等。DNA 双链中只有一条携带着生物信息，这条 DNA 链称为模板链，另一条 DNA 链称为非模板链。模板链可以用来合成一条与模板 DNA 碱基互补的 RNA 链，RNA 可指导多肽的合成。DNA 的两条链都有作为模板链的可能，基因可以存在于任何一条链上。

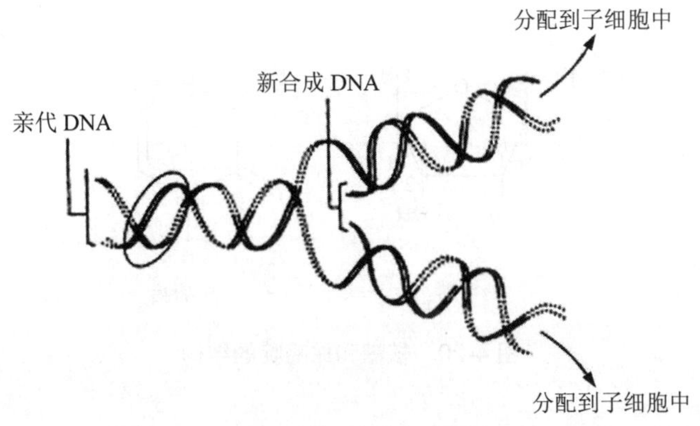

图 4-18　DNA 复制

2．基因表达

生物的遗传信息存在于 DNA 分子的碱基顺序中，基因的表达就是将这些信息传递给细胞的过程。这个信息利用的过程可用中心法则来描述，即遗传信息首先由 DNA 传给 RNA，再传给蛋白质（图 4-19）。在基因表达的过程中，DNA 分子通过指导合成一条互补的 RNA 链，从而拷贝了自身信息，这个过程称为转录。接着，由 RNA 指导合成蛋白质，其产物的氨基酸序列由 RNA 的碱基序列决定，这个过程称为翻译。蛋白质的氨基酸顺序决定了蛋白质的三维空间结构，从而决定了蛋白质的功能。有的病毒含有一种酶，称为反转录酶，能够以 RNA 为模板合成 DNA。由 RNA 转录为 DNA 的过程称为反向转录。

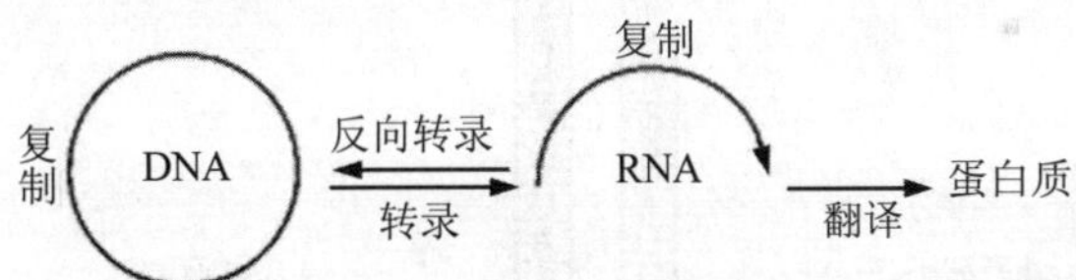

图 4-19　遗传信息的传递方向

细胞的功能，以至整个生物体的功能，是依赖很多不同的蛋白质相互协调而实现的。基因中携带的生物信息可以作为一系列指令，在合适的时间和合适的地点指导蛋白质合成。

（四）RNA 的结构和功能

RNA 的结构与 DNA 的相似，但有一些重要的区别。在 RNA 中，核糖取代了 DNA 的 2-脱氧核糖，同样能够与腺嘌呤配对的尿嘧啶取代了胸腺嘧啶（图 4-20）。除此之外，RNA 通常以单链多聚核苷酸的形式存在，不形成双螺旋结构。但同一条 RNA 链上的互补部分也会产生碱基配对，形成短的双链区。

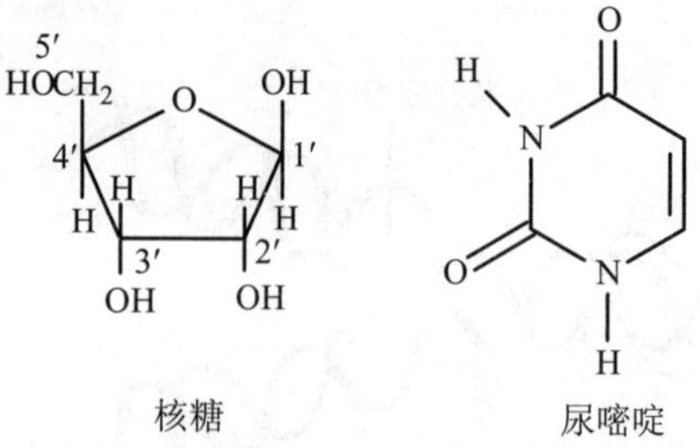

核糖　　尿嘧啶

图 4-20　核糖和尿嘧啶的结构

细胞中主要有 3 种 RNA，即信使 RNA（mRNA）、转移 RNA（tRNA）和核糖体 RNA（rRNA），它们均由 DNA 转录得到。mRNA 是遗传信息的携带者，它在细胞核中转录了 DNA 上的遗传信息，在进入细胞质作为蛋白质合成的模板。

tRNA 为含有 80 个左右核苷酸的小分子，碱基对的互补形成了 tRNA 特有的三叶草结构（图 4-21）。其中 3′ 端是氨基酸的结合点，在其相反一端的环上有由 3 个核苷酸组成的反密码子。细胞中含有许多不同的 tRNA，每种 tRNA 结合一种特定的氨基酸。tRNA 的反密码子在蛋白质合成时与 mRNA 上互补的密码子结合，从而将氨基酸放到正确的位置上。

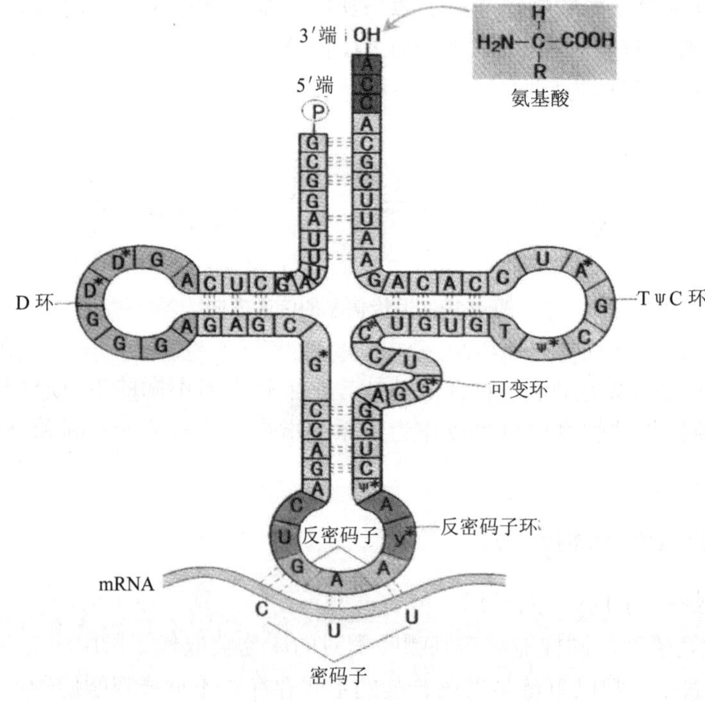

图 4-21　tRNA 的结构

rRNA 和蛋白质共同组成的复合体就是核糖体，它存在于细胞之中，是蛋白质合成的场所。核糖体由大小不同的两个亚基组成，这两个亚基只有在行使翻译功能即肽链合成时才聚合成整体，为蛋白质的合成提供场所。在核糖体上具有附着 mRNA 模板链的位置，还有两个 tRNA 附着的位置，分别称为 A 位和 P 位（图 4-22）。

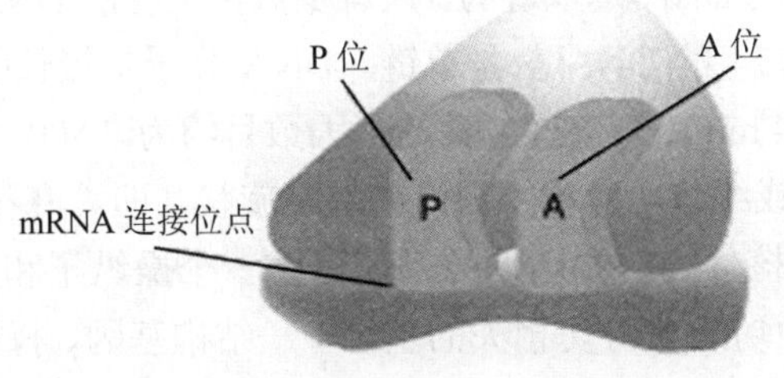

图 4-22 核糖体的结构

（五）遗传物质在细胞中的存在方式

从上述可知，核酸尤其是 DNA 是生物体的遗传物质基础。那么，遗传物质在生物体中的存在部位及其存在方式又是如何呢？以下从几个方面来加以叙述。

（1）细胞水平 从细胞水平来看，无论是真核微生物还是原核微生物，它们的全部或大部分 DNA 都集中在细胞核或核质体中。在不同的微生物细胞或是在同种微生物的不同类型细胞中，细胞核的数目是不同的。例如，杆菌大多具有两个核，而球菌一般只有一个核；酵母菌一般是单核的；在真菌和放线菌中，菌丝细胞往往是多核的，而分生孢子有的是单核（如多数放线菌以及黑曲霉、产黄青霉等真菌），有的是多核的（如链孢霉和米曲霉平均达五六个核）。

（2）细胞核水平 从细胞核水平来看，有的生物其 DNA 与蛋白质结合在一起而形成了染色体，在染色体外有一层核膜包裹着，从而构成了在光学显微镜下清晰可见的完整细胞核，这类生物就称真核生物。另一些生物的 DNA 无核膜包裹呈松散状态存在，这就是原核生物。不论是真核生物还是原核生物，它们除在细胞核中存在的绝大部分 DNA 外，还在细胞质中存在一些能自主复制的遗传物质，例如真核生物中的各种细胞质基因（线粒体、叶绿体等），原核生物中的质粒。

（3）染色体水平 真核微生物细胞核中染色体的数目较多，且其随着种类的不同而不同（例如链孢霉有七个染色体），而在原核微生物中，每一个核只有一个由裸露的 DNA 构成的、光学显微镜下无法看到的染色体，一般呈环状。故对原核微生物来说，所谓染色体水平实际上就是核酸水平。

如果一个细胞中只有一套相同功能的染色体，就称为单倍体。在自然界中所发现的微生物，多数都是单倍体，而高等动植物的生殖细胞也是单倍体，如果一个细胞含有两套相同功能染色体，就称为双倍体。如高等动植物的体细胞、少数微生物（如啤酒酵母）

的营养细胞以及由两个单倍体的性细胞接合或体细胞融合后形成的合子等都是双倍体。

（4）核酸水平　从核酸的种类来看，大多数生物的遗传物质是 DNA，只有少数病毒的遗传物质是 RNA。在真核生物中，DNA 总是缠绕着组蛋白，两者共同构成了染色体。而原核生物的 DNA 是以裸露状态存在。从核酸的结构来看，有双链与单链之分。绝大多数微生物的 DNA 是双链的，只有少数微生物的 DNA 是单链的结构，例如大肠杆菌噬菌体 φX174 的 DNA 就是单链。DNA 分子是极长的，例如大肠杆菌的 DNA 分子就有 1.1～1.4 mm，其中所包含的基因数目约为 7 500 个。在原核生物中，双链 DNA 可以呈环状或线状，有的还可以呈超螺旋状（即“麻花状”）。

（5）基因水平　原核生物的基因调控系统是由一个操纵子和它的调节基因组成。每一操纵子又包括三种功能上密切相关的基因——结构基因、操纵基因和启动基因。结构基因是决定多肽链结构的 DNA 模板，它通过转录和翻译过程来执行多肽链合成的任务。操纵基因是位于启动基因和结构基因之间的一段核苷酸序列，它与结构基因紧密连锁在一起，控制结构基因是否转录。启动基因是 RNA 聚合酶的结合部位，也是转录的起始位点。一旦 RNA 聚合酶与启动基因结合，便启动了结构基因开始转录。调节基因一般与操纵子有一定间隔，它是能调节操纵子中结构基因活动的基因。图 4-23 为乳糖操纵子的调控。

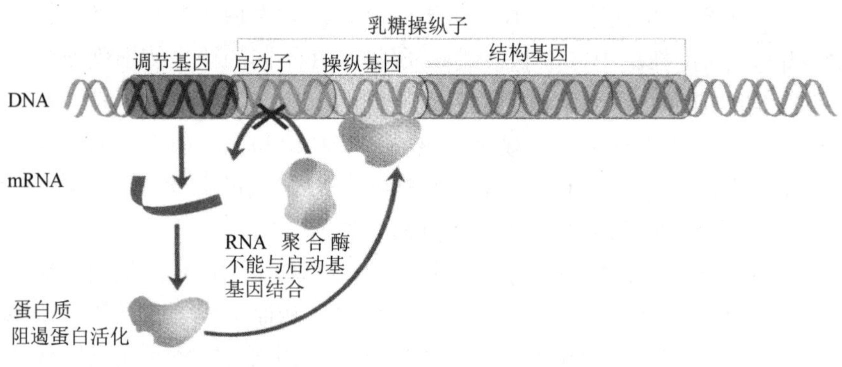

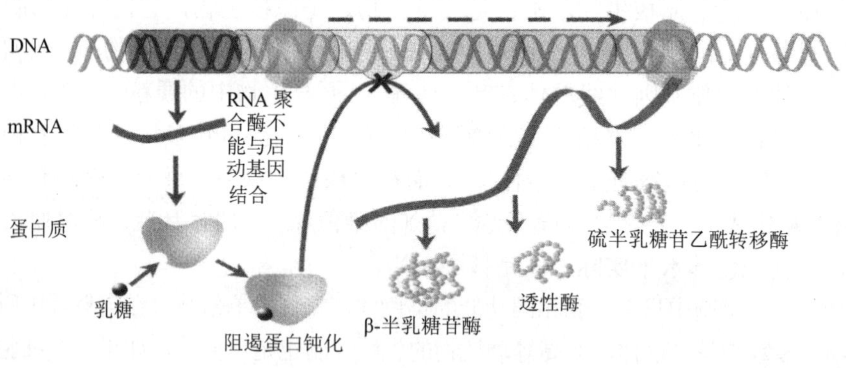

图 4-23　乳糖操纵子的调控

真核生物的基因与原核生物的基因有许多不同之处，最明显的是它们一般没有操纵子结构，存在着大量不编码序列和重复序列，基因之间被一些不含任何信息的序列隔开。

（6）密码子水平　遗传密码是指 DNA 链上决定各具体氨基酸的特定核苷酸排列顺序。每个密码子由三个核苷酸顺序所决定，它是负载遗传信息的基本单位。密码子一般都用 mRNA 链上三个连续的核苷酸序列来表示（表 4-3）。

表 4-3　遗传密码

第一个位置（5）	第二个位置 U	第二个位置 C	第二个位置 A	第二个位置 G	第三个位置（3）
U	苯丙氨酸	丝氨酸	酪氨酸	半胱氨酸	U
	苯丙氨酸	丝氨酸	酪氨酸	半胱氨酸	C
	亮氨酸	丝氨酸	终止密码	终止密码	A
	亮氨酸	丝氨酸	终止密码	色氨酸	G
C	亮氨酸	脯氨酸	组氨酸	精氨酸	U
	亮氨酸	脯氨酸	组氨酸	精氨酸	C
	亮氨酸	脯氨酸	谷氨酰胺	精氨酸	A
	亮氨酸	脯氨酸	谷氨酰胺	精氨酸	G
A	异亮氨酸	苏氨酸	天冬酰胺	丝氨酸	U
	异亮氨酸	苏氨酸	天冬酰胺	丝氨酸	C
	异亮氨酸	苏氨酸	赖氨酸	精氨酸	A
	甲硫氨酸或甲酰甲硫氨酸（起始密码）	苏氨酸	赖氨酸	精氨酸	G
G	缬氨酸	丙氨酸	天冬氨酸	甘氨酸	U
	缬氨酸	丙氨酸	天冬氨酸	甘氨酸	C
	缬氨酸	丙氨酸	谷氨酸	甘氨酸	A
	缬氨酸	丙氨酸	谷氨酸	甘氨酸	G

从表中可以看出，由四种核苷酸排列成三联密码子的方式可多达 64 种，它们负责编码在蛋白质中存在 20 种氨基酸。由于密码子的种类多于氨基酸的种类，因此有些密码的功能是重复的，而另一些密码子则用于编码“终止”或“起始”。编码甲硫氨酸的也是蛋白质合成的起始信号，所有蛋白质的合成都开始于此。

（六）微生物的生长与蛋白质的合成

微生物生长的主要活动是蛋白质的合成，同化的碳和消耗的能量有 4/5～9/10 直接或间接与蛋白质合成有关。以细菌为例，当细菌被接种至新培养基的初期（停滞期），细胞内所有成分出现一个不平衡的生长状态。当生长进入对数生长期，细胞中全部的生化组成都以相同的速率进行合成，叫平衡生长。当将平衡生长的培养物转移到丰富的培养基中，生长速率加快，出现上升状况，此时 RNA 的合成速率首先增加，稍后 DNA 和蛋白质合成速率随之增加。经一段较长时间后，细胞分裂的速率也上升。最后，全部生化组分的合成速率再度达到平衡。由此说明 RNA 的合成速率是影响生长速率的关键因素。

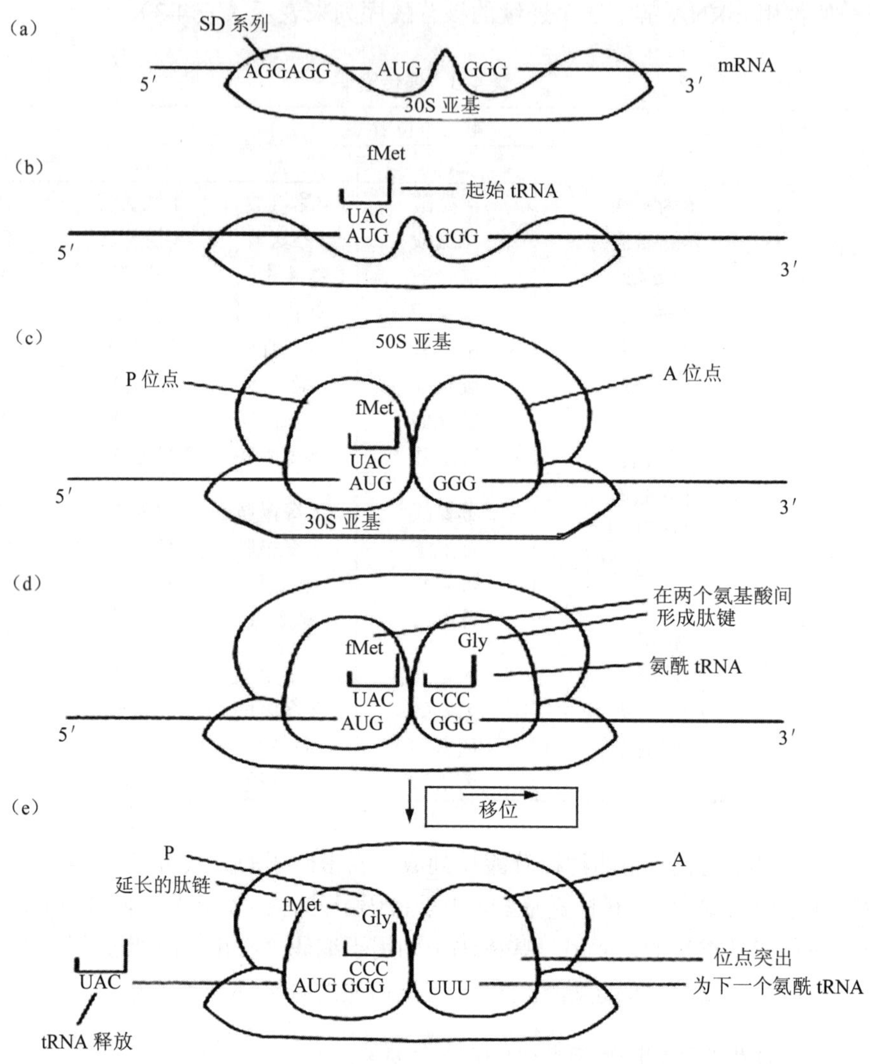

图 4-24 原核生物蛋白质合成的各阶段

蛋白质的合成可分为三个步骤：起始、延伸、终止（图 4-24）。首先核糖体的小亚基与 mRNA 结合，于是第一个密码子 AUG 被安置于 P 位点，正确的定位有赖于

mRNA 链上的 SD 序列。一旦定位于 P 位点，第一个即起始 tRNA 便进入到这一位点，并且它的反密码子与 AUG 配对。此后核糖体的大亚基加入进来，形成完整的核糖体，进而下一个 tRNA 可以进入 A 位点与下一个密码子配对。

核糖体确认 A 位点的反密码子与密码子的配对正确后，肽酰转移酶作用于邻近的两个氨基酸使其间形成肽键。然后核糖体上在作相应移动以使带有二肽的 tRNA 位于核糖体的 P 位点上，这一过程称为移位。空出的 A 位点再接受一个与此时 A 位点上新密码子配对的 tRNA 分子。肽键合成和移位的进程被循环反复，使多肽链序列不断延长。

由三个密码子：UGA、UAA 和 UAG 是没有相应 tRNA 分子的，它们作为终止信号以表示氨基酸序列的终止。当核糖体到达这样的密码子位置时，蛋白质合成不能继续，合成的多肽从核糖体上释放，并且核糖体亚基分开。释放出的核糖体经折叠组装成为有功能的蛋白质。

二、微生物的变异

在微生物纯种群体或混合群体中，偶尔可能出现个别微生物在形态或生理生化或其他方面的性状发生改变。如果改变了的性状可以遗传，则这时的微生物发生变异，成了变种或变株。

（一）变异的实质——基因突变

突变是指 DNA 链上核苷酸序列发生了稳定的可遗传的变化。例如，原来有荚膜，菌落为光滑型的细菌，因某种原因失去荚膜，光滑型（S 型）的菌落变为粗糙型（R 型）的菌落，且后代也表现为无荚膜、R 型菌落。

狭义的突变是指基因突变（点突变），而广义的突变则包括基因突变和染色体畸变，其中基因突变较染色体畸变更为常见。在微生物中，突变是经常发生，其突变的类型也很多。

（二）基因突变的类型

（1）形态突变型　指细胞或菌落形态发生改变的那些突变型。如细菌的鞭毛、芽孢或荚膜的有无，菌落的大小、颜色及光滑与否等的变异。

（2）致死突变型　由于基因突变而造成个体死亡的突变型。

（3）条件致死突变型　指在某一条件下呈现致死效应，而在另一条件下却不表现致死效应的突变型。温度敏感突变型就是一个典型的例子。

（4）生化突变型　是指发生代谢途径变异但没有明显形态变化的突变型，包括营养缺陷型、抗性突变型和抗原突变型三种。

（5）其他突变型　如毒力、抗原性、糖发酵能力、代谢产物的种类和量以及对药物依赖性等的突变型。

事实上各种突变之间是互有联系而难以截然区分的。如果从是否能对它们进行有效的分离和鉴别的角度来看，可分为选择性突变和非选择性突变两类，前者具有选择性标记，可通过某种环境条件使它们发生优势生长，从而取代原始菌株，例如营养缺陷型或抗性突变型等，后者就没有这类标记，而是一些数量、形态、颜色等的差别，例如菌落大小、色素等突变型。

（三）基因突变的特点

（1）自发性　各种性状的突变可以在没有人为诱变因素的影响下自发的产生。

（2）稀有性　自发突变率极低，一般为 10^{-9}～10^{-6}。

（3）诱变性　在诱变剂作用下，突变率可提高 10～10^5 倍。

（4）不对应性　突变的性状与引起突变的原因之间无直接的对应关系。例如在紫外线作用下，除产生抗紫外线的突变个体外，还可诱发任何其他性状的变异。

（5）独立性　某一基因的突变，既不会提高也不会降低其他任何基因的突变率，说明突变不仅对某一细胞是随机的，而且对某一基因也是随机的。

（6）稳定性　由于突变的根源是遗传物质结构上发生了稳定的变化，因此产生的新性状也是稳定的、可遗传的。

（7）可逆性　任何性状可发生正向突变，也可发生相反的过程即回复突变。

（四）基因突变的机制

基因突变的原因是多种多样的，它可以是自发的，也可以是诱发的，诱发突变又可分仅影响一个或少数几个核苷酸的点突变和影响一段染色体的畸变。现将各种突变概括如下：

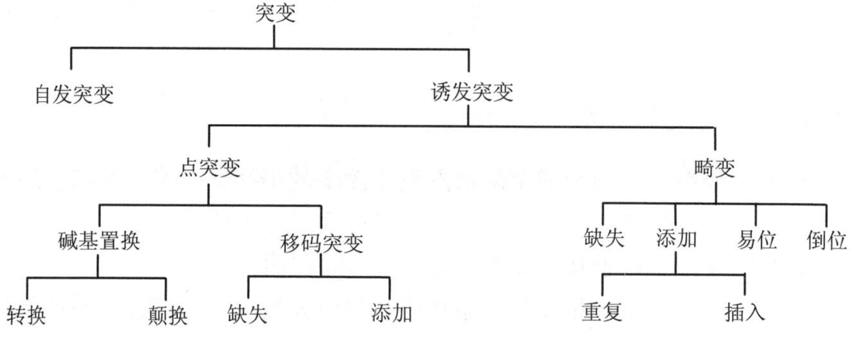

1．诱变机制

凡能显著提高突变频率的理化因素都称为诱变剂。诱变剂可引起 DNA 发生碱基转换或颠换，也可同时发生；诱变剂还可引起 DNA 中一个或少数几个核苷酸的添加

（插入）或缺失，从而使该部位以后的全部遗传密码发生转录和翻译错误（图 4-25）。

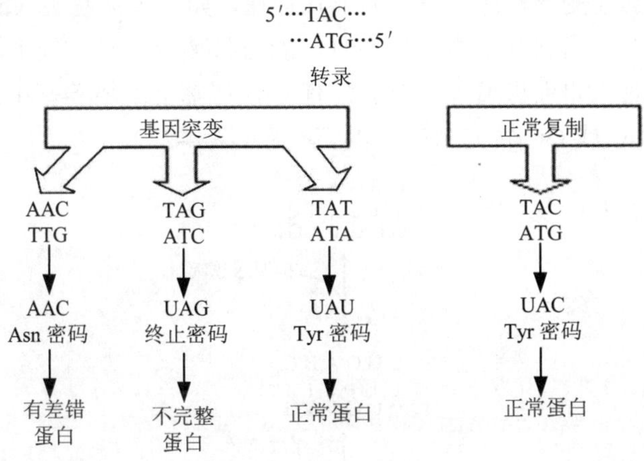

图 4-25 碱基置换引起的三种突变型

直接引起碱基置换的诱变剂是一类可直接与核酸上的碱基起化学反应的诱变剂，它能与所有生物体的 DNA 发生化学反应，从而引起突变。如亚硝酸，它能夺取碱基上的氨基，代之以酮基或羟基，从而改变了碱基的配对关系（图 4-26）。

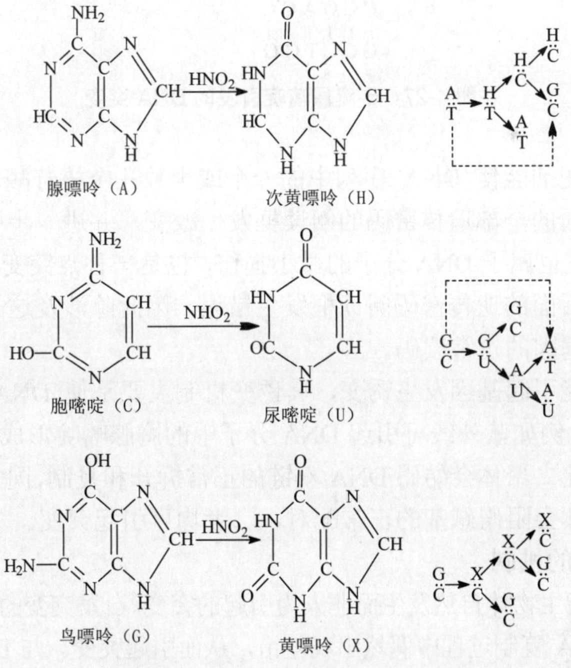

腺嘌呤（A） $\xrightarrow{HNO_2}$ 次黄嘌呤（H）

胞嘧啶（C） $\xrightarrow{NHO_2}$ 尿嘧啶（U）

鸟嘌呤（G） $\xrightarrow{HNO_2}$ 黄嘌呤（X）

图 4-26 碱基脱氨而引起的 DNA 复制时碱基对的转换

间接引起碱基置换的诱变剂是一些碱基类似物，其结构与DNA中的碱基相似，在细胞内能因其互变异构而以不同的形式存在，如5-溴尿嘧啶（5-BU）能以酮式或烯醇式状态存在。当它处于酮式状态时，能与腺嘌呤配对，处于烯醇式状态时，则能与鸟嘌呤配对。如果将细菌培养在含有5-溴尿嘧啶的培养基中，细菌的DNA能发生AT转向GC或GC转向AT的单点突变（图4-27）。

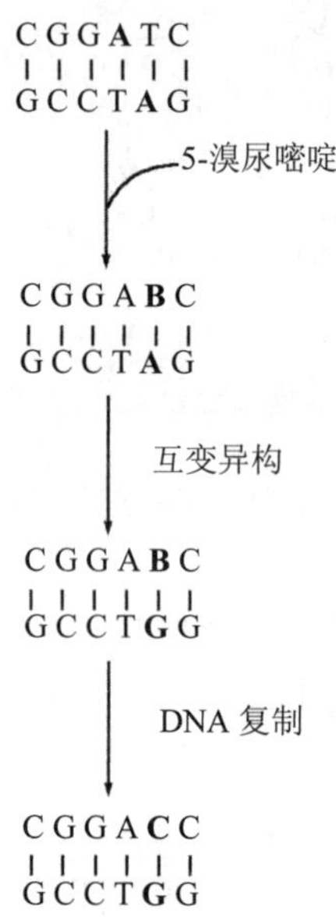

图4-27 5-溴尿嘧啶引发的DNA突变

移码突变诱变剂能使DNA序列中的一个或少数几个核苷酸发生添加或缺失，从而造成该点后面的全部遗传密码的阅读框发生改变，并进一步引起转录和翻译发生错误。移码突变也属于DNA分子的微小损伤，也是一种点突变，其结果只涉及有关基因种突变点后面的遗传密码阅读框发生错误，因此除涉及这一基因外，不会影响突变点外其他基因的正常读码。

物理因素也能引起基因发生诱变，其诱变机制主要是使DNA分子和染色体结构损伤引起变异。例如紫外线可引起DNA分子中的胸腺嘧啶形成二聚体，在互补双链间形成胸腺嘧啶二聚体会妨碍DNA双链的正常拆开和复制，同一链上相邻碱基形成胸腺嘧啶二聚体会阻碍碱基的正常配对，二者均可引起突变。

2．自发突变的机制

自发突变是指生物体自然发生而非人为引起的突变。自发突变的机制可归纳为以下三方面：一是DNA复制过程中偶然出现差错，从而引起突变。与DNA复制有关的因子及与复制正确性有关的因子，如果出现错误，就会引起自发突变。二是微生物自身产生诱变物质，如微生物细胞内的咖啡碱、硫氰化物、过氧化氢等，它们既是微生物的代谢产物，又可引起微生物的自发突变。三是环境对微生物的诱变作用，自然界中的短波辐射是微生物发生自发突变的原因之一，高温也有诱变效应。自然界中还存在着可诱发突变的物质，当微生物偶然接触到这些物质时便会发生突变。

三、微生物遗传变异的应用

1．育种

微生物遗传变异在环境工程中的应用主要是采用育种的方法，通过培育、筛选和驯化获得有益的菌株。

（1）定向培育　是人为的用某一特定环境条件长期处理某一微生物群体，同时不断将它们进行移种传代，以达到累积和选择合适的自发突变体的一种古老的育种方法。例如，用活性污泥法处理炼油厂废水、印染废水、煤气厂含酚、氰废水时，最初活性污泥（菌种）的来源，有的来自相应的处理此类废水的活性污泥，但多半来自生活污水处理厂的活性污泥。生活污水无毒，具有微生物生长繁殖所必需的营养物，适宜微生物生长。当将生活污水中的微生物移至其他工业废水中生活时，营养、水温、pH，均有所改变，有的废水甚至有毒。经过长时间的定向培育（环境工程中称驯化）后，微生物改变了原来对营养、温度、pH 等的要求，产生了适应酶。在废水生物处理过程中，微生物的变异现象很多，有营养要求的变异；对温度、pH 要求的变异；对毒物的耐毒能力的变异；代谢途径的变异等。可通过一定的筛选方法，筛选出变异后的有益的菌种在环境工程中应用。

（2）诱变育种　是指利用物理、化学等诱变剂处理均匀而分散的微生物细胞群，在促进其突变率显著提高的基础上，采用简便、快速和高效的筛选方法，从中挑选出少数符合要求的突变菌株，以供科学研究或生产实践使用的方法。在诱变育种过程中，诱变和筛选是两个主要环节，由于诱变是随机的，而筛选是定向的，因此以筛选更为重要。

（3）质粒育种　原核微生物中除染色体外，还存在另一种较小的、携带少量遗传信息的环状 DNA 分子——质粒。它们在细胞分裂过程中能进行复制，将遗传性状传给子代。质粒在原核微生物的生长中不像染色体那样重要，若因某种外界因素的影响导致质粒丢失或转移，菌体不会死亡，而只会丧失由该质粒所决定的某些性状。质粒可诱导产生，也可通过细胞与细胞的接触而转移，质粒从供体细胞转移到不含该质粒的受体细胞中，使受体细胞获得由该质粒所决定的遗传性状。质粒的这些特性可用来培育优良菌种，例如把降解芳烃、萜烃、多环芳烃的质粒转移到能降解脂烃的假单胞菌体内，结果获得了可同时降解四种烃类的多功能超级细菌（图 4-28）。

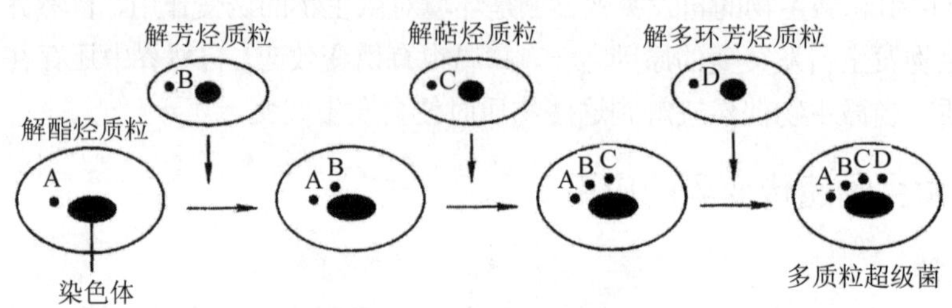

图 4-28 多质粒超级细菌

2．重组 DNA 技术

DNA 双螺旋结构、遗传密码破译等一系列重大科学发现使得 DNA 成为可能，由此基因工程应运而生。基因工程是指有意识地把一个生物体中有用的目的基因转入另一个生物体内，使后者获得新的遗传性状或表达所需要的产物。

重组 DNA 技术也称为基因或分子克隆技术，是基因工程的核心技术。重组 DNA 操作一般包括五个步骤：①人工方法获得需要的目的基因（外源基因）；②在限制性内切酶和连接酶的作用下与克隆载体连接起来，形成新的重组 DNA 分子（图 4-29）；③用重组 DNA 分子转化受体细胞，使之进入受体细胞并能在受体细胞中复制和遗传；④对获得外源基因的受体细胞进行筛选和鉴定；⑤对获得外源基因的细胞或生物体通过发酵、细胞培养、养殖或栽培等，最终获得所需要的遗传性状或表达出所需要的产物（图 4-30）。

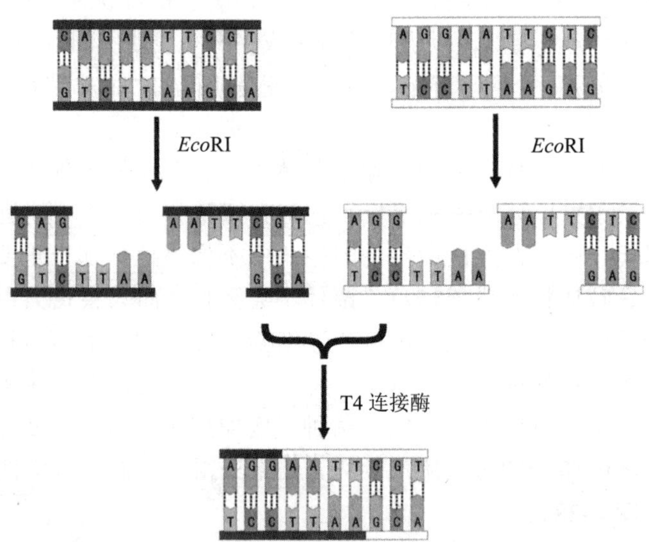

图 4-29 限制性内切酶和 T4 连接酶对 DNA 的作用（吴庆余 2002）

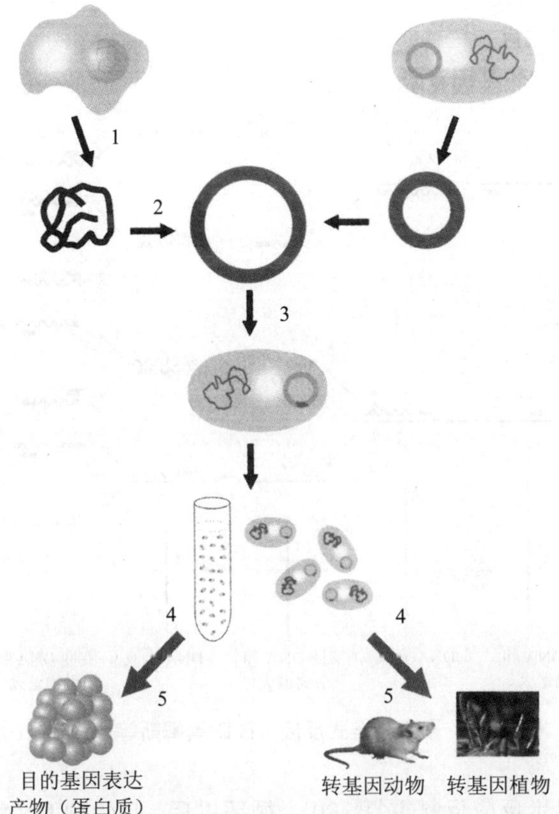

图 4-30　重组 DNA 操作的一般步骤（吴庆余　2002）

3．聚合酶链式反应（PCR 技术）

PCR 技术就是在体外的小试管中通过酶促反应有选择的大量扩增一段目的基因的技术。一个 PCR 反应包括目标 DNA 双链、两个可与目标 DNA 双链上的相对链的侧翼序列杂交的引物、4 种脱氧三磷酸核苷和 DNA 聚合酶。

PCR 循环分变性、退火、延伸三个步骤：

①变性　反应混合物被短时（15～20 秒）加热至 95℃，使得目标 DNA 双链变性形成可作为 DNA 合成的单链。

②退火　反应混合物被迅速冷却至某一温度（如 55℃），该温度允许引物结合到目标 DNA 的侧翼序列上。

③延伸　混合物的温度升至 72℃，并在预先设定好的时间内保持该温度，使得 DNA 聚合酶通过拷贝单链模板延伸。因此在反应结束时，两个单链模板都形成双链（图 4-31）。

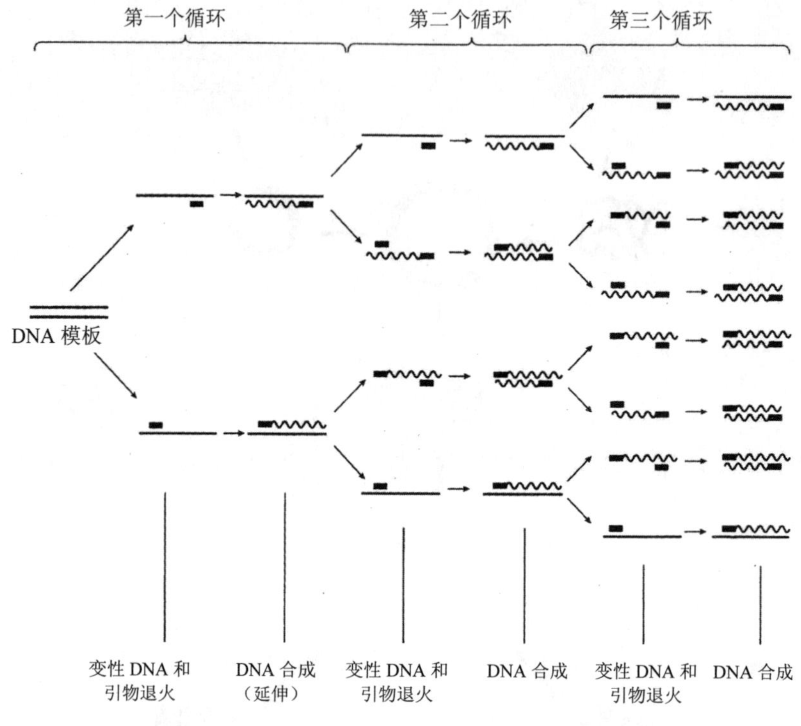

图 4-31 聚合酶链式反应（B.D.黑姆斯等 2001）

PCR 循环的三步反应反复重复，20 个循环以后，起始的 DNA 即被扩增百万倍，若 30 个循环后将扩增至亿倍。PCR 技术问世以来，在分子生物学领域产生了巨大的影响，广泛用于克隆、测序、医学诊断、法医学等领域。

第三节 菌种的衰退、复壮和保藏

一、菌种的衰退和复壮

1. 菌种的衰退

菌种的衰退是指微生物群体中退化细胞在数量上占一定数值后，表现出菌种生产性能下降的现象。常表现为形态上变形、颜色改变，生理上产量下降。在物种的进化中，遗传性的变异是绝对的，而稳定性则是相对的，退化性的变异是大量的，而进化性的变异却是个别的。在自然情况下，个别的适应性变异通过自然选择可保存和发展，最后成为进化的方向。在生产实践中，如果不进行有意识的人工选育，则大量的负突变菌株就会导致菌种衰退，反映到生产上就会出现低产、不稳产。这说明菌种的生产性状也是“不进则退”的。

菌种的衰退是一个从量变到质变的逐步演变过程。开始时在群体中只有个别细胞发生负变，这时如不及时发现并采取有效措施而一味继续移种传代，则群体中这种负变的个体比例逐步增高，最后由它们占了优势，从而使整个群体表现出严重的衰退。所以，在开始时所谓“纯”的菌株，实际上已包含着一定程度的不纯；同样，到了后来，整个菌株虽然“衰退”了，但这时仍是不纯的，即其中还有少数尚未衰退的个体存在着。

2．衰退的防止

（1）控制传代次数　即尽量避免不必要的移种和传代，把必要的传代降低到最低水平，以降低突变几率。因为突变都是在繁殖过程中发生或表现出来的，菌种的传代次数越多，产生突变的几率就越高，菌种发生衰退的机会也就越多。所以不论在实验室还是在生产实践上，必须严格控制菌种的移种代数。图 4-32 为通过减少传代防止菌种衰退的途径。

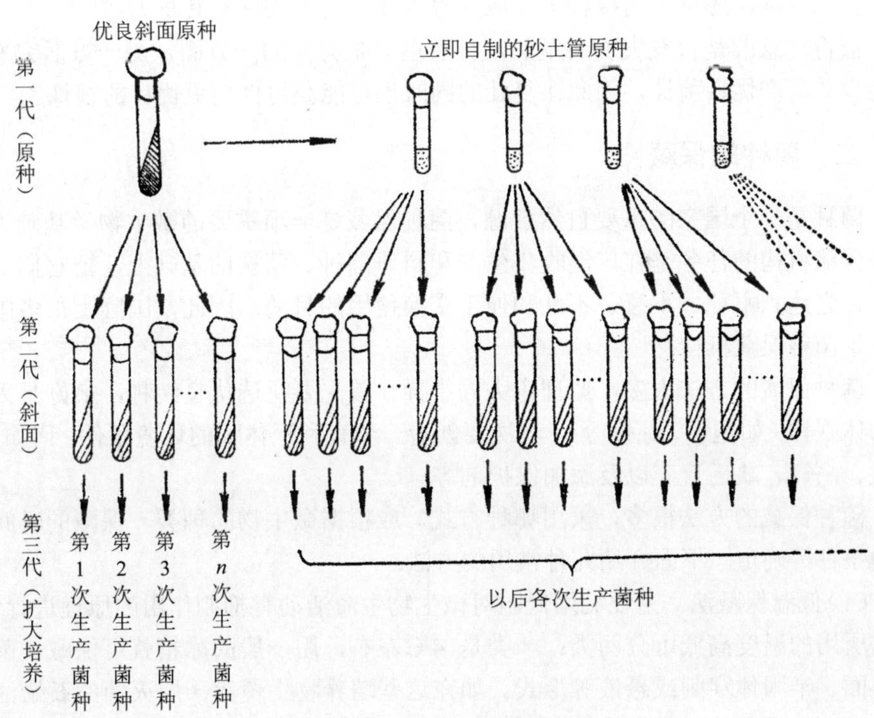

图 4-32　减少传代防止菌种衰退的途径

（2）创造良好的培养条件　在实践中发现创造一个适合原始菌株生长的条件可

以防止菌种的衰退。例如用老苜蓿根汁培养基培养“5406”可以防止它的退化；在赤霉素生产菌培养基中，加入糖蜜、天门冬素、谷氨酰胺、5′-核苷酸或甘露醇等丰富营养物时，有防止菌种衰退的效果。

（3）利用不同类型的细胞进行接种传代　在放线菌和霉菌中，由于它们的菌丝细胞常含许多核甚至是异核体，因此用菌丝接种就容易出现不纯和衰退，而孢子一般是单核的，就不会发生这种现象。

（4）采用有效的菌种保藏方法　在工业生产用的菌种中，主要的性状都属于数量性状，而这类性状恰恰是最容易衰退的。即使在较好的保藏条件下，还是存在这种情况，因此有必要研究和采用更有效的保藏方法以防止菌种的衰退。

3．菌株的复壮

在衰退的菌种中仍然有一些保持原有菌种特性的细胞，因此可采取一些相应的措施，使这些细胞生长繁殖，以更新退化的菌株，这种方式称之为菌种的复壮。常用的方法是进行单细胞分离、纯化、扩大培养。同时也可采用高剂量紫外线、低温、低剂量化学诱变剂等处理或联合处理，通过淘汰衰退个体而达到复壮的目的。对于寄生性微生物，还可采用接种至相应的寄主体内的方法恢复其毒力。

值得注意的是自发突变引发的菌种衰退只是突变的一方面，另一方面突变也会产生少数高产优良菌株，因此在复壮的同时也可能获得性能更优良的菌株。

二、菌种的保藏

菌种是一个国家的重要自然资源，菌种保藏是一项重要的微生物学基础工作。菌种保藏机构的任务是在广泛收集生产和科研菌种、菌株的基础上，把它们妥善保藏，使之达到不死、不衰、不乱和便于交换使用的目的。因此，国际上很多国家都设立了菌种保藏机构。

菌种保藏的方法很多，原理也大同小异。首先要挑选优良纯种，最好是采用它们的休眠体（如孢子、芽孢等），其次要创造一个有利于休眠的环境条件，诸如干燥、低温、缺氧、缺乏营养以及添加保护剂等。

菌种保藏的方法很多，采用哪种方式，应根据微生物的种类、保藏的时间和具备的条件等确定。下面介绍几种常用的方法：

（1）低温保藏法　主要利用低温对微生物生命活动有抑制作用的原理进行保藏。根据所用的温度高低可分两类：一类是 4℃左右，用一般的冰箱就可保藏。菌种可用斜面、半固体穿刺或悬液等形式。如在这些培养物上覆盖一层灭菌的石蜡油以隔绝空气则效果更佳；另一类是利用低温进行冷冻保藏，此类方法应使用保护剂。例如用－20℃的低温冰箱或是干冰、液氮等进行保藏。

（2）干燥保藏法　主要指把菌种接种在适当的载体上，在干燥条件下进行保藏。能作载体的材料很多，如土壤、细砂、硅胶、瓷球、滤纸片或麸皮等。如果把这些干燥载体同时放在低温下或是抽气后密封保藏则效果更好。在这类方法中，最常用的有砂土保藏法，例如四环素生产菌种和灰黄霉素生产菌种经七年保藏后，仍可保持原有生产水平。

（3）隔绝空气保藏法　这类方法比较简便，有时也能达到良好的效果。例如上述的石蜡油封藏半固体穿刺培养物就是一个例子。有研究表明橡皮塞密封试管斜面以保藏菌种的方法简便易行。

（4）冷冻干燥保藏法　是目前最好的一类综合性保藏方法。保存时间长，可达十年以上。低温冷冻可以用－20℃或更低温度的冰箱，用液氮更好。无论采用哪一种冷冻，应尽可能速冻，使其产生的冰晶小从而减少细胞的损伤。为防止细胞被冻死亡，应使用保护剂。

国际上最有代表性的美国典型菌种保藏中心（ATCC），近年来仅选用冷冻干燥保藏法和液氮保藏法保藏所有菌种，二者结合可达到既可最大限度减少不必要的传代次数，又不影响随时分发菌种给用户。中国微生物菌种保藏委员会（CCCCM）的规模目前是亚洲第一，现采用斜面传代法、冷冻干燥保藏法和液氮保藏法进行菌种保藏。

复习与思考题

1. 试分析影响微生物生长的主要因素以及影响机理。
2. 微生物的纯培养有哪些分离方法？
3. 微生物生长分哪些时期，每个时期有何特点？
4. 说明微生物生长测定方法的原理，比较各种测定方法的优缺点？
5. 什么是灭菌？灭菌方法有哪几种？试述其优缺点。
6. 什么是消毒？消毒方法有哪几种？
7. 微生物与温度的关系如何？高温是如何杀菌的？
8. 试述 pH 对微生物的影响？
9. 何谓渗透压？渗透压与微生物生长有何关系？
10. 紫外线杀菌的机理是什么？何谓光复活现象？
11. 什么是微生物的遗传性和变异性？遗传和变异的物质基础是什么？如何证明？
12. 什么是遗传基因？微生物的遗传信息是如何传递的？
13. DNA 是如何复制的？
14. 微生物变异的实质是什么？基因突变的类型有几种？
15. 诱变机制有哪些？有哪些诱变剂？
16. 什么是菌种的衰退？如何复壮？如何保藏菌种？

第五章　微生物生态

微生物生态是指各种环境因子包括物理化学和生物因子对微生物区系（指自然群体）的作用，以及微生物对外界环境的反作用。在自然条件下微生物的生命活动依赖于环境，不同的自然环境中分布着不同的微生物，同一环境中的微生物也因环境的变化而变化。同时自然环境中的微生物所引起的种种生物化学转化，对于维持环境的正常功能起着重要的作用。

微生物的特点之一是在自然界中的分布及其广泛，适合于其他生物生长的任何环境，同样适合微生物生长，不适合其他生物生长的许多环境，微生物仍然能生长良好。由于自然界的微生物生活在不同的生态环境中，它们的生活条件、活动规律及其与环境之间的相互作用也是极不相同的。

第一节　土壤微生物生态

土壤具有各种微生物生长发育所需要的营养、水分、空气、酸碱度、渗透压和温度等条件，成为微生物生长繁殖及生命活动的良好环境。因此，土壤是微生物的“天然培养基”，对人类来说是最丰富的菌种资源库。

一、土壤的生态条件

大多数微生物不能进行光合作用，需要依靠有机物才能生长，而土壤中有大量动、植物残体，植物根系的分泌物，人和动物的排泄物，它们为微生物提供了丰富的碳源、氮源和能源；土壤中的矿质元素的含量浓度也很适于微生物的发育；土壤的酸碱度接近中性，一般在 5.5～8.5，缓冲性较强；土壤的渗透压通常在 0.3～0.6 MPa，对于大多数微生物而言是等渗透压或低渗透压，有利于微生物摄取营养。例如，革兰氏阴性杆菌体内的渗透压为 0.5～0.6 MPa；土壤空隙中充满着空气和水分，能满足微生物对氧和水分的要求。此外，土壤的保温性能好，与空气相比，昼夜温差和季节温差的变化不大。在表土几毫米以下，微生物便可免予被阳光直射致死。这些都为微生物的生长繁殖提供了有利的条件，所以在自然界中土壤是微生物生活最适宜的环境。

二、土壤中微生物的种类、数量和分布

土壤中微生物的数量和种类都很多，包括细菌、放线菌、真菌、藻类和原生动物等类群。其中细菌的数量和种类最多，约占土壤微生物总量的 70%～90%；其次是放线菌，藻类和原生动物等较少。土壤微生物通过其代谢活动可以改变土壤的理化性质，因此，土壤微生物是影响土壤肥力的重要因素。

土壤的营养状况、温度和 pH 等对微生物的分布影响较大。在有机质含量丰富的黑土、草甸和植被茂盛的暗棕壤中，微生物的数量较多；而在西北干旱地区的棕钙土，华中、华南地区的红壤和砖红壤，沿海地区的滨海盐土中，微生物的数量则较少（表 5-1）。

表 5-1 我国主要土类中的微生物数量 单位：万/g 干土

土壤类型	地 点	细 菌	放 线 菌	真 菌
暗棕壤	黑龙江呼玛	2 327	612	13
棕壤	辽宁沈阳	1 284	39	36
红壤	浙江杭州	1 103	123	4
砖红壤	广东徐闻	507	39	11
黑土	黑江龙哈尔滨	2 111	1 024	19
棕钙土	宁夏宁武	140	11	4
草甸土	黑龙江亚沟	7 863	29	23
娄土	陕西武功	951	1 032	4
滨海盐土	江苏连云港	466	41	0.4

（黄秀梨 2003）

由于土壤不同层次中水分、养料、通气、温度等环境因子的差异，在土壤中不同深度微生物的分布也不相同。表层土的微生物数量少，因为这里缺水，而且受紫外线照射微生物易死亡；在 5～20 cm 土层中微生物的数量最多，若是植物根系附近，微生物数量更多；至 20 cm 土层以下，微生物数量随深度的增加而减少，到 2 m 深处时，由于缺乏营养物质和氧气每克土壤中微生物仅有几个（表 5-2）。

表 5-2 不同深度土壤中微生物的数量 单位：10^3 个/g（土壤）

深度/cm	好氧细菌	厌氧细菌	放线菌	真菌	藻类
3～8	7 800	1 950	2 080	119	25
20～25	1 800	379	245	50	5
35～40	472	98	49	14	0.5
65～70	10	1	5	6	0.1
135～145	1	0.4	—	3	—

（诸葛健等 2003）

土壤中的微生物数量还受季节变化的影响。一般冬季气温低，微生物数量明显减少。当春季到来，气温逐渐回升，随着植物的生长，根系分泌物增加，为微生物的生长提供了有利条件，其数量迅速上升。有的地区，夏季炎热干旱，微生物的数量也随之下降，当雨季来临至秋天收获，大量的植物残体进入土壤，微生物的数量又急剧上升。这样，在一年里土壤中会出现两个微生物数量高峰。

三、土壤自净作用和污水灌溉

1．土壤的自净作用

土壤对施入其中有一定负荷的有机物或有机污染物具有吸附和生物降解作用，通过各种物理、化学以及生物化学过程自动分解污染物，使土壤恢复到原有水平的净化过程称为土壤自净作用。土壤自净作用的能力一方面取决于土壤中微生物的种类、数量及活性；另一方面取决于土壤的结构、有机物含量、温湿度、通气状况等理化性质。土壤具有团粒结构，并且栖息着种类繁多，数量巨大的微生物群落，这使土壤具有强烈的吸附、过滤和生物降解作用。当污水、有机固体废弃物施入土壤后，各种有毒或无毒的物质先被土壤吸附，随后被微生物和小型动物部分或全部分解转化，使土壤恢复到原有状态。

有相当一部分种类的污染物如重金属、农药等很难通过土壤的自净作用降低毒性或消除危害。这些污染物进入土壤系统将会引起不同程度的土壤污染，进而影响土壤中生存的动植物，最后通过生态系统食物链危害牲畜及人体健康。

2．污水灌溉

土壤是天然的生物处理工厂，采用生活污水和易被微生物降解的工、农业废水灌溉农田，如果污水灌溉量适中，不超过土壤自净能力就不会造成土壤污染。污水灌溉一般是指使用经过一定处理的城市污水灌溉农田、森林和草地。污水灌溉可分为纯污水灌溉、清污混灌（清水、污水混合使用或轮流灌溉）和间歇污水灌溉。

污水灌溉的作用可概括为提供灌溉水源、提高土壤肥力和净化污水三个方面。

（1）提供灌溉水源　污水灌溉能满足农作物的用水需求，在干旱、半干旱地区已成为稳定的灌溉水源。据统计，我国 133.3 万多 hm^2 污灌面积中有 90.6%分布在缺水的北方地区，例如，天津污灌区面积已超过 14,7 万 hm^2，是我国最大的污灌区。

（2）提高土壤肥力　污水中含有大量的各种营养元素，如氮、磷、钾、硼、铜、锌等元素。在辽宁省锦州市，污灌区水质中主要营养元素含量较高，氨氮、磷和钾分别为清灌水质的 70.6～93.5 倍、11.4～27.7 倍和 12.2～13.0 倍。这些营养元素被农作物吸收和利用，可以节约大量的化肥和有机肥。

（3）污水净化　土壤具有很大的活性表面，能吸附污水中的有机和无机污染物，通过细菌、真菌和微型动物的作用，各种污染物被转化分解。例如，南京大厂镇利用经过平流式沉淀池进行一级处理的污水灌溉稻田，2～4 d 后就有明显的净化效果

（表 5-3）。

值得注意的是农田生态系统虽然有较强的净化能力，但污染物含量一旦超过生态系统的净化阈值，土壤的净化能力将丧失。例如当进入农田的有机物过多时，由于有机物的分解消耗大量的氧气，造成土壤缺氧，甚至形成厌氧条件，导致农田土壤产生甲烷、硫化氢等气体，积累有机酸和醇类，Fe^{3+}转化为 Fe^{2+}，从而影响植物对营养元素的吸收，妨碍植物正常的生理代谢。

另外，进入土壤的有机氯、重金属元素不仅对植物产生毒害作用，而且可沿食物链迁移和富集，造成更大的危害。

表 5-3　生活污水灌溉稻田的净化效果

指标（mg/L）	灌溉时含量	灌溉后 2 d		灌溉后 4 d	
		含量	净化效果（%）	含量	净化效果（%）
总固体	659	235	62	112	83
总氮	13.14	1.52	88.5	1.42	89.4
氨氮	10.86	0.22	97.5	0.096	99.0
BOD_5	18.76	4.02	78.6	3	84
溶解氧	2.07	4.8		6.64	

（王焕校　2000）

第二节　水体微生物生态

一、水体的生态条件

水体是一种很好的溶剂，溶解有氮、磷、硫等无机营养物和以各种形式进入水中的有机物，总体上看，虽然水体中各种营养物质的含量不及土壤丰富，但基本能满足微生物生长发育的需要；各种水体的温度有较大差异，并随季节有较大的变化；不同水体的 pH 范围在 3.7～10.5，大多数 pH 6.5～8.5，适宜大部分微生物生长，而在一些酸性和碱性水体中也有相应的微生物类群生长。此外，由于氧在水中的溶解度较小，容易被微生物耗尽，因此，对微生物的生长而言，氧是水生环境里重要的限制因素。静水湖泊更为明显，江河水域因水的流动溶解氧能不断得以补充。

二、水体中微生物的种类、数量和分布

水体分为海水和淡水，海水包括海洋和海洋与陆地交界的海湾，淡水包括湖泊、

河流、溪流、池塘、地下水和泉水等。由于雨水冲刷和人类的活动，使水体含有微生物进行生命代谢所需的各种营养物质，从而成为微生物生长繁殖的天然生境。

1. 淡水微生物

淡水中的微生物多来自于土壤、污水、空气及动植物尸体等，特别是土壤中的微生物，常常随着土壤被雨水冲刷进入河流、湖泊中。来自土壤中的微生物，一部分生活在营养稀薄的水中，一部分附着在悬浮于水中的有机物上，一部分随着泥沙或较大的有机残体沉淀到水底淤泥中，成为水体中的栖息者，另外也有很多微生物因为不能适应水体环境而死亡。因此，水体中微生物的种类和数量往往要比土壤中的少很多。

微生物在淡水中的分布受许多环境因子的影响，最重要的一个因子是营养物质，其次是温度、溶解氧、pH 等。水体中有机物含量高，则微生物数量大；中温水体的微生物数量较低温水体的多。

在较深的湖泊或水库中，由于上下水温不一样而出现分层现象，因此有上层和下层之分，中间层称为温跃层（图 5-1）。温带地区夏季和冬季湖泊温度分层，春秋季湖泊分层破坏致使湖水完全混合。在这种湖泊中微生物具有明显的垂直分布特征（图 5-2），这是由于光线透入的状况、温度和溶解氧等理化因素的差异造成的。湖水表层由于有充足的光照和溶解氧含量高，适宜蓝细菌、光合藻类和耗氧微生物生长；在湖泊的一定深度以下，溶解氧含量降低，硫化氢含量增高，但仍有一定强度的光照，有利于绿螺菌科的光能自养菌、红螺菌科的细菌（但它们依赖还原性有机物，而不以硫化物作为电子供体）、兼性厌氧细菌的生长；湖泊底层，由严重缺氧的污泥组成，只有厌氧微生物才能生长。

在远离人们居住地区的湖泊、池塘和水库中，有机物含量少，微生物的数量也少，为 $10 \sim 10^3$ 个/ml。微生物的种类主要有自养型的硫细菌、铁细菌和球衣细菌，含光合色素的蓝细菌、绿硫细菌和紫细菌以及能在低含量营养物的清水中生长的有色杆菌属、无色杆菌属和微球菌属。有少量的水生性霉菌可生长于腐烂的有机体上，藻类及一些原生动物常在水面生长。这些微生物通常被认为是清洁水体中的微生物。

处于城镇等人口密集区的湖泊、河流以及排水管道的污水，由于流入了大量的人畜排泄物、生活污水和工业废水，有机物的含量增大，微生物的数量可高达 $10^7 \sim 10^8$ 个/ml，这些微生物大多数是腐生型细菌和原生动物，其中数量较多的是无芽孢革兰氏阴性细菌，有时甚至还含有伤寒、痢疾、传染性肝炎等病原体。这种水体如不经过净化处理是不能饮用的，也不宜作养殖用水。

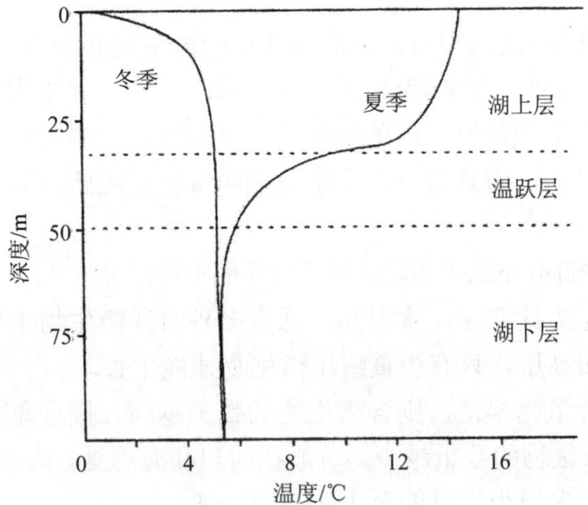

图 5-1 温度分层现象（沈德中 2003）

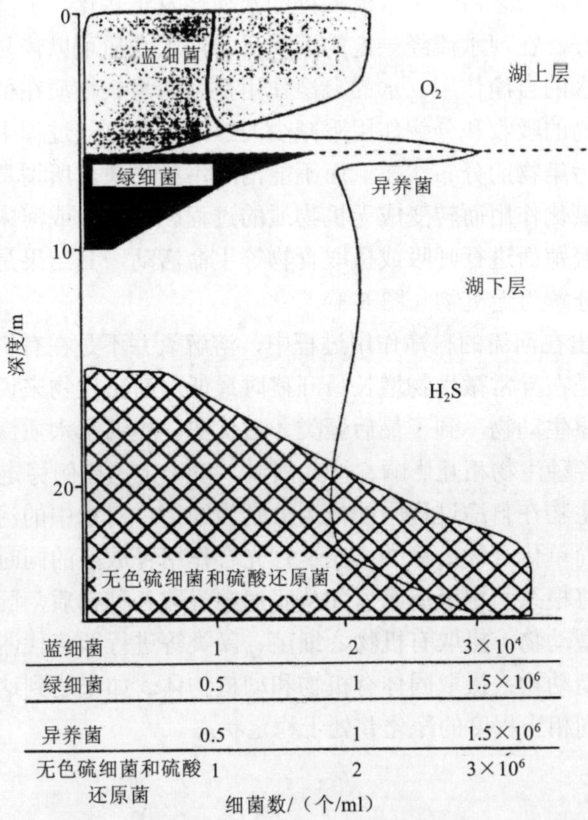

图 5-2 湖泊中细菌的垂直分布（沈德中 2003）

2．海水微生物

一般海水的含盐量为3%左右，因此海洋中的微生物必须生活在含盐量为2%～4%的环境中，尤以 3.3%～3.5%为最适盐度。海洋中的土著微生物种类主要是一些藻类以及细菌中的芽孢杆菌属、假单胞菌属、弧菌属和一些发光细菌等。由于发光细菌在有氧存在时发光，而且对一些化学药剂和毒物较敏感，故可用于监测环境污染物。

海洋微生物的垂直分布比较明显，因为海洋的平均深度达 4 km，最深处为 11 km。从海平面到海底浅层光线充足，水温高，适宜多种海洋微生物生长，200 m 以下的深海区黑暗、寒冷和高压，只有少量耐压微生物才能生长。

海水中有机物含量越丰富，则含微生物的数量越高。接近海岸微生物的数量较多，离海岸越远，微生物的数量越少。一般在河口和海湾处，海水中细菌数量很多，而远洋处、深海中数量很少，可低至 1～100 个/ml。

三、水体的自净作用

当有机废水进入河流之后，废水流入处的水质会发生恶化，但随着河水向下游流动其水质逐渐转好，在河水流经一定的距离后，河水水质可以恢复到废水流入之前的状态，这就是水的自净作用。水的自净作用是因为污染物质在稀释、扩散、沉淀以及微生物等生物的吸收和分解作用下减少的缘故。在这一过程中稀释、扩散和沉淀作用只能改变污染物的分布状态，而不能消除污染物质。所谓真正的自净作用是指有机物质受到氧化作用而转变成无机物质的过程。在水中或河床里生存的微生物及生物为了生长繁殖而进行呼吸或摄取食物等生命活动，其结果是水中的有机物经氧化还原作用被分解为无机物（图 5-3）。

从图 5-3 可看出在河流的自净作用过程中，溶解氧并不是在有机废水流入之后就立即下降的，而是在异常微生物增长最旺盛时最低。对微生物来说，最初是细菌增长起来，其次是原生动物，到了最后藻类才占优势。当河水水质恢复到废水流入前的状态时，水中各种生物相互影响、彼此限制，以一定的比例稳定存在。

各种微生物及生物在自净过程中的作用分别为细菌：对水中的污染物质进行氧化还原并将其变成简单化合物；藻类：在进行光合作用释放氧的同时，吸收简单化合物；大型植物：将根系固定于河床里并从底泥中摄取各种物质，同时还具有与藻类相同的作用；微型动物：摄取有机物、细菌、藻类等进行新陈代谢，并将它们变成简单化合物；大型动物：摄取固体有机物和动植物体。如果达到这一步，一般可以认为废水已经得到相当程度的净化并处于稳定状态。

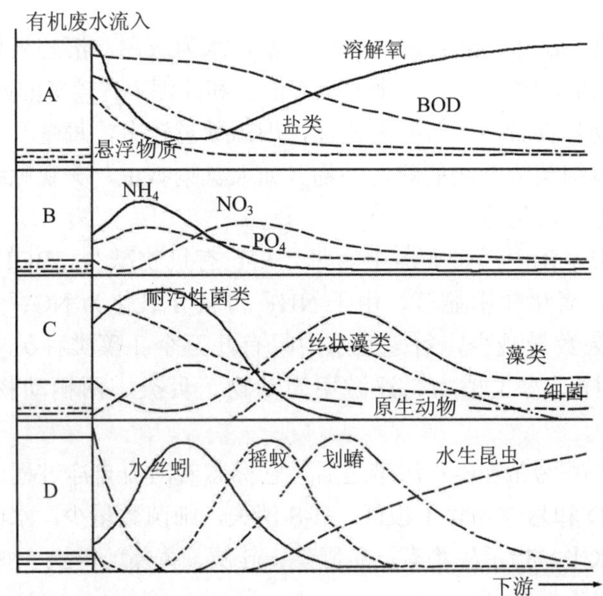

图 5-3　河流自净作用过程中物理化学和生物学变化（须藤隆一　1988）

A、B. 物理化学的变化　C. 微生物的变化　D. 大型生物的变化

应该指出的是水体的自净能力是有限的。当水中有机物浓度很高时，促进了异养微生物的大量生长繁殖，它们呼吸需要大量的氧，这样会造成水体缺氧，从而使好氧微生物的活动受到限制，而厌氧微生物却活跃起来。厌氧微生物不能使有机物彻底氧化，产生许多具有恶臭的代谢产物，如腐胺、尸胺、H_2S、NH_3等。H_2S遇铁可产生黑色沉淀，于是使水体变黑发臭。

四、污染水体生物系统

当有机污染物排入河流后，在排污点下游进行的自净过程，导致沿着河流方向形成一系列在污染程度上逐渐减轻的连续带，即多污带、α-中污带、β-中污带和寡污带。每一带都生存着能够表示这一带特征的微生物动物和植物。从而可以根据河流中一定区域内所发现的微生物区系动物区系和植物区系来判断该区域受污染的程度。

（1）多污带　多污带位于排污口之后的区段，水体受有机污染严重，颜色暗灰，很浑浊，BOD 高，溶解氧极低（或无），为厌氧状态。在有机物分解过程中，产生H_2S、CO_2和CH_4等气体。由于环境恶劣，水生生物的种类很少，以厌氧菌和兼性厌氧菌为主，种类多，数量大，每毫升水含有几亿个细菌。它们中间有分解复杂有机物的菌种，有硫酸还原菌、产甲烷菌等。水底沉积许多由有机物和无机物形成的淤泥，有大量寡毛类（颤蚯蚓）。原生动物中无色鞭毛虫占优势，没有好氧生物，鱼类也不能生存。

（2）α-中污带　α-中污带在多污带的下游，水为灰色，溶解氧极少，为半厌氧状态，有机物量减少，BOD 下降，水面上有泡沫和浮泥，有较多的氨、有机酸、H_2S 等代谢产物。生物种类较多污带有所增加，细菌数量较多，每毫升水中约有几千万个。藻类较少，以细菌为食物的耐污动物（如天蓝喇叭虫、美观独缩虫、椎尾水轮虫、臂尾水轮虫等）占优势。

（3）β-中污带　β-中污带在α-中污带之后，有机物减少，BOD 和悬浮物含量低，溶解氧升高，氧化作用显著，由于 NH_3^- 和 H_2S 氧化为 NO_3^- 和 SO_4^{2-}，两者含量均减少。细菌数量减少，每毫升水中只有几万个。藻类种类多，生长迅速，原生动物多种多样，水生植物、浮游甲壳动物、贝类、两栖动物、鱼类等均有出现。

（4）寡污带　寡污带在β-中污带之后，它标志着河流自净过程已完成，有机物基本无机化，BOD 和悬浮物含量极低，H_2S 消失，细菌数量少，水的浑浊度低，溶解氧恢复到正常水平。指示生物有：鱼腥藻、硅藻、黄藻、钟虫、变形虫、旋轮虫、浮游甲壳动物、水生植物及鱼。

五、水的卫生细菌学检验

水中引起污染的病原微生物主要有细菌、病毒和致病原生动物。这里将重点讨论细菌的影响及细菌学检验。天然水的细菌性污染主要是由于粪便污水的排入而引起的，即水中的病原菌很可能是肠道传染病菌。已经发现的饮用水中引起人类肠道疾病的细菌主要有沙门氏菌、伤寒沙门氏菌、副伤寒沙门氏菌、痢疾志贺氏菌、霍乱弧菌、肠炎耶尔氏菌等，所以对生活饮用水、饮用水源地水进行卫生细菌学检验的目的，是为了保证水中不存在肠道传染的病原菌，这对保护人群健康具有重要意义。

（一）指示微生物

水中存在病原菌的可能性是很小的，而水中各种细菌的种类却很多，要排除一切细菌而单独检出某种病原菌来，在培养分离技术上较为复杂，需要较多的人力和较长的时间。因此，一般不直接检验水中的病原菌，而是选择指示微生物进行测定。利用指示微生物评价水质比利用真正的病原菌更好，因为指示微生物的检验方法比较可靠和省时，只有在特殊情况下，才直接检验水中的病原菌。

理想的指示微生物应具有以下特征：①当病原菌存在于污水或受污染的水中时，指示微生物亦同时存在；②普遍存在于人和其他温血动物的粪便中，其数量比病原菌多；③指示微生物存在的数量与水体受污染的程度呈正相关；④在水中不会自行繁殖增长；⑤比病原菌有较长的存活时间，对消毒剂及水中不良因素的抵抗力也应比病原菌略强；⑥在未受污染的水中不会存在；⑦用简单的检验方法即能检出，并能在最短的时间内得到正确结果；⑧在水中的分布较均匀，生物性状较稳定；⑨适用于淡水、海水等各种水体；⑩对人畜无害。

我国《生活饮用水卫生标准》（GB 5749—2006）中选择的指示微生物为总大肠菌群、耐热大肠菌群、大肠埃希氏菌。总大肠菌群是指一群好氧及兼性厌氧的革兰氏阴性无芽孢杆菌，它们在37℃培养24h可发酵乳糖，并产酸产气。主要包括埃希氏菌属（*Escherichia*）、柠檬酸杆菌属（*Citrobacter*）、肠杆菌属（*Enterobacter*）、克雷伯氏菌属（*Klebsiella*）等。总大肠菌群包括能够在水中存活和生长的微生物，因此，它不是粪便致病菌的最理想指示菌，而是评价输配水系统清洁度和完整性的更好指示菌。

实验发现来自粪便的大肠菌群能在44.5℃的条件下生长繁殖，接种培养24h能发酵乳糖产酸产气，而其他来源的大肠菌群则绝大多数不能在44.5℃的条件下生长繁殖。因此，为了区别土壤等自然环境中本来存在的大肠菌群及来源于人畜粪便中的大肠菌群，可以通过升高培养温度至44.5℃的方法。能够在44.5℃生长并发酵乳糖产酸产气的大肠菌群称为耐热大肠菌群（粪大肠菌群）。

人肠埃希氏菌是耐热大肠菌群的主要组成菌属，与人类生活密切相关，是粪便污染最有意义的指示菌。大肠埃希氏菌作为指示菌已被世界上许多国家和地区使用，世界卫生组织（WHO）规定生活饮用水中100 mL水样不得检出大肠埃希氏菌或者耐热大肠菌群。

（二）水质细菌学标准

一般认为在天然水体中，每毫升水中细菌总数为10～100个，为极清洁的水；100～1 000个为清洁的水；1 000～10 000个为不太清洁的水；10 000～100 000个为不清洁的水；大于100 000为极不清洁的水。

2007年7月1日由国家标准化管理委员会和卫生部联合发布的《生活饮用水卫生标准》（GB 5749—2006），如表5-4所示，取代1985年发布的《生活饮用水卫生标准》。新标准中的微生物指标由2项增至6项，包括细菌总数、总大肠菌群、耐热大肠菌群、大肠埃希菌、贾第鞭毛虫、隐孢子虫，前四项为水质常规指标，后两项为水质非常规指标。

在常规检验项目中，若水样检出总大肠菌群，则须进行耐热大肠菌群或大肠埃希氏菌检测。若水样中检测出耐热大肠菌群或大肠埃希氏菌，说明水质可能受到严重污染，必须采取相应处理措施。若水样未检出总大肠菌群，则不必检验耐热大肠菌群或大肠埃希氏菌。

总大肠菌群、耐热大肠菌群、大肠埃希氏菌根据测定方法不同而单位不一致，用多管发酵法测定，其单位为MPN/100 mL；用滤膜法测定，其单位为CFU/100 mL。

表 5-4 不同用途水质的微生物指标

标准名称及标准编号	项目	标准值
生活饮用水卫生标准 GB 5749—2006	细菌总数（CFU/mL）	≤100
	总大肠菌群（MPN/100 mL 或 CFU/100 mL）	不得检出
	耐热大肠菌群(MPN/100 mL 或 CFU/100 mL)	不得检出
	大肠埃希菌（MPN/100 mL 或 CFU/100 mL）	不得检出
城市供水水质标准 CJ/T 206—2005	细菌总数（CFU/mL）	≤80
	总大肠菌群（MPN/100 mL 或 CFU/100 mL）	不得检出
	耐热大肠菌群(MPN/100 mL 或 CFU/100 mL)	不得检出
瓶（桶）装饮用水卫生标准 GB 19298—2003	细菌总数（CFU/mL）	≤50
	大肠菌群（MPN/100 mL）	≤3
	霉菌（CFU/mL）	≤10
	酵母（CFU/mL）	≤10
	致病菌（沙门氏菌、志贺氏菌、金黄色葡萄球菌）	不得检出
饮用天然矿泉水 GB 8537—1995	细菌总数（CFU/mL）	＜5（水源水） ＜50（灌装产品）
	大肠菌群（个/100 mL）	不得检出
地表水环境质量标准 GB 3838—2002	粪大肠菌群（个/L）	Ⅰ≤200，Ⅱ≤2 000，Ⅲ≤10 000，Ⅳ≤20 000，Ⅴ≤40 000
地下水质量标准 GB/T 14848—1993	细菌总数（个/mL）	Ⅰ～Ⅲ≤100，Ⅳ≤1 000，Ⅴ＞1 000
	总大肠菌群（个/L）	Ⅰ～Ⅲ≤3，Ⅳ≤100，Ⅴ＞100

（三）水的卫生细菌学检验

1．细菌总数的测定

将定量水样接种于营养琼脂培养基中，在 37℃温度下培养 24 h 后，计数生长的细菌菌落数，然后根据接种的水样即可算出每毫升水中所含菌数。

在 37℃营养琼脂培养基上能生长的细菌代表在人体温度下能生长繁殖的细菌，细菌总数越大，说明水体被污染得也越严重，因此这项测定有一定的卫生意义。对于检查水厂中各个处理设备的处理效率，细菌总数的测定有一定的实用意义，因为如果处理设备的运行出现问题，立刻会影响到水中细菌的数量。

2．总大肠菌群的测定

检验总大肠菌群的常用方法有两种：多管发酵法或最大可能数（MPN）法和滤膜过滤法。多管发酵法可适用于各种水样，但操作较繁，需要的时间较长；滤膜法主要适用于水质较好的水样，它比多管发酵法操作简单快速。

（1）多管发酵法 多管发酵法是测定总大肠菌群的基本方法，此方法的检验流程见图 5-4，可按初步发酵—平板分离—复发酵三个步骤进行。

①初步发酵 将水样置于乳糖蛋白胨液体培养基中，在一定温度下，经一定时间的培养后，观察有无酸和气体产生，从而初步确定有无总大肠菌群存在。初步发酵试验即使产酸产气，还不能肯定是由于总大肠菌群引起的，必须继续进行试验。

②平板分离 将上一实验产酸产气的菌种移到远藤氏培养基或伊红美蓝培养基上，经过培养，出现典型总大肠菌群菌落的，可认为有此类细菌存在。为了做进一步的肯定，还要进行革兰氏染色检验，革兰氏染色为阴性的可作复发酵实验进行最后的验证。

③复发酵 将可疑的菌落再移到乳糖蛋白胨液体培养基中，观察其是否发酵，是否产酸产气而最后确定有无总大肠菌群的存在结果计算：根据肯定有大肠菌群存在的初步发酵的发酵管数量查表得出结果。

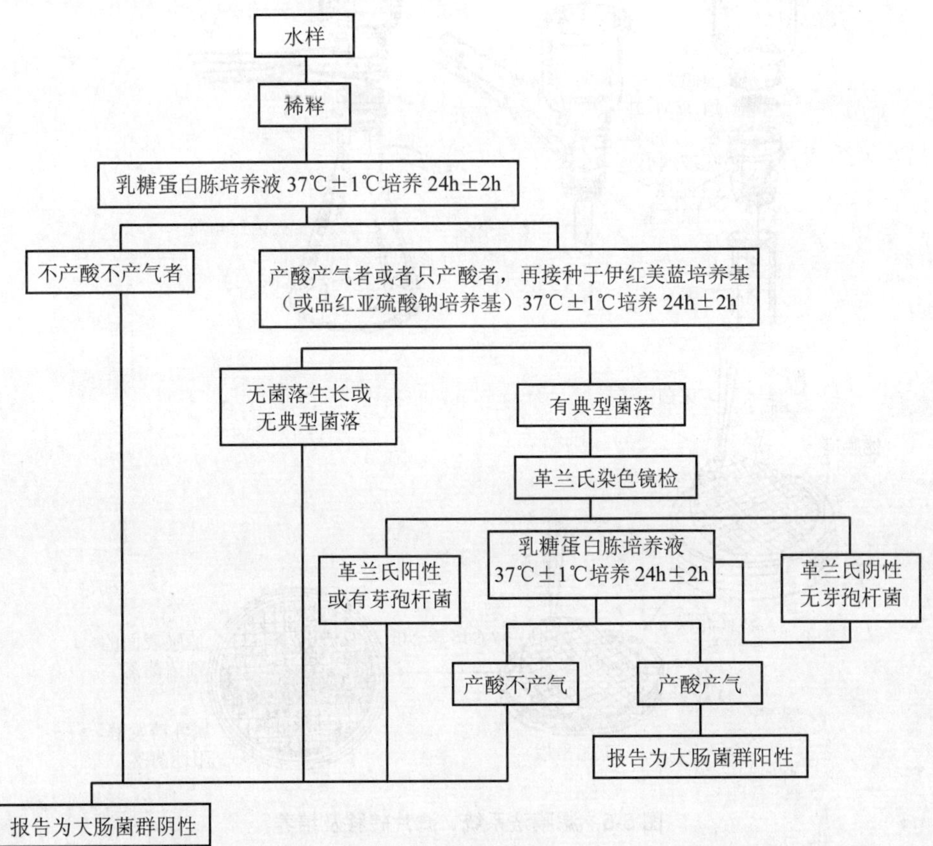

图 5-4 总大肠菌群检验流程图（多管发酵法）（水和废水监测分析方法（第四版），2002）

（2）滤膜法

用发酵法完成全部检验至少需要 72 h，为了缩短检验时间，可以采用滤膜法（图 5-5）。滤膜法的主要步骤：

①将滤膜装在滤器上，用抽滤法过滤定量水样，将细菌截留在滤膜表面。

②将此滤膜的没有细菌的一面贴在远藤氏培养基（品红亚硫酸钠培养基）或伊红美蓝培养基上，以培养和获得单个菌落。

③将滤膜上符合总大肠菌群菌落特征的菌落进行革兰氏染色和镜检。

④将革兰氏染色为阴性的菌落接种到乳糖培养基中，根据产酸产气与否判断有无总大肠菌群存在。

⑤根据滤膜上生长的大肠菌群菌落数和过滤的水样体积，计算出每 100 ml 水样中的总大肠菌群数。

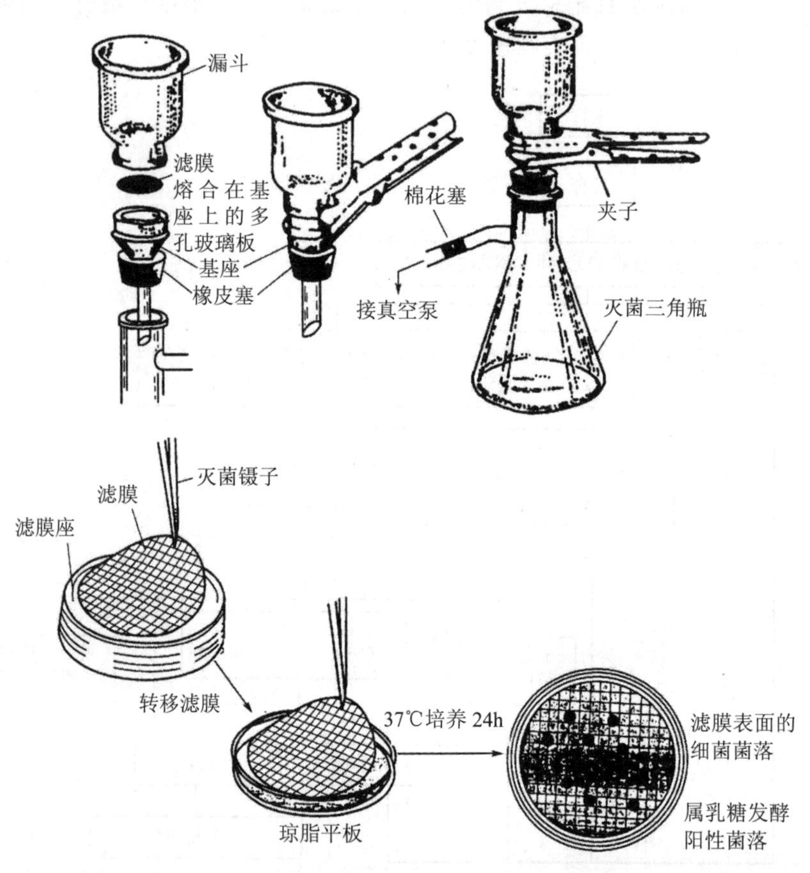

图 5-5 滤膜法系统、滤片转移及培养

（3）耐热大肠菌群（粪大肠菌群）的测定

耐热大肠菌群的检测也分为多管发酵法和滤膜法。多管发酵法的具体操作是将总大肠菌群乳糖初发酵中的阳性管（产酸产气）转接于 EC 培养基中，置于 44.5℃水浴箱或隔水式恒温培养箱内培养 24±2 h，如不产气则为阴性，如有产气者，则转种于伊红美兰琼脂平板上，经 44.5℃培养 18～24 h，有典型菌落者为耐热大肠菌群阳性，如图 5-6 所示。

耐热大肠菌群滤膜法是水样通过滤膜，细菌被截留在膜上，将滤膜放到特殊的选择培养基（MFC 培养基）上，经 44.5℃培养 24 h+2 h 能形成特征菌落。耐热大肠菌群在 MFC 培养基上形成的特征菌落为蓝色，非耐热大肠菌群的菌落为灰色至奶油色。将可疑菌落转种到 EC 培养基，经 44.5℃培养 24h+2 h，如产气则证实为耐热大肠菌群。

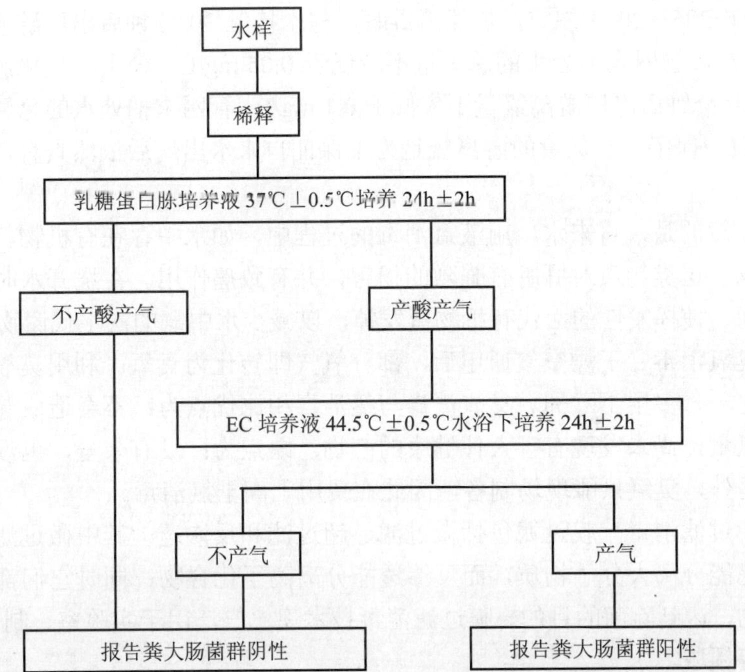

图 5-6 粪大肠菌群检验流程图（多管发酵法）（水和废水监测分析方法（第四版），2002）

（4）大肠埃希氏菌的测定

大肠埃希氏菌的检测也可分为多管发酵法和滤膜法。其原理是为阳性的总大肠菌群，在含有荧光底物（4-甲基伞形酮-β-D-葡萄糖醛酸苷）的培养基上，经 44.5℃培养 24 h 能产生β-葡萄糖醛酸酶，该酶分解荧光底物释放出荧光产物，使菌落在紫外光下产生特征性荧光，以此来检测大肠埃希氏菌。

六、水中微生物的控制

1．饮用水的消毒技术

水质的卫生状况与人们的健康密切相关，然而，水源水往往不能达到饮用水水质标准的要求，必须经过处理后方可作为饮用水。地面水的常规处理方法是混凝沉淀—过滤—消毒。地下水质一般水质较好，只需消毒处理即可作为饮用水。当遇到洪涝灾害，水介传染病如肠道传染病暴发时，水源水会受到严重污染，此时水的消毒更为重要。

饮用水消毒的方法可分为物理消毒法和化学消毒法。物理消毒有煮沸、紫外线、超滤等方法，化学消毒一般采用加消毒剂如氯、二氧化氯、臭氧等进行消毒。

（1）氯消毒　氯消毒现在仍然是我国饮用水消毒的主要方法，我国城市供水水质标准 CJ/T 206—2005 规定，加氯消毒时，与水接触 30 分钟后出厂游离氯量不应低于 0.3mg/L，管网末梢处水的总氯量不应低于 0.05 mg/L。使用二氧化氯消毒时，与水接触 30 分钟后出厂游离氯量不应低于 0.1 mg/L，管网末梢处水的总氯量不应低于 0.05 mg/L。保留一定数量的游离氯是为了保证自来水出厂后依然具有持续的杀菌能力。

值得注意的是，自来水厂用液氯消毒的过程中，如水中存在有机物，则可产生卤代有机物。这类物质对肝脏有强烈的损害，并有致癌作用。在烧开水时应适当多煮一段时间，使挥发性的卤代有机物蒸发掉，以减少水中氯的次生代谢物的含量。

（2）臭氧消毒　干燥空气通电后，部分氧气即转化为臭氧。利用臭氧消毒也是传统方法之一，多用于欧洲。臭氧消毒与氯消毒相比优点为：不会造成异臭异味、提高溶解氧量，尚未发现有害人体健康的产物；缺点为：没有余量，也没有后续杀菌能力。另外，臭氧只能现场制备，因此在费用上高于氯消毒。

（3）膜过滤消毒　膜过滤包括微过滤、超过滤和反渗透，其中微过滤能分离粒子，超过滤能分离大分子物质，而反渗透能分离离子化合物，同时它们都能从水中分离微生物，达到除菌的目的。膜过滤消毒技术现已广泛用于实验室、制药、医疗、生物工程等领域。

2．工业循环水的微生物控制

工业循环水系统中由于微生物的腐蚀、结垢，会使管道堵塞、穿孔，导致设备频繁检修或提前报废，造成经济损失。因此有必要采取措施对工业循环水中的微生物进行控制。

控制循环水中微生物主要的方法是投加药物抑制或杀灭微生物。目前循环水中采用的杀菌剂主要有液氯及次氯酸钙、次氯酸钠、二氧化氯、溴类、氯酚、硫酸铜、季铵盐类等，其中二氧化氯具有高效、高速杀灭细菌、真菌及病毒的能力。它的活性受环境 pH、温度、氨等因素的干扰小，能去臭、去味，有剥离污垢的作用，不形成致癌有机氯。

第三节 空气微生物生态

大气环境具有辐射强、干燥，温度变化大，缺乏营养等特点。所以，空气不是适于微生物生长繁殖的场所。但空气中仍然存在着数量较多的微生物。它们在空气中只是暂时停留和传播，最终要沉降到土壤、水中、动植物和其他物体上。其停留时间的长短由风力、气流和雨、雪等气象条件决定。

一、空气中微生物的来源

空气中微生物的来源很多，其主要途径有：飞扬的尘土可以将土壤中、地面上的微生物带至空气中；溅起的小水滴将水中的微生物带至空气中；人和动物体表干燥脱落物将体表微生物带入空气；人、动物呼吸道或口腔微生物通过咳嗽、打喷嚏甚至说话等方式进入空气中；另外，污水生物处理系统也可通过机械搅拌、鼓风曝气等将微生物带进空气中。

二、空气中微生物的种类、数量和分布

空气微生物没有固定的类群，随地区、时间而有较大的变化，但那些在空气中能存活较长时间的种类广泛存在，如芽孢杆菌、产孢子的霉菌、放线菌等。室外空气中最常见的细菌是由土壤中的需氧芽孢杆菌，如熟知的枯草芽孢杆菌，此外产碱杆菌、八叠球菌和小球菌也比较常见；而室内空气存在多种致病微生物，此外还有葡萄球菌、绿脓杆菌、沙门氏菌和大肠杆菌等；在医院及附近地区的空气中，病原微生物特别是耐药菌的种类多、数量大，对免疫力低的人群十分有害。

空气中微生物的数量随地区、季节、气候、空气湿度、土壤、植被状况、人口与动物密度及活动状况、空气流动程度和高度等因素的变化而发生显著变化。在室外，若环境卫生状况好，绿化程度高，尘埃颗粒少，则空气中微生物数量少；反之，微生物就多。人口密集及活动剧烈的公共场所，如医院、候车室、教室、办公室和集体宿舍等，微生物数量较大，而经常保持通风清洁的室内微生物则要少得多。城市空气中的微生物数量比农村多，畜舍、公共场所和街道等地区的空气中微生物多，而海洋、森林、雪山和高纬度地带等人迹罕至的地区的空气中微生物数量少。表 5-5 列出了不同地区空气中的细菌数。

表 5-5 不同场所空气中的细菌数

单位：个/m^3

场所	微生物数量	场所	微生物数量
畜舍	（1～2）× 10^6	实验室	200
城市街道	5 000	城市公园	200
教室	2 500	住房	180
办公室	1 400	海洋上空	1～2
医院	700～1 100	北纬 80°	0

潮湿的空气中所含的微生物比干燥的空气中的少，这是因为潮湿空气中的小水滴可以带着微生物一起沉降。雨雪过后，空气中的尘埃和微生物承降水一起降落回地面，空气十分干净，微生物极少，尤其是大雨和大雪之后，空气中几乎检测不到微生物。在垂直高度上，靠近地面和水面的低空微生物含量大，而远离地面和水面的高空微生物含量很少，一般每升高 10 m，微生物的含量约下降 1～2 个数量级。

三、空气中微生物的卫生标准

空气是人类与动植物赖以生存的极重要因素，也是传播疾病的媒介。成人每小时吸入的空气量约 0.8 m^3，其中包括充满微生物的尘埃和飞沫，这正是引起呼吸道感染的潜在来源。直径在 10 μm 以下的尘埃，可较长时间悬浮于空气中，它们可通过呼吸作用进入到人体呼吸道内，小于 3 μm 的颗粒可以进入到肺部。因此为了防止疾病的传播，提高人类的健康水平，有必要控制空气中微生物的数量。

国家质量监督检验检疫总局、卫生部、国家环境保护总局 2002 年 11 月颁布的《室内空气质量标准》（GB/T 18883—2002）中生物性参数选用菌落总数，标准值为 2 500 CFU/m^3（撞击法）。国家环保局颁布的《室内环境质量评价标准》（征求意见稿）见表 5-6。

表 5-6 室内环境质量评价标准

污染物			级别		
类别	项目	单位	一级	二级	三级
生物学指标	细菌总数	CFU/m^3	1 000	2 000	4 000

一级：舒适、良好的室内环境；

二级：保护大众（包括老人和儿童）健康的室内环境；

三级：保护员工健康、基本能居住或办公的室内环境。

要获得清洁空气，净化空气极为重要。最好的措施是绿化环境和搞好室内、室外的环境卫生。有些工业部门和医疗部门需要采用生物洁净技术净化空气。生物洁净技术一般是指用具有高效过滤器的空气调节除菌设备，提供无菌空气并保持温度恒定。高效过滤器只能除菌，不能灭菌，所以，还要对室内器物消毒及无菌操作，才能保证室内无菌环境。

四、空气中微生物的检验

评价空气的清洁程度，需要测定空气中的微生物数量和空气污染微生物。测定的指标一般为细菌总数，在必要时则检测病原微生物。

1．平皿落菌法

将已灭菌的营养琼脂培养基融化后倒入无菌培养皿中制成平板，把它放在待测点（通常设 5 个测点），打开皿盖暴露于空气中 5～10 min，以待空气中的微生物降落在平板表面，盖好皿盖置于培养箱中培养 48 h 后取出计菌落数。通过奥氏公式计算出浮游细菌总数。

$$C=\frac{1\,000\times 50N}{A\times t}$$

式中：C——空气中细菌数，个 / m^3；

A——捕集面积，cm^2；

t——暴露时间，min；

N——菌落数，个。

使用平皿落菌法测定细菌总数简单易操作，但准确性较差。其原因主要是此公式未考虑尘埃颗粒的大小、气流情况、人员活动等因素。

2．撞击法

撞击法是采用撞击式空气微生物采样器，通过抽气动力作用，使空气通过狭缝或小孔而产生高速气流，将悬浮在空气中的带菌粒子撞击到营养琼脂培养基平板上，经 37℃、48 h 培养后计算出 1 m^3 空气中所含细菌菌落数的测定方法。

图 5-7 为缝隙采样器，其操作步骤为：用吸风机或真空泵将含菌空气以一定的流速穿过狭缝而被抽吸到营养琼脂培养基平板上，平板以一定的转速旋转。通常平板旋转一周，取出后置于 37℃培养箱中培养 48 h，根据取样时间和空气流量计算出单位空气中的含菌量。

3．液体法

将一定体积的含菌空气通入无菌蒸馏水，依靠气流的冲击和洗涤作用使微生物均匀分布在介质中，然后取一定量的菌液涂布于营养琼脂培养基平板上，或取一定量的菌液于无菌培养皿中，倒入溶化的营养琼脂培养基，混匀后冷凝制成平板，置于 37℃培养箱中培养 48 h，并计菌落数。

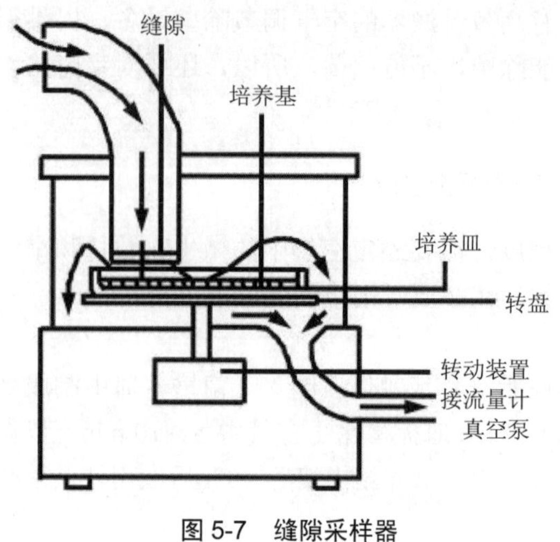

图 5-7 缝隙采样器

4．简易定量测方法

用无菌注射器抽取一定量的空气，压入培养基内进行培养，即可定量，定性测定空气中的细菌，简要步骤如下：在无菌操作下，取已溶化培养状基倒入无菌平皿中，稍作倾斜后，将注射器插入培养基深处，缓慢将空气压入培养基内，轻轻摇匀以消除气泡。培养基凝固后，置于 30℃恒温箱中培养 3 d，统计菌落数量，推算 1 L 空气所含菌量。

第四节　微生物的生物环境

在自然界中，微生物的区系除受理化环境的影响外，同样也受生物环境的影响。当微生物的不同种类或微生物与其他生物出现在一个限定的区域内，它们之间不是彼此孤立存在的，而是互为环境，相互影响，既有相互依赖又有相互排斥，表现出相互间复杂的关系。微生物间以及微生物与其他生物间的相互关系大致可以归纳为互生、共生、拮抗和寄生关系四类。

一、互生

互生关系是指两种可以单独生活的生物，当其共同生活在一起时，可以相互有利，或者一种生物生命活动的结果为另一生物创造了有利的生活条件。这是一种“可分可合，合比分好”的相互关系。

土壤中固氮菌与纤维素分解菌共同生活在一起就是互生关系的典型例子。固氮菌需要不含氮的有机物作为碳源和能源，但是不能直接利用土壤中大量存在的纤维素。而纤维素分解菌虽能分解纤维素，但分解后有大量的有机酸类的物质累积，对自己生长繁殖不利。当两者生活在一起时，固氮菌可以利用纤维素分解菌所生成的有机酸类的物质，作为良好的碳源和能源进行生长繁殖，并进行固氮作用，而纤维素分解菌也不至于因自己累积的代谢产物而中毒。相反，由于固氮菌固定大气中的N_2改善了土壤中的氮素条件而得以发展，从而加强了对纤维素的分解能力。而且由于它们之间的互生关系，增加了土壤的氮素营养，可使农作物增产。

土壤中的氨化细菌、亚硝酸细菌和硝酸细菌之间的互生关系也是十分显著的。氨化细菌分解有机氮化物产生氨，为亚硝酸细菌创造了必需的生活条件。亚硝酸细菌氧化氨，生成亚硝酸，为硝酸细菌创造了必需的生活条件。硝酸细菌氧化亚硝酸，清除了亚硝酸在土壤中的累积，对植物和土壤微生物都有利，因为亚硝酸毒性很强，累积起来，对各种生物都不利。硝酸盐则可被植物吸收利用。如此循环，从而保证了自然界的氮素循环的平衡。

人体肠道正常菌群与寄主间的关系也主要是互生关系。人体为肠道微生物提供了良好的生态环境，使微生物在肠道内得以生长繁殖。而肠道内的正常菌群可以完成多种代谢反应，如固醇的氧化、酯化、还原，合成蛋白质和维生素等作用，对人体的生长发育均有重要意义。它们所完成的某些生化过程是人体本身无法完成的，如硫胺素、核黄素、吡哆醇、B_{12}等维生素的合成。此外，人体肠道中的正常菌群还可抑制或排斥外来肠道致病菌的侵入。

二、共生

共生关系是指两种生物共居在一起，彼此依赖，创造相互有利的营养和生活条件较之单独生活时更为有利，更有生命力。有的甚至相互依存，一种类型脱离了另一种类型，就不易独立生活，在生理上形成了一定的分工，在组织上和形态上产生了新的结构。

微生物间的共生关系可以认为是互生关系的高度发展。地衣是微生物间共生关系的最典型例子。地衣是某些子囊菌和担子菌的真菌和单细胞绿藻或蓝藻共生形成的一种植物体。在有些种类的地衣中，真菌菌丝无规律地缠绕藻细胞；而另一些种类的地衣，真菌菌丝和藻细胞形成一定层次排列。当地衣繁殖时，在表面上生出球状粉芽，粉芽中含有少量的藻细胞和真菌菌丝。粉芽脱离母体，散布到适宜的环境中，发育成新的地衣。由此可见，地衣中的真菌和藻已经成为特殊的形态整体了。

不仅如此，在生理上，地衣中的真菌和绿藻或蓝藻也是紧密地相互依存着的。共生真菌进行异养生活，它从共生绿藻或蓝藻得到有机养料，同时能够在十分贫瘠的环境条件下吸收水分和无机养料供给共生绿藻或蓝藻利用。共生绿藻或蓝藻从共生真菌得到水分和无机养料，进行光合作用，所合成的有机物质既能满足自己的需要，也满足了共生真菌的要求。蓝藻还能固氮，供给真菌以氮素营养。因此，地衣能够在极为贫瘠的岩石上、树皮上或其他地方生长。地衣是岩石分解、土壤形成过程中的先驱生物。

根瘤菌与豆科植物形成根瘤是一种互惠共生关系。根瘤菌固定大气中的氮，为豆科植物提供氮素养料，而豆科植物根系的分泌物能刺激根瘤菌的生长，同时，还为根瘤菌提供保护和稳定的生长条件。

反刍动物与瘤胃微生物也是共生关系。反刍动物以草为食，可它本身不能分解纤维素，而是依靠瘤胃中存在的大量微生物的作用。反刍动物吃进大量草料为瘤胃微生物提供了丰富的营养物质，瘤胃的体积较大，并且有恒定的温度和厌氧条件，使其中的微生物能够不断的生长繁殖。当瘤胃中的微生物随着草料进入瓣胃和皱胃后，即被该处的蛋白酶所消化，分解成氨基酸和维生素等被反刍动物吸收和利用。

三、拮抗

拮抗关系是指一种微生物在其生命活动过程中，产生某种代谢产物或改变其他条件，从而抑制其他微生物的生长繁殖，甚至杀死其他微生物的现象。根据拮抗作用的选择性，微生物间的拮抗关系可分为非特异性拮抗关系和特异性拮抗关系两类。

在酸菜、泡菜和青贮饲料的制作过程中，由于乳酸细菌的旺盛繁殖，产生大量乳酸导致环境的 pH 下降，从而抑制其他微生物的生长繁殖。这种抑制作用没有特定的专一性，对不耐酸的细菌都可产生抑制作用，所以这种关系称为非特异性拮抗关系。酵母菌在无氧条件下产生大量乙醇，同样对其他微生物也有一定的抑制作用。许多微生物在其生命活动过程中，能够产生某种或某类特殊的代谢产物，具有选择性地抑制或杀死其他微生物的作用。这种现象称为特异性拮抗关系。各种微生物所产生的这种特殊物质的性质各不相同，现统称为抗菌素。能产生抗菌素的微生物称为抗生菌或抗生性微生物。抗生菌产生抗菌素，是和竞争者作斗争的强有力的武器（图 5-8）。微生物的这种特殊性能，已被用来为人类服务，抗菌素在医药卫生、植病防治、食品保藏和畜牧业生产等方面都有很大的经济价值。

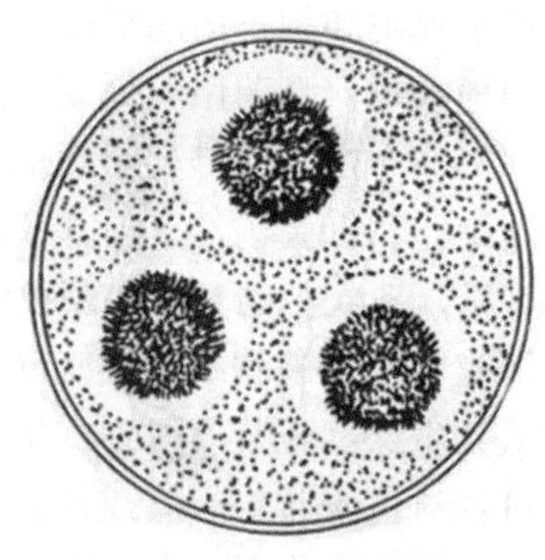

图 5-8　青霉的拮抗

四、寄生

寄生关系就是一种生物生活在另一种生物体内，从中摄取营养物质而进行生长繁殖，并且在一定条件下能损害或杀死另一种生物的现象。前者称为寄生物，后者称为寄主或宿主。有些寄生物一旦脱离寄主就不能生长繁殖，这类寄生物称为专性寄生物。有些寄生物脱离寄主后又能营腐生生活，这类寄生物称为兼性寄生物。

在微生物中，噬菌体寄生于细菌是常见的寄生现象。此外，真菌与真菌、真菌与细菌、细菌与细菌间同样存在着寄生关系。真菌间的寄生现象比较普遍。真菌间的寄生过程大体可分为三种情况：一种是当寄生性真菌与寄主真菌接触时，立即伸出菌丝把寄主的菌丝螺旋状卷住，然后由接触部位侵入。侵入之后将寄主杀死，再营腐生生活。这类寄生菌在侵入前一般不分泌毒素，因而侵入过程所需要的时间较长；第二种情况是寄生性真菌分泌某种对寄主真菌有毒的物质，先使寄主的活性衰退然后再侵入。其后的侵入过程与上一种情况相似；第三种情况是寄生菌将其吸器伸入寄主的菌丝内或者是寄生菌菌丝与寄主菌丝接触而溶解其接触部分的细胞膜，以吸收营养。细菌间的寄生现象虽然少见，但仍有存在。例如，食菌蛭弧菌（*Bdellovibrio bacteriovorus*）可寄生在假单胞菌、肠杆菌等 G^-细菌的细胞内。

微生物寄生于植物体中，常引起植物病害。其中以真菌引起的病害最为普遍，约占 95%，受侵染的植物会发生腐烂、猝倒、萎蔫、根腐、叶腐、叶斑等症状，严重影响农作物产量。

能在人或动物体内寄生的微生物很多，主要是细菌、真菌和病毒，这些微生物常能引起寄主致病或死亡。但如果它们寄生于有害动物体内，则对人类有利，并可以加以利用。如利用昆虫病原微生物防止农业害虫。

复习与思考题

1. 为什么说土壤是微生物最好的天然培养基？土壤中有哪些微生物？
2. 什么叫土壤自净？土壤被污染后其微生物群落有什么变化？
3. 土壤是如何被污染的？土壤污染有什么危害？
4. 什么是污灌？有何意义？
5. 水体中微生物有几方面来源？微生物在水体中的分布有什么样的规律？
6. 什么叫水体自净？可根据哪些指标判断水体自净程度？
7. 水体污化系统分为哪几“带”？各“带”有什么特征？
8. 如何进行水中细菌总数的测定？
9. 我国生活饮用水卫生标准中为何选择总大肠菌群、耐热大肠菌群、大肠埃希菌作为指示微生物？
10. 检测总大肠菌群的常用方法有哪些？如何进行测定？

11. 水中微生物的控制主要采取哪些方法？
12. 与土壤和水体相比，大气环境具有哪些特点？
13. 空气微生物有哪些来源？空气中有哪些微生物？
14. 空气中有哪些致病微生物？以什么微生物为空气污染指示菌，为什么？
15. 如何检验空气中的微生物？
16. 微生物间以及微生物与其他生物间的相互关系可表现为哪几种？请举例说明。

第六章　微生物对环境的污染和危害

第一节　水体富营养化

水体富营养化是指氮、磷等营养物质大量进入水体，使藻类和其他浮游生物旺盛增殖，从而破坏水体生态平衡的现象。氮、磷是水生植物生长必需的营养元素，但是，水体所含氮、磷过多，停留时间过长，将使藻类等浮游生物过量生长，而引起水体的富营养化，给人们生产与生活带来危害。

对水体富营养化的主要标志看法不一，目前一般采用的富营养化的指标是：水体含氮量＞0.2～0.3 mg/L，含磷量＞0.01～0.02 mg/L 时，生化需氧量＞10 mg/L，细菌总数（淡水，pH 值 7～9）达 105 个/ml，叶绿素 a（藻类生长量的标志）＞10mg/L。在富营养化阶段，水体中出现最多的生物主要是藻类，由于一些浮游生物（如蓝藻等）的大量繁殖引起的水色异常现象，发生在湖泊中称为“水华”，发生在海洋中称为“赤潮”，为水环境污染的两大灾害。湖泊富营养化时生长的藻类主要是蓝细菌，其种类达 20 多种，如微囊藻属、鱼星藻属、束丝藻属的种类，使水体呈现蓝、红、棕、乳白等不同颜色；海洋富营养化时生长的藻类种类有 60 多种，主要为裸甲藻属、膝沟藻属、多甲藻属的种类。富营养化的直接后果是一些浮游生物、藻类死亡腐败造成水域大面积缺氧，甚至处于无氧状态，同时还会释放出大量有害气体和毒素，严重污染水体环境，造成大量的鱼类死亡。湖泊、内海、港湾、河口等水体较浅，水流缓慢，易发生富营养化，以湖泊、水库对人类生产和生活影响最大，所以研究水体富营养化主要是研究湖泊富营养化。

一、富营养化形成的条件

1. 富营养化的形成

水体富营养化其实是一种湖泊演变中的自然过程，但是，在自然状态下，这种过程非常缓慢，往往需几千年甚至几万年。然而，如果人类活动一旦影响到这种过程，其变化过程就会急剧加快，特别是城市和工农业污水的流入，必然大大地加速湖泊富营养化的过程。显然，这两种过程存在较大的差异，人们把前者称为天然水体富营养化，后者称为人为水体富营养化。

天然水体富营养化是指由于自然环境因素改变所致的生态演变。它与湖泊的发生、发展和消亡密切相关，并受地质地理环境演变的制约，这种水体富营养化的控制因子是内源性的。水体中的藻类以及其他浮游生物能够源源不断地得到营养物质而繁殖；死亡后，通过腐烂分解，把氮、磷等营养物质释放到水中，供下一代藻类利用。死亡的有机残体沉入水底，一代又一代地堆积，使湖泊逐渐变浅，直至成为沼泽（图 6-1）。

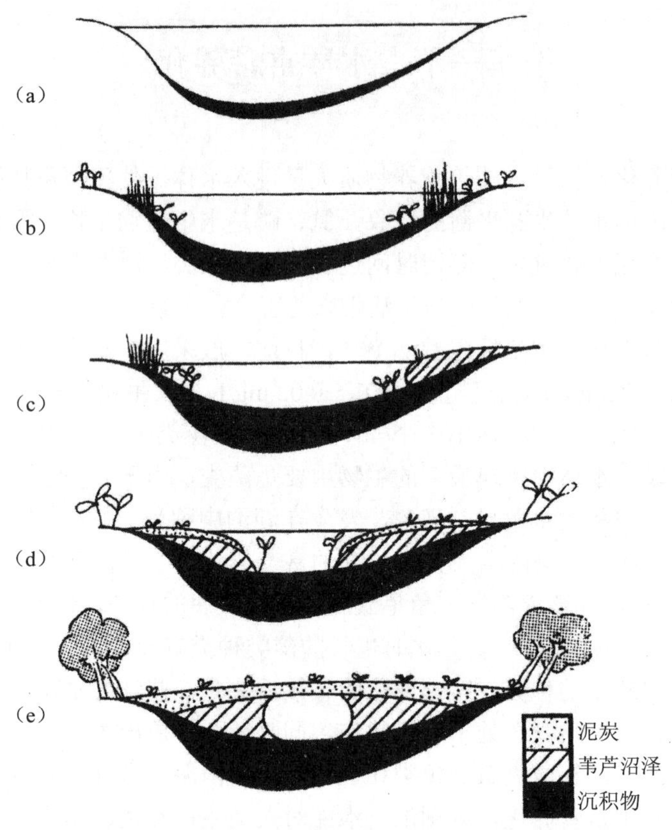

图 6-1　湖泊富营养化的过程

人为水体富营养化是指在人类活动的影响下发生的水体生态演替。其控制因子主要是外源性的。例如，人为破坏湖泊流域的植被，促使大量地表物质流向湖泊；或过量施肥，造成地表径流富含营养物质；或向湖泊洼地直接排放含有营养物质的工业废水和生活污水，均可加速湖泊富营养化。因此产生富营养化的水体主要是人群集中、工业和农业发达地区的湖泊。

2．富营养化的影响因素

藻类的生长和繁殖与水体中的氮、磷的含量成正相关，并受温度、光照、有机物、pH 值、毒物、捕食性生物等因素制约。这些因素相互作用，一起影响水体富营养化的进程。

（1）营养物质　藻类生长所需要的营养成分与其他植物相似，需要 20～30 种元素。藻类的化学成分可用 $C_{106}H_{263}O_{119}N_{16}P_1$ 表示，其中碳、氮、磷是藻类生长的主要营养元素，由于碳的供应比较充足，因此氮和磷成为藻类生长的决定因素。水体中氮的浓度超过 0.3 mg/L，磷的浓度超过 0.015 mg/L，就足以引起藻类的急剧生长，形成水体富营养化。当水中氮成为限制因素时，固氮蓝藻常常成为优势种，水中的氮可由固氮蓝藻和固氮细菌来补充，因此氮和磷相比，藻类生产力受磷的限制更为明显。

生活污水、工业废水、农田径流均含氮和磷，经过二级处理的出水亦含有大量氮和磷，将这些污水排入水体，可为藻类提供充足的养料，一旦其他条件适宜，藻类便可旺盛繁殖。目前，农业生产施用的氮肥，其利用率只有 30%，畜禽粪便的还田率也只有 30%，这些情况使得富营养化加剧的趋势难以缓解。

（2）季节与水温　藻类属中温型微生物，因此在气温较高的夏季，无风的日子较易发生藻类徒长。夏季的水体会呈现分层现象，即上层水暖，相对密度小；下层水冷，相对密度大，水体富营养化的现象常常在上层水体中发生。

（3）光照　藻类属光能自养型生物。在水体中，上层光照充足而成为富光区，藻类的光合作用也相应较强，释放的氧气可使溶解氧量达到饱和的程度。当上层藻类的生长密度较大时，光线不易透过，下层即成为弱光至无光区，藻类和其他异养微生物进行呼吸作用，消耗大量的溶解氧而使下层水处于缺氧状态。

（4）pH 值　适合藻类生长的 pH 值为 7～9。我国大多数湖泊的 pH 值在 7.5～9.0，很适宜蓝细菌的生长。

二、富营养化的危害

水体富营养化破坏了水体自然生态平衡，导致一系列恶果。主要表现为：

（1）使水体缺氧　由于藻类的呼吸作用以及藻类尸体的分解作用，溶解氧被大量消耗，加之水面被藻层覆盖，影响氧气的渗入，使水体缺氧，引起鱼类、贝类等水生生物窒息甚至死亡，使水产渔业遭受严重的经济损失。

（2）破坏环境景观　由于藻类大量生长繁殖，覆盖水面，使水体浑浊并产生各种颜色（蓝绿色或红色），表面产生“水华”现象，而且有机物质在缺氧条件下分解，产生大量的 CH_4、H_2S 和 NH_3 等气体，散发出难闻的气味，大大降低或完全失去水域景区的旅游观光价值。

（3）产生毒素　某些藻类体内及其代谢产物含有生物毒素，如在形成赤潮时链状膝沟藻（*Cyaulax catenella*）产生的石房蛤毒素是一种剧烈的神经毒素，它可富集于蛤、蚌类体内，其本身并不致死，而人食用后可发生中毒症，重则可以死亡。

（4）水质差，净化费用增高　富营养化直接导致水质变差，不宜饮用，造成城市供水困难。如果作为饮用水的水源，就会因藻类大量生长繁殖而造成水体的沉淀、凝集、过滤等处理困难，处理效率降低；藻类的某些分泌物及其尸体的分解产物有的带有异味且难以除尽，严重影响水厂出水质量。

（5）加速湖泊衰变　富营养化的湖泊，由于藻类的大量生长繁殖，使以其为生的水生生物大幅增加，它们的排泄物、残体及过剩的浮游植物残体伴随流入湖泊的泥沙，不断沉积到湖底，使湖泊底部逐渐抬高，湖水变浅，加速湖泊衰老进程。

三、富营养化的防治

目前，在我国131个主要湖泊中，达到富营养化程度的湖泊有67个，占51.2%；在五大淡水湖中，太湖、洪泽湖、巢湖已属于富营养化湖泊，鄱阳湖、洞庭湖目前虽然维持中营养水平，但磷、氮含量偏高，正处于向富营养过渡阶段。而高原湖泊—滇池已属于严重富营养化湖泊。因此，必须采取措施，控制水体富营养化，保持生态系统处于良性循环。

（1）外源控制　控制营养物质（主要是磷和氮）进入水体。严格执法，禁止生活污水和工业废水的直接排放，限制大量磷和氮等物质进入水体。加强工业污染源综合治理，控制排污总量；进行污水深度处理，减少水体中的营养物；加强生态管理，科学田间管理和改进农田技术措施，合理施肥，合理灌溉，减少肥料的流失；逐步限制合成洗衣粉的含磷量和含磷洗衣粉的生产使用；保护森林植被，建立水体周围的缓冲林带，减少营养物质的流失。

（2）内源控制　采取疏浚底泥、深层排水的工程措施，改善湖底淤积状况；种植水葫芦、眼子菜、水花生、芦苇等水生植物，并通过定期收获达到去除氮、磷的目的；放养白鲢鱼、花鲢鱼吞食藻类，转移水体营养物。

（3）控制藻类生长　可使用化学杀藻剂，在藻类尚未大量滋生前，杀死藻体。也可使用生物杀藻剂，如利用噬藻体杀死藻类。采用机械或强力通气增加水中溶解氧，也可收到显著的抑制藻类效果。应该指出的是，化学除藻会造成水体的二次污染，目前一般不采用。使用物理方法除藻时，不能破坏生态系统的稳定。

第二节　微生物代谢产物对环境的污染

自然界中的微生物对环境并不都是有益的，有些微生物及其代谢产物都能引起环境的污染和破坏，对人类产生危害。能引起环境污染的微生物代谢产物种类很多，特别惹人注目的是，微生物代谢活动产生某些特殊化合物，它们是毒性物质，甚至是致癌、致畸、致突变物，积累于环境中，严重威胁着人体健康。

一、微生物毒素

微生物毒素是指微生物在生长、代谢过程中所产生的有毒物质。自1888年发现白喉杆菌毒素以后，陆续发现了许多微生物毒素。细菌、放线菌、真菌和藻类均可产生毒素。由于微生物毒素污染食品和环境，危害人类健康，近年来受到人们的高度重视。

（一）真菌毒素

真菌毒素是指以霉菌为主的真菌产生的具有生物毒性的代谢产物。早在15世纪就曾发现麦角使人中毒的事例，继后也不断发现人畜食用霉变谷物而中毒的事件。至今发现的真菌毒素已达300多种，然而，对真菌毒素的真正研究是从1962年黄曲霉毒素致癌性的发现开始的。真菌毒素中毒性强的有黄曲霉毒素、棕曲霉毒素、黄绿青霉素、红色青霉毒素B、青霉酸等。能使动物致癌的有黄曲霉毒素B_1、黄曲霉毒素G_1、黄天精、环氯素、柄曲霉素、棒曲霉素、岛青霉毒素等。担子菌纲中的某些蘑菇含有肼及肼的衍生物，不仅具有毒性，且可使小鼠等动物患肝癌或肺癌。

1．真菌毒素致病特点

（1）中毒常与某些食物有关，在可疑食物或饲料中经常可检出真菌及其毒素；

（2）发病有季节性或地区性；

（3）所发生的中毒症无传染性；

（4）人和家畜家禽一次性大量摄入含有真菌毒素的食物和饲料，往往发生急性中毒，长期少量摄入则发生慢性中毒和致癌。

（5）药物或抗菌素对中毒症疗效甚微。

2．产毒真菌概况

能在粮食、作物、饲料上滋生的真菌中约有30%～40%菌株可产生毒素，其中最常见的为青霉、曲霉、镰孢霉中的某些种。真菌多为中温型好氧性微生物，阴暗潮湿处更易生长。但温度为22～30℃，空气湿度较大（相对湿度在85%～95%），粮食含水量在17%～18%时，青霉属和曲霉属的许多种能很好生长，并产生毒素。因真菌菌种不同及影响因素各异，其产毒情况多种多样。据研究，在生产及生活过程中，人们接触霉菌及孢子机会很多，当活的产毒真菌进入人体或动物体内，特别是呼吸道内以后，要引起高度重视。

3．黄曲霉毒素

黄曲霉毒素主要有黄曲霉毒素B_1、B_2、G_1及G_2等10多种，其中以黄曲霉毒素B_1存在量最大也最毒。黄曲霉毒素的毒性非常强，按毒性分级规定，动物半致死剂量≤10 mg/kg（体重）的物质为剧毒，而黄曲霉毒素B_1的半致死剂量为0.36 mg/kg，它的毒性比氰化钾大10倍，主要损坏的器官是肝脏。黄曲霉毒素具有强烈的致癌作用，它诱发癌症的能力比二甲基亚硝胺大 75 倍，比苯并（α）芘大 4 000 倍。

黄曲霉毒素作用机理是影响细胞膜，抑制 RNA 合成并干扰某些酶的感应方式，中毒症状无特异表现，按症状的严重程度不同，临床可表现为发育迟缓、腹泻、肝肿大、肝出血、肝硬化、肝坏死、脂肪渗透、胆道增生等。

（1）黄曲霉毒素的产生菌　黄曲霉（*Aspergillus flavus*）和寄生曲霉（*A.parasiticus*）是产生黄曲霉毒素的主要菌种，其他曲霉、毛霉、青霉、镰孢霉、根霉等也可产生黄曲霉毒素。研究发现，黄曲霉的产毒菌株达 60%以上，寄生曲霉 100%均为产毒菌株。产黄曲霉毒素的真菌污染食物的范围很广，如在粮食、油、蔬菜、豆类、烟草、肉类、乳品、水果及干果等均可见其踪迹，尤以玉米、花生、豆类最为常见。英国伦敦附近的一养鸡场，曾发生因食用了受黄曲霉毒素污染的花生粉而使 10 万只火鸡在数月内相继死亡的事件。

（2）黄曲霉毒素的理化性质　已确定结构的黄曲霉毒素有 17 种，黄曲霉毒素 B_1 是真菌毒素中最稳定的一种。具有耐高温性，在 200℃温度下不会被破坏；紫外线照射亦不能破坏此毒素；耐酸性和中性，只有在 pH 值 9～10 的碱性条件下可迅速分解；此外，次氯酸钠、氯气、NH_3、H_2O_2、SO_2 等可使之破坏。

（3）预防黄曲霉毒素的主要措施

①在作物的储运加工过程中，通过降低农产品的含水量、降低仓储环境的相对湿度，充 CO_2 降低氧量，使用化学药剂等手段防止霉菌的污染和生长；

②通过机械或手工拣除染菌的籽粒；或通过精制、淘洗的方法，降低食品中黄曲霉毒素的含量；

③用活性炭过滤吸附法去除被黄曲霉毒素污染的液体食品中的毒素；

④利用强碱或氧化剂处理有毒食品。

（二）细菌毒素

细菌毒素按其来源、性质和作用的不同，可分为外毒素和内毒素两大类。

（1）外毒素　有些细菌在生长过程中，能产生外毒素，并可从菌体扩散到环境中。若将产生外毒素细菌的液体培养基用滤菌器过滤除菌，即能获得外毒素。外毒素毒性强，对人类的危险很大，常见的外毒素有肉毒毒素、葡萄球菌肠毒素、白喉毒素、破伤风毒素、霍乱肠毒素等。小剂量即能使易感机体致死。如纯化的肉毒杆菌外毒素毒性最强，1 mg 可杀死 2 000 万只小白鼠；破伤风毒素对小白鼠的致死量为 10～6 mg；白喉毒素对豚鼠的致死量为 10～3 mg。

外毒素具亲组织性，选择性地作用于某些组织和器官，引起特殊病变。一般外毒素是蛋白质，分子量 27 000～900 000，不耐热。白喉毒素经加温 58～60℃1～2 h，破伤风毒素 60℃20 min 即可被破坏。外毒素可被蛋白酶分解，遇酸发生变性。在甲醛作用下可以脱毒成类毒素，但保持抗原性，能刺激机体产生特异性的抗毒素。产生外毒素的细菌主要是某些革兰氏阳性菌：

①肉毒梭菌（*Clostridum botulinum*）产生肉毒毒素，产芽孢的专性厌氧菌，分布很广，可侵染蔬菜、水果、鱼、肉、罐头等食品，并产生毒素，在我国发生的肉毒毒素事故中毒，多数由自制的臭豆腐、豆豉等植物性发酵食品引起。

②金黄色葡萄球菌（*Staphylococcus aureus*）的产毒菌株产生葡萄球菌肠毒素可引起食物中毒。为不产芽孢球菌，多存在于皮肤、动物鼻咽道及口腔中。带菌的食品加工工人或厨师是主要的传播媒介。

（2）内毒素　内毒素存在于菌体内，是菌体的结构成分。细菌在生活状态时不释放出来，只有当菌体自溶或用人工方法使细菌裂解后才释放，故称内毒素。大多数革兰氏阴性菌都有内毒素，如沙门氏菌、痢疾杆菌、大肠杆菌、奈瑟氏球菌等。

内毒素耐热，加热100℃1 h不被破坏，必须加热160℃，经2～4 h或用强碱、强酸或强氧化剂煮沸30 min才能灭活。内毒素不能用甲醛脱毒制成类毒素，但能刺激机体产生具有中和内毒素活性的抗体。

（三）放线菌毒素

放线菌中某些种类的代谢产物具有毒性，甚至能致癌。如链霉菌属（*Streptomyces*）产生的放线菌素可使大鼠产生肿瘤；由不产色的链霉菌产生的链脲菌素，可使大鼠发生肿瘤；由肝链霉菌（*Streptomyces hepaticus*）产生的洋橄榄霉素，具有很强的急性毒性，并可诱发肿瘤。

（四）藻类毒素

藻类毒素对人的生命安全存在着潜在性威胁，现在已经发现有四种中毒症状，即麻痹性中毒、失忆性中毒、腹泻性中毒和神经性中毒。每年都有人死于藻类毒素中毒。近年来，我国不少地方都发生因食用织纹螺而中毒的事件，有关资料表明，织纹螺本身无毒，其致命的毒性是由于赤潮中大量繁殖的藻类有些能够产生毒素，织纹螺摄食有毒藻类、富集和蓄积藻类毒素而被毒化。织纹螺引起食物中毒的主要毒素是麻痹性贝类毒素，类似于河豚鱼毒素，中毒病人主要成神经性麻痹症状，死亡率较高。

最主要的藻类毒素分别由下列三类藻产生：

（1）甲藻　常见于北纬或南纬30°的海水中，是海洋赤潮中常见的优势种，它产生的毒素是藻中对人类最具毒性者。如石房蛤毒素，人口服1 mg即可致死。

（2）蓝细菌　是淡水中产毒素的常见藻类。蓝细菌中铜绿微囊藻是“水华”中的优势种，能产生微囊藻快速致死因子，它是一种小分子环肽化合物，可使水生生物中毒死亡。人类中毒后可发生皮炎、肠胃炎、呼吸失调等症状。

（3）金藻　是盐水中常见的产毒藻类。它能在盐浓度0.12%的水中生长，其所产毒素能引起盐湖中鱼群大量死亡。

二、含氮化合物

生态系统中氮素的正常循环对保持生态平衡起到至关重要的作用，局部的含氮化合物的过量积累，会导致一系列环境问题，重要的含氮化合物有如下几种：

1．硝酸与亚硝酸

（1）硝酸　硝酸是硝化作用的终产物，它易溶于水，因此易发生淋溶作用，并随水流失。如果长期过量使用化学氮肥，会引起蔬菜、水果硝酸盐超标及地下水、饮用水污染等的一系列较为严重的生态环境问题。据调查，我国部分地区的食物中，尤其是蔬菜，硝酸盐含量严重超标，有的高达 3 000～4 000 mg/kg。每人每天只要食用 70 g，人体每天摄入的硝酸盐就会超出世界卫生组织的安全标准。

另据统计，施入土壤的氮素只有 30%～40%被作物利用，约 20%被土壤微生物固定在土壤中，而 40%～50%被水淋失或分解进入空气中。被雨水流失的氮，进入地下水，使地下水中硝酸盐含量超标。故规定饮水中 NO_3^- 含量应低于 10 mg/L。

硝酸盐污染不容忽视，因为硝酸盐是亚硝胺的前体物，迄今发现的亚硝胺类化合物有 120 种之多，其中确认有致癌作用的约占 75%。有关专家认为：引导广大农民科学合理施肥，尤其是多施生物有机肥料，是防治硝酸盐污染的根本对策。

（2）亚硝酸　亚硝酸是氮素循环中硝化作用和反硝化作用的中间产物，可引起局部和全球的污染问题。水环境中的氮污染问题在 1960 年代末和 1970 年代初曾引起公众的广泛关注，因为世界上有不少婴幼儿由于饮用了富含硝酸盐的污染水后患高铁血红蛋白症而死亡。研究表明：饮用水中高含量的硝酸盐的不良影响实际上是由亚硝酸盐造成的。因为硝酸盐在人体中能够转化为亚硝酸盐，如果亚硝酸盐在人体内积累过多，可直接使人缺氧中毒，严重者导致窒息死亡。即高铁血红蛋白症，俗称紫蓝症、蓝婴症、乌痧症等。该症儿童发病率高于成人，据世界卫生组织提供的资料，自 1945 年以来，已报道 2 000 例，死亡率为 8%。

水环境中的硝酸盐和亚硝酸盐在各种含氮有机化合物（胺、酰胺、尿素、胍、氰胺）的作用下，形成化学稳定性、致癌和致突变机制不同的 N-亚硝基胺和亚硝基酰胺等各种 N-亚硝基化合物。对 120 多种亚硝基胺和亚硝基酰胺的致癌性的研究表明：有 39 种动物（鱼、小鼠、大白鼠、仓鼠、兔、狗、猴等）被亚硝基化合物在不同部位引起了恶性肿瘤。在厌氧的土壤、沉积物和水环境中，以及食品和饲料中的硝酸盐，均可被微生物还原为亚硝酸盐。熏制肉食品往往添加硝酸盐或亚硝酸盐，所加硝酸盐可由微生物转化为亚硝酸盐。因此，在熏肉中残留的 NO_2^- 被限定为 200 mg/kg。N-亚硝基化合物不仅是致癌物，同时还是一种诱变剂，可诱发基因突变。

2．亚硝胺

亚硝酸盐除其直接毒性外，它可与环境或食品中的二级胺反应，生成 N-亚硝胺。

这种反应在某些情况下可自发产生，或由微生物酶的作用，大肠杆菌、普通变形杆菌（*Proteus vulgaris*）、梭菌属、假单胞菌属及串珠镰刀菌（*Fusarium moniliforme*）等微生物都能把 NO_2^- 和仲胺（蛋白质代谢的中间产物）转化为亚硝胺。亚硝胺是众所周知的致畸、致癌、致突变物质。迄今发现的亚硝胺已有 120 种之多，其中确认有致癌作用的约占 75%，它对人体的肝、食道、胃、肺、肾、膀胱、小肠、脑、神经系统和造血系统等都能诱发癌症。

3．氮氧化物

氮氧化物种类很多，造成大气污染的主要是一氧化氮（NO）和二氧化氮（NO_2），因此环境学中的氮氧化物一般就指这二者的总称。就全球来看，空气中的氮氧化物主要来源于天然源，但城市大气中的氮氧化物大多来自于燃料燃烧，即人为源，如汽车等流动源，工业窑炉等固定源。

在富含硝酸盐的环境中，微生物可转化硝酸盐生成 NO，并可进一步氧化成 NO_2，NO_2 比 NO 的毒性高 4 倍，NO_x 能由呼吸侵入人体肺部，对肺组织产生强烈的刺激及腐蚀作用，引起支气管炎、肺炎、肺气肿等疾病，NO_x 还能和碳氢化物生成光化学烟雾，NO_2 又是引起酸雨的原因之一。此外 NO_2 可使平流层中的臭氧减少，导致地面紫外线辐射量增加。国家环境质量标准规定，居住区的平均浓度低于 0.10 mg/m^3，年平均浓度低于 0.05 mg/m^3。

4．硫化氢

H_2S 虽是自然界硫循环的一个有机组成部分，能促进硫素的大范围的迁移，为缺硫地区的生物生长提供硫素。但局部的相对高浓度的 H_2S 对环境产生不利的影响，对人及高等动植物具有毒性。硫化氢气体主要经呼吸道吸入，低浓度的硫化氢气体能溶解于黏膜表面的水分中，与钠离子结合生成硫化钠，对黏膜产生刺激，引起局部刺激作用如眼睛刺痛、怕光、流泪、咽喉痒和咳嗽。吸入高浓度的硫化氢可出现头昏、头痛、全身无力、心悸、呼吸困难、口唇及指甲青紫。严重者可出现抽筋，并迅速进入昏迷状态，常因呼吸中枢麻痹而致死。水中 H_2S 含量超过 0.5～1.0mg/L 时，对鱼类有毒害作用。H_2S 在大气中氧化为 SO_2，导致形成酸雨，对湖泊和森林产生潜在的威胁。

三、气味代谢物

环境中的气味主要来自工业生产以及由微生物的代谢所产生，如土腥味、鱼腥味、霉味、垃圾味、药品味、煤油味等不良气味。气味是影响环境质量的重要因子，也是对环境污染的早期预警。闻到气味说明污染物可能已达有害浓度。供水系统的不良臭味是生物学家、公共卫生学家及水处理工程师共同关心的一个老问题。世界上有许多城镇以河流、湖泊、水渠、港口水为饮用水源，水源周期性地产生不良气味给生活带来诸多不便。气味物质不仅污染大气和水体，造成感官不悦，而且还可被水生生物吸收并蓄积于体内，影响水产品（如淡水鱼）的品质。

人们对生物学来源的气味代谢物的化学本质进行了研究，并取得了很大的进展。已从众多放线菌产生的土腥味物质中分离到土腥素（或土臭味素）。它是一种透明的中性油，分子量 182，嗅阈值极低，$<0.2\times10^{-6}$。具有土腥味的鱼肉中也可检出土腥素，其味阈值为 0.6 μg/100 g 鱼肉。其他引起环境污染的微生物气味代谢物有氨、胺、硫化氢、硫醇、（甲基）吲哚、粪臭素、脂肪、酸、醛、醇、脂等。

四、酸性矿水

黄铁矿、斑铜矿等含有硫化铁。矿山开采后，矿床暴露于空气中，由于化学氧化作用使矿山酸化，一般 pH 值为 4.5～2.5。在这种酸性条件下，只有耐酸微生物（如氧化硫硫杆菌和氧化硫亚铁杆菌）才能够生存。例如氧化硫硫杆菌（*Thiobacillus thiooxidans*）能使硫氧化为硫酸，氧化硫亚铁杆菌（*Ferrobacillus ferroxidans*）能把硫酸亚铁氧化为硫酸铁。经过这些细菌的作用，矿水酸化加剧，有时 pH 值降至 0.5。矿山酸化及耐酸细菌作用过程概述如下：

黄铁矿（FeS_2）经自然氧化生成 $FeSO_4$ 和 H_2SO_4

$$2FeS_2 + 7O_2 + 2H_2O \longrightarrow 2FeSO_4 + 2H_2SO_4 \tag{6-1}$$

氧化硫硫杆菌和氧化硫亚铁杆菌将铁氧化成高铁，形成硫酸高铁

$$4FeSO_4 + 2H_2SO_4 + O_2 \longrightarrow 2Fe_2(SO_4)_3 + 2H_2O \tag{6-2}$$

通过强氧化剂 $Fe_2(SO_4)_3$ 与黄铁矿的继续作用，生成更多的 H_2SO_4

$$FeS_2 + 7\ Fe_2(SO_4)_3 + 8H_2O \longrightarrow 15\ FeSO_4 + 8H_2SO_4 + 2S \tag{6-3}$$

氧化硫硫杆菌将元素硫氧化为硫酸

$$2S + 3O_2 + 2H_2O \longrightarrow 2H_2SO_4 \tag{6-4}$$

反应产物硫酸不仅使环境的酸性增强，而且使各种金属离子溶解到酸性矿水中，产生一系列的环境问题。酸化了的矿水，随雨水径流，或顺河道下流，破坏了自然生物群落，毒害鱼类，影响人类生活。

矿区的废水主要来自矿山建设和生产过程中的矿坑排水，洗矿过程中加入有机和无机药剂而形成的尾矿水，露天矿、排矿堆、尾矿及矸石堆受雨水淋滤、渗透溶解矿物中可溶成分的废水，矿区其他工业和医疗、生活废水等。这些受污染的废水，大部分未经处理，排放后又直接或间接地污染了地表水、地下水和周围农田、土地，并进一步污染了农作物，有害元素成分经挥发也污染空气。

第三节　病原微生物

能使人、禽与植物致病的微生物统称为病原微生物或致病微生物。空气、土壤、水体、生物均可作为病原微生物驻留的场所与传播媒介。

一、空气中的微生物污染

室外空气中，由于大气稀释、空气流通和阳光照射等因素的影响，病原微生物稀少。而室内空气中，特别是通风不良，人员拥挤的环境中，有较多的微生物存在。除空气中原有的微生物外，还可能有来自人体的某些病原微生物，如结核分枝杆菌、破伤风杆菌、百日咳杆菌、白喉杆菌、溶血链球菌、金黄色葡萄球菌、肺炎杆菌、脑膜炎球菌、感冒病毒、流行性感冒病毒、麻疹病毒等。

1. 空气中的微生物主要通过三种不同途径传播疾病

（1）尘埃　来源于人类活动过程所产生的不同大小的尘埃粒子中，往往附着有多种病原微生物。由于重力因素，较大的颗粒降落到地面，随清扫或空气流动而传播，小的直径在 10 μm 以下的尘埃，可较长时间悬浮在空气中。

（2）飞沫小滴　人们咳嗽和打喷嚏时，可产生成百上万个细小飞沫喷出，其直径大小 90%以上在 5 μm 以下，能较长时间飘浮于空中。飞沫小滴中的病原菌，可以传播给他人。

（3）飞沫核　飞沫小滴喷出后，产生蒸发而形成飞沫核。飞沫核比飞沫小滴更小，因而所含的微生物较少，但扩散传播的距离更远。

病原微生物在飞沫或飞沫核内的存活，受飞沫中有机物含量及外界因素如温度、湿度等的影响。在较低温度（10～14℃）、低湿（相对湿度 40%～50%）时微生物的存活率较高，因而经飞沫传播的传染病在初春和深秋发病较多。

2. 污水处理与污水灌溉引起的空气污染

污水中含有一定的营养物质，可用以灌溉农田或牧场，但如果使用不当，除了会污染水体及土壤外，还会污染空气，传染疾病。

在污水处理和污灌过程中，由于液滴的飞散或污水中气泡上浮至液面而破裂时，都可产生带菌的气溶胶，并随风飘散。有试验证明，在上浮的气泡表面所含有菌数要比原污水中所含菌数多 10～1 000 倍。同时有报道，在污灌的下风侧 350 m 处检查出大肠菌群细菌，60 m 处检出沙门氏菌，40～100 m 处检出肠道病毒。由于污水处理和污灌对空气存在着潜在危险，因此，有的国家在污水曝气池上用塑料薄膜覆盖，有的改喷灌为低层滴灌，并用薄膜覆盖，以减少含菌气溶胶的传播，同时，污水灌溉前经过适当消毒处理是十分必要的。

二、水中的微生物污染

1. 水中的病原微生物

水是传染病重要的传播途径之一，通过水传播的病源微生物以细菌、病毒和原生动物为主。这些病菌与肠道传染病的流行有密切关系，主要疾病有伤寒、痢疾、胃肠炎、肝炎等。据我国卫生部的报告，在乙类传染病中，痢疾、伤寒和肝炎所占比例很大。

水体中的病原微生物主要来自人畜的粪便，主要的传播方式有饮水传播、皮肤或黏膜传播、食物传播等，其传播途径见图 6-2。

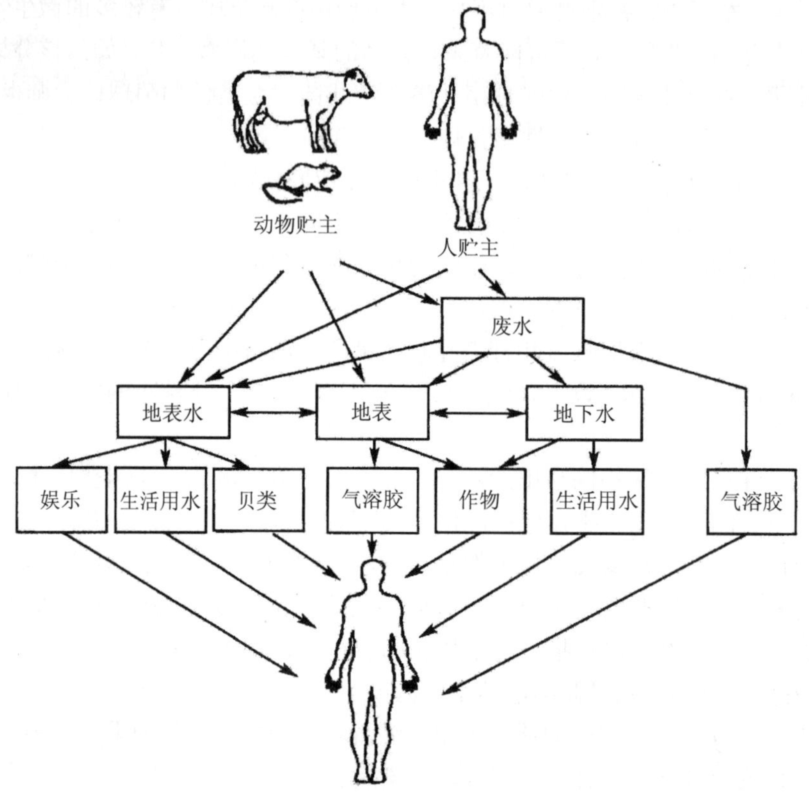

图 6-2　人和畜禽肠道传染病的传播途径

2. 医院污水的微生物污染

医院污水中除存在有一般生活污水中的微生物外，经常可检出沙门氏菌、志贺氏菌、结核杆菌、脊髓灰质炎病毒、考克赛基病毒、腺病毒等。医院污水不经有效处理而任其排入城市下水道或周围水体中，会成为一条疫病扩散的重要途径，严重污染环境并危害人们的身体健康。因此，医院污水必须经过消毒处理后才允许排放。

现在我国执行的《污水综合排放标准》（GB 8978—1996），将医院污水按其受纳水体不同的使用功能等规定了相应的粪大肠杆菌群数和余氯标准，但由于现有医院污水处理工艺级别低，在对污水处理中往往存在一些问题，如悬浮物浓度高，影响消毒效果；水质波动大，消毒剂投加量难以控制；消毒副产物产生量大，影响生态环境的安全；余氯标准无上限，过多余氯危害生态安全等问题。为了加强对医院污水污物的控制和实施新的环境标准体系，国家已组织有关部门和人员编制《医疗机构水污染物排放标准》，新标准对医院产生的污水、废气和污泥进行了全面控制，在强调对含病原体污水的消毒效果的同时，兼顾生态环境安全。

3．水传播的主要病原微生物

（1）沙门氏菌属（*Salmonella*）　沙门氏菌为一类能运动、无芽孢、G^-杆菌，需氧型，在许多培养基上生长良好，适宜温度为37℃，能发酵葡萄糖产酸但不产气。沙门氏菌污染的饮水可导致肠胃炎或伤寒流行。肠胃炎的病原菌可由人或动物粪便传入，而伤寒和副伤寒的病原菌只由人类污染。在无严格处理污染物措施及饮用水供应不良的地区，沙门氏菌污染的危险性极高。

（2）志贺氏菌属（*Shigella*）　志贺氏菌属是一类不能运动、不产生芽孢的G^-杆菌，需氧型，适宜温度为37℃，不产生H_2S，同沙门氏菌一样不能发酵乳糖。志贺氏菌引起的细菌性痢疾，在我国居腹泻的第一二位。该菌的流行性很强，但只感染人而不感染动物，在环境中的生存力较弱，所以人与人之间的接触传染占主要地位，但感染的剂量较小，10个细菌即可产生症状，故水中浓度不高时也可能引起人群感染。

（3）霍乱弧菌（*Vibrio cholerae*）　流行病学调查表明历次大的霍乱暴发流行都与饮用水受霍乱弧菌的污染有关。霍乱弧菌产生的肠毒素，可引起呕吐和腹泻，进而在短期内脱水，如果不治疗死亡率很高。

（4）肠道病毒属（*Enterovirus*）　这类病毒主要在肠道中生长繁殖，是一些直径小于25 nm的细小病毒。主要包括脊髓灰质炎病毒（*Poliovirus*）、考克赛基病毒A（*Coxsackie virus* A）、考克赛基病毒B等，它们在环境中存活的时间长，因此经常可在污水、污水处理厂排放水及污染的地面水中检出。隐性感染者多。

脊髓灰质炎病毒可引起严重的神经系统疾病—脊髓灰质炎，病毒感染损伤脊髓运动神经细胞，导致肢体松弛性麻痹，多见于儿童，又名小儿麻痹症。目前各国使用口服减毒疫苗预防，大大降低了脊髓灰质炎的发病率。

三、土壤中的病原微生物

土壤是微生物生活最适宜的环境，土壤中的微生物绝大部分是自然存在的，对物质的分解、代谢、转化起着极其重要的作用。但也有一部分病原体，包括肠道致病菌、肠道寄生虫（蠕虫卵）、钩端螺旋体、炭疽杆菌、破伤风杆菌、肉毒杆菌、霉菌和病毒等致病菌，它们主要来自未经无害化处理的人畜粪便、垃圾做肥料，或直接用生活污水灌溉农田等。病原体在土壤中存活的时间受种类、土质、pH、温度、湿度、日照等因素影响，一般无芽孢菌存活时间为几小时至数月，如痢疾杆菌能在土壤中生存 22～142 d，结核杆菌能生存一年左右，蛔虫卵能生存 315～420 d，沙门氏菌能生存 35～70 d，有芽孢菌可在土壤中能长期存活，如炭疽杆菌可存活 15 年以上。被病原体污染的土壤能传播伤寒、副伤寒、痢疾、病毒性肝炎等传染病。

防止土壤微生物污染的主要措施是将人畜粪便及污泥等先经无害化灭菌处理后再施加于土壤中。粪便无害化的方法很多，常用的方法有高温堆肥法、沼气发酵法、药物灭卵法、化粪池等。

复习与思考题

1. 什么是水体富营养化？简述水体富营养化的形成原因。
2. 试述水体富营养化的危害与治理措施。
3. 微生物毒素有哪些类型？黄曲霉毒素、细菌毒素有什么特点？
4. 含氮化合物的危害有哪些？
5. 酸性矿水有哪些危害？
6. 试述环境中病原微生物来源、危害和预防。

第七章　微生物在自然界物质循环中的作用

碳、氢、氧、氮、磷、硫等多种元素是组成生物体的化学元素成分。生物必须不断地由环境中取得这些化学元素才能生长发育。但是这些元素在自然界的贮存量是有限的，而生命的延续和发展却是无尽的，二者之间的矛盾只有在自然界物质不断循环转化的条件下才能解决。只有解决了这种矛盾，生物界才能不断向前发展。

生物本身是自然界物质循环的主要推动者。生物所推动的物质循环过程称为生物循环。生物循环是通过生物的生命代谢活动过程进行的，其主要途径可归为两个方面：①化学元素的有机质化或称生物合成作用；②有机物质的无机质化或称分解作用、矿化作用。

化学元素的有机质化过程主要由绿色植物和自养型微生物（藻类、少数细菌）来完成，它们利用日光能和化学能将二氧化碳和水合成为碳水化合物。碳水化合物再与氮、磷、硫等无机物相结合，合成为生物体的各种组成成分，并因此实现了自然界化学元素的有机质化过程。在二氧化碳、水和各种无机物合成为有机物的同时，贮存了能量。在此方面，以绿色植物作用最强，它们是有机物质的主要生产者。

植物、动物和微生物都参加有机物的分解过程。植物与自养型微生物在合成有机物的同时，便进行着分解过程，但它们的合成作用的速度超过分解作用，它们生命活动的结果是有机质在自然界中的积累。

动物以有机质为食料，从中获得生活所需的能量和物质成分以组成自身有机物质；在此过程中有一部分有机物被分解为无机物如二氧化碳等。

异养型微生物在这方面和动物是相同的，这两类生物生命活动的结果都会引起有机质的分解和消失。但是，在这个无机质化过程中，无论是分解的规模或数量，还是分解的彻底性，微生物的作用都远远超过动物。微生物是自然界有机物无机质化的主要推动者。人类环境中存在的形形色色的有机物，无论是简单的或复杂的，还是天然的或人工合成的，均能在各种微生物的联合作用之下，逐步地降解，直至将复杂有机物被彻底分解为简单无机物（CO_2、H_2O、NO_3^-、NH_4^+、PO_4^{3-}、SO_4^{2-}等），由此完成了自然界物质的生物循环。这样数量有限的化学元素就可周而复始地循环利用，自然界生态平衡得以保持，人类社会得以生存发展。

第一节 碳循环

碳元素是组成生物体各种有机物中最主要的组分，它约占有机物干重的 50%。自然界的碳素循环主要包括大气中的二氧化碳通过光合作用形成有机物以及有机物被分解成二氧化碳再释放到大气中。这是自然界最基本的物质循环。

光合作用在地球表面已存在十亿年以上的历史，在这漫长的时间里合成了大量的有机物。其中有一小部分由于地质学的原因保留下来，形成了石油、天然气、煤炭、油页岩等宝贵的化石燃料，贮藏在地层中。当其开发利用后，经过燃烧，又形成二氧化碳而回归到大气之中。此外，当火山爆发时亦可使地层中一部分碳释放回大气中。

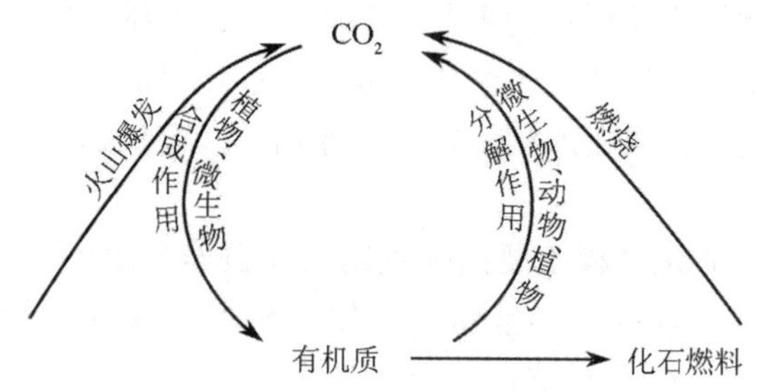

图 7-1 碳素循环

微生物既参与自然界的有机质合成作用，也参与其分解为 CO_2 的作用。然而，在合成作用中，微生物类群及所合成的有机质规模与数量均远不及绿色植物；而在分解作用中，则以微生物为首要。故以下将重点讨论微生物对有机质的分解作用。

环境中天然的有机物种类繁多。分子结构复杂的如纤维素、半纤维素、淀粉、脂类、果胶等，也有分子结构比较简单的有机酸类、醇类、单糖、双糖等。这些物质都能被微生物分解利用，只是发生作用的菌种不同，条件各异，其中包括一系列复杂生化反应，有多种酶类参加反应。

一、微生物分解有机质的一般途径

对于复杂有机物质，微生物首先通过其分泌于细胞外的胞外酶类使基质分解成简单的可溶性有机物，而后吸入细胞内加以利用。例如纤维素酶使纤维素水解为纤维二糖及葡萄糖，脂酶使脂肪分解为甘油与脂肪酸后被菌体吸收利用。由于微生物种类及所处条件不同，进入体内后分解转化过程亦各不相同。

在有氧条件下，好氧和兼性好氧微生物进行有氧呼吸。简单的有机物质经一系列生物氧化反应被彻底分解成 CO_2 和 H_2O，同时产生大量的 ATP，为微生物的生命活动提供能量。

在氧的供应很不充足时，兼性好氧微生物不能彻底氧化基质，而积累中间产物，甚至在氧的供应并不缺少时，由于氧化过程中个别反应的速度不一致时，亦可有某些中间产物暂时累积。例如，曲霉在利用蔗糖或葡萄糖时产生柠檬酸和草酸，根霉、毛霉等氧化己糖时累积延胡索酸，醋酸菌将醇类物质氧化成有机酸等，都是微生物不完全氧化作用的典型例子，且已被应用于工业生产。

在缺氧环境下，简单有机物质经无氧分解最终形成甲烷。这一过程首先通过初级发酵者产生各种发酵产物，如一些分子结构简单的有机酸类、醇类、H_2 和 CO_2 等。然后 H_2 和 CO_2 可以立即被产甲烷菌、同型乙酸菌消耗产生甲烷、乙酸。另外，发酵生成的甲醇、甲酸和乙酸等也可以由一些产甲烷菌转化为甲烷（图 7-2）。

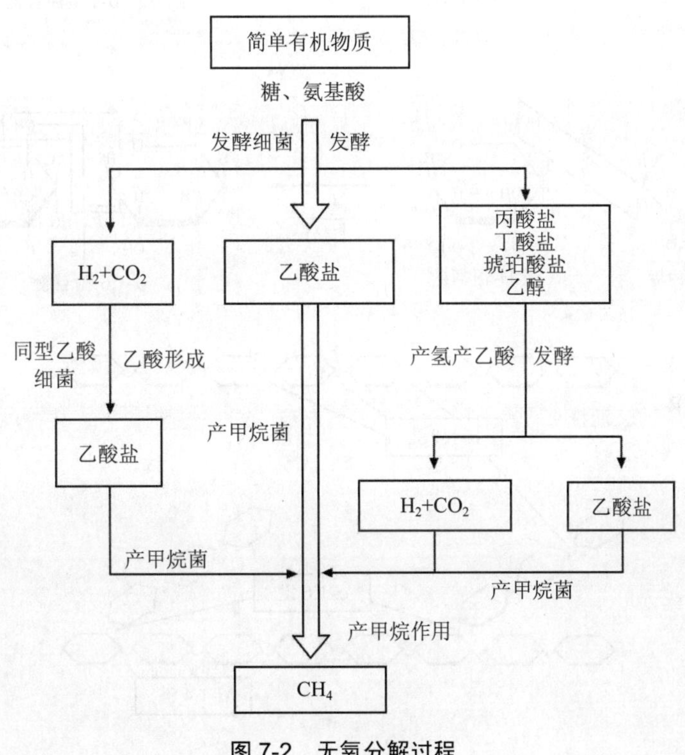

图 7-2　无氧分解过程

二、淀粉的转化

淀粉是植物细胞中贮藏性多糖物质，广泛存在植物种子（稻、麦、玉米等）、块根及块茎、干果（栗子、白果等）之中。凡是以上述物质作原料的工业废水，例如淀粉厂、酒厂废水，印染废水、抗生素发酵废水及生活污水等均含有淀粉。

（1）淀粉的种类　淀粉可分直链淀粉和支链淀粉两类。直链淀粉由葡萄糖分子脱水缩合，以α-D-1,4 葡萄糖苷键（简称α-1,4 糖苷键）组成不分支的链状结构，含有 300～400 个葡萄糖分子；支链淀粉中葡萄糖的结合方式，除α-1,4 糖苷键外还有α-1,6 糖苷键，所以支链淀粉具有很多分支。支链淀粉的分子较直链淀粉大，一般由 1 200 个或更多葡萄糖分子所组成。

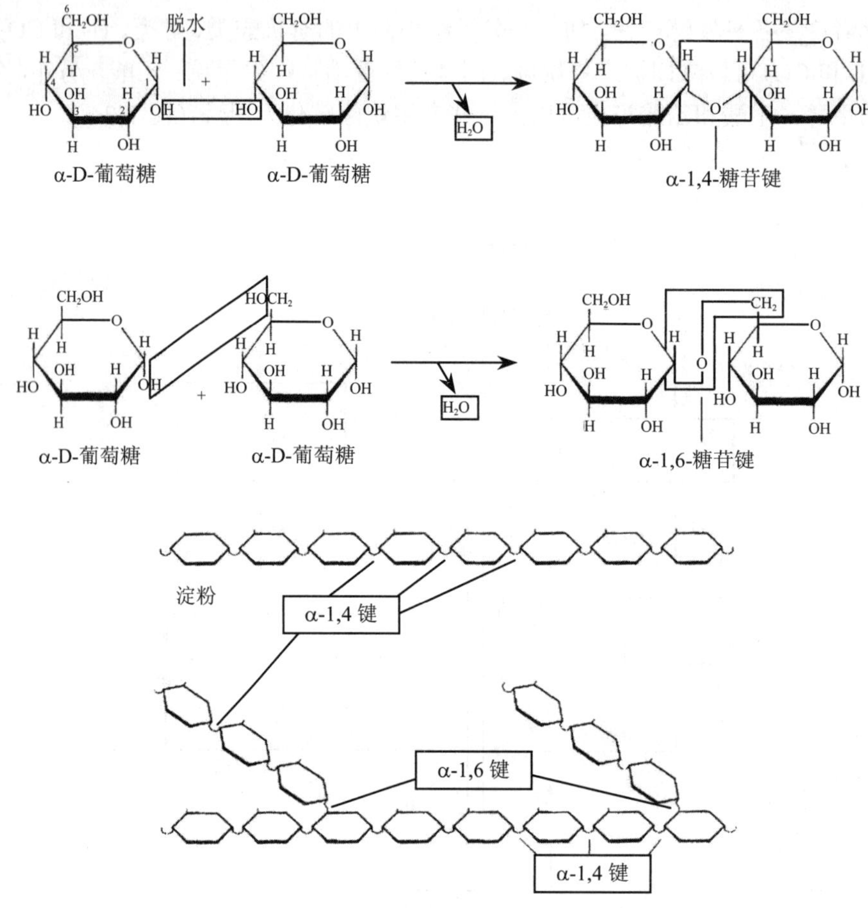

（2）淀粉的降解途径　淀粉是多糖，分子式为$(C_6H_{10}O_5)_{1200}$，在微生物作用下的分解过程如下：

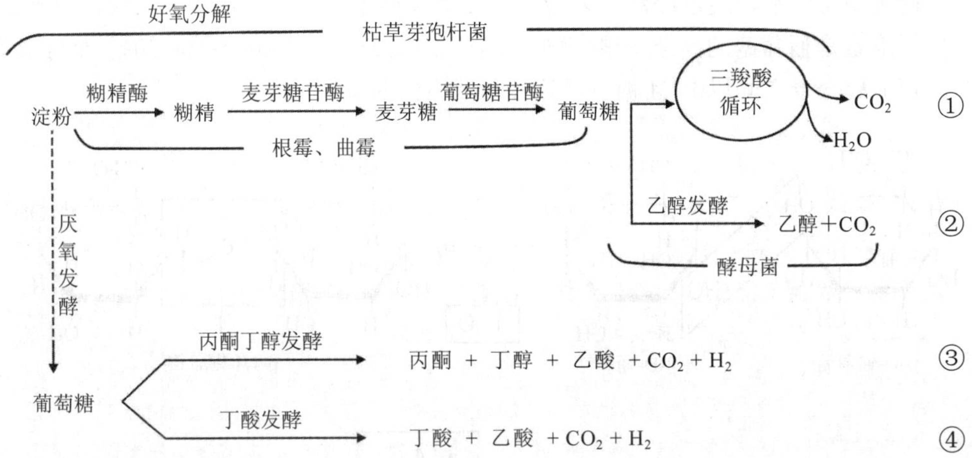

在好氧条件下，淀粉沿着①的途径水解成葡萄糖，进而酵解成丙酮酸，经三羧酸循环完全氧化为二氧化碳和水。在厌氧条件下，淀粉沿着②的途径转化，产生乙醇和二氧化碳。在专性厌氧菌作用下，沿③和④途径进行。

（3）降解淀粉的微生物　自然界中能分解淀粉的微生物很多，包括各种细菌、放线菌和真菌。途径①中，好氧菌有枯草芽孢杆菌（*Bacillus subtilis*）和根霉、曲霉等。枯草杆菌可将淀粉彻底分为二氧化碳和水；途径②中，作为糖化菌的根霉和曲霉先将淀粉转化为葡萄糖，接着酵母菌可将葡萄糖发酵为乙醇和二氧化碳；途径③中，由丙酮丁醇梭状芽孢杆菌（*Clostridium acetobutylicum*）和丁醇梭状芽孢杆菌（*Clostridium butylicum*）参与发酵；途径④中，由丁酸梭状芽孢杆菌（*Clostridium butyrieum*）参与发酵。

（4）参与降解淀粉的酶

①α-淀粉酶　它可以切断直链和支链中的α-1,4 糖苷键，主要生成含多个葡萄糖分子的，因其作用使淀粉黏度下降，故也称液化型淀粉酶。

②β-淀粉酶　它从直链或支链的一端切断α-1,4 糖苷键，每次切下两个葡萄糖分子，产物为麦芽糖及糊精。

③异淀粉酶　专门作用于直链和支链连接处的α-1,6 糖苷键。

④葡萄糖生成酶　它可自淀粉的一端开始，依次切下葡萄糖分子。

此外，微生物分解淀粉还可在磷酸化酶的催化下，将淀粉中的葡萄糖分子一个一个分解下来。

三、纤维素的转化

纤维素是植物细胞壁的主要成分，约占植物界含碳量的 50%，棉花含纤维素高达 90%，是自然界最纯的纤维素来源。在环境中纤维素比较稳定，只有在微生物的作用下，才被分解为简单的糖类。树木、农作物和以这些为原料的工业产生的废水，如：棉纺印染废水、造纸废水、人造纤维废水及城市垃圾等，均含有大量纤维素。

纤维素是葡萄糖的高分子聚合物，每个纤维素分子含 1 400～10 000 个葡萄糖单位，葡萄糖分子之间以β-1,4 糖苷键连接形成直的长链。

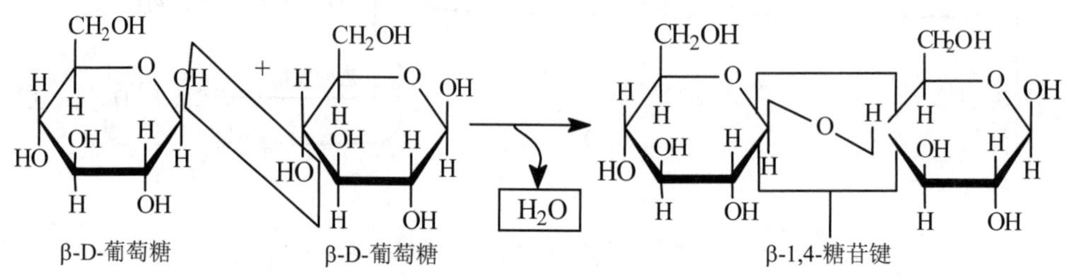

（1）纤维素的分解途径 纤维素在微生物酶的催化下沿下列途径分解：

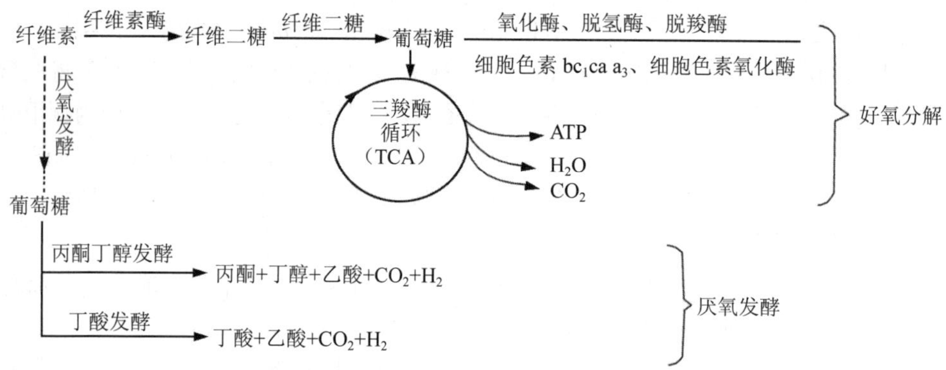

（2）分解纤维素的微生物 自然界中有许多微生物都能分解纤维素，其中以真菌的降解能力最强，主要有木霉、曲霉、青霉、根霉、镰刀霉和毛壳霉（*Vhactomium*）等；好氧细菌有纤维弧菌属（*Cellvibrio*）、纤维单胞菌属（*Cellulomonas*）、噬纤维菌属（*Cytophaga*）和生孢噬纤维菌属（*Sporocytophaga*）等；厌氧细菌有醋弧菌属（*Acetovibrio*）、拟杆菌属（*Bacteroides*）、梭菌属（*Clostridium*）和瘤胃球菌属（*Ruminococcus*）等；放线菌中有小单胞菌属（*Micromonospora*）、链霉菌属（*Streptomycess*）等。

（3）参与纤维素分解的酶 纤维素酶是一种诱导酶，如绿色木霉（*Trichoderma viride*）只有在纤维素、纤维二糖和葡萄糖为碳源时才能合成纤维素酶。纤维素酶包括内切葡萄糖酶、纤维二糖水解酶和β-葡萄糖苷酶。内切葡萄糖酶从纤维素直链内部切开β-1,4 糖苷键；再由纤维二糖水解酶从暴露的纤维素链末端切下二糖单位，最后由β-葡萄糖苷酶水解纤维二糖及纤维寡糖产生葡萄糖。

四、半纤维素的转化

半纤维素存在植物细胞壁中，含量仅次于纤维素。半纤维素的组成中含聚戊糖（木糖和阿拉伯糖）、聚己糖（半乳糖、甘露糖）及聚糖醛酸（葡萄糖醛酸和半乳糖醛糖）。造纸废水和人造纤维废水含半纤维素。土壤微生物分解半纤维素的速度比分解纤维素快。

（1）分解半纤维素的微生物　分解纤维素的微生物大多数都能分解半纤维素。许多芽孢杆菌、假单胞菌、节细菌及放线菌也能分解半纤维素。由于半纤维素所包括的化合物种类很多，半纤维素酶也各不相同。如木糖聚合成的木聚糖，由木聚糖酶水解，阿拉伯糖聚合成的阿拉伯聚糖，由阿拉伯聚糖酶水解。

（2）半纤维素的分解过程

半纤维素 —聚糖酶/H_2O→ 单糖 + 糖醛酸

好氧分解 → 经 EMP 途径 → TCA → ATP, CO_2+H_2O

厌氧分解 → 各种发酵产物

五、果胶质的转化

果胶质是构成高等植物细胞间质的物质，它使邻近的细胞壁相连。果胶质的主要组成是由 D-半乳糖醛酸以α-1,4 糖苷键构成的直链高分子化合物，其羧基与甲基脂化形成甲基酯。不含甲基酯的部分称为果胶酸。存在于植物体内的果胶质与多缩戊糖结合，不溶于水，称为原果胶。造纸、制麻的废水中多含有果胶质。

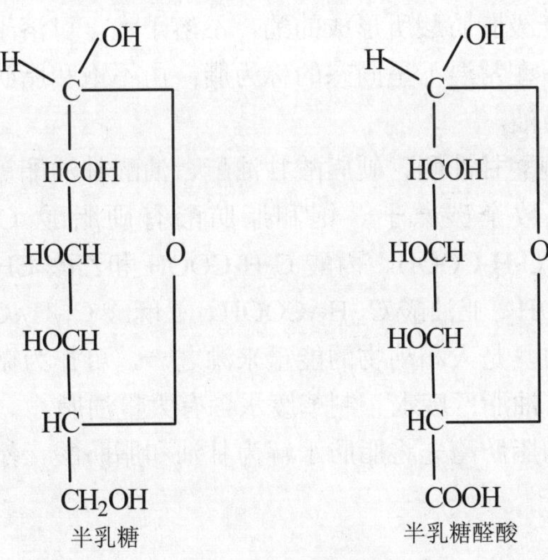

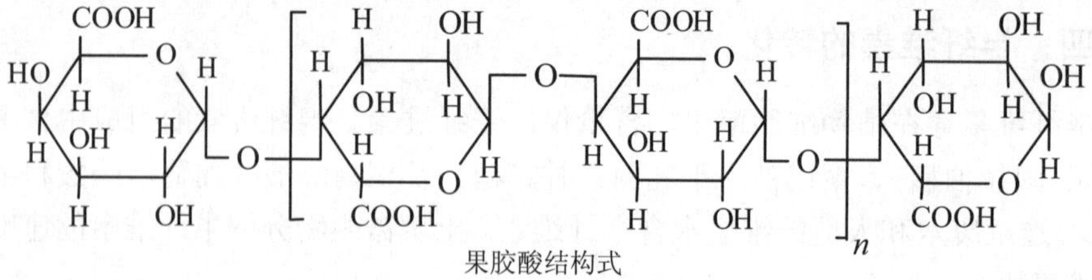

果胶酸结构式

（1）果胶质的水解过程如下：

原果胶+H_2O $\xrightarrow{\text{原果胶酶}}$ 可溶性果胶+多缩戊糖

可溶性果胶+H_2O $\xrightarrow{\text{果胶甲基酯酶}}$ 果胶酸+甲醇

果胶酸+H_2O $\xrightarrow{\text{多缩半乳糖酶}}$ 半乳糖醛酸

（2）水解产物的分解　果胶和多缩戊酸的水解产物被果胶分解微生物吸收后作为碳源和能源。在有氧条件下被氧化分解为二氧化碳和水；在厌氧条件下进行发酵，产物有丁酸、乙酸、醇类、二氧化碳和氢气。

（3）分解果胶质的微生物　好氧菌有枯草芽孢杆菌、多粘芽孢杆菌（*Bacillus polymyxa*）、浸软芽孢杆菌（*Bacillus macerans*）及不生芽孢的软腐欧氏杆菌（*Erwinia carotovora*）。厌氧菌有蚀果胶梭菌和费新尼亚浸菌。分解果胶的真菌有青霉、曲霉、木霉、根霉、毛霉，还有一些放线菌也能分解果胶。

六、脂肪的转化

脂肪是甘油和高级脂肪酸所形成的酯，不溶于水，可溶于有机溶剂。由饱和脂肪酸和甘油组成的，在常温下呈固态的称为脂；由不饱和脂肪酸和甘油组成的，在常温下呈液态的称为油。

脂肪主要有棕榈酸甘油酯、硬脂酸甘油酯、油酸甘油酯等。组成脂肪的天然脂肪酸几乎都具有偶数个碳原子。饱和脂肪酸有硬脂酸 $C_{17}H_{35}COOH$、棕榈酸 $C_{15}H_{31}COOH$、丁酸 C_3H_7COOH、丙酸 C_2H_5COOH 和乙酸 CH_3COOH；不饱和脂肪酸有油酸 $C_{17}H_{33}COOH$、亚油酸 $C_{17}H_{31}COOH$、亚麻酸 $C_{17}H_{29}COOH$。它们的混合物存在于动、植物体中，是人和动物的能量来源之一，可作为微生物的碳源和能源。毛纺、毛条厂废水、油脂厂废水、制革废水含有大量油脂。

微生物所产生的脂肪酶先将脂肪水解为甘油和脂肪酸，然后再进一步分解，其反应过程如下：

$$\begin{array}{l} CH_2—COOR_1 \\ | \\ CH—COOR_2 \\ | \\ CH_2—COOR_3 \end{array} \xrightarrow[\text{脂肪酶}]{3H_2O} \begin{array}{l} CH_2OH \\ | \\ CHOH \\ | \\ CH_2OH \\ \text{甘油} \end{array} + \begin{array}{l} R_1—COOH \\ R_2—COOH \\ R_3—COOH \\ \text{脂肪酸} \end{array}$$

（1）甘油的转化

$$\begin{array}{l} CH_2OH \\ | \\ HO—CH \quad \text{甘油} \\ | \\ CH_2OH \end{array}$$

$$\xrightarrow[\text{甘油激酶}]{ATP \rightarrow ADP}$$

$$\begin{array}{l} CH_2OH \\ | \\ HO—CH \quad \text{L-甘油-3-磷酸} \\ | \\ CH_2O—PO_3^{2-} \end{array}$$

$$\xrightarrow[\text{甘油 3-磷酸脱氢酶}]{NAD^+ \rightarrow NADH + H^+}$$

$$\begin{array}{l} CH_2OH \\ | \\ O{=}C \quad \text{磷酸二羟丙酮} \\ | \\ CH_2O—PO_3^{2-} \end{array}$$

磷酸二羟丙酮可经酵解成丙酮酸，再氧化脱羧生成乙酰 C_OA，进入三羧酸循环完全氧化为二氧化碳和水。磷酸二羟丙酮也可沿酵解途径逆行生成 1-磷酸葡萄糖。进而生成葡萄糖和淀粉。

（2）脂肪酸的β-氧化

脂肪酸通过β-氧化途径被分解。首先脂肪酸在脂酰硫激酶的作用下被激活为脂酰辅酶 A，然后脂酰辅酶 A 的α与β碳位之间的碳链断裂，生成乙酰辅酶 A 和碳链较原来少两个的脂酰辅酶 A。少两个碳原子的脂酰辅酶 A 可重复β-氧化，直至脂肪酸完全形成乙酰辅酶 A。乙酰辅酶 A 可进入三羧酸循环完全氧化成二氧化碳和水（图 7-3）。

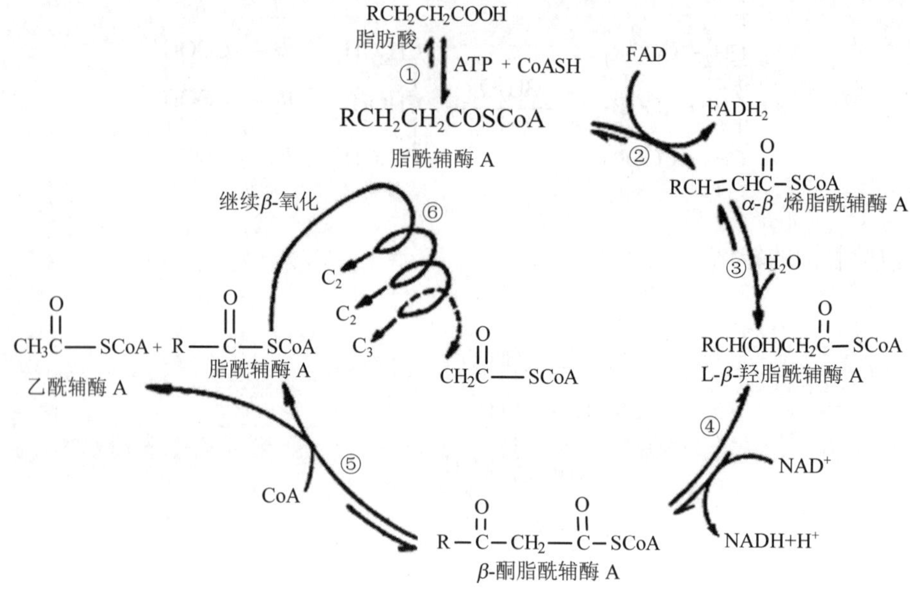

图 7-3 脂肪酸的β-氧化

如以硬脂酸为例，则 1 分子含 18 个碳原子的硬脂酸，需要经过 8 次β-氧化作用，全部降解为 9 分子乙酰辅酶 A，其总反应式如下：

$$\underset{\text{硬脂酸}}{CH_3(CH_2)_{16}COOH}+ATP+CoA-SH \xrightarrow[\text{脂酰磷激酶}]{\text{脂酰硫激酶}}$$

$$\underset{\text{硬脂酰辅酶 A}}{CH_3(CH_2)_{16}CO\sim SCoA}+AMP+PPi$$

$$CH_3(CH_2)_{16}CO\sim SCoA+8CoA-SH+8FAD^{+}+8NAD^{+}+8H_2O$$

$$\xrightarrow{\text{硬脂酰辅酶 A}} 8FADH_2+8NADH_2+\underset{\text{乙酰辅酶 A}}{9CH_3CO\sim SCoA} \rightarrow \text{TCA} \rightarrow ATP,\ H_2O,\ CO_2$$

1 分子硬脂酰辅酶 A 每经一次β-氧化作用，可产生 1 分子乙酰辅酶 A，1 分子 $FADH_2$ 和 1 分子 $NADH+H^{+}$。

1 分子乙酰辅酶 A 经三羧酸循环氧化产生	12 个 ATP
1 分子 $FADH_2$ 经呼吸链氧化产生	2 个 ATP
1 分子 $NADH+H^+$ 呼吸链氧化产生	3 个 ATP
总共产生	17 个 ATP
开始激活硬脂酸时消耗	−1 个 ATP
净得	16 个 ATP

18 碳硬脂酸在开始被激活时消耗了 1 个 ATP，故第一次β-氧化时获得 16 个 ATP，以后 7 次重复β-氧化时不再消耗 ATP，每次可净得 17 个 ATP，故 1 分子硬脂酸（$C_{17}H_{35}COOH$）被彻底氧化分解后可得到很高的能量水平，共得：$16+17\times7+12=147$ 个 ATP。

（3）分解脂类的微生物

分解脂类的微生物主要是好氧性微生物。细菌有许多种类如假单胞菌、分支杆菌、无色杆菌、芽孢杆菌和球菌等都有此作用，而荧光假单胞菌、铜绿假单胞菌等是其中最活跃的菌种。放线菌中有些种也具有分解脂类的能力。真菌中有青霉、曲霉、枝孢霉（*Cladosporium*）、粉孢霉（*Oidium*）等。厌氧性的梭菌，如产气荚膜梭菌也可以分解脂类物质。

七、木质素的转化

木质素是植物木质化组织的重要成分，含量仅次于纤维素和半纤维素，一般占植物干重的 15%～20%，木材中木质素占 30%。木质素在植物细胞中与纤维素紧密结合，当其含量为 40%时，纤维素难于分解。稻草秆、麦秆、芦苇和木材是造纸工业的原料，所以造纸工业废水中含大量木质素。木质素的化学结构复杂，一般认为是以苯环为核心带有丙烷支链的一种或多种芳香族化合物（例如苯丙烷、松伯醇等）经氧化缩合而成，其结构没有严格的顺序。木质素抗酸水解，用碱液加热处理后可形成香草醛和香草酸、酚、邻位羟基苯甲酸、阿魏酸、丁香酸和丁香醛。

分解木质素的微生物主要是担子菌纲中的干朽菌（*Merulius*）、多孔菌（*Polyporus*）、伞菌（*Agaricus*）等，镰刀霉、木霉、曲霉和青霉中的有些菌株也能分解木质素，此外，假单胞菌、节杆菌、黄杆菌和小球菌中也有一些菌株能分解木质素。

木质素被微生物分解的速率缓慢，如玉米秸进入土壤后经过六个月木质素仅减少 1/3。在好氧条件下微生物分解木质素比在厌氧条件下快，真菌分解木质素比细菌快。

八、烃类物质的转化

大多数生物体都含有或能产生少量烃类，如植物叶面的蜡质、某些动物表皮类脂质组分中的烃。石油中含有烷烃（30%）、环烷烃（46%）及芳香烃（28%）。现已发现不少微生物能利用烃类物质，如诺卡氏菌、假单胞菌、分枝杆菌以及某些酵母菌。它们多分布在有石油存在的地方。

烃是高度还原性的物质，微生物对烃的分解利用是一个绝对需氧过程。在缺氧条件下，烃类完全不受微生物影响。这也说明了地下沉积的石油为什么长期不致发生变化。微生物对烃的利用是将它们氧化成醇、醛、酸等物质，其氧化烃类过程中的许多中间产物和最终产物都是重要的工业原料，因而有重要的研究意义。从结构简单的气态烃到复杂的固态烃均可被不同微生物氧化分解。正烷烃较异烷烃易被氧化，较长链烷烃比短链烷烃易被氧化，微生物对环烷烃的氧化能力较差，芳香烃类型多样，微生物对芳香烃的作用方式较为复杂，而且特异性高，但可以得到许多有重要经济价值的产品，因而也是最有应用前途的。

1．正烷烃的氧化

微生物对正烷烃的氧化是通过加氧酶的作用，使分子氧加入形成氢过氧化物。氢过氧化物再被氧化成醇、醛、脂肪酸。生成醛及酸的过程需要 NAD^+参加，通过β-氧化途径继续氧化。偶数碳链的正烷烃生成乙酸，奇数碳链的正烷烃最后生成乙酸与丙酸。乙酸进入三羧酸循环而彻底氧化。

烷烃通式 C_nH_{2n+2}，可被微生物氧化。

$$R—CH_2—CH_3 \xrightarrow[+O_2]{+2H} R—CH_2—CH_2OH + H_2O$$

$$\downarrow -2H$$

$$\beta\text{-氧化} \longleftarrow R—CH_2—COOH \xleftarrow[+H_2O]{-2H} R—CH_2—CHO$$

氧化烷烃的微生物有甲烷假单胞菌（*Pseudomonas methanica*），分枝杆菌、头孢霉、青霉能氧化甲烷、乙烷和丙烷。

2．烯烃的转化

大多数烯烃比烷烃、芳烃都容易被微生物利用。微生物对烯烃的代谢主要是产生具有双键的加氧氧化物或环氧化物，最终形成饱和或不饱和的脂肪酸，然后再经β-氧化进入三羧酸循环而被完全分解：

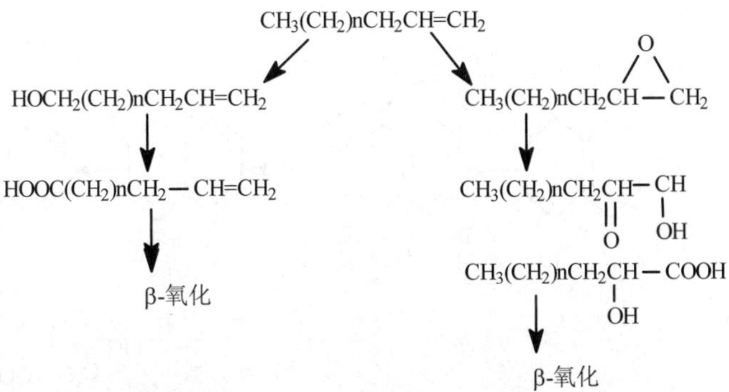

乙烯是一种主要的大气污染物。汽油燃烧时可产生乙烯。环境中某些微生物具有转化乙烯的能力。

3．芳香烃化合物的转化

芳香烃有酚、间甲酚、邻苯二酚、苯、二甲苯、异丙苯、异丙甲苯、萘、菲、蒽及 3,4-苯并芘等，炼油厂、煤气厂、焦化厂、化肥厂等的废水均含有芳香烃。它们在不同程度上被微生物分解。

酚和苯的分解菌有荧光假单胞菌、铜绿假单胞菌及苯杆菌。甲苯杆菌能分解苯、甲苯、二甲苯和乙苯。分解萘的细菌有铜绿假单胞菌、溶条假单胞菌、诺卡氏菌、球形小球菌、无色杆菌及分枝杆菌等。可以利用铜绿假单胞菌以萘为基质发酵谷氨酸。分解菲的细菌有菲杆菌、菲芽孢杆菌巴库变种、菲芽孢杆菌古里变种。荧光假单胞菌和铜绿假单胞菌、小球菌及大肠艾希氏菌能分解苯并（α）芘。

苯、萘的代谢途径如下：

（1）苯的代谢：

苯 → 邻苯二酚 $\xrightarrow{O_2}$ 己二烯二酸（HOOC—CH=CH—CH=CH—COOH） $\xrightarrow{2[H]}$ 酮基己二酸（HOOC—CH_2—CO—CH_2—CH_2—COOH） → 琥珀酸（CH_2—COOH / CH_2—COOH） + 乙酰辅酶 A（CH_3—CO～SCoA）

琥珀酸（CH_2—COOH / CH_2—COOH） + 乙酰辅酶 A（CH_3—CO～SCoA） $+ 5\frac{1}{2}O_2 \longrightarrow 6CO_2+3H_2O$

（2）萘的代谢：

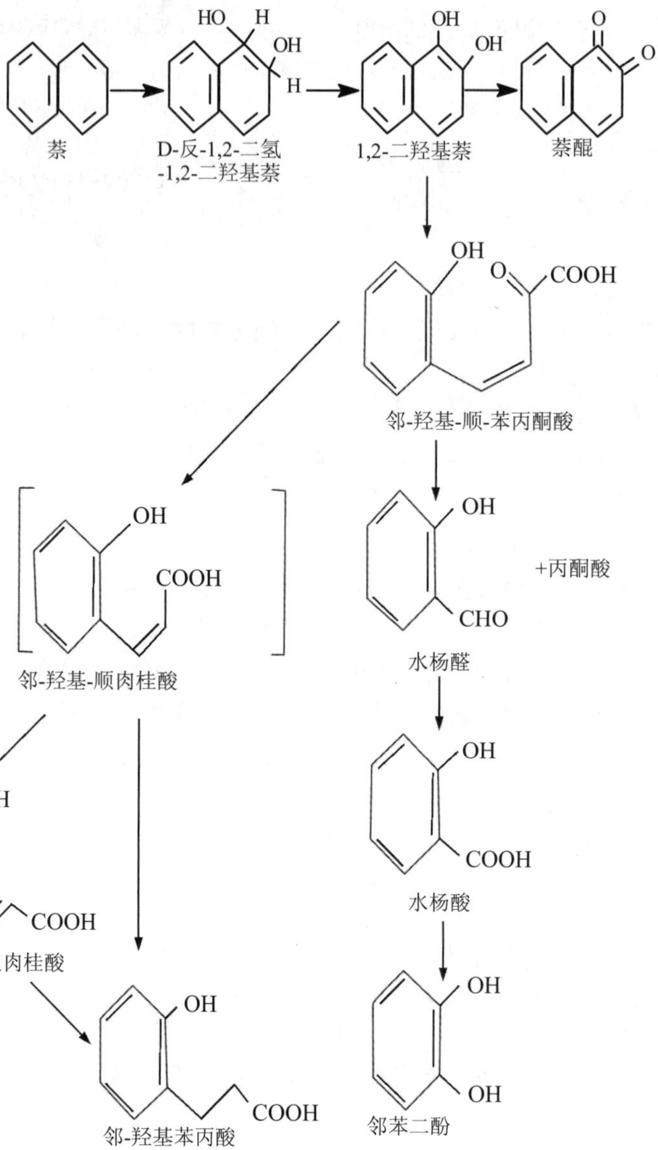

萘 → D-反-1,2-二氢-1,2-二羟基萘 → 1,2-二羟基萘 → 萘醌

1,2-二羟基萘 → 邻-羟基-顺-苯丙酮酸

邻-羟基-顺-苯丙酮酸 → [邻-羟基-顺肉桂酸]

邻-羟基-顺-苯丙酮酸 → 水杨醛 +丙酮酸 → 水杨酸 → 邻苯二酚

邻-羟基-顺肉桂酸 → 邻-羟基-反肉桂酸 → 邻-羟基苯丙酸

邻-羟基-顺肉桂酸 → 邻-羟基苯丙酸

第二节　氮循环

自然界氮素蕴藏量丰富，以三种形态存在：①分子态氮（N_2），存在于大气中，其含量为78%；②有机氮化合物，包括生物体中的蛋白质、核酸和其他含氮有机物，

以及死亡的生物残体进入土壤后转变为腐殖质等的有机氮化合物；③无机氮化合物（氨氮和硝酸氮）。尽管分子氮和有机氮数量多，但植物不能直接利用，只能利用无机氮。在微生物、植物和动物三者的协同作用下将三种形态的氮互相转化，构成氮循环，其中微生物起着重要作用。大气中的分子氮被根瘤菌固定后可供给豆科植物利用，还可被固氮菌和固氮蓝藻固定成氨，氨被硝化细菌氧化成硝酸盐，植物可吸收硝态氮和铵态氮，无机氮就转化成蛋白质、核酸等含氮有机物。使无机态氮转化为有机态氮。植物被动物食用后转化为动物蛋白。动、植物的尸体及人和动物的排泄物中的有机氮又被微生物转化成氨态氮，氨又被硝化细菌氧化成硝酸盐，又被植物吸收……无机氮和有机氮就是这样循环往复，如图 7-4 所示。

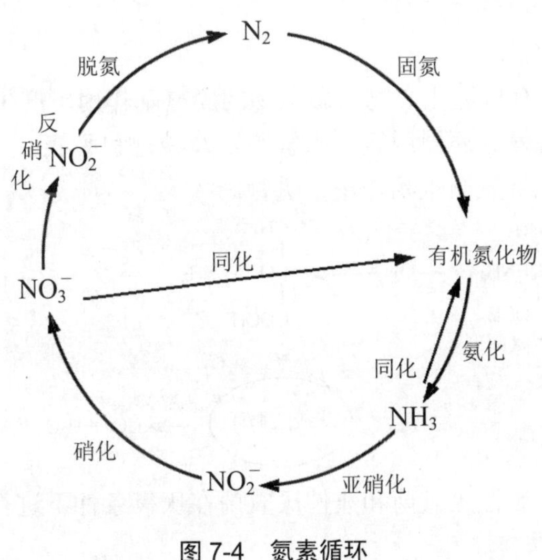

图 7-4　氮素循环

一、蛋白质的转化

1. 蛋白质水解

土壤中腐败的动、植物残体，含有蛋白质和氨基酸；生活污水、屠宰废水、罐头食品加工废水、乳品加工废水、制革废水及豆制品加工厂废水等均含有蛋白质和氨基酸。蛋白质分子量大，不能直接进入微生物细胞，在细胞外被蛋白酶水解成小分子肽、氨基酸后才能透过细胞膜被微生物利用。

蛋白质水解过程如下：

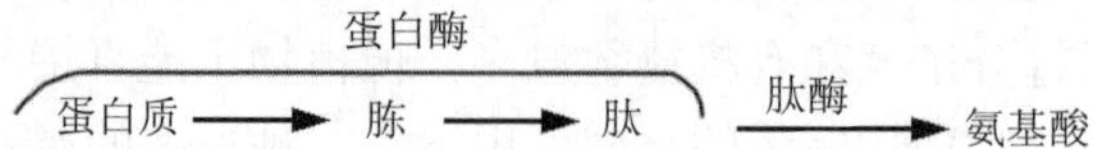

绝大多数的异养型微生物，都有不同程度的蛋白质分解能力。在自然界中它们分布很广，种类非常多。作用强的好氧细菌有枯草芽孢杆菌、巨大芽孢杆菌（*Bacillus megaterium*）、蕈状芽孢杆菌（*Bacillus mycoides*）和蜡状芽孢杆菌（*Bacillus cereus*）等；兼性厌氧菌有变形杆菌（*Proteus*）、假单胞菌（*Pseudomonas*）。厌氧菌有腐败梭状芽孢杆菌（*Bacillus espticus*）、生孢梭状芽孢杆菌（*Clostridium sporgenes*）。真菌有曲霉、毛霉和木霉等。此外，还有致病的链球菌（*Streptococcus*）和葡萄球菌（*Staphylococcus*）。

2．氨基酸转化

（1）脱氨作用　有机氮化合物在微生物的脱氨基作用下产生氨，称为氨化作用。脱氨的方式有氧化脱氨、还原脱氨、水解脱氨及减饱和脱氨。

①氧化脱氨　在好氧微生物作用下进行。

$$\underset{\text{丙氨酸}}{CH_3CHNH_2COOH} + \frac{1}{2}O_2 \longrightarrow CH_3COCOOH + NH_3$$

$$CH_3COCOOH \xrightarrow{+O_2} \text{三羧酸循环} \longrightarrow CO_2 + H_2O + ATP$$

②还原脱氨　由专性厌氧菌和兼性厌氧菌在厌氧条件下进行。

$$\underset{\text{甘氨酸}}{CH_2(NH_2)COOH} + 2H \xrightarrow{\text{梭状芽孢杆菌}} \underset{\text{乙酸}}{CH_3COOH} + NH_3$$

③水解脱氨　氨基酸水解脱氨后生成羟酸。

$$\underset{\text{丙氨酸}}{CH_3CHNH_2COOH} + H_2O \longrightarrow \underset{\text{乳酸}}{CH_3CHOHCOOH} + NH_3$$

④减饱和脱氨　氨基酸在脱氨基时，在α、β键减饱和成为不饱和酸。

$$\begin{array}{c} COOH \\ | \\ CH_2 \\ | \\ CHNH_2 \\ | \\ COOH \end{array} \longrightarrow \begin{array}{c} COOH \\ | \\ CH \\ \| \\ CH \\ | \\ COOH \end{array} + NH_3$$

天门冬氨酸 延胡索酸

以上经脱氨基后形成的有机酸和脂肪酸可在好氧或厌氧条件下，在不同的微生物作用下继续分解。

（2）脱羧作用 氨基酸脱羧作用多数由腐败细菌和霉菌引起，经脱羧后生成胺。其中的二元胺对人有毒，因此，肉类蛋白质腐败后不可食用，以免中毒。

$$CH_3CHNH_2COOH \longrightarrow CH_3CH_2NH_2 + CO_2$$

丙氨酸 乙胺

$$H_2N（CH_2）_4CHNH_2COOH \longrightarrow H_2N（CH_2）_4CH_2NH_2 + CO_2$$

赖氨酸 尸胺

二、尿素的转化

人、畜尿中含有尿素，印染工业的印花浆用尿素作膨化剂和溶剂，故印染废水含有尿素。在废水生物处理过程中，当缺氮时可加尿素补充氮源。尿素含氮 47%，能被许多细菌水解产生氨：

$$O=C\begin{array}{l} NH_2 \\ NH_2 \end{array} + 2\,H_2O \xrightarrow{\text{尿酶}} (NH_4)_2CO_3 \longrightarrow 2\,NH_3 + CO_2 + H_2O$$

用酚红可检验此反应，酚红变色范围在 pH 6.4～8.0，酸性时为黄色，碱性时为红色。当酚红呈红色时说明有氨产生。分解尿素作用特别强的细菌，称为尿素细菌，如尿小球菌（*Micrococcus ureae*）、尿八叠球菌（*Sporosarcina ureae*）。尿八叠球菌是球菌中唯一能形成芽孢的菌种。尿素分解时不放出能量，因而不能作碳源，只能作氮源。尿素细菌的碳源为单糖、双糖、淀粉及有机酸。

三、硝化作用

氨基酸脱下的氨，在有氧的条件下，经亚硝酸细菌和硝酸细菌的作用转化为硝酸，这一过程称为硝化作用。氨转化为硝酸的氧化必须有 O_2 参与，此过程可分两步进行：

$$2NH_3 + 3O_2 \longrightarrow 2HNO_2 + 2H_2O + 619\ kJ \quad (1)$$

$$2HNO_2 + O_2 \longrightarrow HNO_3 + 201\ kJ \quad (2)$$

（1）式由亚硝酸单胞菌属（*Nitrosomonas*）、亚硝酸球菌属（*Nitrosococcus*）及亚硝酸螺菌属（*Nitrosospira*）、亚硝酸杆菌属（*Nitrosolobus*）和亚硝酸弧菌属（*Nitrosovibrio*）等起作用；（2）式由硝化杆菌属（*Nitrobacer*）、硝化球菌属（*Nitrococcus*）起作用。亚硝酸细菌和硝酸细菌统称为硝化细菌，它们是严格好氧的无机化能营养菌，适宜在中性和偏碱性环境中生长，在低于 pH5 的土壤中基本没有硝化作用。

生活污水和工业废水如味精废水、赖氨酸废水等含有相当高浓度的氨氮，需要和有机物一起去除掉。先将氨氮转化为硝酸盐，再通过反硝化作用将硝酸氮还原成氮气溢出水面得以去除。

四、反硝化作用

自然界中包括土壤、水体、污水及工业废水都含有硝酸盐。植物、藻类及其他微生物把硝酸盐作为氮源。它们吸收硝酸盐，通过硝酸还原酶将硝酸还原成氨，由氨合成为氨基酸、蛋白质及其他含氮物质。兼性厌氧的硝酸盐还原细菌将硝酸盐还原成氮气，这叫反硝化作用。虽然反硝化作用在土壤和水体环境中经常发生，但在具体条件下这一作用能否进行及其强度决定于：①O_2是否存在；②有 NO_3 或其他氮氧化物作为氧化剂；③提供还原剂（有机营养性微生物需要有机碳，化能营养型需要 NH_3^+、HS^-或 S）；④存在反硝化细菌。

若在土壤发生反硝化作用会使土壤肥力降低；若在污水生物处理系统中的二次沉淀池发生反硝化作用，产生的氮气由池底上升逃逸到水面时会把池底的沉淀污泥带上浮起，使出水含有多量的泥花，影响出水的水质。有些污水经生物处理后出水硝酸盐含量高，在排入水体后，一方面水体缺氧发生反硝化作用，会产生致癌物质亚硝酸胺，造成二次污染，危害人体健康；另一方面硝酸盐含量高会引起水体的富营养化。因此，硝酸盐必须在生物处理过程中去除掉。可采用脱氮工艺—A/O 等系统脱氮后，处理水排入水体才可保证水体安全。可见，反硝化作用在废水生物处理中是起积极作用的。具体内容见第八章。

反硝化作用通常有三种结果：

（1）大多数细菌、放线菌及真菌利用硝酸盐为氮素营养，通过硝酸还原酶的作用将硝酸还原成氨，进而合成氨基酸、蛋白质和其他含氮物质。

$$\begin{array}{ccccccccccc} HNO_3 & \xrightarrow{+2[H]} & HNO_2 & \xrightarrow{+2[H]} & HNO & \xrightarrow{+H_2O} & HN(OH)_2 & \xrightarrow{+2[H]} & NH_2OH & \xrightarrow{+2[H]} & NH_3 \\ \downarrow & & \downarrow & & & & \downarrow & & \downarrow & & \\ H_2O & & H_2O & & & & H_2O & & H_2O & & \end{array}$$

（2）反硝化细菌（兼性厌氧菌）在厌氧条件下，将硝酸还原为氮气。

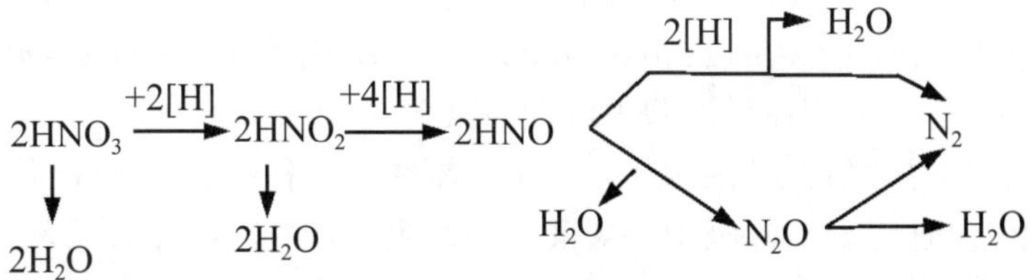

（3）硝酸盐还原为亚硝酸。

$$HNO_3+2[H] \longrightarrow HNO_2+H_2O$$

五、固氮作用

使氮作为氮源而利用的过程称为固氮作用，它仅仅是某些微生物的一种特性。在此过程中分子氮被转化为氨，进而合成为有机氮化合物。固氮微生物有好氧的，也有厌氧的，还有一些只有与某些植物共生时才能固氮。

由氮气转化氨是在固氮酶催化下进行的：

$$\text{酶}—N\equiv N \xrightarrow[2H^+]{2e^-} \text{酶}—N=N \xrightarrow[2H^+]{2e^-} \text{酶}—N—N \xrightarrow[2H^+]{2e^-} 2NH_3+\text{酶}$$

由于 N≡N 三键的稳定性，分子氮是比较惰性的，它的活化是一个非常耗能的过程。不同固氮微生物平均计算：每还原 1 mol 氮为 2 mol 的氨，需要消耗 24 molATP。在自然界中，氮的固定作用具有高还原性，此过程可被氧抑制，因为固氮酶在 O_2 存在下会不可逆的失活。好氧固氮菌为了在生长过程中同时固氮，它们在生长的进化过程中形成了保护固氮酶的防氧机制，使固氮作用正常进行。例如，固氮蓝细菌的固氮作用是在异形细胞内进行的。

好氧的固氮微生物有根瘤菌、圆褐固氮菌、黄色固氮菌、雀稗固氮菌、拜叶林克氏菌属（*Beijerinckia*）和万氏固氮菌（*Azotobacter vinelandii*）。它们可利用各种糖、醇、有机酸为碳源，分子氮 N_2 为氮源。当供给 NH_3、尿素和硝酸盐时固氮作用停止。在含糖培养基中形成荚膜和黏液层，细胞大，杆状或卵圆形，有鞭毛，革兰氏染色阴性反应。适于中性和偏碱性环境中生长，pH 6 以下不生长。在较低氧分压条件下，更有利于固氮作用，每消耗 1 g 糖可固定 10～20 mg 氮。巴氏固氮梭菌（*Clostridium pasterianum*）为厌氧的固氮菌，它每消耗 1 g 糖可固定 2～3 mg 氮，革兰氏染色为阳性。此外，硫酸还原菌也能进行固氮作用。

光合细菌例如红螺菌属（*Rhodospirillum*）、小着色菌（*Coromatium minus*）及绿菌属（*Chlorobium*）等在光照下厌氧生活时也能固氮。固氮蓝藻（蓝细菌）较多见的有异形胞的固氮丝状蓝藻，例如鱼腥藻属（*Anabuena*）、念珠藻属（*Nostoc*）、柱孢藻属（*Cylindrospernum*）、单歧藻属（*Tolypothrix*）、颤藻属（*Oscillatoria*）、拟鱼腥藻属（*Anabaenopsis*）、眉藻属（*Calothrix*）、织线藻属（*Plectonema*）和席藻属（*Phormidium*）等。它们在异形胞中进行固氮。

厌氧固氮菌是通过发酵碳水化合物至丙酮酸的过程中合成 ATP 提供固氮所需。好氧固氮菌则是通过好氧呼吸由三羧酸循环产生 $FADH_2$、NADH 等经电子传递链产生 ATP。N_2 转化成 NH_3 需要供给 6 个电子，在电子传递链中，每一步只传递 2 个电子，要三次连续电子传递才能满足需要。

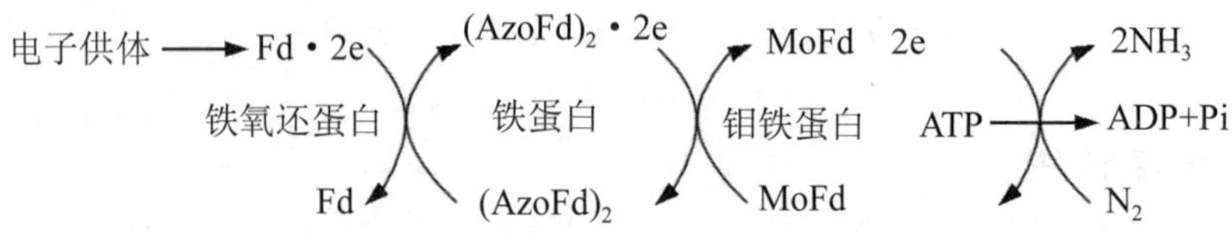

第三节 硫循环

硫是生物体合成蛋白质以及某些维生素和辅酶的必需元素。硫素不足，影响氮的同化，从而影响植物蛋白质的合成与生长。在自然界中硫有三态：元素硫、无机硫化物及含硫有机化合物。这三者在化学和生物作用下相互转化着，构成硫的循环（图 7-5）。环境中硫酸盐的来源或是化学作用产生，或来自废水，或是硫细菌氧化硫或硫化氢产生。硫酸盐被植物、藻类吸收后转化为含硫有机化合物，如含—SH 基的蛋白质，在厌氧条件下进行腐败作用产生硫化氢，硫化氢被无色硫细菌氧化为硫，并进一步氧化为硫酸盐，硫酸盐在厌氧条件下，被硫酸盐还原菌（例如脱硫弧菌）还原为硫化氢，硫化氢又能被光合细菌用作供氢体，氧化为硫或硫酸盐。自然界的硫就是这样往复循环着。

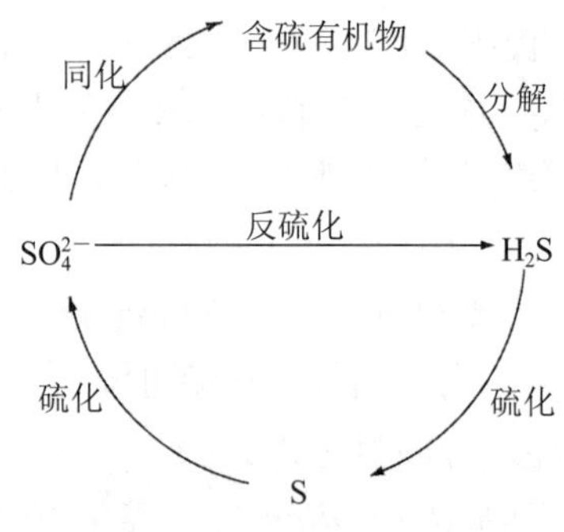

图 7-5 硫的循环

一、含硫有机物的转化

动、植物和微生物机体中含硫有机物主要是蛋白质。土壤中分解含硫有机物的微生物种类很多，一般能引起含氮有机物分解的氨化微生物，许多腐生性细菌、放线菌和真菌都能分解含硫有机物产生硫化氢。微生物分解蛋白质中的含硫氨基酸（蛋氨酸、半胱氨酸和胱氨酸）时，既产生硫化氢也产生氨。例如，普通变形杆菌（*Proteus vulgaris*）水解半胱氨酸可产生氨和硫化氢。

$$\underset{\text{半胱氨酸}}{\begin{array}{l}COOH\\ |\\ CHNH_2\\ |\\ CH_2SH\end{array}} + 2H_2O \xrightarrow{\text{变形杆菌}} CH_3COOH + HCOOH + NH_3 + H_2S$$

含硫有机物如果分解不彻底，会有硫醇如硫甲醇（CH_3SH）暂时累积，但进一步的转化后仍形成硫化氢。土壤中积累硫化氢较多时，对植物根部有毒害作用。然而硫化氢可继续氧化生成硫酸盐，为植物的生长提供硫素养料。

二、无机硫化物的转化

（一）硫化作用

在有氧条件下，含硫有机化合物分解所产生的硫化氢，以及土壤中的元素硫或硫的其他不完全氧化物通过微生物的作用最后生成硫酸，这个过程称为硫化作用。参与硫化作用的微生物有硫化细菌和硫磺细菌。

1．硫化细菌

硫杆菌属（*Thiobacillus*）是硫化细菌的主要代表，为革兰氏阴性杆菌，从氧化硫化氢、元素硫、硫代硫酸盐及亚硫酸盐等中获得能量，并产生硫酸。它们多半在细胞外积累硫，硫化细菌体内还未发现有硫磺小滴，硫被继续氧化为硫酸，使环境pH下降至2以下。硫杆菌广泛分布于土壤、河沟、湖底、海洋沉淀物、矿山排水沟中，有好氧的氧化硫硫杆菌（*Thoibacillus thiooxidans*）、排硫杆菌（*Thiobacillus thioparus*）、氧化亚铁硫杆菌（*Thiobacillus ferrooxidans*）、新型硫杆菌（*Thiobacillus novellus*）等，还有兼性厌氧的脱氮硫杆菌（*Thiobacillus denitrificans*）。生长最适温度在28～30℃。有些菌种能在强酸条件下生长，例如氧化硫硫杆菌最适pH为2.0～3.5，在pH为1～1.5仍可生长，但在pH为6以上不生长；氧化亚铁硫杆菌的最适pH为2.5～5.8；有些种适宜于中性和偏酸性条件下生长，如排硫杆菌。各种硫化细菌氧化硫化物的化学反应式如下：

（1）氧化硫硫杆菌　为专性自养菌，氧化元素硫能力强、迅速。

$$2S+3O_2+2H_2O \longrightarrow 2H_2SO_4+能量$$

$$Na_2S_2O_3+2O_2+H_2O \longrightarrow Na_2SO_4+H_2SO_4+能量$$

$$2H_2S+O_2 \longrightarrow 2H_2O+2S+能量$$

（2）氧化亚铁硫杆菌　从氧化硫酸亚铁、硫代硫酸盐中获得能量，还能将硫酸亚铁氧化成硫酸高铁：

$$4FeSO_4+O_2+2H_2SO_4 \longrightarrow 2Fe_2(SO_4)_3+2H_2O$$

硫酸及硫酸高铁溶液是有效的浸溶剂，可将铜、铁等金属转化为硫酸铜和硫酸亚铁从矿物中流出。

$$FeS_2+7Fe_2(SO_4)_3+8H_2O \longrightarrow 8H_2SO_4+15FeSO_4$$

$$Cu_2S+2Fe_2(SO_4)_3 \longrightarrow 2CuSO_4+4FeSO_4+S$$

反应生成的 $CuSO_4$ 与 $FeSO_4$ 溶液通过置换、萃取、电解或离子交换等方法回收金属。这种通过硫化细菌的生命活动产生硫酸高铁将矿物浸出的方法叫微生物湿法冶金或微生物沥滤。

2．硫磺细菌

将硫化氢氧化为硫，并将硫粒积累在细胞内的细菌，通称为硫磺细菌。它们包括丝状硫磺细菌和光能自养的硫细菌。

（1）丝状硫磺细菌　氧化硫化氢为元素硫的丝状细菌有贝日阿托氏菌属（*Beggiatoa*）、透明颤菌属（*Vitreoscilla*）、辫硫菌属（*Thioploc*a）、亮发菌属（*Leucothrix*）和发硫菌属（*Thiothrix*）。除透明颤菌和亮发菌外，其他的均能将硫粒累积在细胞内。当环境中缺乏硫化氢时，它们就将积累的硫粒氧化为硫酸，从中取得能量。其中透明颤菌和亮发菌为好氧型，贝日阿托氏菌、发硫菌和辫硫菌为微量耗氧型菌，为混合营养型。均为革兰氏阴性菌。

贝日阿托氏菌、发硫菌、辫硫菌属、亮发菌及透明颤菌属五种丝状硫细菌在生活污水和含硫工业废水的生物处理过程中出现，与活性污泥丝状膨胀有密切关系。当曝气池溶解氧在 1 mg/L 以下时，硫化物含量较多，贝日阿托氏菌和发硫菌过度生长引起活性污泥丝状膨胀。它们氧化硫化氢为硫酸的过程如下：

$$2H_2S+O_2 \longrightarrow 2S+2H_2O+能量$$

$$2S+2H_2O+3O_2 \longrightarrow 2SO_4^{2-}+4H^++能量$$

$$FeS_2+5O_2+2H_2O \longrightarrow FeSO_4+2H_2SO_4+能量$$

（2）光能自养硫细菌　这类细菌含细菌叶绿素，在光照下，将硫化氢氧化为元素硫，在体内累积硫粒或体外累积硫粒。

（二）反硫化作用

土壤淹水、河流、湖泊等水体处于缺氧状态时，硫酸盐、亚硫酸盐、硫代硫酸盐和次亚硫酸盐在微生物的还原作用下形成硫化氢，这种作用就叫反硫化作用，亦叫硫酸盐还原作用。例如，脱硫弧菌（*Desulfovibrio desulfuricans*）利用葡萄糖和乳糖还原硫酸盐的过程如下：

$$\underset{\text{葡萄糖}}{C_6H_{12}O_6} + 3H_2SO_4 \longrightarrow 6CO_2 + 6H_2O + 3H_2S + \text{能量}$$

$$\underset{\text{乳酸}}{2CH_3CHOHCOOH} + H_2SO_4 \longrightarrow \underset{\text{乙酸}}{2CH_3COOH} + 2CO_2 + H_2S + 2H_2O$$

以上两反应式均产生硫化氢，但脱硫弧菌氧化乳酸不彻底，有有机物（乙酸）积累。

在混凝土排水管和铸铁排水管中，如果有硫酸盐存在，管的底部则常因缺氧而产生硫化氢。硫化氢上升到污水表层（或溢出空气层），与污水表面溶解氧相遇，硫化氢被硫化细菌或硫黄细菌氧化为硫酸。再与管顶部的凝结水结合，使混凝土管和铸铁管受到腐蚀。为了减少对管道的腐蚀，除要求管道有适当的坡度，使污水流动畅通外，还要加强管道的维护工作。

河流、海岸港口码头钢柱的腐蚀是硫酸盐和硫化氢腐蚀的结果。在建造码头前，要测表面水、中部水和底部泥层中每毫升水或每克土含硫酸盐还原菌的个数，判定硫酸盐污染的严重程度，从而制定防腐措施。一般是通电提高氧化还原电位，达到防腐蚀。

第四节　磷循环

元素磷在生物体内主要存在于核苷酸和细胞膜中，同时磷酸在生物的物质代谢和能量代谢中也发挥着重要作用，因此，磷是所有生物细胞必不可少的元素。在生物圈中，磷主要以三种状态存在：①在生物体内与有机分子结合；②以可溶解状态存在于水溶液中；③不溶解的磷酸盐大部分存在于沉积物中。磷的循环主要在土壤、植物和微生物之间进行（图 7-6）。微生物在其中起着重要作用，它既参加了无机磷化物的溶解和有机磷化物的矿化作用，也参加了可溶性磷的同化作用。磷循环也受温度、pH 等环境条件的影响，例如，水体中无机磷浓度常随季节波动，秋季水温逐渐下降，藻类死亡后被异养微生物分解，无机磷浓度上升，释放出的无机磷待来年气温转暖，水温合适后又被细菌和藻类同化，使无机磷的浓度下降。

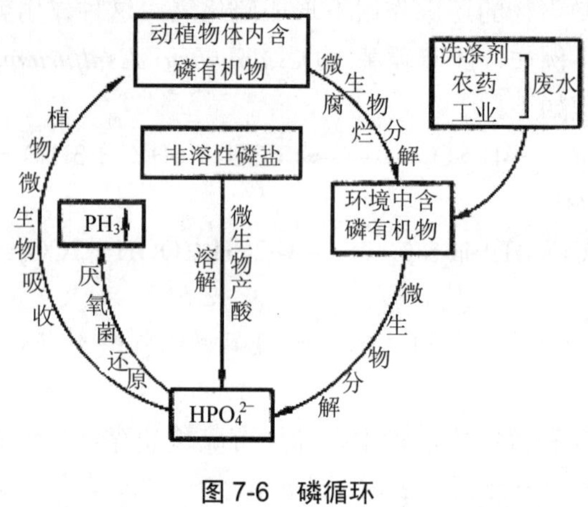

图 7-6 磷循环

一、含磷有机物的转化

在大多数土壤中，有机磷的含量约占总磷量的 30%～50%。主要有三种类型：①核酸及其衍生物；②磷脂；③植素。核酸的水解产物为核糖、磷酸和碱基，碱基进一步分解为尿素；磷脂的水解产物为甘油、脂肪酸、磷酸和胆碱等；植素是由植酸（肌醇六磷酸酯）和钙、镁结合而成的盐类，在土壤中分解很慢。

细菌、放线菌和真菌等都能分解有机磷。有机磷的矿化作用是伴随着有机硫和有机氮的矿化作用同时进行的，生成的磷酸可与土壤中的钙、铁离子结合形成不溶解的磷酸盐。在天然水体中，异养微生物的活动使有机磷迅速分解，有利于营光合作用的细菌和藻类吸收磷进行生长。水体中的有机磷沉降到底泥后，厌养微生物的活动使之转化为无机磷，大部分与各种金属离子结合形成不溶性的磷酸盐。

二、无机磷化合物的转化

地球上大部分磷以不溶的形式存在于土壤、水体的沉积物和岩石中。部分微生物在代谢过程中产生的硝酸、硫酸和有机酸可使难溶磷酸盐中的磷释放出来。微生物和植物在生命活动中释放出的 CO_2，溶于水生成 H^++HCO_3^-也有同样的作用。

$$Ca_3(PO_4)_2+2CH_3CHOHCOOH \longrightarrow 2CaHPO_4+Ca(CH_3CHOHCOO)_2$$

$$Ca_3(PO_4)_2+2H_2SO_4 \longrightarrow Ca(H_2PO_4)_2+2CaSO_4$$

可溶性磷酸盐被植物、藻类以及微生物吸收利用，成为生物细胞的组分。有些微生物在好氧条件下能聚合磷酸盐，作为能源和磷源的储藏物。无色杆菌属（*Achromobacter*）中有的菌种具有磷酸酶，能溶解磷酸三钙和磷矿粉。

在厌氧环境中，如果没有氧、硝酸盐和硫酸盐等物质作为电子受体时，微生物可能以磷酸盐物质作为最终电子受体进行无氧呼吸，使磷酸盐还原成磷化氢或分解含磷有机物产生磷化氢。目前的研究表明只有在有机物非常丰富的底泥或沼泽中有可能产生微量的磷化氢。

第五节　金属的转化

金属作为地壳的天然结构成分而存在于环境中，如汞、砷、铅、锡、锑、铜、镉、铬、镍和钒等，一般不会对人类产生危害。但是，由于人类的活动，如燃烧燃料、施用农药、采矿、冶金等，导致大量的金属以多种方式进入我们生存的环境，对人类产生有害的影响，如含有大量重金属的鱼类，被砷污染的饮用水等，都会引起人中毒。

微生物具有适应金属化合物而生长并代谢这些物质的活性。微生物的生长需要各种金属元素，作为细胞和酶的组成部分，有的微生物利用金属化合物作为能量的来源进行生长，有的微生物利用金属作为电子受体进行代谢活动。微生物对金属的转化不仅包括金属价态的改变，而且包括金属的有机化和有机金属化合物的无机化。微生物使金属形态的变化会影响金属的生物毒性，也会影响金属的水溶性、挥发性等理化性质，从而影响金属的地球生物化学循环，对人类产生有利或有害的影响。微生物对金属的转化可以用来进行微生物冶金，也可以进行金属污染的生物修复。

一、汞的转化

汞是室温下唯一的液体金属，是严重危害人体健康的环境毒物。汞在自然界以金属汞、有机汞和无机汞三种形态存在。它们被广泛应用于各种工业中，例如电器制造业、涂料工业、氯碱工业、仪表制造、农药、防腐剂、制药、造纸等行业。据估计，世界汞的产量每年大约在 9 000 t 以上。这些汞和汞化物，大部分最终会进入到环境中从而形成污染。

上述各种形态的汞，均具毒，但毒性大小不同。气态汞较元素汞具有高毒性，一价汞毒性较二价汞低，但人体组织和红细胞能将一价汞氧化为毒性高的二价汞，而烷基汞是高毒性的汞化物，如甲基汞的毒性比无机汞高 50～100 倍。此外，甲基汞、乙基汞和丙基汞等有机汞均为脂溶性的，容易以扩散的方式进入生物体的细胞和组织并积累。1953—1961 年日本的“水俣病”，即因该地渔民长期食用含甲基汞的鱼类而致毒，表现为神经紊乱等症状，重则丧生，造成闻名世界的“水俣病事件”。

微生物参与各种形态汞的转化主要有以下两种途径。

1．甲基化作用

有些微生物，能将无机汞经甲基化作用而生成甲基汞（一甲基汞或二甲基汞），这一过程往往与甲基钴氨素有关。甲基钴氨素是钴氨素的衍生物，钴氨素即维生素

B_{12}，是一种辅酶，许多微生物都含有。甲基钴胺素作为一种甲基传递体，能使金属离子甲基化。

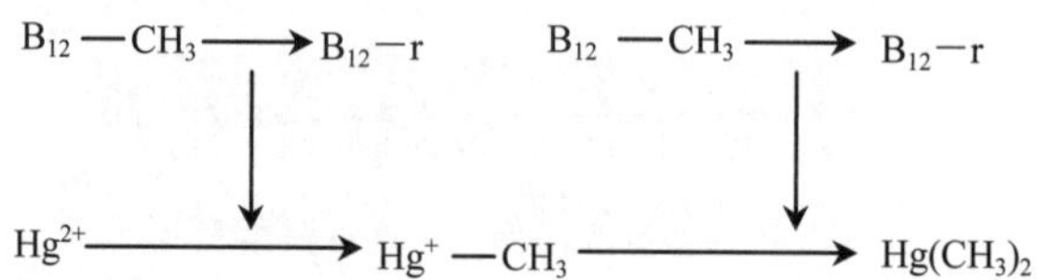

实验指出，在厌氧条件下培养基中加有钴胺素（维生素 B_{12}）及半胱氨酸时，能促进匙形梭菌（*Clostridium cochlearium*）生成甲基汞的作用。实验室内，不论在有氧与无氧条件下均可进行此种甲基化作用。已报道的微生物有：厌氧性微生物如某些产甲烷菌、匙形梭菌（*Clostridium*）；需氧性微生物中如草分枝杆菌（*Mycobacterium phlei*）、荧光假单胞菌（*Pseudomonas fluorescens*）、大肠埃希氏菌、产气肠杆菌以及巨大芽孢杆菌等。真菌中曾报道过的有黑曲霉、短柄帚霉（*Scopulariopsis brevicaulis*）、酿酒酵母（*Saccharomyces cerevisiae*）、粗糙链孢霉（*Neurospora crassa*）等。

哺乳动物肠道细菌亦可能生成甲基汞。曾经从大鼠肠道内分离得到乳杆菌、链球菌、大肠埃希氏菌、厌氧杆菌等，其中以大肠埃希氏菌使汞的甲基化作用最强。1975 年曾报道，人体中分离得到的葡萄球菌、链球菌、大肠埃希氏菌、酵母菌等并包括某些厌氧菌在内，其中大多数能合成甲基汞。

2．还原作用

自然界中存在着另一类能使有机汞或无机汞还原为元素汞的微生物，统称之为抗汞微生物。其还原过程为：

$$CH_3Hg^+ + 2H^+ \longrightarrow Hg + CH_4 + H^+$$

$$HgCl_2 + 2H^+ \longrightarrow Hg + 2HCl$$

抗汞微生物中以假单胞菌属为常见。如日本分离得到的 *Pseudomonas* K62，是典型的抗汞菌，可使甲基汞还原，该菌具有红色非水溶性色素，对有机汞具有很强的耐受性。吉林医学院等研究部门从松花江底泥表层中分离筛选、驯化出三株使甲基汞还原的假单胞菌，经实验证明，其清除氯化甲基汞的效率较高，对 1×10^{-6} 和 5×10^{-6} 的 CH_3HgCl 清除率接近 100%，对 10×10^{-6} 和 20×10^{-6} 的 CH_3HgCl 清除率达 99%。此外，大肠埃希氏菌也能将 $HgCl_2$ 还原生成 Hg。

利用抗汞微生物还原汞的特点，可回收利用元素汞。例如，日本提出利用 *Pseudomonas* K62 吸收含汞废水中的甲基汞、乙基汞、硝酸汞、乙酸汞和硫酸汞等水溶性汞化物，使之还原成元素汞，然后收集菌体，将菌体内的元素汞一部分蒸发，用活性炭吸收，另一部分汞沉淀在反应器底部加以回收，元素汞的回收率可达 80% 以上，菌体可重复使用三次。图 7-7 所示为自然界汞的循环。

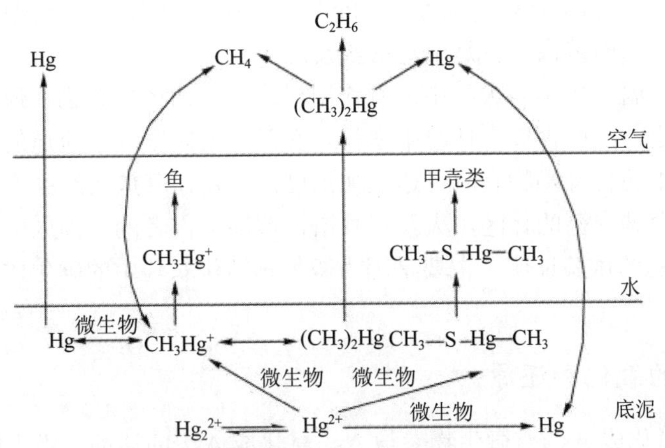

图 7-7 自然界汞的循环

二、砷的转化

砷是人体所必需的元素，它是自然界广泛存在的有毒物质，几乎所有的土壤中都存在砷，地壳中砷的平均含量为 5 mg/kg。自然界中的砷多为五价，污染环境中的砷多为三价无机化合物，生物体内的砷多为有机化合物。污染环境中的砷主要来源于化工、冶金、炼焦、发电、燃料、玻璃、皮革和电子等工业的三废。

水生生物一般对砷有较强的富集能力，有些生物的富集系数可达 3 300。砷的毒性不仅取决于它的浓度，也取决于它的化学形态。元素砷基本无毒，砷化物具有不同的毒性，含三价砷的亚砷酸盐的毒性比含五价砷的砷酸盐更大，因为亚砷酸盐能与蛋白质中的巯基反应。工业生产中，砷大部分以三价态存在，这就增加了砷在环境中的危险性。在有机砷化物中三甲胂是对人具有高毒性的物质。

（一）砷的甲基化和脱甲基化

在国外曾有过报道，一些含有砷化物的墙纸在潮湿季节生长霉菌，产生带大蒜气味的挥发性气体，从而使人中毒的事例，引起了人们的关注。后来研究得知，该气体物质为三甲胂。

土壤和底泥中的无机砷化物在微生物的作用下，会发生砷的甲基化，形成甲基胂酸盐、甲基亚胂酸盐、一甲基胂、二甲基胂、三甲基胂，后三种有机砷的沸点比较低，具有挥发作用。有机砷也可在微生物的作用下，脱甲基形成无机砷，一甲基胂可转化为砷化氢。

能引起甲基化作用的微生物颇多，细菌如甲烷杆菌属（*Methanobacterium*）和脱硫弧菌（*Desulfovibrio*）、酵母菌如假丝酵母（*Candida*），真菌更为普遍如镰刀霉、曲霉、帚霉（*Scopulariopsis*）、拟青霉（Pcilomycesae）等都能转化无机砷为甲基胂。砷生物甲基化中的甲基供体也是甲基钴氨素。

三甲胂在常温常压下与大气中的氧作用极缓慢，即该化合物在通气条件中不易氧化，比较稳定，因而得以在环境中累积。在门窗紧闭空气不流通的室内，在含砷墙纸上霉菌产生的含砷毒物有时可达致死浓度。即使在开放系统中亦有危险，曾有报道，某施用含砷农药的林区，大蒜味甚浓，该地工作者的血和尿中含砷量均高。以 ^{14}C 标记农药的试验证明，主要是因为微生物转化农药中的砷生成了挥发的有机砷之故。

（二）砷的氧化和还原

（1）As^{3+}氧化成 As^{5+}　微生物参与 As^{3+}氧化成 As^{5+}的活动。当土壤施入 As^{3+}化合物后，可见其逐步消失而有 As^{5+}产生，同时消耗一定量的氧气。

$$\underset{\text{亚砷酸盐}}{2NaAsO_2}+O_2+2H_2O \longrightarrow \underset{\text{砷酸盐}}{2NaH_2AsO_4}$$

引起转化的微生物为一些异养型微生物，有无色杆菌属（*Achromobacter*）、假单胞菌属、黄单胞菌属（*Xanthomonas*）、节杆菌属（*Arthrobacter*）和产碱杆菌属（*Alcaligenes*）等。

（2）As^{5+}还原成 As^{3+}　另一些异养型微生物可以使砷酸盐还原为亚砷酸盐。曾报道引起还原的微生物有季也蒙毕赤酵母（*Pichia guilliermondii*）、微球菌（*Micrococcus*）及小球藻（*Chlorococcum*）。图 7-8 为自然界中砷的循环。

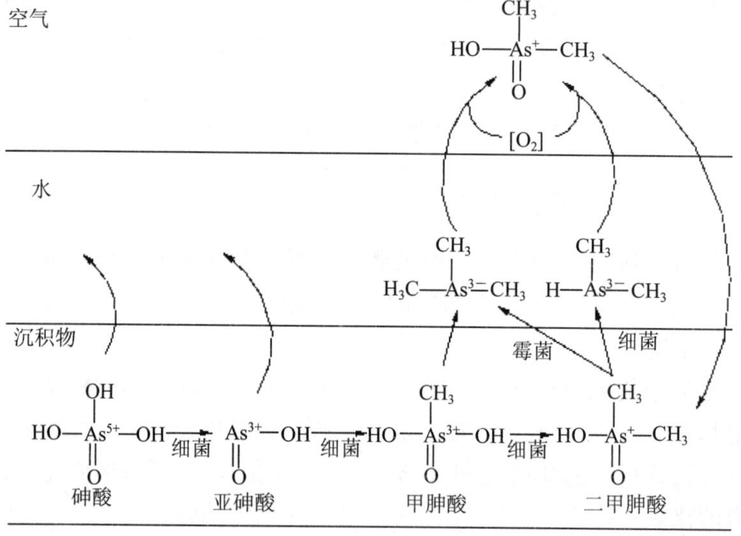

图 7-8　自然界砷的循环

三、硒

硒是硫族中的一个元素，具有与硫相似的生化性质。它用于电器、涂料及橡胶行业中。对于许多生物，如细菌、温血动物甚至人来说，硒是必需的微量元素。硒可以维持抗氧化能力、提高机体免疫力、抗肿瘤抗衰老、防治克山病与大骨节病等。其中绝大部分都与谷胱甘肽过氧化物酶有关。但硒同时又是有毒元素，需要量与重度水平之间的安全幅度很小。在植物含硒丰富的地方，牛、羊、马等家畜常发生中毒现象。

自然界的硒，以硒酸盐、亚硒酸盐、元素硒、硒硫矿及有机硒化合物等形式存在。已知的微生物参与硒的转化途径如下：

1．有机硒化物矿化为无机硒化物

土壤中的硒化物被植物吸收同化后，植物蛋白质中的硫常为硒所替代，在其死亡后，可释出含硒蛋氨酸 $CH_3SeCH_2CH_2CH(NH_2)COOH$ 及硒—甲硒半胱氨酸 $CH_3SeCH_2CH(NH_2)COOH$；此外植物体内还含有硒胱硫醚以及二甲硒化物 CH_3SeCH_3，均可被微生物矿化成无机硒酸盐或亚硒酸盐。

2．硒化物甲基化生成二甲基硒化物

硒的某些化学性质与砷相似，也可以同样方式为微生物代谢。已查明，土壤及湖底淤泥中的几种无机及有机硒化物，如亚硒酸盐、硒酸盐、硒—氨酸盐、硒半胱氨酸、硒脲、硒—DL—蛋氨酸等，能经微生物转化生成稳定性的二甲基硒化物 $(CH_3)_2Se$，毒性明显降低，然后释放到空气中去。如果碳源充足，则更促成 $(CH_3)_2Se$ 的生成与挥发。从无机硒化物产生 $(CH_3)_2Se$ 的真菌有裂褶菌（*Schizophyllum commune*）、黑曲霉、假丝酵母、短柄帚霉、头孢霉、镰孢霉、青霉中的某些种。细菌中使硒化物甲基化的有棒状杆菌属（*Corynebacterium sp.*）、气生单胞菌属、黄杆菌属及假单胞菌属中的某些种。

真菌使硒化物甲基化的生化过程如下：

$$H_2SeO_3 \xrightarrow{\nearrow H^+} SeO(OH)O^- \xrightarrow{CH_3^+} CH_3SeOH \longrightarrow (CH_3)_2SeO \xrightarrow{\text{还原}} (CH_3)_2Se$$

3．还原成元素硒

半个多世纪以前，即已获知细菌能将硒酸盐还原为元素硒。土壤中的微生物，细菌、放线菌和真菌中的大多数均能进行此作用，曾经报道的有假丝酵母属、梭状芽孢杆菌属、棒状杆菌属、小球菌属、根瘤菌属等。这种还原成硒的作用很容易鉴别，因元素生成后存于菌体内，呈现鲜明的红色，其菌落为鲜红色。螺旋藻对硒有较强的富集作用，可将亚硒酸盐转化为元素态硒，并以非共价键方式吸附在机体脂类中或与蛋白质结合，从而可作为富硒食品开发利用。

4. 元素硒的氧化

曾发现一株光合紫色硫细菌能将元素硒氧化成硒酸盐，使其毒性增强。

四、铁、锰的转化

自然界中铁以无机铁化合物和含铁有机物两种状态存在。无机铁化合物又有溶解的二价亚铁和不溶性的三价铁。二价的亚铁盐易被植物、微生物吸收利用，转变为含铁有机物。二价铁、三价铁和含铁有机物三者可互相转化。

所有的生物都需要铁，而且要求溶解性的二价亚铁盐。二价和三价铁的化学转化受 pH 和氧化还原电位影响。pH 为中性和有氧时，二价铁氧化为三价的氢氧化物。无氧时，存在大量二价铁。二价铁能被铁细菌氧化为三价铁。例如，锈铁嘉利翁氏菌（*Gallionella feuginea*）、氧化亚铁硫杆菌（*Thiobacillus ferrooxidans*）、多孢锈铁菌即多孢泉发菌（*Crenothrix polyspora*）、纤发菌属（*Leptothrix*）和球衣细菌。

锈铁嘉利翁氏菌是重要的铁细菌，好氧和微好氧，仅以 Fe^{2+}作电子供体，CO_2为碳源合成有机物，为化能自养型微生物。每氧化 150g 亚铁可产细胞干重 1 g。在寡营养的含铁水中，最适合的 E_h 为＋200～＋300 Mv，需要 O_2 的质量分数大约为 1%。温度 17℃或更低，在 pH 为 6 时 Fe^{2+}稳定。最适合的 Fe^{2+}量为 5～25 mg/L，CO_2＞150 mg/L。锈铁嘉利翁氏菌在水体和给水系统中形成大块氢氧化铁。

$$2FeSO_4+3H_2O+2CaCO_3+0.5O_2 \longrightarrow 2Fe(OH)_3+2CaSO_4+2CO_2$$

$$4FeCO_3+6H_2O+O_2 \longrightarrow 4Fe(OH)_3+4CO_2+\text{能量}$$

铁细菌氧化亚铁产生能量合成细胞物质。当它们生活在铸铁水管中时，常因水管中有局部酸性环境而将铁转化为溶解性的二价铁，铁细菌就转化二价铁为三价铁（铁锈）并沉积在水管壁上，越积越多，以致阻塞水管，故经常要更换水管。在含有机物和铁盐的阴沟和水管中一般都有铁细菌存在，纤发菌和球衣细菌更易发现。它们的典型菌种分别为赭色纤发菌（*Leptothrix ochracea*）和浮游球衣菌（*Sphaerotilus natans*），两者形态和生理特征都很相似，只是鞭毛着生部分和对锰的氧化不同，纤发菌有一束极端生鞭毛，能氧化锰。球衣细菌有一束亚极端生鞭毛，不能氧化锰。它们常以一端固着于河岸边的固体物上旺盛生长成丛簇而悬垂于河水中。

趋磁性细菌是由美国学者 R.P.Blakemore 于 1975 年在海底泥中发现的。趋磁性细菌的游泳方向受磁场的影响，由鞭毛（单极生、双极生）进行趋磁性运动。它们是形态多种多样的原核生物。形态有螺旋形、弧形、球形、杆状及多细胞聚合体。为革兰氏阴性菌。趋磁性细菌分类为 2 属：水螺菌属（*Aquaspirillum*）和双丛球菌属（*Bilophococcus*）。它们的代表分别为：趋磁性水螺菌（*Aquaspirillum magnetotacticum*）和趋磁性双丛球菌（*Bilophococcus magnetotacticus*）。

趋磁性细菌的呼吸类型有：①专性微好氧类型，形成含 Fe_3O_4 的磁体，如趋磁性水螺菌，简称 MS-1；②兼性微好氧类型，在微好氧和厌氧条件下均能形成 Fe_3O_4 的磁体，MV-1；③严格厌氧类型，菌体细胞内形成含硫化铁的磁体，RS-1；④好氧类型，在好氧条件下形成含 Fe_3O_4 的磁体。由此可见，趋磁性细菌的代谢类型也具有多样性。

趋磁性细菌永久性的磁性特征是由体内大小为 40～100 nm 的铁氧化物单晶体包裹的磁体引起的。磁体是由 5～40 个形状均一的 Fe_3O_4 磁性颗粒，沿其轴线整齐排列而构成的磁链。磁性颗粒的数目随培养条件、铁和 O_2 的供给量的改变而改变。磁链类似于指南针。磁链的一半为北极杆，另一半为南极杆，指导趋磁性细菌的磁性行为。即北半球的趋磁性细菌往北向下运动和南半球的趋磁性细菌往南向下运动。在赤道附近的趋磁性细菌两者兼而有之。趋磁性细菌的生态学作用尚未清楚。

趋磁性细菌最初在海底泥中发现，之后各国学者分别从南北美洲、大洋洲、欧洲、日本的海、湖泊、淡水池塘底部的表层淤泥中均分离到趋磁性细菌，可见分布很广。1994 年我国研究人员从武汉东湖、黄石磁湖，1996 年从吉林镜泊湖底淤泥中分别分离出趋磁性细菌。趋磁性细菌不仅存在水体中，还存在土壤中。

趋磁性细菌磁体可用于信息储存。因趋磁性细菌的磁体具有超微性、均匀性和无毒，可用于生产性能均匀品位高的磁性材料；还可用于新型生物传感器上。日本将提纯的磁体作载体，固定葡萄糖氧化酶和尿酸酶，经比较其酶量和酶活力均比人工磁粒和 Zn-Fe 颗粒固定的酶量和酶活力分别高出 100 倍和 40 倍。连续使用酶活力不变；在医疗卫生方面，可用作磁性生物导弹，直接攻击病灶，治疗疾病，不伤害人体。

氧化锰的细菌中能氧化铁的有覆盖生金菌（*Metallogenium personatum*）和共生生金菌（*Metallogenium sumbioticum*），还有土微菌属（*Pedomicrobium*）。它们能将可溶性的 Mn^{2+}氧化为不溶性的 MnO_2，其锰、铁产物积累、包裹在细胞表面或积累于细胞内。化能有机营养或寄生在真菌菌丝体上，氧化来自各种含 Mn^{2+}的化合物。在不加氮或磷源，含乙酸锰 100 mg/L 或 $MnCO_3$100 mg/L 及琼脂 15 g/L 的固体培养基上，与真菌共生培养很容易生长。在液体中呈丝状体，黏液培养基中呈不规则的弯曲。在排水管道中，铁和锰的氧化往往造成水管淤塞。

五、其他金属的转化

1. 铅

铅在地球上的分布很广，用途亦非常广泛，主要用作电缆、蓄电池、铸字合金和放射线材料，也是油漆、农药、医药的原料，汽油燃烧的抗爆剂。有色金属冶炼及煤燃烧产生的铅化物是大气污染的主要来源。污染天然水体的铅化物，可沉积于底泥之中。微生物可使铅甲基化。在实验室内，将适当的碳氮养料加至几个大湖的底泥样品中，经过培养，可见有挥发性的四甲基铅$(CH_3)_4Pb$ 产生；如果再加入其他铅化物，如硝酸铅、乙酸三甲基铅$(CH_3)_3PbOCOCH_3$，则可使底泥中$(CH_3)_4Pb$ 产生得更多。

纯培养的假单胞菌属、产碱杆菌属、黄色杆菌属及气单胞菌属中的某些种，能将乙酸三甲基铅转化成四甲基铅，但不能使无机铅化物进行转化。

2．镉

蜡样芽孢杆菌、大肠埃希氏菌及黑曲霉等，当其在含镉化物培养基中生长时，其体内能聚集大量镉。一株能使锡甲基化的假单胞菌，在有维生素 B_{12} 存在的条件下，能将无机二价镉化物转化，生成少量的挥发性镉化物。这种甲基化了的镉化物，在水体中也可以通过烷基转移作用使汞甲基化，结果生成甲基汞。

第六节　人工合成有机物的降解和转化

在我们的生活中，从穿到用甚至吃的产品中有许多人工合成的有机化合物。这些形形色色、多种多样的人工合成有机化合物大部分与天然存在的化合物结构类似，也可被微生物代谢分解转化。但有些则是外源性化合物它们以稳定剂、表面活性聚合物，杀虫剂、除草剂以及各工艺过程中废品的形式存在，由于微生物已有的降解酶不能识别这些物质的分子结构和化学键序列，所以它们抗微生物的攻击只能被代谢部分分解转化。

一、农药的微生物降解

农药是指用于预防、消除或控制危害农业、林业的病、虫、草及其他有害生物，以及有目的地调节植物、昆虫生长的药物的统称。一部分农药是化学合成的，如DDT、六六六、乐果、敌百虫等，称为化学性农药，它们是环境中农药污染的主要来源；还有一部分农药是来源于生物或其他天然物质的一种或几种物质的混合物，称为生物性农药，如除虫菊酯、井冈霉素、苏云金杆菌等。目前，生物性农药的使用范围还很有限。

农药的毒性作用具有两面性：一方面可以有效控制或消除农业、林业的病、虫及杂草的危害，提高农产品的产量；另一方面使用农药也带来环境污染，危害有益昆虫和鸟类，导致生态平衡失调，同时也造成食品、饮用水中农药残留，对人类健康产生危害。研究表明，暴露在含农药环境中会导致人类胚胎和胎儿发育异常。有些农药如西维因在土壤微生物作用下会生成 1-萘基-正羟基-正羟基-甲基氨甲酸酯，该物质可致癌或致突变。很多有机氯类农药能够被强烈分配到动物脂肪中，通过生物链富集后，动物脂肪内的有机氯含量可达水环境中含量的 1 000 倍以上。

随着化学工业的迅速发展，化学性农药的品种不断增加，迄今为止全世界已经有上千种农药，其中绝大多数是化学合成农药。我国实际使用的农药约有 140 多种，主要是有机氯、有机磷、有机氮、有机硫农药，其中对环境危害性最大的是有机氯农药。DDT、六六六等有机氯农药由于毒性大，在环境中残留时间长，我国已于 1983 年停止生产。

人工合成的农药，有的在环境中迅速降解，有的则在环境中长期存留。大多数合成农药是带有卤素、氨基、硝基及其他各种取代物的简单烃骨架。取代基的数量和类型均可影响微生物对农药的降解速度。例如，2,4,5-T 较 2,4-D 多了一个氯取代基，因此变得非常难降解（图 7-9）。

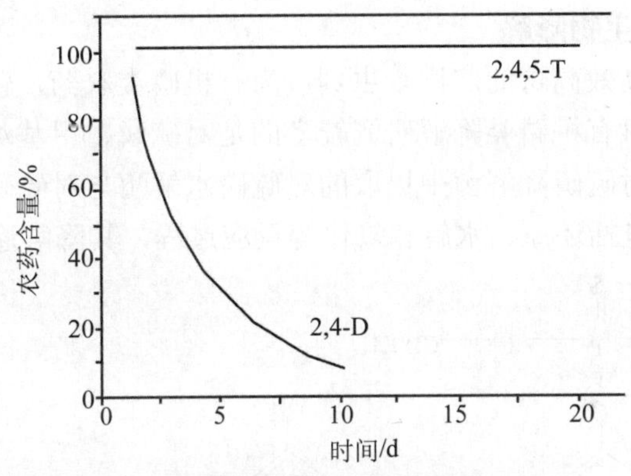

图 7-9　2,4,5-T 与 2,4-D 降解速度的比较

在降解农药的微生物中，细菌主要有假单胞菌属（*Pseudomonas*）、芽孢杆菌属（*Bacillus*）、产碱菌属（*Alcaligenes*）、黄杆菌属（*Flavobacterium*）、节杆菌属（*Arthrobacter*）、无色杆菌属（*Achromobacter*）等；放线菌的代表为诺卡氏菌属（*Nocardia*）；霉菌的代表为曲霉属（*Aspergillus*）。在自然界中能直接降解农药的微生物不多，适应、降解性质粒和共代谢作用是微生物降解农药的重要机制。

1. 2,4-D 的微生物降解

2,4-D（2,4 二氯苯氧乙酸）是世界上第一个进行工业化生产的高效低残留的除草剂，在土壤中的降解相当迅速，半衰期仅几天或几周。许多年以来，2,4-D 的降解受到广泛的研究，其降解途径如下：

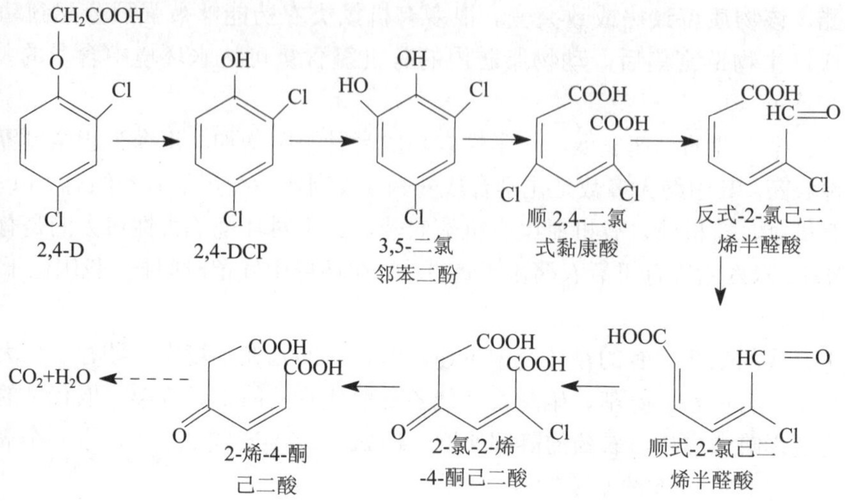

CH2COOH
O
Cl
2,4-D
OH
2,4-DCP
HO
3,5-二氯
邻苯二酚
COOH
顺2,4-二氯
式黏康酸
HC═O
反式-2-氯己二
烯半醛酸
HOOC
顺式-2-氯己二
烯半醛酸
2-氯-2-烯
-4-酮己二酸
2-烯-4-酮
己二酸
CO2+H2O

2．对硫磷的微生物降解

对硫磷是一种高效高毒的广谱杀虫剂，为有机磷类农药，较有机氯类农药易被微生物降解。国内对有机磷类降解研究较多的是对硫磷、甲基对硫磷、甲胺磷等，研究表明，从很多对硫磷降解菌中提取的对硫磷水解酶与对硫磷的降解密切相关。对硫磷的生物降解包括还原、水解和氧化等反应过程，其降解途径如下：

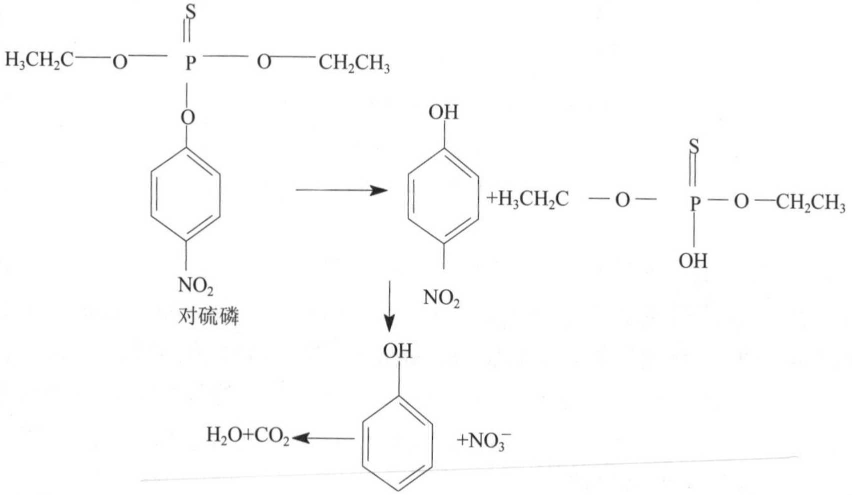

S
H3CH2C—O—P—O—CH2CH3
NO2
对硫磷
OH
+H3CH2C—O—P—O—CH2CH3
NO2
H2O+CO2
+NO3−

3．DDT

DDT（4,4-二氯二苯三氯乙烷）是在环境中持留时间比较长的一种农药，半衰期半年以上。它经食物链的生物富集作用可在动植物脂肪中蓄积，DDT 一旦进入人体后，仅有约 1%以原形态由尿中排出。至今尚未分离到一株能以 DDT 为唯一碳源和能源进行生长的微生物。但已有证据表明，一种氢单胞菌（*Hydrogenomonas spp*）

和产气气杆菌（*Acrobacter aerogenes*）通过共代谢作用可将 DDT 转变为对氯苯乙酸和对氯苯甲酸，后者可被土壤和水中其他微生物继续降解。

二、多氯联苯

多氯联苯（PCBs）是含氯的联苯化合物，它以联苯为原料，在金属催化剂作用下，高温氯化而合成的有机氯化物，基本结构如图 7-10 所示，联苯环上有 10 个可被氯取代的位置。以氯取代的位置和数量的不同，PCBs 共有 210 种异构体。

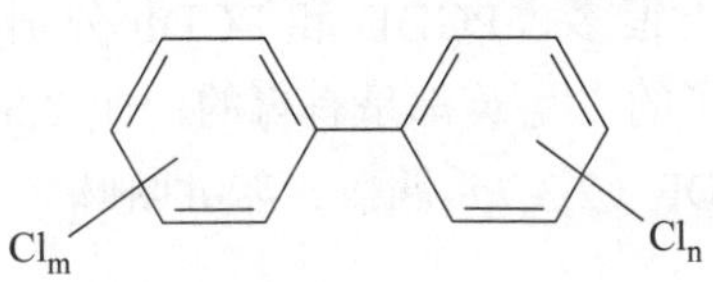

Cl_m Cl_n

图 7-10 多氯联苯的基本结构

随着结构中所含氯原子个数的增加，PCBs 的黏性亦增加，可呈现液态、黏液态或树脂态。PCBs 的理化特性极为稳定，耐高温，耐酸碱，耐腐蚀，不受光、氧、微生物的作用，不溶于水，易溶于有机溶剂，具有良好的绝缘性和不燃性。在工业上 PCBs 应用很广泛，可用做变压器、电容器等电器设备的绝缘油，用做化学工业中的载热体，用做塑料及橡胶的软化剂，以及作为油漆、油墨、无碳纸等的添加剂。

PCBs 对环境的污染是全球性的，目前在海水、河水、水生生物、水底质、土壤、大气、野生动植物以及人乳和脂肪中都发现有 PCBs 的污染。PCBs 的主要污染来源是生产和使用多氯联苯时向环境中排放含 PCBs 的废水和倾倒含 PCBs 的废物。PCBs 有毒，对皮肤、肝脏、神经、骨骼等都有不良影响，且是一种潜在的致癌因子。美国环境保护局（EPA）把它定为环境污染元凶。1968 年日本的“米糠油事件”即是由于食用了污染 PCBs 的米糠油而引起的，受害者达 1.3 万余人。

PCBs 进入环境后，虽然稳定而难以被微生物降解，但还是发现某些微生物可以利用多氯联苯并使之分解。微生物主要是通过共代谢途径使多氯联苯降解，含氯愈多的多氯联苯愈难降解。有研究者曾应用解脂假丝酵母（*Candida ipolytica*）、小球诺卡氏菌（*Nocardia globerula*）、红色诺卡氏菌（*Nocardia rubra*）和酿酒酵母（*Saccharomyces cerevisae*）等混合菌体处理多氯联苯，可使之完全降解。有人从美国威斯康星某湖污泥中分离的产碱杆菌属（*Alcaligenes*）及不动杆菌属（*Acinetobacter*），能分泌出一种特殊的酶，使 PCB 转化成联苯或对氯联苯，然后吸收这些转化产物，排出苯甲酸或代苯甲酸。后二者较易为环境中其他微生物所分解。

三、二噁英的微生物降解

1999 年比利时二噁英毒鸡事件使得二噁英成为了人们的关注焦点，该物质具有很强的毒性。已经证实这类物质化学性质极为稳定，难于生物降解，可以在水体、大气和土壤中到处扩散转移，并能在食物链中富集，所以对人类的潜在危害与其他环境污染相比更严重。

二噁英是多氯二苯并二噁英（PCDD）和多氯二苯并呋喃（PCDF）的总称，两类化合物均为氯代含氧三环芳烃类化合物（图 7-11）。由于取代氯原子的数量和位置不同，使得二噁英种类很多，PCDD 和 PCDF 分别有 75 个和 135 个异构体。凡是在 2,3,7,8 位置有氯原子的二噁英都是有毒的，如 2,3,7,8-TCDD（2,3,7,8-四氯二苯并二噁英）和 2,3,7,8-TCDF（2,3,7,8-四氯二苯并呋喃）是毒性最强的二噁英。

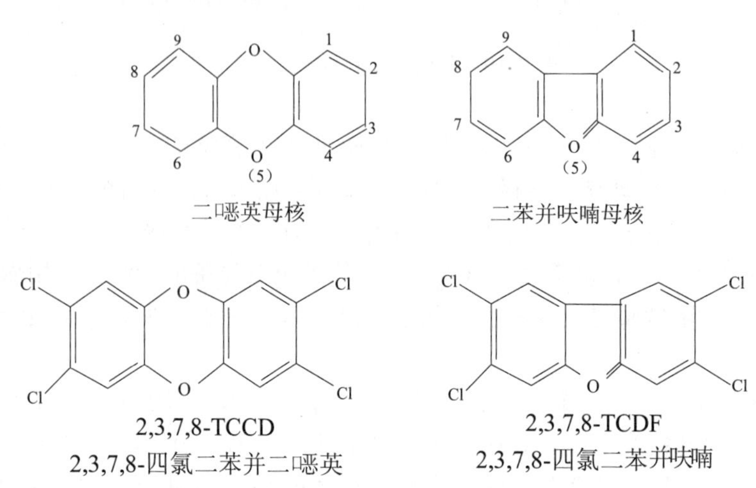

图 7-11 二噁英的基本结构

所有的二噁英皆为固体，大多不溶于水和有机溶剂，但易溶于油脂，以吸附于土壤、沉积物和空气中的扬尘上，具有较高的热稳定性、化学稳定性和生物化学稳定性，一般加热到 800℃才能分解。在环境中的自然降解很慢，半衰期约为 9 年。由土壤或饲料转入食物链，通过脂质转移和生物富集后，生物浓集系数可高达 10^4。二噁英是对人体最毒的化合物之一，对老鼠的半致死毒性试验表明，皮肤接触毒性比 DDT 强 20 000 倍，摄入毒性比 DDT 强 4 000 倍。由于一般人群只可能受到低剂量的影响，因此毒理研究已经针对长期低剂量暴露时对人体的可能伤害进行研究。慢性中毒症状为：体重减轻、胸腺萎缩、免疫系统受损、肝损伤、生殖发育和智力发育受影响以及致癌、致畸、致突变等。

环境中的 PCDD 和 PCDF 主要来源于农药 5-氯酚、2,4-D、2,4,5-T 以及多氯联苯的生产和使用过程。二𫫇英并非有意生产出来的，而是生产上述农药和化工产品的杂质和副产品，随着这些产品的生产和使用而进入环境。另外，城市垃圾焚烧也会产生二𫫇英。研究表明，有机物在不完全燃烧的情况下，700℃左右可生成芳烃，若同时还有少量氯化物和催化剂存在，就会在300～700℃相互反应生成二𫫇英，它会附着在焚烧垃圾产生的烟雾颗粒上，或扩散进入大气中，或飘落到土地上，或受雨水冲刷而进入江河湖海，沉积于水底。

在自然状态下二𫫇英很难降解，但在一定条件下还是可被微生物降解，其可降解性随取代氯的增多而减弱。一氯代和二氯代二𫫇英比较容易被某些二𫫇英降解菌株降解。利用微生物处理二𫫇英及相关化合物污染的研究已受到人们的关注，Wilkes对鞘氨醇单胞菌（*Sphingomonas* sp.）PW1进行了研究，发现它能降解几种一氯代和二氯代二𫫇英，但不能降解多氯代二𫫇英。我国也有研究者从氯苯生产车间附近和施用五氯酚除草剂的湖泊底泥中分离和筛选出8株菌种，均能降解一氯代二𫫇英，3周内最多可降解45%，但随氯取代数目增多，降解能力减弱。研究还发现，选择适当的共代谢物（如邻二氯苯），可改善微生物对高氯代二𫫇英的降解性能。

复习与思考题

1. 简述微生物在自然界物质循环中的作用。

2. 简述淀粉在好氧、厌氧条件下可生成何种产物？降解淀粉的微生物和酶有哪些？

3. 简述纤维素在好氧、厌氧条件下可生成何种产物？降解纤维素的微生物和酶有哪些？

4. 脂肪酸如何进行β-氧化？在此过程中如何产能？

5. 详述硝化作用反硝化作用的作用机理。它们各有哪些微生物参与作用？

6. 何谓硫化作用？参与硫化作用的微生物有哪些？

7. 何谓反硫化作用？有哪些危害？

8. 无机汞、无机砷在自然界中经过微生物的转化为何毒性增强？

9. 铁的三种价态是如何转化的？有哪些微生物引起管道腐蚀？

10. 人工合成有机物对人类的影响，微生物在其中起什么作用。

第八章　有机污染治理中微生物的作用

自然界依靠动物、植物和微生物之间巧妙的生态平衡，使人类及其他生物得以繁衍生息。然而从20世纪开始，人类活动导致大量的污染物进入环境，其负荷超过了环境自身的净化能力，使生态平衡遭到破坏，环境质量不断恶化。因此，为了保护环境必须有效地去除生活污水和工业废水中的有机污染。

微生物擅长于利用天然的或合成的有机物作为营养和能源，因为早在人类诞生以前，微生物就已经与繁多而各式各样的有机物共同存在了几十亿年。大量供生长的潜在基质诱导酶类发生进化，从而使微生物能通过不同催化机制，转化各种天然有机物。于是微生物就形成一个巨大的“酶库”，只要新合成的有机物一出现，这个“酶库”就将其作为进一步消化的原料。已突变的酶类，具有催化利用新底物的能力，这些酶类的产生者能降解其他生物不能降解的基质，从而获得一种生长优势或定居新环境的能力。

第一节　水体中有机污染的微生物处理

水是人类赖以生存的最宝贵的资源，但随着污染的日益严重，水资源枯竭，水质恶化已成为摆在全人类面前的一个严重问题。利用微生物进行污水的净化技术由于其处理成本低廉、净化效果好，已经越来越受到人们的关注。生物处理技术已成为废水处理中应用最广泛的技术。

利用微生物处理污水实际就是通过微生物的代谢活动，将污水中的有机物分解，从而达到净化污水的目的。实际上，天然水体都能自发地通过微生物的活动清除不十分严重的污染，这就是天然水体的自净作用。参与天然水体的自净作用的微生物主要是细菌，它们可以快速、高效地降解水体中的有机物。但水体的自净能力是有一定限度的，它受到水体中的有机物的浓度、水体中溶解氧的含量及水温等多种因素的制约。而生物处理就是在设计的工程设施内，人工地创造出最适宜的各种条件，利用微生物的降解作用，将污水中的有机物无害化。用于污水处理的微生物可分为三类：需氧微生物、厌氧微生物和兼性微生物。根据生物反应器内微生物的类群不同，污水的生物处理可分为好氧生物处理、厌氧生物处理和不同微生物的联合处理（图8-1）。

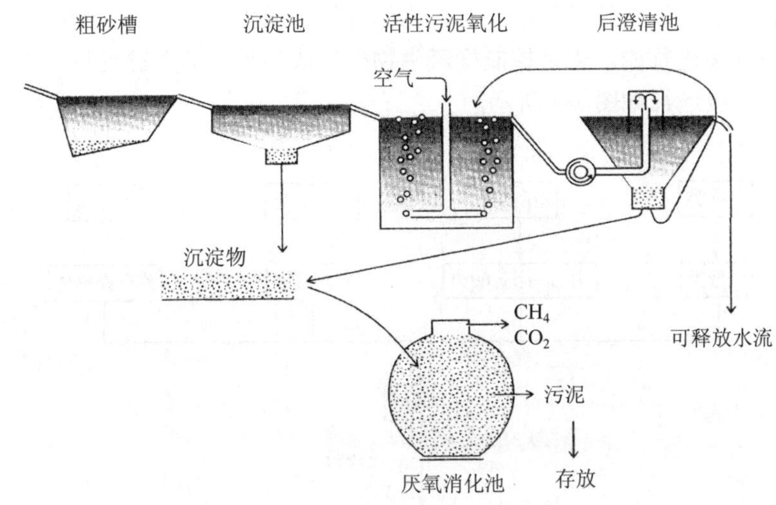

图 8-1　污水处理厂的工艺流程

一、好氧微生物处理

（一）好氧微生物处理的基本原理

在有氧条件下，好氧微生物利用有机物进行一系列生命活动，结果有机物浓度下降，微生物量增加如图 8-2 所示。微生物将有机物摄入人体内后，以其作为营养源进行代谢，代谢按两种途径进行。一为合成代谢，部分有机物被微生物所利用，合成新的细胞物质；一为分解代谢，部分有机物被氧化分解形成 CO_2、H_2O、无机盐等小分子无机物，并产生大量的 ATP，为生命活动提供能量。同时，微生物的细胞物质也进行自身的氧化分解，即内源代谢或内源呼吸。在有机物充足的条件下，合成反应占优势，内源代谢不明显。当有机物浓度较低或已耗尽时，微生物的内源呼吸作用则成为向微生物提供能量、维持其生命活动的主要方式。

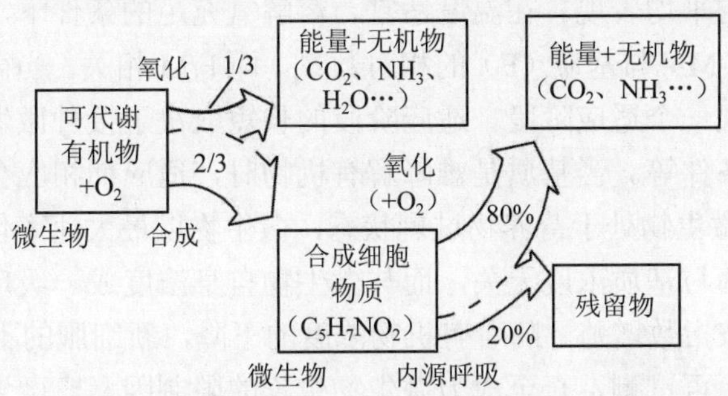

图 8-2　有机物好氧分解

在有机物的好氧分解过程中，有机物的降解、微生物的增殖及溶解氧的消耗这三个过程是同步进行的，也是控制好氧生物处理成功与否的关键过程。有机物好氧生物降解的一般途径如图 8-3 所示。

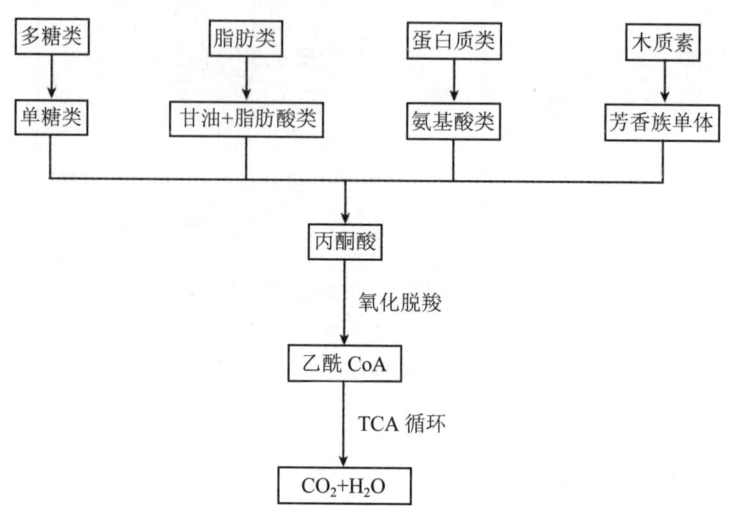

图 8-3　有机物好氧生物降解的一般途径

大分子有机物首先在微生物产生的各类胞外酶的作用下分解为小分子有机物。这些小分子有机物进入细胞后被好氧微生物继续氧化分解，通过不同途径进入三羧酸循环，最终被分解为二氧化碳、水、硝酸盐和硫酸盐等简单的无机物。

难降解有机物的降解历程相对要复杂得多。一般而言，难降解有机物结构稳定或对微生物活动有抑制作用；适生的微生物种类很少。不同类型难降解有机物的降解历程也不尽相同，许多难降解有机物的降解与质粒有关。降解质粒的作用是通过编码生物降解过程中的一些关键酶类，从而使有机污染物得以降解。

污染物处理过程中应用的微生物常常是多种微生物的混合群体，其增殖规律是混合微生物群体的平均表现。在温度适宜、溶解氧充足的条件下，微生物的增殖速率主要和微生物（M）与基质（F）的相对数量，即 F/M 相关。当微生物接种到新的基质中时，会出现一个适应阶段。适应阶段的长短取决于接种微生物的生长状况、基质性质及环境条件等。当基质是难降解有机物时，适应期相应会延长。对数增殖期 F/M 值很高，微生物处于营养物过剩状态，微生物以最大速率代谢基质并进行自身增殖，增殖速率与基质浓度无关，而与微生物自身浓度成一级反应。在此期间，微生物细胞数量按指数增殖。随着有机物浓度的下降，新细胞的不断合成，F/M 值下降，营养物质不再过剩，直至成为微生物生长的限制因素，微生物进入衰减期。在此期间微生物的生长与残余有机物的浓度有关，呈一级反应。随着有机物浓度的进一步降低，微生物进入内源呼吸阶段，残余营养物质已不足以维持细胞生长的需要，微生物开始大量代谢自身的细胞物质，微生物总量不断减少，并走向衰亡。

溶解氧是影响好氧生物处理过程的重要因素。充足的溶解氧供应有利于好氧生物降解过程的顺利进行。在不同的好氧生物处理过程和工艺中，溶解氧的提供方式也不同。废水的好氧生物处理过程中，溶解氧可以通过鼓风曝气、表面曝气和自然通风等方式提供。

有机废水好氧微生物处理的基本工艺有活性污泥法和生物膜法。

（二）活性污泥法

1. 活性污泥的概念及特点

活性污泥为一种绒絮状的小颗粒，是活性污泥处理系统的核心，其上栖息着大量的活跃的微生物，在这些微生物的作用下，有机物被转化为无机物。活性污泥的颜色与所处理废水的种类有关，也跟曝气量有关，一般情况下为茶褐色。比重较水稍大为1.002～1.006。混合液污泥和回流污泥略有差异，前者比重为1.002～1.003，后者为1.004～1.006。污泥颗粒的直径一般为0.02～0.2μm，比表面积在20～100 cm^2/ml。干燥的活性污泥中绝大部分为有机物，主要由微生物的细胞和代谢产物组成，无机物只占少数，主要是废水中带入的，如黏土、沙粒等，无机物所占的比例随废水的来源不同有很大的变化。

2. 活性污泥的微生物群落

活性污泥法处理废水时，多数细菌能形成菌胶团。菌胶团呈絮状，其形态多种多样（图8-4），在菌胶团上还生长着其他多种微生物，如酵母菌、霉菌、放线菌、原生动物和某些微型后生动物（轮虫及线虫等）。所以，菌胶团是活性污泥结构和功能的中心。

图8-4 菌胶团形态

活性污泥的主体是细菌，它们大都来源于土壤、水和空气，多数是革兰氏阴性菌，以异养性好氧细菌为主，其种类随水质、运转条件不同而出现不同的优势类群。常见的有动胶菌属（*Zoogloea*）（优势种）、从毛单胞菌属（*Comamonas*）、假单胞菌属（*Pseudomonas*）、无色杆菌属（*Achromobacter*）、黄杆菌属、产碱杆菌属、芽孢杆菌属（*Bacillus*）、棒状杆菌属（*Corynebacterium*）、诺卡氏菌属（*Nocardia*）、短杆菌属（*Brevibacterium*）、节杆菌属、亚硝化单胞菌属（*Nitrosomonas*）、不动杆菌属（*Acinetobacter*）、微球菌属、螺菌属（*Spirillum*）、球衣菌属、发硫菌属（*Thiothrix*）等，动胶菌是其中最重要的细菌。这些细菌在反应器生态系统中，在不同的营养、供氧、温度及 pH 条件下，构成具有一定活性的菌胶团，形成多种群的生态。它们能迅速分解废水中的有机污染物质，并具备良好的自我絮凝能力和沉降性能。在污泥颗粒形成的初期，细菌多以游离状态存在。随着细菌的生长，菌胶团不断增大，游离细菌随之减少，活性污泥逐渐成熟且净化效果逐步提高。

活性污泥中有真菌，但在一般情况下由于真菌生长的速度比细菌慢，所以真菌不是活性污泥生物群落中重要的组成部分。在酸性条件下，霉菌的过量繁殖会引起活性污泥沉降性能恶化产生污泥膨胀。在活性污泥中出现的真菌有地霉（*Geotrichum*）、青霉、头孢霉（*Cephalosporium*）、木霉等。

原生动物在活性污泥中大量存在（有 200 多种），随污水的种类和处理阶段不同而有所变化。原生动物属于需氧生物，主要位于污泥颗粒的表面，可吞食游离细菌，提高出水的澄清度。同时，原生动物可以作为指示生物反映出水水质的优劣。固着型纤毛类占优势，说明出水水质好，如果游动型纤毛类占优势，说明出水水质比较差。

后生动物中最常见的是轮虫，它一方面摄食悬浮的有机颗粒包括细菌为食，另一方面产生的黏液能促进菌胶团的形成。轮虫的摄食强度大于原生动物，因此，轮虫的数量与出水的澄清程度有着直接的关系，轮虫的数量多，出水的澄清度就好。

除以上微生物种类外，活性污泥生态系统中还可能含病毒、立克次氏体、支原体、衣原体、螺旋体及其他病原微生物。因此，活性污泥处理水应消毒后才能排放，未经消毒的处理水使用范围是受限制的。

完全混合式曝气池中，任一位置活性污泥的生长环境均相似，微生物群落基本相似。推流式曝气池则每一区段上任一位置活性污泥生长环境较相似，微生物群落也基本相似，但各区段之间的微生物种群及数量会有差异，随推流方向微生物种类依次增多。

3．活性污泥的功能

活性污泥的功能主要表现在三个方面：①吸附，废水与活性污泥在曝气池中充分接触，废水中的污染物被比表面上含有糖被的菌胶团吸附。在利用活性污泥法处理城市生活污水时，吸附作用能使废水中 BOD_5 的去除率在短时间内达到 85%左右。②微生物的代谢，大分子有机物被吸附后，首先在胞外酶的作用下分解为溶解有机物，然后这些小分子有机物进入微生物的细胞内参与代谢。由于废水中有机污染物的种类常常很复杂，需要多种微生物对不同的污染物起作用。大多数人工合成的有机物也可被经过自然或人工驯化的微生物所利用，有一种污染物需要多种微生物的共代谢才能被降解。因此，活性污泥法是一个多底物多菌种的混合培养系统，存在着错综复杂的代谢方式和途径，它们相互联系，相互影响，最终使废水中的有机污染物得到比较彻底的降解，达到水处理的目的。③凝聚和沉淀，在沉淀池中，活性污泥能形成大的絮凝体，使之从混合液中沉淀下来，达到泥水分离的目的。

（三）生物膜法

1. 生物膜法的特点

按照污水处理生物反应器中微生物的生长状态，污水生物处理可划分为悬浮生长工艺和附着生长工艺。前者以活性污泥法为代表，其微生物在曝气池内以活性污泥的形式呈悬浮状态。而后者以生物膜法为代表，其微生物以膜状固着在某种载体表面上。活性污泥法具有处理能力强、出水水质好等优点，是当今世界范围内应用最广泛的一种废水生物处理工艺，但它也存在基建与运行费用较高、能耗较大、管理较复杂，并且易出现污泥膨胀和污泥上浮以及对氮、磷等营养物质去除效果有限等问题。因而近 20 多年来，环境工程界在重视改进活性污泥法的同时，又致力于生物膜法工艺的研究与革新。

生物膜法是一种早于活性污泥法发展的生物处理工艺，出现于 19 世纪末，当时主要是以岩石作为载体的生物滤池为代表。20 世纪六七十年代，塑料载体的出现为代替岩石填料而发展生物滤塔、生物转盘以代替生物滤池创造了条件。1980 年代末、1990 年代初，一系列新型的生物滤池、生物滤塔、生物转盘被相继开发出来。现在，环境工程师们可以对生物膜处理系统有较广泛的选择余地。生物膜法可以用于城市污水的二级生物处理。

生物膜法的优点主要是运行稳定、抗冲击负荷能力强、更为经济节能、无污泥膨胀，具有一定的硝化与反硝化功能，可实现封闭运转防止臭味等。

2. 生物膜及其形成

生物膜的形成是有机分子、微生物细胞及载体表面通过物理、化学及生物过程综合作用的结果。当废水淋过载体时，废水中的微生物会附着在载体表面，在供氧条件下吸附并分解废水中的有机物，以获得养料及能量，自身得以增殖。因此，在载体表面形成一层含有大量微生物的膜，即所谓的生物膜。

随着废水与载体的不断接触，微生物不断增殖，废水中的微生物和悬浮物也不断沉积，生物膜逐渐加厚，厚度达到一定程度后其结构发生改变。膜表面与废水直接接触，营养丰富，溶解氧浓度高，为好氧层，其厚约 2 mm。在溶解氧无法进入的深部，转为厌氧状态，随之形成了厌氧层，厌氧层随生物膜的增厚而加厚。厌氧层中的兼性厌氧菌和厌氧菌分解水体扩散进来的有机物和好氧微生物的代谢产物，以及分解糖中的多糖类物质产生有机酸等，使生物膜附着在载体表面的能力下降，同时加上水力搅拌和其他生物的活动，厚的生物膜脱落下来。在脱落的地方，新的生物膜又形成。由于脱落的生物膜絮凝和沉降能力差，因此，生物膜法处理的出水比较混浊，一般要加化学药剂进行处理，去除出水中的悬浮物。

3．生物膜的微生物群落

生物膜中的微生物与活性污泥中相似，有细菌、真菌、藻类、原生动物、后生动物及一些肉眼可见的小动物（如蛾、蝇、蠕虫）等。因此，生物膜食物链比活性污泥的食物链长。生物膜中细菌以化能异养型为主，不仅包括好氧菌，而且有兼性厌氧和厌氧菌，这与活性污泥有显著的差别。在生物膜的表面常常有大量的各种类型的原生动物，它们能提高滤池的净化速度和整体处理效率。后生动物有轮虫、寡毛类和昆虫类，它们以生物膜为食，可以降低生物膜的生物量，防止污泥积聚和堵塞的功能。同时，它们的运动又会导致衰老生物膜的脱落。

应该指出，生物膜在滤池内的分布与活性污泥是不同的。生物膜附着生长在滤料上不动而废水自上而下淋洒在生物膜上，所以不同位置的生物膜得到的营养是不同的，这样使不同位置的微生物种群和数量也存在差异，致使微生物相是分层的。若把滤池式反应器生态系统分上、中、下三层，则上层营养浓度高，大多是细菌，有少数鞭毛虫；中层微生物除得到废水中的营养外，还有上层微生物的代谢产物，微生物的种类比上层稍多，有菌胶团、球衣菌、鞭毛虫、变形虫、豆形虫、肾形虫等；下层因有机物浓度低，低分子的有机物较多，其微生物种类更多，除有菌胶团、球衣菌外，还有以钟虫为主的固着型纤毛虫和少数游泳型纤毛虫。

若处理的有机物浓度低而 NH_3-N 高时，生物膜一般较薄，上层除长菌胶团外，还长有较多的藻类（上层阳光充足所致）、较多的钟虫、盖纤虫等，此时中、下层菌胶团长得不好。

4．生物膜反应器的类型

根据生物膜反应器内微生物附着生长载体的状态，生物膜反应器可划分为固定床和流动床两大类。固定床膜反应器中，微生物附着生长的载体固定不动，在反应器内的相对位置不变。流动床中，微生物附着生长的载体在反应器里处于连续流动状态。基于操作时是否有氧气参与，生物膜反应器又分好氧、厌氧或缺氧状态几种型式。生物膜反应器的主要类型如图 8-5 所示。

下面就几种典型的好氧生物膜反应器工艺如传统的生物滤池、生物转盘、生物接触氧化法及新型的生物流化床等进行简要介绍。

5．生物滤池

生物滤池是 19 世纪末发展起来的，是当代污水生物处理中发展最早的工艺。早期出现的普通生物滤池水量负荷和 BOD 负荷均很低，虽然净化效果好，但占地面积大，并且容易堵塞。后来又发展出一种伴有处理水回流、水力负荷和有机负荷均较高的高负荷生物滤池。1951 年，德国人舒尔兹又根据气体洗涤塔原理创立了塔式生物滤池，其单位体积填料去除有机物的能力大为提高，且设备占地面积大为减少。

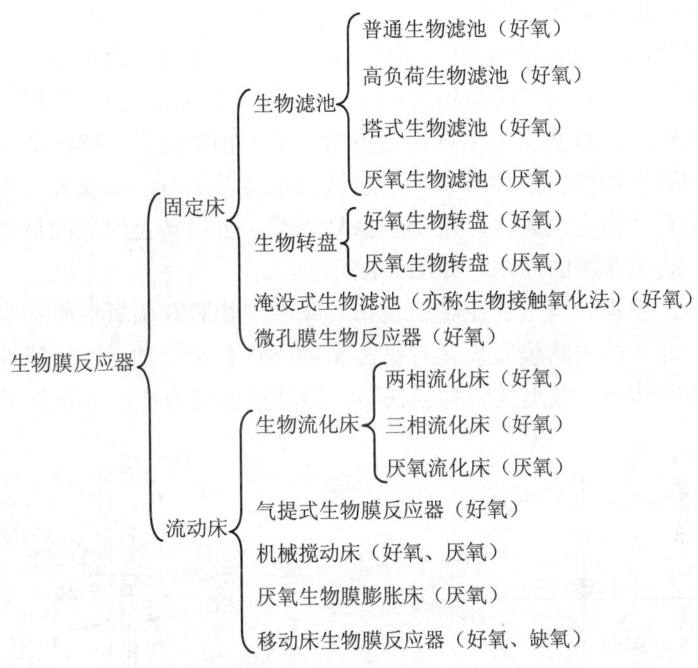

图 8-5　生物膜反应器的类型

普通生物滤池由池体、滤料、布水装置和排水系统四部分所组成，如图 8-6 所示。高负荷生物滤池与普通生物滤池在构造上基本相同，其不同之处在于池体截面呈圆形、滤料直径大，多采用连续工作的旋转式布水器。塔式生物滤池由塔身、滤料、布水系统和通风排水系统所组成，在平面上多呈圆形、塔状（图 8-7）。

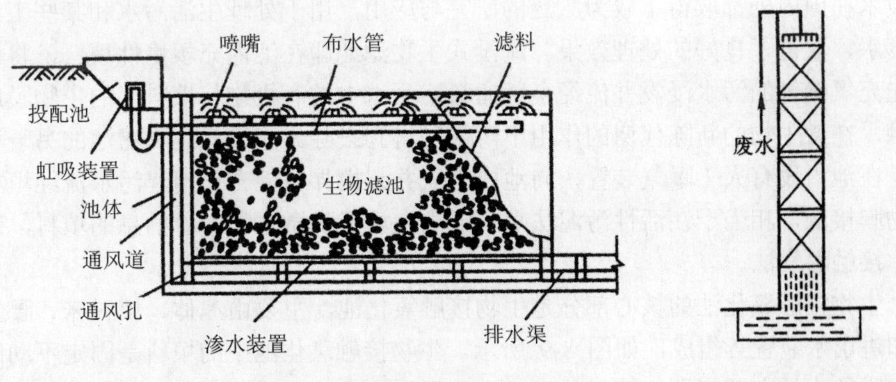

图 8-6　普通生物滤池　　图 8-7　塔式生物滤池

6．生物转盘

生物转盘的净化原理与生物滤池相同，也是利用自然界中微生物新陈代谢的生理功能对有机废水进行降解净化。

生物转盘是由一根转轴和固定在轴上的许多平行排列间距很小的圆盘或多角形盘片组成，圆盘有不到一半的面积（40%）浸没在半圆形、矩形或梯形的氧化槽内，废水流入氧化槽内，盘面作为生物膜支撑物。当生物膜浸没在槽内的污水中时，废水中的有机物被生物膜吸附和吸收，当它转出水面以上时，吸收大气中的氧气，生物膜内吸附的有机物完全氧化，生物膜恢复活性。生物转盘的盘面每转动一圈即完成一个吸附、氧化作用的周期，如图 8-8 所示。

应该指出，生物转盘上的生物膜包括好氧性生物膜和厌氧性生物膜以及活性衰退的生物膜，好氧性生物膜能氧化有机污染物，具有硝化功能。厌氧性生物膜具有反硝化、除氮等功能。衰退性生物膜在转盘转动的剪切力作用下脱落下来。

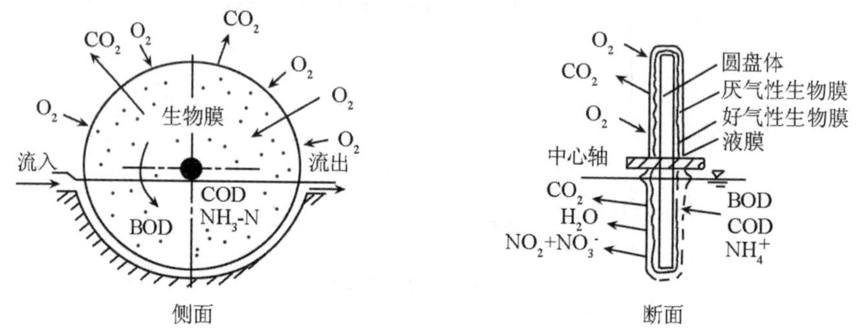

图 8-8 生物转盘法的净化原理

7．生物接触氧化池

生物接触氧化法又称为淹没式生物滤池，于 1971 年在日本首创，近 10 余年来，该技术在国内外都取得了较为广泛的研究与应用，用于处理生活污水和某些工业有机废水，取得了良好的处理效果。淹没式生物滤池即在池内充填惰性填料，将已经预先充氧曝气的污水浸没并流经全部滤料，污水中的有机物与填料上的生物膜广泛接触，在微生物的新陈代谢的作用下污染物得到去除。淹没式生物滤池的另一种形式是在池内设有人工曝气装置，向池内供氧并起搅拌与混合作用，污水流经填料与生物膜接触，相当于在活性污泥法曝气池内充填了供微生物附着栖息的填料，因而又称接触曝气法。

生物接触氧化法的核心部分是生物接触氧化池，主要由池体、填料床、曝气装置和进出水装置等组成，如图 8-9 所示。生物接触氧化池中的填料是固定不动的，生物膜就生长在其表面。填料的形式多种多样，目前采用最多的是半软性填料，此种填料比表面积相对较大，不会堵塞，且挂膜容易（图 8-10）。

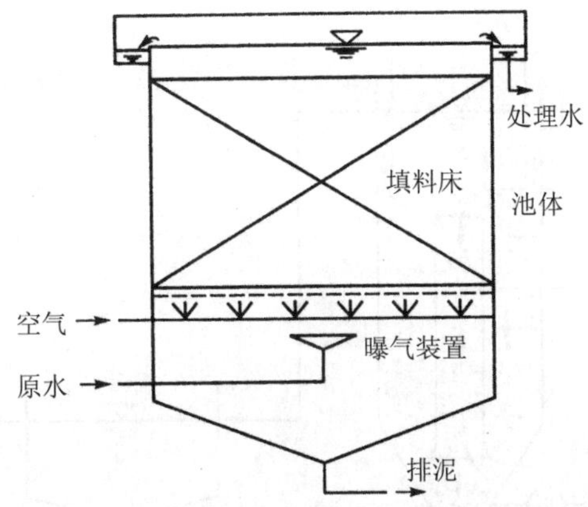

图 8-9　生物接触氧化池构造

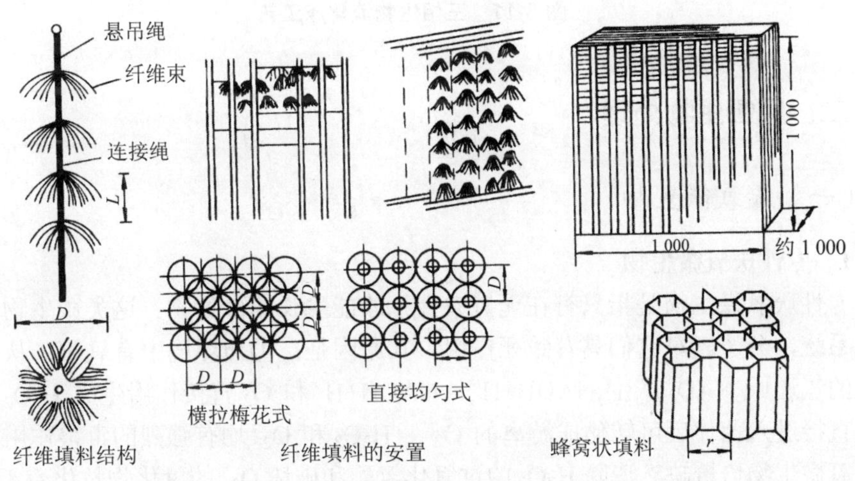

图 8-10　部分挂膜介质结构

8．生物流化床

流化床用于污水生物处理领域始于 1970 年代初期，美国和日本率先进行了多方面的研究工作并取得了较好的成果。流化床是以石英砂、活性炭、焦炭一类较小的颗粒为载体填充在床内，污水以一定流速从下向上流动，使载体处于流化状态。载体颗粒小，总体的表面积大，为微生物的生长提供了充足的场所，单位容积反应器内的微生物量可高达 10～14 g/L。

流化床中的载体处于流化状态，污水从下部、左侧、右侧流过，广泛而频繁地与生物膜接触，加之细小而密实的颗粒载体在床内互相摩擦，因而使生物膜的活性提高并加速了有机物从污水向微生物细胞内的传质过程，同时还能防止堵塞现象（图 8-11）。

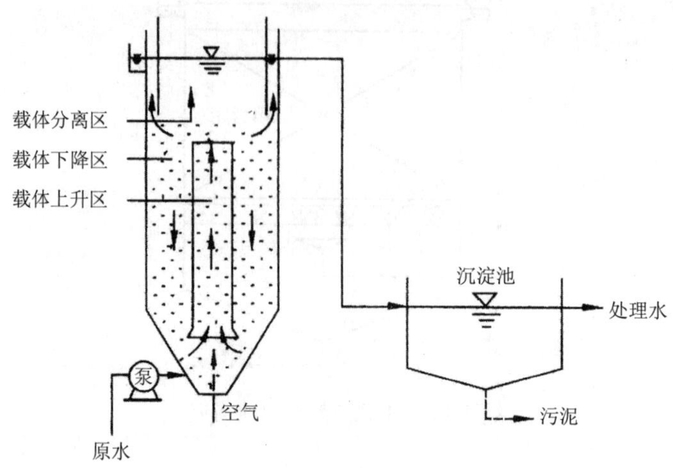

图 8-11 三相生物流化床工艺

二、厌氧生物处理

（一）厌氧微生物

1．专性厌氧微生物

专性厌氧微生物是指只有在无氧条件下才能生长的微生物。这类微生物只有脱氢酶系统，分子氧对它们具有致死作用。其原因是：①当环境中有氧时，从基质上脱下的氢还原 NAD^+产生 $NADH+H^+$，$NADH+H^+$和 O_2 直接作用生成 H_2O_2；②O_2 分子直接进入菌体后可转化成游离的 O_2^-，H_2O_2 和 O_2^-均有强烈的毒害作用。而专性厌氧微生物恰恰缺乏清除 H_2O_2 的过氧化氢酶和破坏 O_2^-的氧化物歧化酶，因此易中毒死亡。

厌氧微生物在自然界中广泛分布，种类很多，如产甲烷菌、梭状芽孢杆菌、丙酮丁醇生产菌、破伤风杆菌、脱硫弧菌、拟杆菌、荧光假单胞菌等。厌氧菌在环境工程中日益引起人们的重视。

厌氧生物的培养关键是要为它们营造一个无氧或低氧化—还原电位环境。培养厌氧微生物常用的方法有焦性没食子酸法、疱肉培养基法、厌氧罐法等。焦性没食子酸与碱性溶液作用生成焦性没食子酸盐，反应时能吸收氧气造成厌氧环境。疱肉培养基含有不饱和脂肪酸和谷胱甘肽，前者能吸氧气，后者能形成负氧化—还原电位差。

2．兼性厌氧微生物（或称兼性好氧微生物）

既能在有氧条件下生活，又能在无氧条件下生活的微生物，称为兼性好氧微生物。

这类微生物具有氧化酶和脱氢酶两套酶系统。有氧时，氧化酶系统活跃；无氧时，氧化酶系统变钝，脱氢酶系统工作。如酵母菌，在有氧情况下，能将葡萄糖彻底氧化成 CO_2 和 H_2O；在无氧情况下，发酵葡萄糖产生大量乙醇。在厌氧消化池中，除厌氧微生物外，也有兼性好氧微生物，能将有机物分解成小分子的有机酸和醇类化合物。

（二）厌氧生物处理的基本原理

厌氧生物处理是在无氧条件下，利用多种厌氧微生物的代谢活动，将有机物转化为无机物、沼气和少量细胞物质的过程。沼气的主要成分是 2/3 的甲烷和 1/3 的二氧化碳。

自 1960 年代，特别是 1970 年代以来，随着污染问题的发展及科学技术水平的进步，科学界对厌氧微生物及其代谢过程的研究取得了长足的进步，推动了厌氧生物处理技术的发展。

厌氧微生物分解有机物的过程如图 8-12 所示。从图中可看出整个厌氧生物处理过程可以分为四个阶段。

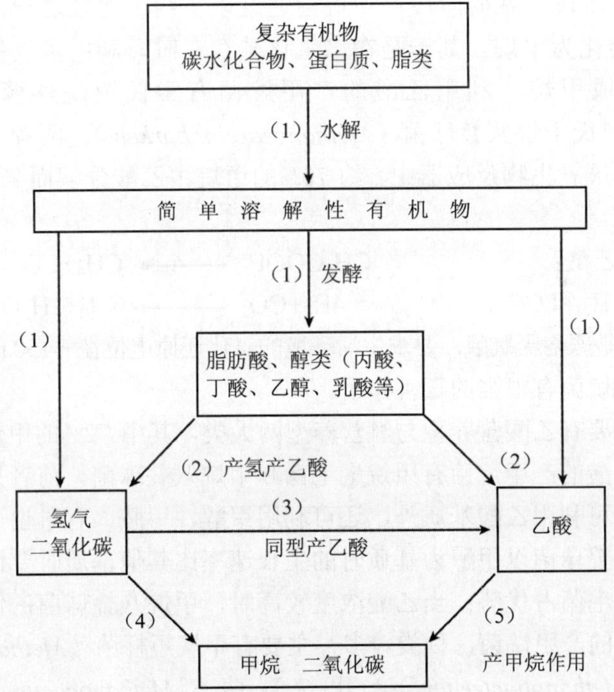

图 8-12　有机物厌氧分解过程

（1）发酵细菌；（2）产氢产乙酸细菌；（3）同型产乙酸细菌；

（4）利用 H_2 和 CO_2 的产甲烷细菌；（5）分解乙酸的产甲烷细菌

（1）水解阶段　复杂有机物首先在发酵性细菌产生的胞外酶的作用下分解为溶解性的小分子有机物。如纤维素被纤维素酶水解为纤维二糖与葡萄糖，蛋白质被蛋白酶水解为短肽及氨基酸等。水解过程通常比较缓慢，是复杂有机物厌氧降解的限速阶段。

（2）发酵（酸化）阶段　溶解性小分子有机物进入发酵菌（酸化菌）细胞内，在胞内酶作用下分解为挥发性脂肪酸，如乙酸、丙酸、丁酸以及乳酸、醇类、二氧化碳、氨、硫化氢等，同时合成细胞物质。发酵可以定义为有机化合物既作为电子受体也作为电子供体的生物降解过程。在此过程中，溶解性有机物被转化为以挥发性脂肪酸为主的末端产物，因此这一过程也称为酸化。酸化过程是由许多种类的发酵细菌完成的，这些菌绝大多数是严格厌氧菌，但通常有约1%的兼性厌氧菌生存于厌氧环境中，这些兼性厌氧菌能够起到保护严格厌氧菌，如产甲烷菌免受氧的损害与抑制的作用。

（3）产乙酸阶段　发酵酸化阶段的产物丙酸、丁酸、乙醇等，在此阶段经产氢产乙酸菌作用转化为乙酸、氢气和二氧化碳。

（4）产甲烷阶段　在此阶段产甲烷菌通过以下两个途径之一，将乙酸、氢气和二氧化碳等转化为甲烷。其一是在二氧化碳存在时，利用氢气生成甲烷；其二是利用乙酸生成甲烷。利用乙酸的产甲烷菌有索氏甲烷丝菌（*Methanothrix soehngenii*）和巴氏甲烷八叠球菌（*Methanosarcinabarkeri*），两者生长速率有较大差别。在一般的厌氧生物反应器中，约70%的甲烷由乙酸分解而来，30%由氢气还原二氧化碳而来。

利用乙酸：　$CH_3COOH \longrightarrow CH_4+CO_2$

利用 H_2 和 CO_2：　$4H_2+CO_2 \longrightarrow CH_4+2H_2O$

产甲烷菌都是严格厌氧菌，要求生活环境的氧化还原电位在－150 mV～－400 mV。氧和氧化剂对甲烷菌有很强的毒害作用。

产甲烷菌主要有乙酸营养型与氢营养型两大类，其中72%的甲烷是通过乙酸转化的。能代谢乙酸的产甲烷菌有甲烷髦毛菌和甲烷八叠球菌。前者只能在乙酸基质中生长。后者除可利用乙酸基质外，还可利用甲醇、甲胺，有时也可利用氢气和二氧化碳。甲烷八叠球菌以甲醇为基质时的生长速率比其他基质时要快。当乙酸浓度较低时，甲烷髦毛菌占优势；当乙酸浓度较高时，甲烷八叠球菌占优势。氢营养型产甲烷菌是重要的产甲烷菌，种类较多，主要有甲烷短杆菌（*Methanobrevibacter*）甲烷杆菌（*Methanobacterium*）、甲烷球菌（*Methanococus*）、甲烷螺菌（*Methanospirillum*）等属。另外，发现高温厌氧污泥中的主要氢营养菌有甲酸甲烷杆菌（*Methanobacterium formiacum*）、嗜树木甲烷短杆菌（*Methanobrevibacter arboriphilus*）、嗜热自养甲烷杆菌（*Methanobacterium thermoautotrophicum*）。在氢营养菌周围往往能观察到一些伴生菌，特别是产氢细菌，表明它们之间有紧密的关系。

三、微生物的生态处理

天然水体或土壤都有一定的自净能力，在污染物的量较小的情况下，水体和土壤可以自行消除污染，保持清洁状态。利用天然水体和土壤中的微生物以及其他生物加以人工改良，可以使废水中的有机物降解。

（一）生物塘

生物塘又称氧化塘或稳定塘，是最古老的废水处理方法，从18世纪末即开始使用，到1950年代以后得到较快的发展，我国从1950年代开始了应用生物塘处理城市污水和工业废水的探索性研究。从1960年代开始，修建了一批生物塘，到1988年为止，我国已建成并投入运行的生物塘约90座，如湖北省鄂城县用作处理农药废水的鸭儿湖生物塘，齐齐哈尔处理城市污水的生物塘等。

生物塘是一种大面积、敞开式的污水处理系统。废水在塘中停留一段时间，由藻类光合作用产生的氧和从空气溶解的氧来调节氧的状态，利用细菌对废水中有机物进行生物降解，从而达到净化废水的目的。

下面以好氧生物塘（图8-13）为例说明净化污水的基本原理。生物塘主要是利用细菌和藻类（或蓝细菌）的互生关系来分解废水中的有机污染物。在阳光的照射下，塘内的藻类或蓝细菌进行光合作用，释放出大量的氧气，使水体保持良好的好氧状态。水中的好氧微生物通过自身的代谢活动，使有机物进行氧化分解，而它的代谢产物 CO_2、N及P等无机盐可作为藻类代谢原料合成本身的细胞物质。增殖的菌体和藻类又可以被微型动物所捕食。

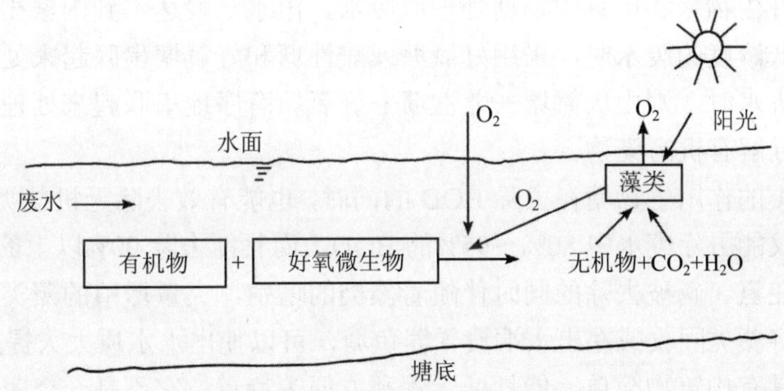

图8-13　好氧生物塘净化有机物

生物塘与自然界中富营养湖泊有些类似，其中出现的生物可从细菌到大型生物，种类多样。与其他生物处理法不同的是，藻类数量和种类非常多，而且浮游动物的量也多。此外，塘内溶解氧的含量存在昼夜的变化。在白昼，藻类光合作用释放出的氧超过藻类及细菌所需要的，塘水中氧的含量很高，可达到饱和状态。夜间光合作用停止；由于藻类及细菌等的呼吸消耗，水中溶解氧的含量下降，在凌晨时最低。然后开始回升。

根据运行方式的不同，生物塘可分为好氧生物塘、兼性生物塘和厌氧生物塘。好氧生物塘通常比较浅，水体不分层，光能自养的能力超过化能异养的能力，因此，整个生物塘内都存在一定数量的溶解氧。兼性生物塘通常比好氧生物塘深，在表层光能自养作用占优势使其呈好氧状态，而底层化能异养作用占优势使其呈厌氧状态（图 8-14）。厌氧生物塘通常比兼性生物塘还要深，主要依靠下层厌氧微生物的作用使水体中 BOD 得以去除。

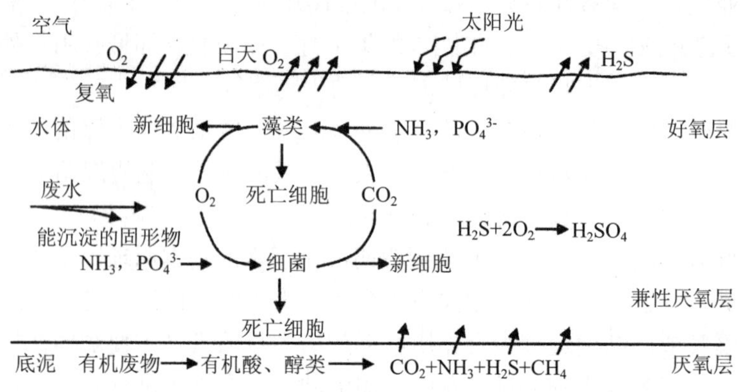

图 8-14　兼性生物塘内典型的生态系统

采用兼性生物塘和厌氧生物塘处理原废水，出水一般达不到国家排放标准，因此，在处理低浓度的废水时，采用好氧塘或兼性塘和好氧塘串联起来处理；在处理浓度较高的废水时，则由厌氧塘—兼性塘—好氧塘有序地串联起来处理，利用不同的生物群体分解有机污染物。

由于藻类的作用生物塘在去除 BOD 的同时，也能有效去除无机盐类。效果良好的生物塘不仅能去除废水中 80%～95%的 BOD，而且能去除 90%以上的氮，80%以上的磷。但在氮、磷被去除的同时伴随着藻类的增殖，大量增殖的藻类会随出水流出，如果能将藻类回收或在出水端设置养鱼塘，可以使出水水质大大提高。

生物塘具有构筑物简单，能耗低，管理方便等特点。它不是一个容易操控的处理系统，而且处理负荷比较低，占地面积大，在处理工业废水时，一些难溶的有毒有害物质沉积到底泥中成为一个潜在的污染源。此外，兼性生物塘和厌氧生物塘能产生不良气味和蚊虫，对周围环境产生不利的影响。所以生物塘比较适用于废水的深度处理。

（二）湿地处理系统

湿地系统是将污水投放到土壤经常处于水饱和状态而且生长有芦苇、香蒲等耐水植物的沼泽地上，污水沿一定方向流动，在流动的过程中，在耐水植物和土壤的作用下，污水得到净化的一种处理系统。湿地系统可分为天然湿地处理系统和人工湿地处理系统。

天然湿地系统是利用天然洼地、苇塘加以人工修整而成。中设导流土堤，使污水沿一定方向流动，水深一般在 30～80 cm，不超过 1.00 m，净化作用与好氧塘相似，适宜做污水的深度处理（图 8-15）。

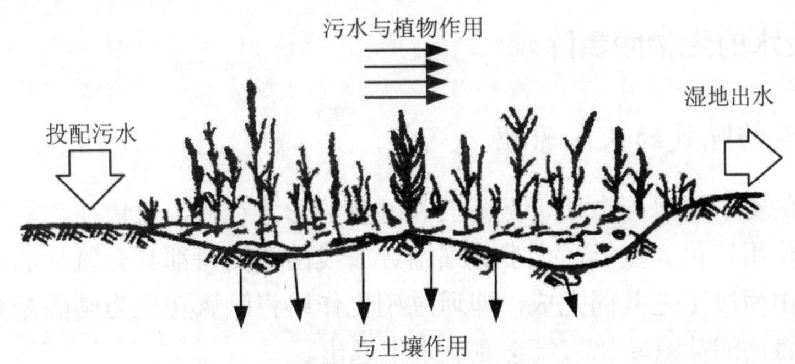

图 8-15 天然湿地系统

人工湿地系统处理废水有表流处理系统和潜流处理系统两种形式，潜流处理系统又名人工苇床，它由上下两层组成，上层为土壤，下层为易于使水流通过的粒径较大的土壤或炉渣和根系层组成，上层种植芦苇等耐水植物。床底设黏土隔水层，并具有一定的坡度。沿床宽设布水沟，内充填碎石，污水由此进入，并沿床下层呈水平渗流，从另一端的出水沟流出（图 8-16）。另外，污水进入湿地前应设置隔栅和沉淀池，以免碎石床堵塞。目前人工湿地处理除表流和潜流外，还应有上、下流以增加污水和基质接触时间，提高有机物的去除率。

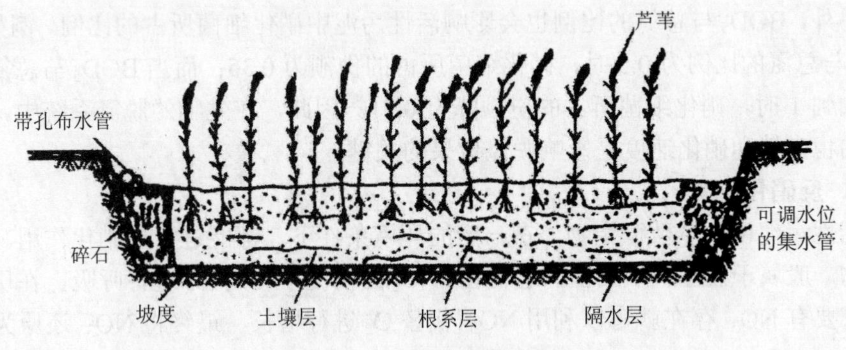

图 8-16 人工潜流湿地系统

人工湿地处理系统中的水生植物和微生物组成了一个互生系统，在废水污染物的降解和转化中发挥着重要作用。植物水下部分的根和茎为微生物的生长提供了巨大的表面积，形成的生物膜生物量大。植物根系能释放出氧，促进好氧微生物的代谢。湿地水体和底泥中的微生物分解有机物，产生 CO_2、N 及 P 等无机盐类，植物吸收水体中的 N、P 进行生长，从而达到去除废水中 N、P 的目的。

利用人工湿地系统处理废水，必须考虑进水水质、生态环境和社会状态等因素。湿地处理系统对进水中污染物浓度有一定的要求，而且对污染物的种类也有比较严格的要求，如果大量难降解有机污染物和金属离子进入湿地，就可能产生一系列不良后果，最后，需要花费更多的费用进行修复。

四、废水的生物脱氮除磷

（一）生物脱氮的基本原理

废水中的氮主要以蛋白质、氨基酸和氨氮的形式存在，蛋白质、氨基酸等有机氮通过氨化作用转化为氨氮。大多数细菌、放线菌和真菌都具有氨化能力。生物脱氮过程主要由两段工艺共同完成，即通过硝化作用将氨氮转化为硝酸盐氮，再通过反硝化作用将硝酸盐氮转化为气态氮从水中逸出。

1．硝化作用

硝化作用是指由硝化菌将氨氮氧化成硝酸盐氮的过程，这个过程必须在好氧条件下才能进行。硝化菌为自养型菌，它们以 CO_3^{2-}、HCO_3^-和 CO_2 作为碳源，通过氧化 NH_4^+获得能量。硝化过程可分为两个阶段，分别由亚硝化细菌和硝化细菌完成。

亚硝化细菌和硝化细菌虽然几乎存在于所有的污水生物处理系统中，但在一般情况下，含量很少。其影响因素主要是亚硝化细菌和硝化细菌的增长速度比生物处理中的异养细菌的增长速度小一个数量级。对于活性污泥系统来说，如果泥龄较短，排放剩余污泥量大，将使硝化细菌来不及大量繁殖，欲获得好的消化效果，就需要有较长的泥龄。

另外，BOD_5 与总氮的比例也会影响活性污泥中硝化细菌所占的比例。例如，当 BOD_5 与总氮的比例为 0.5 时，硝化细菌所占的份额为 0.35；而当 BOD_5 与总氮的比例增加到 1 时，硝化细菌所占的份额降为 0.21。因此，在生物的脱氮系统中，硝化作用的稳定性和硝化速度是影响脱氮效果的关键。

2．反硝化作用

活性污泥中大多数微生物，在一定的环境条件下，都能进行反硝化作用。这类微生物一般属于兼性厌氧细菌，它们在有 O_2 的情况下利用 O_2 进行呼吸，在厌氧条件下只要有 NO_3^-存在就可以利用 NO_3^-代替 O_2 进行增长，最终将 NO_3^-还原为 N_2。

（二）生物除磷的基本原理

生物除磷是指利用聚磷菌能够过量地从外部环境摄取磷，并将磷以聚合的形式贮藏在菌体内，形成高磷污泥，排出系统外，达到从污水中除磷的效果。生物除磷的基本过程如下：

1．聚磷菌对磷的过量摄取

在好氧条件下，大多数聚磷菌体内的PHB分解为乙酰CoA，一部分用于细胞合成，一部分进入三羧酸循环，分解氧化脱下的H^+和电子，经过电子传递链产生能量，同时消耗氧。产生的能量一部分储存到聚合磷酸盐的高能磷酸键中，这就导致菌体从外界吸收可溶性的磷酸盐进入体内（图8-17）。

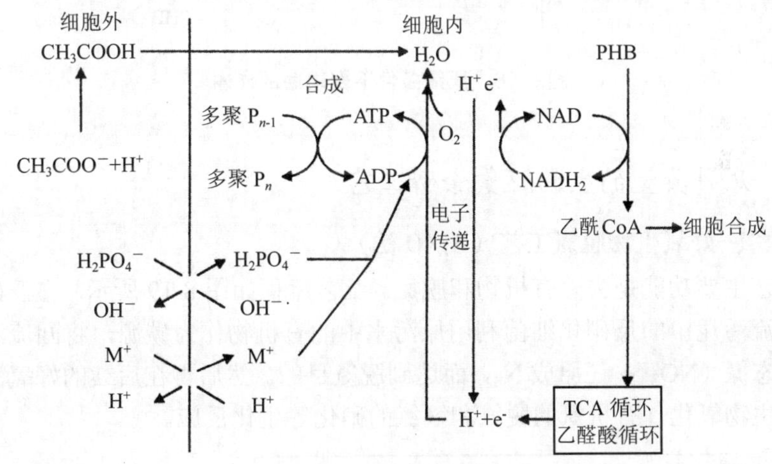

图8-17　好氧条件下聚磷菌的代谢

2．聚磷菌的放磷

在厌氧条件下，聚磷菌将体内储存的聚合磷酸盐分解，其产物磷酸盐进入液体中（放磷），产生的能量可供聚磷菌在厌氧条件下的生理活动之需，同时还可用于吸收外界环境中的可溶性脂肪酸（如乙酸），在菌体内以PHB的形式储存。细胞外的乙酸转移到细菌体内生成乙酰 CoA 的过程需要耗能，这部分能量来自于菌体内聚合磷酸盐的分解。聚合磷酸盐的分解导致可溶性磷酸盐从菌体内释放到细胞外（图8-18）。

在厌氧条件下，聚磷菌不能分解外界的有机物，只能依靠分解体内聚磷酸盐获得能量进行生长繁殖。在好氧条件下，聚磷菌在外界获得的营养机制很少的情况下，分解体内的PHB获得能量进行生长繁殖。聚磷菌与其他微生物相比，更能适应厌氧—好氧交替的环境而成为优势种群。

在污水生物处理中，生物除磷通常是与生物脱氮联系在一起的。有些聚磷菌也能利用NO_3^-作为电子受体，在吸磷的同时进行反硝化。有研究表明，约有 50%的聚磷菌参与了反硝化活动。

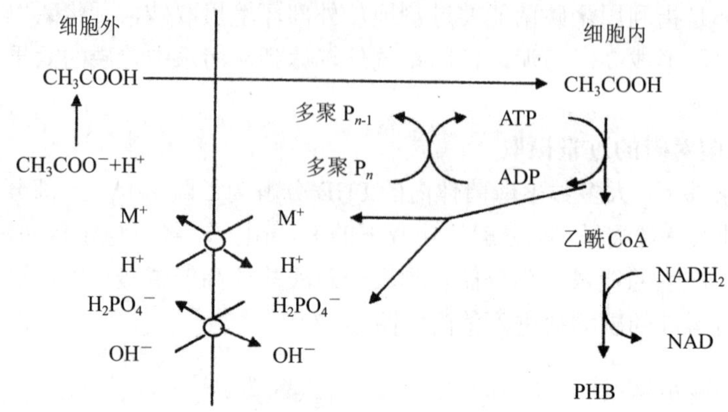

图 8-18 厌氧条件下聚磷菌的代谢

（三）几种典型的生物脱氮除磷工艺

1．缺氧–好氧生物脱氮工艺（A_1/O 法）

该工艺主要功能是去除有机物和脱氮。工艺流程如图 8-19 所示。在反硝化缺氧池中，回流污泥中的反硝化细菌利用原污水中的有机物作为碳源，将回流混合液中的大量硝态氮（NO_3^-）还原成N_2，而达到脱氮目的。然后再在后续的好氧池中进行有机物的生物氧化、有机氮的脱氨和氨氮的硝化等生化反应。

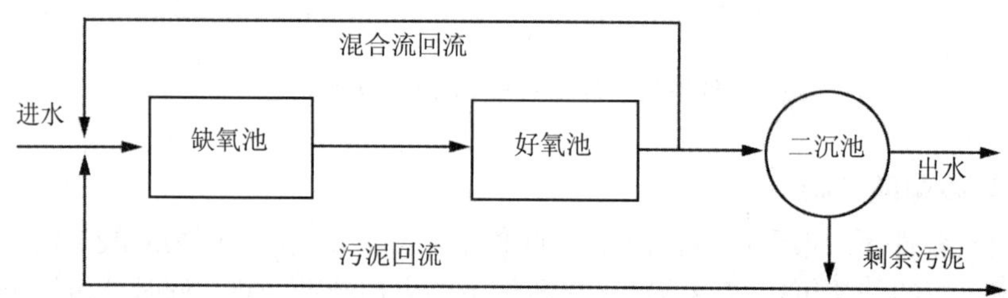

图 8-19 A_1/O 生物脱氮工艺

2．厌氧–好氧生物除磷工艺（A_2/O 法）

该工艺曝气池前段为厌氧段，溶解氧含量不大于 0.2 mg/L，回流污泥与进水靠浸没式搅拌器混合接触，此时活性污泥中的聚磷菌向污水中释放磷，然后在后段好氧段进行曝气充氧，溶解氧含量等于 2 mg/L 左右，此时聚磷菌在好氧状态下从污水中过量摄取磷，从而产生高磷污泥，通过排放剩余污泥的方式将磷除去，而有机物在厌氧—好氧段得到生物降解而被去除（图 8-20）。

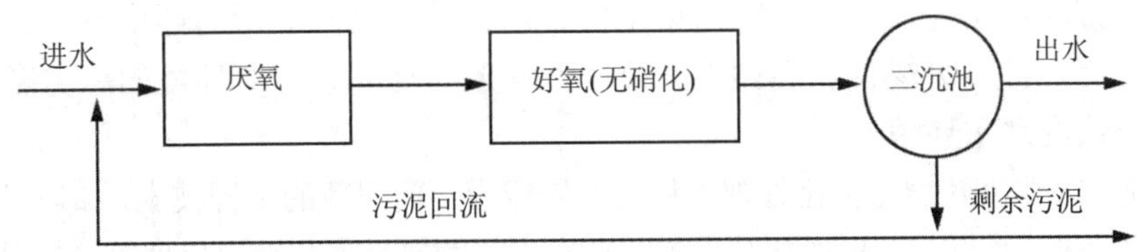

图 8-20 A_2/O 生物除磷工艺

3. 厌氧-缺氧-好氧生物脱氮除磷工艺（A^2/O 法）

A^2/O 法（图 8-21）在首段厌氧池主要进行磷的释放，使污水中的 P 的浓度升高，溶解性有机物被细胞吸收而使污水中的 BOD_5 浓度下降，另外 NH_3-N 因细胞的合成而被去除一部分，使污水中的 NH_3-N 浓度下降。在缺氧池中，反硝化细菌利用污水中的有机物作为碳源，将回流混合液中带入的大量 NO_3^--N 和 NO_2^--N 还原为 N_2 释放至空气中，使 NO_x^--N 浓度大幅度下降，同时 BOD_5 浓度继续下降。在好氧池中有机物被微生物继续氧化分解，BOD_5 浓度进一步下降，有机氮转化为无机氮，随着硝化作用的进行，NO_3^--N 的浓度逐渐增加，而磷则由于聚磷菌的过量摄取，浓度不断下降。所以，A^2/O 工艺可以同时去除有机物、氮和磷。

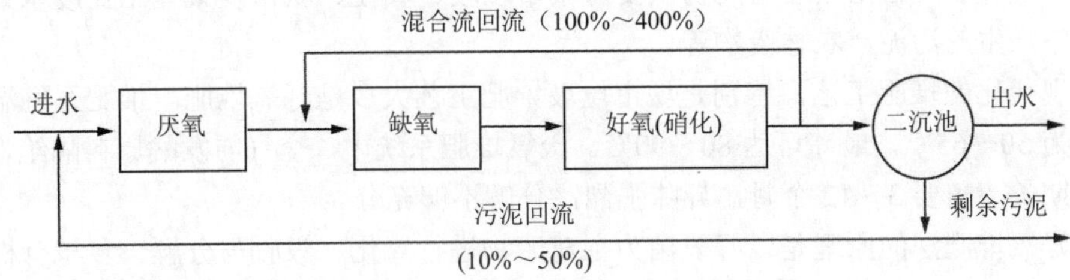

图 8-21 A^2/O 生物脱氮除磷工艺

第二节 固体和气体有机废物的微生物处理

一、固体有机废物的微生物处理

（一）概述

固体废弃物是指在社会生产、流通、消费等一系列过程中产生的一般不再具有进一步使用价值而被丢弃的以固态和泥状存在的物质。固体废弃物的危害主要表现在这几个方面：①侵占土地；②污染土壤、水体及大气；③影响环境卫生。其中有害废物具有毒性、易燃性、腐蚀性、反应性和放射性。它们对环境的恶劣影响已成为国际公认的严重环境问题。

目前，固体废弃物无害化处理工程已发展成为一门崭新的工程技术，如垃圾焚烧发电、卫生填埋、堆肥、粪便的厌氧发酵、有害废物的热处理和解毒处理等。其中卫生填埋、堆肥、粪便厌氧发酵等方法属于生物处理的方法。近年来，生物技术的进步使其在固体废弃物无害化处理领域内的应用日渐广泛，从传统的堆肥技术到各种先进厌氧发酵技术、生物能源回收技术等。特别是有害废物无害化过程中生物技术的应用取得了长足的进步。从世界范围看，对固体废弃物采用的策略逐步从无害化处理向回收资源和能源方向发展，生物技术的进步为这一发展方向提供了有效手段。

（二）堆肥

依靠自然界广泛分布的细菌、放线菌、真菌等微生物，有控制地促进可被微生物降解的有机物向稳定的腐殖质转化的生物化学过程称为堆肥化，堆肥化的产物称为堆肥。堆肥呈深褐色、质地松散、有泥土味，是一种极好的土壤调节剂和改良剂。其主要成分为腐殖质，故也称“腐殖土”。废物经过堆肥化，体积一般可减少30%～50%。适用于堆肥化处理的废物主要有城市垃圾、粪便、城市及某些工业废水处理过程中产生的污泥、农林废物等。

现代化的堆肥工艺，特别是城市垃圾堆肥工艺大多是好氧堆肥。堆肥系统温度一般为50～65℃，最高可达80～90℃。厌氧堆肥系统中，空气与发酵原料隔绝，堆制周期长，需要3～12个月，异味强烈，分解不够充分。

好氧堆肥法的原理是以好氧菌为主对废物进行氧化、吸收与分解。参与有机物降解的微生物可划分为嗜温菌和嗜热菌两大类，降解过程可以分为三个阶段。堆制初期，堆层中呈中温（15～45℃），为中温阶段。此时，嗜温菌包括细菌、放线菌、真菌活跃，利用可溶性物质如糖类、淀粉迅速生长繁殖。在此过程中一部分能量转换成热量，堆层温度上升。当堆层温度上升到45℃以上便进入高温阶段。

由于堆肥物具有良好的保温作用，1～2 d后堆层温度可达到50～60℃。在这个温度下，嗜温菌受到抑制，甚至死亡，而嗜热性真菌和细菌开始活跃，前一阶段残留和分解过程形成的溶解性有机物继续分解，半纤维素、纤维素、蛋白质等复杂有机物开始强烈分解。温度达到70℃以上，大量微生物死亡或进入休眠状态，堆肥中的寄生虫和病原菌被杀死。随着生物可利用有机物的逐步耗尽，微生物进入内源呼吸阶段，活性下降，堆层温度下降，进入降温阶段。此时嗜温菌再度占优势，使残留难降解的有机物进一步分解，腐殖质不断增多且趋于稳定，堆肥进入腐熟阶段。

有机堆肥好氧分解要求的条件：①C∶N在25∶1～30∶1发酵最好，有机物含量若不够，可搀杂粪肥；②湿度适当，30℃时，含水量应控制在45%，45℃时，含水量控制在 50%左右；③氧要供应充分，通气量 0.05～0.2 m^3/（min · m^2）；④有一定数量的氮和磷，可加快堆肥速率，增加成品的肥力；⑤嗜温菌发酵最适温度 30～40℃，嗜热菌发酵最适温度 55～60℃，5～7 d 能达到卫生无害化。整个发酵过程中 pH 在 5.5～8.5，好氧发酵的初期由于产生有机酸，pH 在 4.5～5，随温度升高氨基酸分解产生氨，一次发酵完毕，pH 上升至 8.0～8.5，二次发酵氧化氨产生硝酸盐，pH 下降至 7.5 为中偏碱性肥料。由此看出：在整个发酵过程中，不需外加任何中和剂；⑥发酵周期 7 d 左右。

堆肥化的方法主要有间歇堆积法及连续堆积法。间歇堆积法是我国长期以来沿用的方法，堆积前要对原料进行预处理，每周要翻动 1～2 次，全部堆积约需要 30～90 d。现代化的堆肥多采用成套密闭式机械连续堆制，使原料在一个专门设计的发酵器或生物稳定器内完成动态发酵过程，然后将物料运往发酵室堆成堆体，再静态发酵。机械连续堆制具有发酵快，堆肥质量高，能防气味，堆肥粒度整齐等优点。

（三）填埋技术

填埋法是将固体废弃物铺成一定厚度的薄层，加以压实，并覆盖土壤，填埋法可以作为：①固体废弃物的最终处置方法，处置过程中产生的渗滤液需要进一步处理；②产生甲烷气体的厌氧反应器；③工业废水的厌氧滤床及污泥的处理方法。

随着人们生活水平的不断提高，固体废弃物组分中难降解化合物不断增加，外源化学物质也在增加。在固体废弃物的发酵过程中，这些分子的代谢可能需要结构酶及诱导酶的作用，共氧化、质粒、突变及其他遗传基因转移作用均可能发生（图 8-22），但许多机理还不是很清楚。

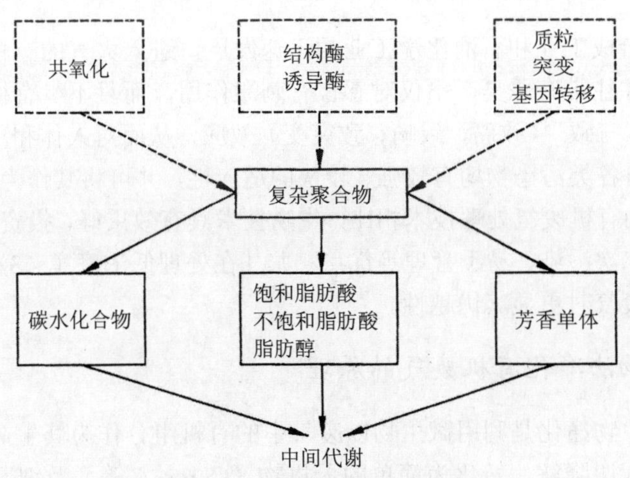

图 8-22　固体废弃物中聚合物的代谢

固体废弃物进入填埋场后，伴随着物理、化学及生物作用，首先发生的是易降解有机物的好氧代谢分解过程。可生物降解组分被各种生物，包括无脊椎动物（壁虱、千足虫、线虫等）及微生物（细菌、真菌）好氧代谢。在氧浓度不成为限制因素时，混合基质的利用逐渐转向大分子物质的序列代谢及缓慢降解。这一阶段的持续时间变化很大，取决于多种因素，如填埋的操作方式，包括前处理方式、填层压实方式及过程等。

固体废弃物中可以好氧分解的组分主要有纤维素、半纤维素、木质素、葡聚糖和果聚糖、脂肪类有机分子。它们的代谢过程多数需要多种酶的协同作用及微生物的共代谢作用。其过程由于多种微生物的参加及固体废弃物成分的多样化而十分复杂。

在好氧代谢过程中可以观察到温度的明显上升，同时会生成非生物性难降解的分子，如腐殖质。温度升高的最高纪录可达 80℃，使温度成为填埋过程的指示参数之一。初期温度的升高有利于微生物活性的增强，温度每升高 5℃，微生物分解氧化速率上升 10%～20%。但温度的升高会降低氧的溶解度，从而产生负面影响，同时温度升高还会造成微生物的死亡。另外，CO_2 的产生也对代谢过程有影响，它使 pH 降低，但可能促进聚合物的水解。

随着好氧代谢的进行，填埋层中的溶解氧不断减少，环境选择向有利于兼性厌氧菌生长和富集的方向转化。产酸细菌、硫酸盐还原菌和反硝化细菌的作用使氧化还原电位进一步下降，绝对厌氧的产甲烷菌开始生长，并继续进行污染物的代谢过程产生二氧化碳和甲烷。

二、气体有机废物的微生物处理

随着有机合成工业和石油化学工业的迅速发展，进入大气的有机化合物越来越多，这类物质往往带有恶臭，不仅对感官有刺激作用，而且不少有机化合物具有一定毒性，产生“三致”（致癌、致畸、致突变）效应，从而对人体和环境产生很大的危害。微生物对各类污染物均有较强、较快的适应性，并可将其作为代谢底物降解、转化。同常规的有机废气处理技术相比，生物技术具有效果好、投资及运行费用低、安全性好、无二次污染、易于管理等优点，尤其在处理低浓度（＜3 mg/L）、生物降解性好的有机废气时更显其优越性。

（一）生物法净化有机废气的原理

有机废气生物净化是利用微生物以废气中的有机组分作为其生命活动的能源或其他养分，经代谢降解，转化为简单的无机物（CO_2、水等）及细胞组成物质。与废水生物处理过程的最大区别在于：废气中的有机物质首先要经历由气相转移到液相（或固体表面液膜）中的传质过程，然后在液相（或固体表面生物层）被微生物吸附降解（图 8-23）。

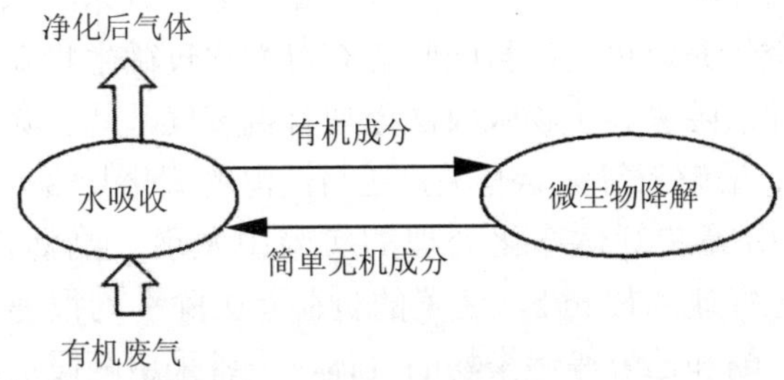

图 8-23　微生物净化有机废气模式

由于气液相间有机物浓度梯度、有机物水溶性以及微生物的吸附作用，有机物从废气中转移到液相（或固体表面液膜）中，进而被微生物捕获、吸收。在此条件下，微生物对有机物进行氧化分解和同化合成，产生的代谢产物一部分溶入液相，一部分作为细胞物质或细胞代谢能源，还有一部分（如 CO_2）则进入到空气中。废气中的有机物通过上述过程不断减少，从而得到净化。

（二）有机废气生物处理的工艺研究与应用

根据微生物在有机废气处理过程中存在的形式，可将处理方法分为生物吸收法（悬浮态）和生物过滤法（固着态）两类。生物吸收法（又称生物洗涤法）即微生物及其营养物配料存在于液体中，气体中的有机物通过与悬浮液接触后转移到液体中而被微生物降解。生物过滤法则是微生物附着生长于固体介质（填料）上，废气通过由介质构成的固定床层（填料层）时被吸附或吸收，最终被微生物降解，较典型的有生物滤池和生物滴滤池两种形式。

1．生物吸收法

生物吸收法装置由一个吸收室和一个再生池构成，如图 8-24 所示。

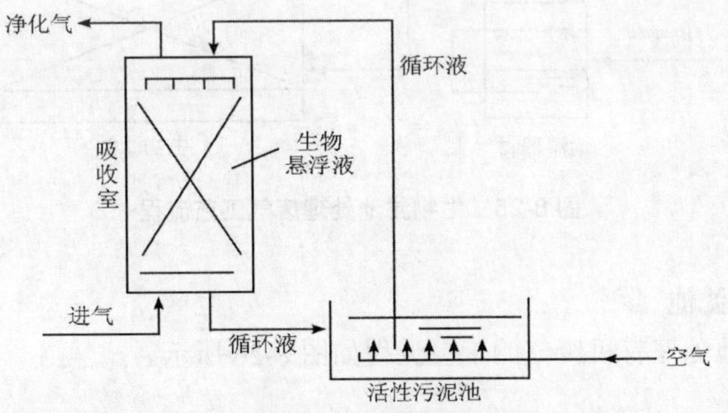

图 8-24　生物吸收法

生物悬浮液（循环液）自吸收室顶部喷淋而下，使废气中的污染物和氧转入液相（水相），实现质量转移。吸收了废气中组分的生物悬浮液流入再生反应器（活性污泥池）中，通入空气充氧再生。被吸收的有机物通过微生物氧化作用，最终被再生池中活性污泥悬浮液除去。生物吸收法处理有机废气，其去除效率除了与污泥的MLSS浓度、pH值、溶解氧等因素有关，还与污泥的驯化与否、营养盐的投加量及投加时间有关。福山等在气体净化处理的实验中发现，当活性污泥浓度控制在5 000～10 000mg/L，气速＜12 m/h，装置的负荷及去除率均很理想。日本一铸造厂采用此法处理含胺、酚和乙醛等污染物的气体，设备采用两段洗涤塔，装置运行十多年来一直保持较高的去除率（高于95%）。德国开发的二级洗涤脱臭装置，臭气从下而上经二级洗涤，浓度从2 100 mg/L降至50 mg/L，且运行费用极低。生物吸收法中气、液两相的接触方法除采用液相喷淋外，还可以采用气相鼓泡。一般地，若气相阻力较大可用喷淋法，反之液相阻力较大则用鼓泡法。鼓泡与污水生物处理技术中的曝气相似，废气从池底通入，与新鲜的生物悬浮液接触而被吸收。由此，许多文献中将生物吸收法分为洗涤式和曝气式两种。日本某污水处理厂用含有臭气的空气作为曝气空气送入曝气槽，同时进行废水和废气的处理，脱臭效率达99%。

2．生物滤池

生物滤池处理有机废气的工艺流程如图8-25所示。

具有一定温度的有机废气进入生物滤池，通过约0.5～1 m厚的生物活性填料层，有机污染物从气相转移到生物层，进而被氧化分解。生物滤池的填料层是具有吸附性的滤料（如土壤、活性炭等）。生物滤池因其较好的通气性，适度的通水和持水性，以及丰富的微生物群落，能有效地去除烷烃类化合物，如丙烷、异丁烷，对酯及乙醇等，生物易降解物质的处理效果更佳。

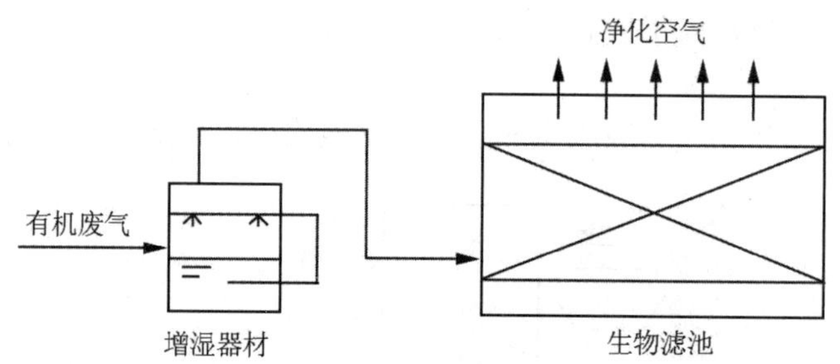

图8-25 生物滤池处理废气工艺流程

3．生物滴滤池

生物滴滤池处理有机废气的工艺流程如图8-26所示。

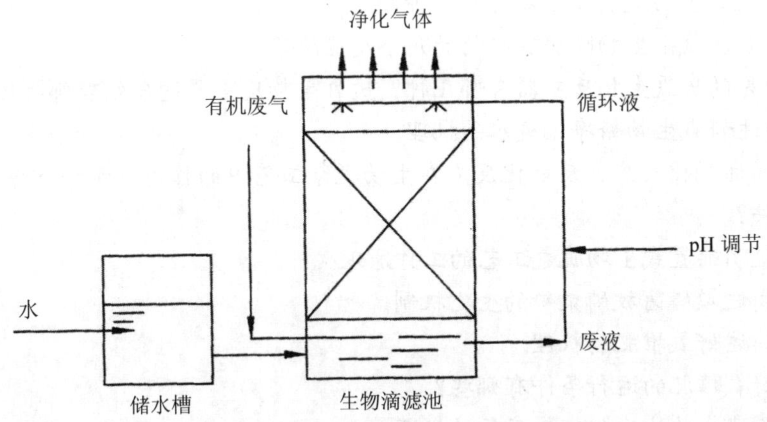

图 8-26 生物滴滤池处理有机废气系统

生物滴滤池与生物滤池的最大区别是在填料上方喷淋循环液，设备内除传质过程外还存在很强的生物降解作用。与生物滤池相似生物滴滤池使用的是粗碎石、塑料、陶瓷等一类填料，填料的表面是微生物区系形成的几毫米厚的生物膜，填料比表面积一般为 100～300 m^2/m^3。这一方面为气体通过提供了大量的空间，另一方面，也使气体对填料层造成的压力以及由微生物生长和生物膜疏松引起的空间堵塞的危险性降到了最低限度。与生物滤池相比，生物滴滤池的反应条件（pH、温度）易于控制（通过调节循环液的 pH、温度），而生物滤池的 pH 控制则主要通过在装填料时投配适当的固体缓冲剂来完成。一旦缓冲剂耗尽，则需更新或再生滤料。温度的调节则需外加强制措施来完成。故在处理卤代烃、含硫、含氮等通过微生物降解会产生酸性代谢产物及产能较大的污染物时，生物滴滤池比生物滤池更有效。Hartmans、Diks 等的实验：结果表明，气速为 145～156 m/h、二氯甲烷浓度为 0.7～1.8 g/m^3 时，二氯甲烷的去除率为 80%～95%。另外，生物滴滤池单位体积填料附着的微生物浓度较高，适用于处理高浓度有机废气，Tonga 等的研究表明，当停留时间为 50 s、处理效率为 90%时，生物滴滤池处理苯乙烯的负荷是生物滤池的 2 倍，处理苯的负荷是生物滤池的 3 倍以上。

复习与思考题

1. 什么是活性污泥？它的组成和性质是什么？
2. 活性污泥中有哪些微生物？简述活性污泥法净化废水的机理。
3. 菌胶团中原生动物和微型后生动物有哪些作用？
4. 影响活性污泥处理系统有效运行的条件有哪些？
5. 简述生物膜法净化废水的机理。

6. 常见的生物膜法反应器有哪几种？

7. 说明厌氧微生物降解有机物的几个反应阶段。

8. 常见的厌氧生物反应器有哪几种？厌氧生物反应器适合处理哪种废水？

9. 简述好氧生物塘净化废水的机理。

10. 简述硝化反应、反硝化反应在生物脱氮工艺中的作用，两种反应各需要什么反应条件？

11. 说明前置式生物脱氮工艺的工作原理。

12. 简述聚磷菌放磷聚磷的生化机制。

13. 简述好氧堆肥的机理。

14. 好氧堆肥的运行条件有哪些？

15. 简述生物法净化有机废气的机理。

第九章 微生物技术在环境保护中的作用

随着生物技术研究的进展和人们对环境问题认识的深入，人们已越来越意识到，现代生物技术的发展，为从根本上解决环境问题提供了无限的希望。生物技术在处理环境污染物方面具有速度快、消耗低、效率高、成本低、反应条件温和以及无二次污染等显著优点。目前生物技术已是环境保护中应用最广、最为重要的单项技术，尤其是基因工程、细胞工程和酶工程等生物高技术的飞速发展和应用，大大强化了环境生物处理过程，使生物处理具有更高的效率、更低的成本和更好的专一性，为生物技术在环境保护中的应用展示了更为广阔的前景。

第一节 细胞工程与环境保护

细胞工程是指在细胞水平上研究、开发、利用各类细胞的工程。它以细胞为基本单位，在离体条件下进行培养、繁殖或精细的人工操作，使细胞的某些生物学特性按人们的意愿发生改变，从而改良生物品种、创造新品种，或加速繁殖动植物个体或生产有用的生物制品。目前，细胞工程所涉及的主要技术和应用见图 9-1。

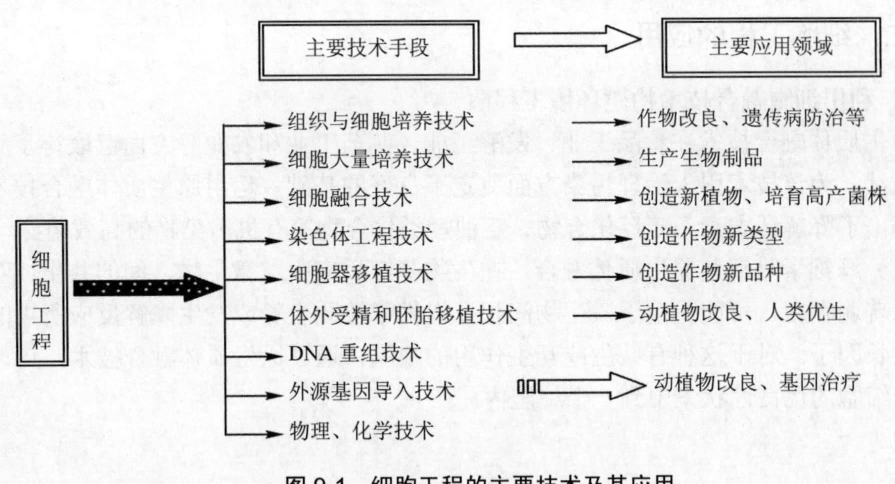

图 9-1 细胞工程的主要技术及其应用

细胞工程是以基础细胞融合技术为基础建立的，与基因工程相比，二者在带有遗传信息的物质的选择、驯化、鉴定等方面基本相同，但细胞工程所要求的技术条件、实验设备等均比基因工程要求低一些。

利用微生物细胞工程，结合基因工程及常规技术，我国培育出了一批高产、优质、抗病的农作物新品种；研制出了一批产量较高、杀虫谱较宽、持续期较长的二代微生物杀虫剂和新型农药制剂等。利用原生质体融合技术构建的多功能治理污染工程菌，能够跨越不同种属间的遗传障碍，杂种细胞内可以拥有两套，甚至两套以上亲株的遗传物质，基因重组随机。它与分子克隆基因工程相比，投资省，易操作，对亲本的遗传背景知识的要求不是很严格，能快速组建新菌株。

一、基本概念

微生物细胞工程即是应用微生物进行细胞水平的研究和生产，具体包括各种微生物细胞的培养、遗传性状的改造、微生物细胞的直接利用或获得细胞代谢产物等。微生物遗传性状的改变有多种方法，诱变育种是一种古老而有效的遗传学研究方法；基因工程是获得新的微生物品种或性状的重要手段；以微生物原生质融合技术为核心的微生物细胞工程也是获得新的微生物遗传性状的主要方法。

原生质体融合是进行细胞遗传重组的最简便方法，其技术操作与条件要求都比较简单，近年来应用很广，日益受到人们的重视。其基本过程是：经培养获得大量菌体细胞，用脱壁酶处理脱壁，制成原生质体。将两种不同菌株的原生质体混合在一起，使原生质体彼此接触、融合，使融合的原生质体在合适的培养基平板上再生出细胞壁，并生长繁殖，形成菌落，最后测定参与融合的性状重组或产量变化情况，以筛选出重组子（图 9-2）。通过原生质体融合改良微生物菌株的遗传性状是培育优质、抗逆性强的良种的一种行之有效的手段。

二、细胞工程的应用

1．利用细胞融合技术构建环境工程菌

原生质体融合技术在食品工业、发酵工业、制药工业和农业等方面已取得了辉煌的成绩，为该技术引入治理污染方面奠定了良好的基础。运用原生质体融合技术已构建出了降解纤维素、芳烃化合物、石油烃类化合物等有机污染物的高效菌株。

（1）纤维素降解菌原生质体融合　在生物降解反应中，微生物之间的共生或互生现象普遍存在，可能是由于微生物间相互提供了彼此生长或发生降解反应所需的某种生长因子。对于这种有共生或互生作用的细胞，通过原生质体融合技术，可以将多个细胞的优良性状集中到一个细胞内。

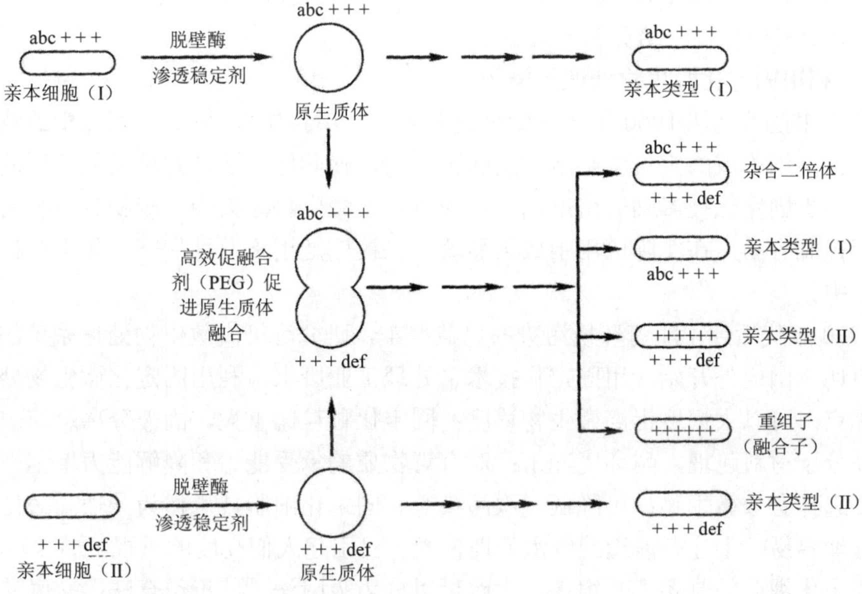

图 9-2 微生物原生质体融合

两株脱氢双香草醛（与纤维素相关的有机化合物，简称 DDV）降解菌，*Fusobacterium varium* 和 *Enterococus faecium*，当它们单独作用时，在 8 d 内可降解 3%～10%的 DDV，混合培养时，降解率可达 30%，说明存在有明显的互生作用。将两株菌进行原生质体融合，融合细胞（FET 菌株）的降解率最高可达 80%。利用 Southern 印迹杂交技术检验，发现融合细胞中带有双亲细胞的 DNA 序列。将融合细胞 FET 和具有纤维素分解能力的革兰氏阳性菌白色瘤胃球菌（*Ruminococcus albus*）进行融合，将纤维素分解基因引入到 FET 菌株中，获得一株革兰氏阳性重组子，它具有 *Ruminococcus albus* 亲株 45%左右的 β-葡萄糖苷酶和纤维二糖酶活性，同时还具有 87%FET 降解 DDV 酶的活性。利用基因探针技术证实它是一个完全的融合子。

（2）芳香族降解菌的构建

Pseudomonas alcaligens CO 可以降解苯甲酸酯和 3-氯苯甲酸酯，但不能利用甲苯。*Pseudomonas putida* R5-3 可以降解苯甲酸酯和甲苯，但不能利用 3-氯苯甲酸酯。上述两菌株均不能利用 1,4-二氯苯甲酸酯。通过细胞融合，得到的融合细胞可以同时降解上述 4 种化合物。这一结果说明原生质体融合可以集中双亲的优良性状，并可产生新的性能。

将乙二醇降解菌 *Pseudomonas mendocina* 3RE-15 和甲醇降解菌 *Bacillus lentus* 3RM-2 中的 DNA 转化至苯甲酸和苯的降解菌 *Acinetobacter calcoaceticus* T3 的原生质体中，获得的重组子 TEM-1 可同时降解苯甲酸、苯、甲醇和乙二醇，降解率分别为 100%，100%，84.2%和 63.5%。此菌株用于化纤废水处理，对 COD 去除率可达 67%，高于三菌株混合培养时的降解能力。

2．利用固定化微生物处理污染物

固定化技术是从 1960 年代开始迅速发展的一项新技术，它是采用化学或物理的手段将游离细胞或酶定位于限定的空间区域内，使其保持活性并可反复利用的一种技术。由于固定化技术细胞密度高，反应迅速，微生物流失少，产物分离容易，反应过程控制容易，在实际应用中成果显著，已被广泛用于发酵生产、化学分析和能源开发中。

1970 年代后期，随着环境污染的日益严重，研究污染高效生物处理系统的要求日益迫切，国内外开始应用固定化技术来处理工业废水。利用固定化微生物处理有许多优点：可以大幅度提高微生物浓度；固定化颗粒比重大，固液分离迅速；微生物被高分子材料包埋，耐环境冲击；对有毒物质的承受能力和降解能力增强；可根据需要选择有效微生物；可降低二次污染等。固定化细胞技术作为一项高效低耗、运转管理容易、十分有前途的废水处理技术，已引起人们高度的重视。

固定化细胞的制备方式很多，大致可以分为吸附法、共价结合法、交联法和包埋法等四大类，其中包埋法是细胞固定化最常用的方法。目前，固定化微生物技术在废水处理中的应用效果还受到固定化方法和固定化载体的影响。要求固定化微生物的载体要具备对微生物无毒、抗微生物分解、机械程度高、传质性能好、价格便宜等条件，而当前常用的微生物载体如硅胶、活性炭、陶瓷等无机材料，以及有机合成高分子聚合物等材料均还存在不足之处，需要进一步开发新型、对微生物无毒并可以提高微生物活性的固定化载体。

第二节　酶工程与环境保护

酶工程是现代生物技术的主要内容之一，它随着酶学研究迅速发展，特别是酶的应用推广，使酶学和工程学相互渗透结合，发展而成的一门新的技术学科。它从应用的角度出发研究酶，是在一定的生物反应装置中利用酶的催化性质进行生物转化的技术。酶技术以其高效率、低耗能、反应条件温和等优点在化工、医药、石油化工产品的生产方面已得到了成功应用，在环境工程技术方面也将越来越广泛。

一、基本概念

酶工程又称酶技术，是利用酶和细胞或细胞器所具有的催化功能来生产人类所需产品的技术。包括酶的研制与生产、酶分离纯化、酶分子修饰、酶固定化、酶反应动力学、酶反应器、酶的应用等。酶在各个领域获得了广泛的应用，其主要应用领域包括：

（1）食品工业　应用历史久，范围广，包括佐料、香味剂等食品的生产及改良外观颜色、营养价值等。

（2）去污剂　大多为蛋白酶，如碱性丝氨酸蛋白酶（来自杆菌属，如枯草杆菌）。这类酶具有以下性质：在 pH 9.0～12.0 稳定，具有活性；在 55～100℃范围内耐热性好；可与表面活性剂、螯活剂共存。目前正在开发的其他酶包括：脂肪酶，可去油或去脂；蛋白酶，可去淀粉类污物；水解酶和氧化酶等。

（3）医学领域　大多为助消化用，如纤维酶、淀粉酶、蛋白酶、脂肪酶、乳糖酶等。在其他方面的应用，如抗肿瘤、抗菌等方面的研究正日趋活跃，酶缺乏症的治疗剂也将会不久问世。

（4）分析领域　酶在化学分析领域中的应用发展很快，如医疗诊断、工业过程监测、环境监测（生物传感器）等。

（5）化工生产　包括化工合成、发酵工业、药物合成等。

（6）废物处理　包括用多种酶（淀粉酶、脂肪酶、蛋白酶等）去除有机物（如碳水化合物、蛋白质、脂肪和油等）。近年来，酶在废水处理中的应用越来越受到重视，这是因为：①难降解有机污染物的排放日益增多，使用传统的化学和生物处理方法已很难达到令人满意的去除效果，这就需要找到一个比现行方法更快捷、更经济、更可靠、更简便的方法；②人们已逐渐认识到酶能用来专门处理某些特定的污染物；③生物工程技术的发展使酶的生产成本降低。

二、酶工程的应用

人们研究用于环境治理的酶包括以下几类：①处理食品工业废水，如淀粉酶、糖化酶、蛋白酶、脂肪酶、乳糖酶、果胶酶、几丁质酶等；②处理造纸工业废水，如木聚糖酶、纤维素酶、漆酶等；③处理芳香族化合物，如各种过氧化物酶、酪氨酸酶、萘双氧酶等；④处理氰化物，如氰化酶、腈水解酶，氰化物水合酶等；⑤处理有机磷农药，如对硫磷水解酶、甲胺磷降解酶等；⑥处理重金属，如汞还原酶、磷酸酶等。

使用酶处理废水主要是通过沉淀或无害化去除污染物。大多数废水处理过程可分为物理化学过程和生物处理过程，酶的处理介于二者之间。与传统处理过程相比，酶处理的优点是：能处理难以生物降解的化合物；高浓度或低浓度废水都适用；操作时的 pH、湿度和盐度的范围均很广；不会因生物物质的聚集而减慢处理速度，处理过程的控制简便易行。

1．含酚废水处理

芳香族化合物，包括酚和芳香胺，属于优先控制污染物。石油炼制厂、树脂和塑料生产厂、染料厂、织布厂等很多工业企业的废水中均含有此类物质，大多数芳香族化合物都有毒，在废水被排放前必须把它们去除。很多酶已用于废水处理以取代传统的处理方法，下面介绍几种具体的酶类及其应用。

（1）辣根过氧化物酶　辣根过氧化物酶（HRP，Ecl.11.1.7）是一种能够催化芳香族化合物聚合并从废水中沉淀出来的生物酶，是酶处理废水领域中应用最多的一种酶。有过氧化氢存在时，它能催化很多种有毒的芳香族化合物的氧化，其中包括酚、苯胺、联苯胺及其相关的异构体。反应产物是不溶于水的沉淀物，这样就很容易用沉淀或过滤的方法将它们去除。HRP 特别适于废水处理还在于它能在一个较广的 pH 值和湿度范围内保持活性。

HRP 在处理含酚污染物方面的应用很广，使用 HRP 处理的污染物包括苯胺、羟基喹啉、致癌芳香族化合物（如联苯胺、奈胺）等。而且，HRP 可以与一些难以去除的污染物一起沉淀，去除物形成多聚物而使难处理物质的去除效率增大。这个现象在处理含多种污染物的废水时有着重要的实际应用。例如，多氯联苯可以与酚一起从溶液中沉淀下来。HRP 的这个特定的应用还未得到进一步的深入研究。

（2）木质素过氧化物酶　也叫木质素酶，是白腐菌中的黄孢原毛平革菌（*P chrysosporium*）产生的胞外酶。此酶是促使木质素降解的关键性酶，它的催化作用依赖于 H_2O_2 的存在。当温度＞35℃时，它开始失活，最佳稳定 pH 是 4.5，在 pH=3 以下极不稳定。木质素过氧化物酶的稳定性特点使其在废水处理应用上具有较强的经济和技术可行性。

木质素是造纸工业中有效利用纤维素的最大障碍。在化学制浆过程中，大部分木质素可从木材、草类或其他粗原料的纤维中除去，但还残留大约 3%～12%，这部分残留的木质素会造成纸浆褐色，并降低纸张的强度。因此，需要对纸浆进行漂白。传统的化学漂白法是采用多段的氯/二氧化氯漂白及碱提取来去掉木质素，在废水中会有大量含氯的、致癌致畸的物质，造成严重的环境污染和生态破坏。近年来，利用各种木质素酶进行生物漂白的研究正在迅速兴起，人们期望利用木质素酶对木质素的直接作用来实现生物漂白。目前，酶法助漂新工艺在欧洲和北美的 30 余家大型纸厂得到应用，成为生物技术在造纸工业应用最成功的一例。

（3）酪氨酸酶　也叫酚酶或儿茶酚酶。该酶可催化酚形成邻苯二酚，邻苯二酚脱氢后形成苯醌，苯醌非常不稳定，可通过聚合形成不溶于水的沉淀物，采用简单的过滤即可将之去除。酪氨酸酶已成功地用于从工业废水中沉淀和去除浓度为 0.01～1.0 g/L 的酚类。酪氨酸酶用甲壳素固定化后处理含酚废水，2 h 内去除率达 100%。固定化酪氨酸酶可防止被水流冲走及与苯醌反应而失活。固定化酪氨酸酶使用 10 次后仍然有效。因此，固定酪氨酸酶用于甲壳素上可有效去除有毒酚类物质。

（4）漆酶　是一种含铜的多酚氧化酶，最早是从漆树的分泌物中发现的（Yoshida，1983），随后发现一些真菌也分泌这种酶（Bertrant，1986）。目前已知漆酶广泛分布于多种白腐菌中（Hatakka，1994）。漆酶在木质素降解中可催化酚类化合物的氧化，而且，它能同时减少多种酚类的含量。目前漆酶在生物制浆漂白业和环境废物的处理等方面研究应用得较多，但由于成本及诱导剂对家畜的安全性（用作诱导剂的大多是具有毒性的芳香类物质）等问题的原因，使得漆酶在用于降解木质素以提高粗饲料的利用率上还有待于进一步研究。

2．含氰废水处理

据估计全世界每年使用的氰化物为 300 万 t，很多植物、微生物和昆虫也能分泌自己体内的氰化物。水体中氰化物主要来源于冶金、化工、电镀、焦化、石油炼制、石油化工、染料、药品生产以及化纤等工业废水。由于氰化物是新陈代谢抑制剂，对人类和其他生物有致命的危害，因此处理氰化物非常重要。

氰化物酶能将氰化物转变为氨和甲酸盐。氰化物酶可由 *Alcaligenes denitnficans*（一种革兰氏阴性菌）产生，此酶有很强的亲和力和稳定性，其活性既不受废水中常见阳离子（如 Fe^{3+}、Zn^{2+}和 Ni^{2+}）的影响，也不受醋酸、甲酰胺、乙腈等有机物的影响。利用氰化物酶能处理浓度低于 0.02 mg/L 的氰化物。

很多真菌能产生氰化物水合酶，此酶被固定后具有较好的稳定性，能水解氰化物成甲酰胺，可用于含氰废水的处理。

3．食品加工废水处理

食品加工工业是工业废水的主要来源之一。其他工业废水大多是有毒的，必须转化为无毒物质，而食品工业废水易分解或转化为饲料或其他有经济价值的产品。将酶可应用于食品工业废水处理，可净化废水并获得高附加值产品。

蛋白酶是一类水解酶，在鱼肉加工工业废水处理中得到广泛应用。蛋白酶能使废水中的蛋白质水解，得到可回收的溶液或有营养价值的饲料。例如，从 *Bacillus subtilis* 中提取的碱性酶可用于家禽屠宰场的羽毛处理。羽毛占家禽总重的 5%，在其外表坚硬的角质素被破坏后，通过 NaOH 预处理、机械破碎和酶的水解，可作为一种高蛋白含量的饲料成分。

淀粉酶是一种多糖水解酶，多糖转变为单糖和发酵能同时进行，例如，淀粉酶用于含淀粉废水处理，可使大米加工产生的废水中的有机物转化为酒精。

第三节　发酵工程与环境保护

发酵技术虽有着悠久的历史，但作为现代科学概念的发酵工业是在 1940 年代随着抗生素工业的兴起而得到迅速发展的，现代发酵工程又是在传统发酵的基础上，结合了 DNA 重组、细胞融合、分子修饰和改造的新技术。现代发酵工业已形成完整的工业体系，包括抗生素、氨基酸、多糖、酶制剂、单细胞蛋白、维生素、有机溶剂、基因工程药物、核酸类物质以及其他生物活性物质等的生产。发酵技术在环境保护领域中应用十分广泛，如污水的生物处理、固体废物的堆肥、垃圾的填埋及废物资源化均为发酵过程。发酵工业已成为全球经济的重要组成部分，在有些发达国家，发酵工业的产值占国民生产总值的5%，在医药产品中，发酵产品也占有重要位置，其产值占20%。

一、基本概念

发酵工程是渗透着工程学的微生物学。是利用微生物的特定性状，通过现代工程技术生产有用物质或直接应用于工业化生产，是把粮食、能源、化学制品、环境控制等全球性课题联系起来的一种技术体系。

发酵工程的内容随着科学技术的进步而不断扩展和充实。现代发酵工程包括：①菌体生产，如药用真菌、生物防治剂等的生产；②代谢产物的发酵生产，如抗生素、酶、核酸、蛋白质、色素等生产；③微生物机体的利用，突出的如甾体生物转化。

二、固体发酵

固体发酵又称固态发酵，是指微生物在没有游离水的固体湿培养基上进行的发酵过程。固体发酵是一项古老的技术，人类最早掌握的发酵技术就是固体发酵。如我国传统的酿酒、制酱均为固体发酵。此外固态发酵还用于固体有机废物的堆肥等。

固体发酵一般都是开放式的，因而不是纯培养。它的一般过程为：将原料预加工后再经蒸煮灭菌，然后添加一定量的水分，接入预先培养好的菌种进行发酵，发酵成熟后适时出料，并进行适当处理，或进行产物的提取。

固体发酵所需设备简单，操作容易，并可因陋就简、因地制宜地利用一些来源丰富的工农业副产物。不仅可以对固体废物进行减量化处理，而且可以进行资源化处理。

三、有机废物生产饲料

发酵饲料是利用各种有益微生物，把秸秆类粗饲料加工成营养丰富适口性好的饲料。通过生物发酵工程制取的微生物及代谢物、转化物作饲料，正广泛应用于畜牧业生产中。

据统计目前已发现的微生物种类多达10万种以上，而且不同种的微生物具有不同的代谢方式，能够分解各种各样的有机物质，因此利用微生物发酵生产饲料具有原料来源广泛的特点。能够用来生产微生物饲料的废弃物包括工、农、林、水、渔等产业的各种有机废水、废渣、甚至城市垃圾和粪便；矿物质资源包括石油、天然气及由它们衍生出的副产物甲醇、乙醇、醋酸、甲烷等；纤维素资源包括各种农作物秸秆、糠稗、木屑、蔗渣、薯渣、甜菜渣等，这些都是自然界最丰富的物质；糖类资源有甘薯、木薯、马铃薯等淀粉类物质和废糖蜜等。此外，蕴藏丰富的泥炭资源也可以作为生产微生物饲料的原料。

单细胞蛋白和菌体蛋白饲料是利用微生物生长繁殖快，蛋白含量高，利用有机废物而生产的蛋白饲料。我国于 1984 年 3 月 20 日发现的可利用薯类、薯渣等粗淀粉的混生配伍菌株生产菌体蛋白饲料，简称 4320 系列菌体蛋白饲料，我国又相继选育出在柠檬渣、甜菜渣、豆渣、酒糟和玉米渣等工业废渣上生长良好的混生配伍菌株，用来生产 4320 系列菌体蛋白饲料。据科学家测算，借助微生物发酵工程，仅利用每年石油产量的 2%就能生产出 2 500 万～3 000 万 t 的单细胞蛋白，可供 20 亿人吃一年。如果用于生产配混饲料，这个数字就更加惊人。

第四节　微生物修复技术

生物修复技术是 1980 年代以来出现和发展的清除和治理环境污染的生物工程技术，主要是利用生物特有的分解有毒有害物质的能力，去除污染环境如土壤中的污染物，达到清除环境污染的目的。在该技术的萌芽阶段，主要应用于环境中石油烃污染的治理，并取得成功。实践结果表明，生物修复技术是可行的、有效的和优越的，此后该技术被不断扩大应用于环境中其他污染类型的治理。欧洲各国如德国、丹麦、荷兰对生物修复技术非常重视，全欧洲从事该项技术的研究机构和商业公司大约有近百个，他们的研究证明，利用微生物分解有毒有害物质的生物修复技术是治理大面积污染区域的一种有价值的方法。

生物修复是采用诸如提高通气效率、补充营养（对石油污染而言，主要是补充 N、P），投加优良菌种、改善环境条件等办法来提高微生物的代谢作用和降解活性水平，以促进对污染物的降解速度，从而达到治理污染环境的目的。生物修复技术最成功的例子是 Jon E.Llidstrom 等人在 1990 年夏到 1991 年应用投加营养和高效降解菌对阿拉斯加 Exxon Valdez 王子海湾由于油轮泄漏造成的污染进行的处理，取得非常明显的效果，使得近百公里海岸的环境质量得到明显改善。

随着近年来生物修复技术的飞速发展，生物修复的内涵在不断丰富，开发了许多新的或改良的生物技术。生物修复可以分为微生物修复、植物修复、动物修复和生态修复四大类，其中微生物修复就是我们通常所称的狭义上的生物修复。

一、微生物修复的基本原理

1．基本概念

大多数环境中都进行着天然的微生物降解净化有毒有害有机污染物的过程。研究表明，大多数下层土含有能降解低浓度芳香化合物（如苯、甲苯、乙基苯和二甲苯）的微生物，但是在自然条件下由于溶解氧不足、营养盐缺乏和微生物生长缓慢等限制性因素，微生物自然净化速度很慢，因此，需要采用各种方法来强化这一过程。如提供氧气或其他电子受体，添加氮、磷营养盐，接种经驯化培养的高效微生物等，以便能够迅速去除污染物。微生物修复技术不仅能有效降低环境中的有机污染物，而且能消除环境中的无机污染物。

生物修复技术大致可分为原位生物修复和异位生物修复两类。原位生物处理中污染土壤不需移动，污染地下水不需用泵抽至地面。此方法的优点是处理费用低，但处理过程控制比较难；异位生物处理需要通过某种方法将污染介质转移到污染现场附近或之外，再进行处理，通常污染物搬动费用较大，但处理过程容易控制。

2．影响微生物修复的环境条件

影响微生物生长、活性及存在的因素很多，包括物理、化学及生物因素。这些因素影响微生物对污染物的转化速率，也影响生物降解产物的特征及持久性。污染现场环境条件的多样性对微生物降解作用影响是巨大的。

（1）非生物因素　影响有机物生物降解性最主要的环境因素有温度、湿度、pH值、溶解氧、营养物质、无机盐分以及有毒物质等。

（2）营养物质　微生物的生长除需要有机物提供的碳源和能源之外，还需要一系列营养物质和电子受体。如氮、磷、生长因子等物质的加入会刺激微生物的生长，促进污染环境的修复。

（3）共存物质　自然环境或污染环境下经常是多种基质在一起，多种微生物和多种化合物共存下的生物降解于一种微生物对一种化合物的生物降解有很大不同。往往受环境因子和生物因子等因素的影响出现多种情况，如多种基质可以同时被利用、一种基质促进另一种基质的降解速率、一种基质减慢另一种基质的降解等情况，但多数缺少实验证据。

（4）电子受体　环境中污染物氧化分解的最终电子受体的种类和浓度也影响着污染物生物降解的速度和程度。微生物氧化还原反应的最终电子受体主要分为三类，包括氧、有机物分解的中间产物和无机酸根（如硝酸根、硫酸根等）。好氧条件有利于大多数污染物的生物降解，可采用一些工程化的方法来增加土壤中的氧，如布设地下通气管道压送空气；向土壤中添加产氧剂，通常是双氧水（H_2O_2），其浓度在100～200 mg/L 时对微生物没有毒性效应。

（5）微生物的协同作用　许多生物修复需要多种微生物的合作，这种合作在最初的转化反应和以后的矿化作用中都可能存在。协同有不同的类型，一种情况是单一菌种不能降解，混合以后可以降解；另一种情况是单一菌种都可以降解，但混合以后降解的速率超过单个菌种的降解速率之和。协同作用主要表现为：①一种或几种微生物向其他微生物提供生长因子；②一种微生物可对某种有机物进行不完全降解，第二种微生物则使前者的产物矿化；③一种微生物只能共代谢有机物形成不能代谢的产物，另一种微生物则可以分解这些产物；④一种微生物产生的产物对自身有毒害作用，但另一种微生物可以解除这种毒害，并将其作为碳源和能源利用。

（6）生物间的相互作用　环境中存在的生物之间通过共生、互生、捕食、寄生等关系，相互影响，相互作用。微生物之间的共生和互生常促进生物降解作用，捕食和寄生限制微生物的增长，从而影响污染物的生物降解过程。此外，植物根际微生物对污染物的生物降解有促进作用，种植植物有利于生物修复的进行。

二、污染环境微生物修复技术的应用

在解决实际污染问题时，应用微生物修复技术必须具备以下条件：①存在具有代谢活性的微生物；②降解过程不产生有毒副产物；③污染环境中的污染物对微生物无害或其浓度不影响微生物的生长；④目标化合物必须能被微生物利用；⑤处理场地利于微生物的生长；⑥处理费用较低，至少要低于其他处理技术。

目前，污染环境微生物修复技术主要应用于土壤、地表水体和地下水环境的污染修复。

（一）土壤污染物微生物修复

污染土壤环境的微生物修复主要有原位生物处理和异位生物修复两类方法。

1．土壤原位生物处理

原位生物处理是在受污染地区直接利用土壤中固有的微生物净化污染物，使土壤的理化特性、生物学特性和功能得到恢复的技术。该技术不需要将土壤挖出和运输，一般采用土著微生物处理，有时也加入经过驯化和培养的微生物以加速处理进程。

（1）土地处理　天然土壤中存在丰富的微生物种群，具有多种代谢活性，因此处理污染物的一个简单方法是依靠土著微生物的作用将污染物分解或去除，这种方法称之为土地处理，它应用于石油工业废弃物处理已有多年的历史，也被用于处置多种类型的污泥、石油气厂的废弃物、含防腐油土壤及各类工业废弃物，如食品加工、纸浆及造纸、鞣革业等的废弃物。土地处理对于石油及石油制品污染土壤的处理效率已被实验室内精确控制的实验及实际处理实践所证实。如汽油、喷气燃料及加热用油内的碳氢化合物在用肥料、石灰处理过且模拟耕种过的土壤中浓度大幅度降低。又如在对某 120 m^2 被污染耕种土壤的研究中，发现经过 15 个月的生物修复，石油浓度降低 80%。

（2）直接或间接利用高等植物分解有机物的生物修复技术　该技术目前已引起广泛关注，可用于土壤、某些情况下浅层沉积物中化合物的生物修复。其过程包括植物对污染物质的吸收、植物根部及根部附近土壤中微生物对污染物的分解。其主要优点是其费用与其他生物相比较低。当污染土壤的深度在 1～2 m 或更深一些时，此技术有相当的保证性，但吸附力极强、已经老化或处于螯合状态的有机物不宜用此技术。通常其速率较低，需要时间较长。

（3）通风生物修复法　该方法是在土壤含水层之上即不饱和层通入空气，为好氧微生物提供最终电子受体，使土壤中的污染物得以转化分解（图 9-3）。目前此项技术在碳氢化合物的生物修复中得到了广泛应用。例如有一片被柴油污染的土壤，面积为 1 500 m^2，深度为 20 m，在两年的实验中大部分土壤中的柴油浓度降低了55%～60%，90%的柴油被生物降解了，只有小部分挥发。该技术还成功应用于含燃料油、发动机油、单一芳香烃土壤的生物修复，但该技术对于渗透性太差的土壤由于其对氧的扩散阻力大，难以保证好氧微生物的氧需求，因而不宜采用。另外在应用该技术时也应防止通入空气时将挥发性化合物组分携带到未污染的土层中去。

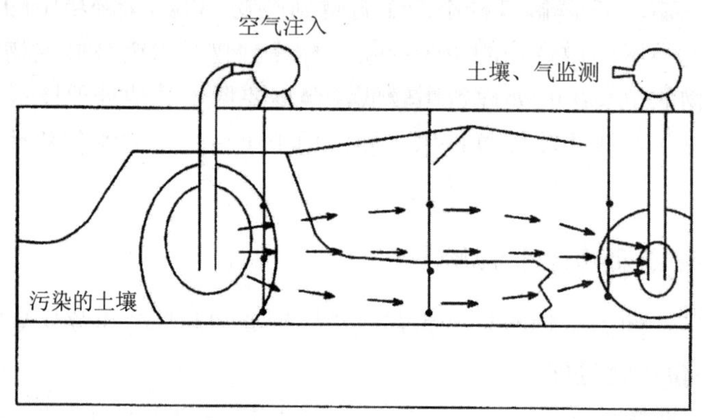

图 9-3　通风生物修复法

2．土壤异位生物修复

土壤异位生物修复是将受污染土壤挖掘起来，将之运输到一个经各种工程准备的制备床进行微生物修复（图 9-4），防止污染物向地下水或更广大地域扩散，处理后的土壤再运回原地的一种生物修复技术。

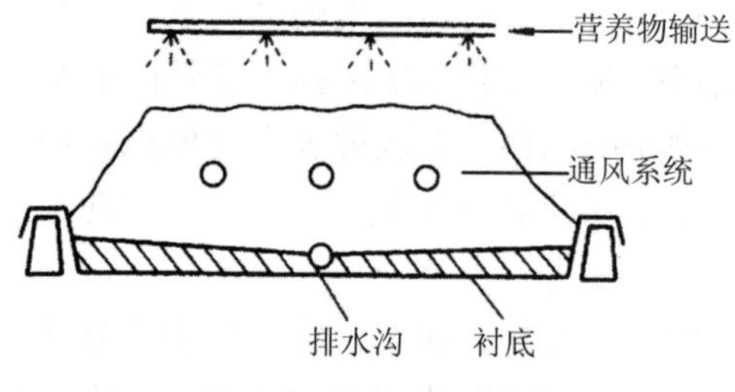

图 9-4　制备床的剖面

（1）堆肥　堆肥是将污染物质与一些自身容易分解的有机物，如新鲜稻草、木屑、树皮用作家禽饲料的稻草等混合堆放，并加入氮、磷及其他无机营养物质。堆放的形状一般是长条状的，也可以将物料放入一个具有曝气设备的容器内，机械搅拌曝气或通风曝气。该方法已应用于处理被氯酚污染的土壤，如用堆肥的方式处理含有 TNT、六氢化-1,3,5-三硝基-1,3,5-三嗪（RDX）、八氢化-1,3,5,7-四硝基-1,3,5,7-四吖辛因（HMX）三种炸药的沉积物，三种炸药均被微生物降解，浓度显著下降。

（2）土壤堆积　此法类似固体废物的堆肥处理，是将土壤挖起并加入限制性营养，在底部作防渗漏处理，附高通风系统，然后将污染土壤调理至适宜的含水率进行控制通风堆积。必要时也可加入特效菌种。这种方法主要应用于小面积污染土壤的修复。如生物修复含碳氢化合物、五氯酚（PCP）等污染物的污染土壤。

（3）反应器处理　此法是将受污染的土壤挖掘起来，和水混合后，在接种了微生物的反应器内进行处理，处理后的土壤与水分离后，经脱水处理后再运回原地。和其他方法相比，反应器处理的一个主要特征是以水相为处理介质，因此其污染物、微生物、溶解氧和营养物的传质速度快，且避免了复杂而不利的自然环境变化，各种环境条件便于控制在最佳状态，其速度明显加快，但其工程复杂，处理费用高，另外，在用于难生物降解物质的处理时必须慎重，以防止污染物从土壤转移到水中。

（二）地下水微生物修复

地下水体受到污染后，由于处于封闭状态难以复氧，其中缺乏的营养物也难以补充。使地下水水质和功能的恢复比较困难。目前研究较多的技术有原位处理法和地上处理法。

（1）原位处理法　原位处理法是通过深井向地下水层中添加微生物净化过程必需的营养物和高氧化还原电位的化合物，如 O_2、H_2O_2 等，改变地下水体的营养状况和氧化还原状态，依靠土著微生物的作用促进地下水中污染物分解和氧化（图 9-5）。

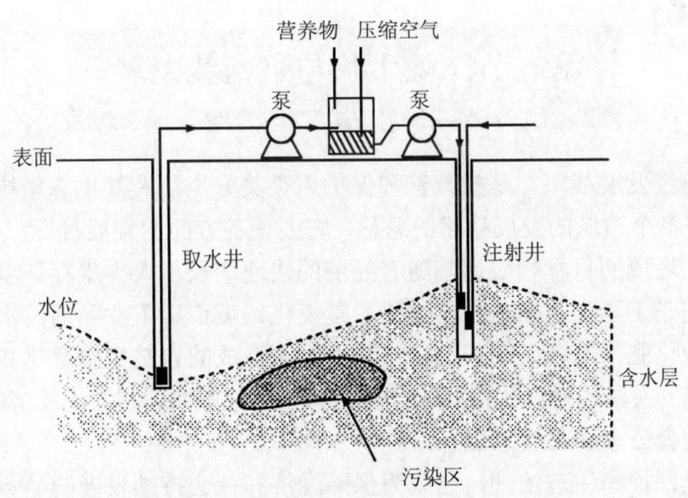

图 9-5　利用注射井进行地下水修复

（2）地上处理法　在一个区域内的地下水受到污染后，也可以打数眼深井，直至地下受污染水层，然后将地下水抽提出来在地面上用一种或多种工艺处理。地上处理的方法较多，其中研究最多的是生物膜反应器法。净化后的地下水通过两种方法回补地下水层：①通过深井直接注入地下水层；②排入渗滤区经土壤淋溶后返回地下水层。但实际应用中此方法很难将吸附在地下水层基质上的污染物提取出来，因此效率较低。目前地上处理法试验研究较多，应用较少。

在进行地下水生物修复时，应注意调查该地的水力地质学参数是否允许向地上抽取地下水并将处理后的地下水返注；地下水层的深度和范围；地下水的渗透能力和方向。同时也要确定地下水的水质参数如 pH、溶解氧、营养物、碱度及水温是否适合于运用生物修复技术。

（三）污染地表水体的生物修复

地表水除了受到大量的氮、磷等无机盐污染的同时，还受到大量的有机物污染，其修复技术与土壤和地下水修复技术差异较大，不仅要修复受污染的水体，而且要处理下面的淤泥。地表水光照较好，一般不加入营养物，因为营养物的加入会刺激藻类的生长繁殖，加速水体的富营养化过程。因此，水体受有机物污染后的修复的方法主要是：①截断污染源，防止水体水质继续恶化；②在有条件的情况下，实施清淤；③然后增加水体供氧速率，强化水体中能进行有氧呼吸的微生物对污染物的净化作用。

英国的泰晤士河是污染水体修复的一个典型实例。当泰晤士河由一条水产丰富而美丽的河流而变为一条臭水河后，英国就采取了停止向河内排污、然后进行通风曝气的方法，最终使之恢复了其主要功能和旧日的风光。

第五节　微生物与可持续发展

所谓可持续发展战略，是指改善和保护人类美好生活及其生态系统的计划和行动的过程，是多个领域的发展战略的总称，它要使各方面的发展目标，尤其是社会、经济及生态、环境的目标相协调。随着经济的快速增长，人类生存环境也不断遭到了破坏，特别是干旱半干旱地区的沙化、荒漠化，城市、工业区的污水、垃圾、有害气体和农业化肥、农药、助长剂的过量使用，造成的自然生态恶化和人居环境污染，不但给城乡人民的生产生活带来严重危害，同时影响、制约了经济的持续发展，成为最大的社会公害和心腹之患。

加强环境保护和生态治理，已成为保障经济和社会持续发展的当务之急，环境和发展已成为全球共同关心的主题。1987 年世界环境与发展委员会（WCED）在《我们共同的未来》的报告中，明确给出了可持续发展的概念：既满足当代人的需要，又不损害后代人满足其需要的能力。我国也提出了 21 世纪初可持续发展的总体目标：可持续发展能力不断增强，经济结构调整取得显著成效，人口总量得到有效控制，生态环境明显改善，资源利用率显著提高，促进人与自然的和谐，推动整个社会走上生产发展、生活富裕、生态良好的文明发展道路。

要实现可持续发展，就必须最大限度地减少工农业污染，保护环境。现代微生物技术不仅体现在对“三废”的治理中，而且可以利用现代微生物技术进行清洁生产、开发新的微生物产品以及能源，可以减少和防止工业污染、开发新的资源。

一、微生物与清洁生产

清洁生产是要从根本上解决工业污染的问题，即在污染前采取防治对策，而不是在污染后采取措施治理，将污染物消除在生产过程之中，实行工业生产全过程控制。这是 1980 年代以来发展起来的一种新的、创造性的保护环境的战略措施。清洁生产是一项实现经济与环境协调持续发展的环境策略。1992 年联合国在巴西召开的“环境与发展大会”提出了全球环境与经济协调发展的新战略，中国政府积极响应，于 1994 年提出了“中国 21 世纪议程”，将清洁生产列为“重点项目”之一。

清洁生产的定义包含了两个全过程控制：生产全过程和产品整个生命周期全过程。对生产过程而言，清洁生产包括节约原材料和能源，淘汰有毒有害的原材料，并在全部排放物和废物离开生产过程以前，尽最大可能减少它们的排放量和毒性。对产品而言，清洁生产旨在减少产品整个生命周期过程中从原料的提取到产品的最终处置对人类和环境的影响。简而言之，清洁生产可以概括为：采用清洁的能源、原材料、生产工艺和技术，制造清洁的产品。

1. 微生物冶金

硫化物与许多金属形成高度不溶性的矿石，作为这些金属来源的大部分矿石是硫化物。如果矿石中的金属浓度很低，那么使用传统的化学方法开采是不经济的，在这种条件下，可采用微生物沥滤法浸出金属。利用氧化亚铁硫杆菌和氧化硫硫杆菌等细菌，具有氧化硫化矿的能力，将硫化矿中的重金属转化为水溶性金属硫酸盐，使其从低品位矿中浸出的过程称为微生物沥滤，这就是所谓的微生物冶金。可被细菌浸出的重金属有 Cu、Ni、Mn、Fe、Zn 及 U 等，而 Pb 和 Mo 不易被浸出。下面以硫化铜矿中的浸出为例介绍微生物沥滤的原理和过程（图 9-6）：

（1）氧化亚铁硫杆菌的作用

$$\underset{\text{黄铁矿}}{2FeS_2} + 7O_2 + 2H_2O \longrightarrow 2FeSO_4 + 2H_2SO_4$$

$$2S + 3O_2 + 2H_2O \longrightarrow 2H_2SO_4$$

$$4FeSO_4 + 2H_2SO_4 + O_2 \longrightarrow 2Fe_2(SO_4)_3$$

（2）低品位碎铜矿石中的铜以 $CuSO_4$ 的形式浸出

$$CuS + 2\,Fe_2(SO_4)_3 + 2H_2O + 3O_2 \longrightarrow CuSO_4 + 4FeSO_4 + 2H_2SO_4$$

蓝铜矿

$$CuFeS_2 + 2\,Fe_2(SO_4)_3 + 2H_2O + O_2 \longrightarrow CuSO_4 + 5FeSO_4 + 2H_2SO_4$$

黄铜矿

（3）用铁屑置换出 $CuSO_4$ 中的铜并收集

$$CuSO_4 + Fe \longrightarrow FeSO_4 + Cu$$

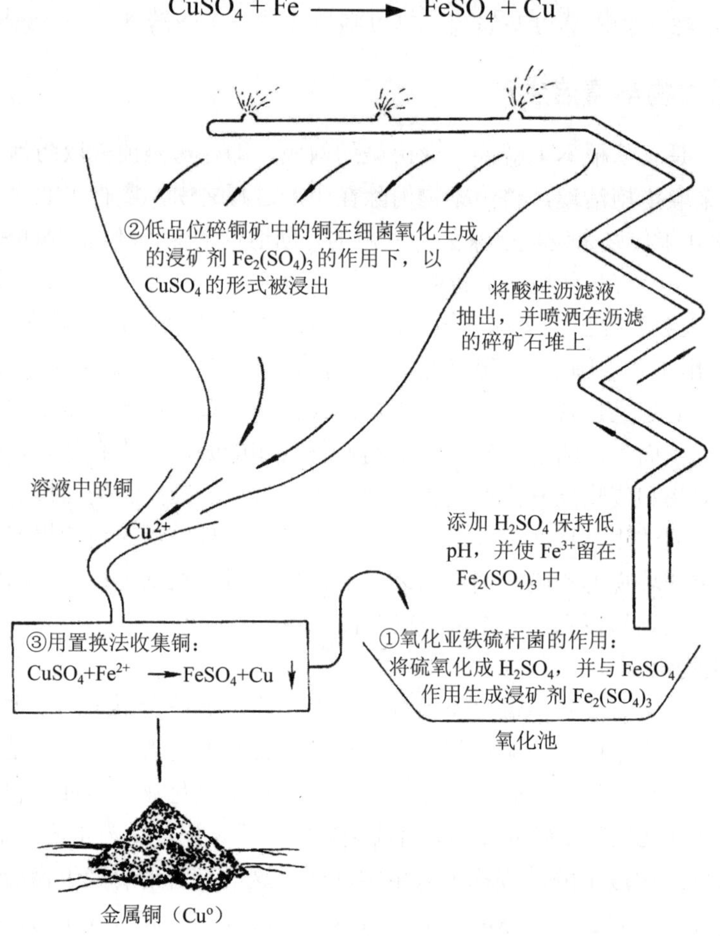

图 9-6　铜矿的微生物沥滤过程

使用微生物沥滤法开采金属含量很低的贫矿和尾矿，不仅为采矿、选矿、冶炼技术的发展开辟了一条新的途径，也使人类减少了工业污染，有效地保护了生态环境。

2．微生物采油

微生物采油广义地说主要包括两大类：一类是利用微生物产品如生物聚合物和生物表面活性剂作为油田化学剂进行驱油，称为微生物地上发酵提高采油率工艺，即生物工艺法，目前该技术在国内外已趋向成熟；另一类是利用微生物地下发酵和利用油层中固有微生物的活动来提高采油率，称为微生物地下发酵提高采收率方法。

微生物提高采收率技术是指用微生物及其代谢产物作用于油藏，以地层原油中的重质组分为基质进行生长繁殖，从而使得原油中的轻质组分增多，即降低原油在地层条件下的黏度，从而提高采收率的技术。它是一种潜在的最经济的采油方法。微生物采油技术具有以下优点：施工成本低，所需设备少，可方便地利用常规设备；施工工序简单，操作方便；对低产、枯竭油藏，该技术在经济上具有吸引力；该技术不污染环境，不损坏地层，可在同一油藏或同一油井反复使用。

目前采用微生物强化采油已在一些国家获得成功应用。俄罗斯科学家使用多种适于在石油中生存的微生物，将其与催化剂一同置于采油管内，这些微生物新陈代谢的产物可以大大增强石油的流动性，从而提高采油率，而不会影响石油的质量。测试表明，每使用 1 t 微生物和催化剂的混合物，可多采集石油 500 t。我国稠油资源分布很广，地质储量达 16.4 亿 t，其中陆地稠油约占石油总资源的 20%以上。稠油突出的特点是含沥青质、胶质较高。辽河油田锦州采油厂 1995 年率先开展了将微生物处理技术适用于针对稠油中胶质、沥青质组分的研究，1996 年进入矿场试验阶段，效果良好。

3．微生物生产化学品

在 20 世纪，化学成为了一门最有用的科学，其研究成果和应用，创造了无数的新产品，并进入到每一个普通家庭的生活中，使我们衣食住行各个方面都获益匪浅。但随着化学品的大量生产和广泛使用，也给生态环境带来了严重的危害。1990 年代初，绿色化学的概念诞生了。绿色化学是研究没有或尽可能小的环境副作用的、并在技术上和经济上可行的化学品和化学过程。它是实现污染预防基本的和重要的科学手段。

从天然原料制取有机化工中间体或其他精细化学品多采用酸或碱去处理，对环境污染也相当严重，如采用生物化工这种高新技术去进行合成，就会成为无污染的绿色高新精细化工。例如，甘油既是重要的多功能化工原料，又在医药、涂料、纺织、印染、炸药、造纸、制革、金属加工、电子材料、橡胶、化妆品、油墨及食品加工等诸多方面有着广泛的用途，利用微生物生产的甘油其安全性相当于绿色食品，并且生产原料价廉易得。利用微生物的代谢还可生产壳聚糖、聚-β-羟基烷酸（PHAs）、聚乳酸、生物表面活性剂等。

4．生物吸附剂处理重金属

生物吸附是指微生物菌体对重金属的吸附作用。金属离子可被细胞表面的负电荷位点所吸附，如微生物表面的磷酸基、羧基、巯基、羟基等，这些基团通过与所吸附的金属离子形成离子或共价键来达到吸附的目的，某些难溶性金属也可以被微生物的胞外分泌物或细胞壁的孔穴捕获沉淀。微生物对重金属的吸附作用取决于两个方面：一方面是生物吸附剂本身的特性；另一方面是金属对生物体的亲合性。

不管是死的还是活的微生物细胞都具有同样的吸附性质，我们通常所说的生物吸附是指非活性微生物的生物吸附作用，而活性微生物、生物具有的去除金属离子的作用一般称为生物积累。因此，吸附过程与生物的新陈代谢作用无关，而与细胞壁的结构、成分密切相关。

制备生物吸附剂的一个方法是从发酵工业获得废菌体，并用它从溶液中吸附重金属离子，同时还可回收金属。使用发酵工业的废弃菌体经干化后可以形成颗粒状的生物吸附剂，用碱溶液处理菌体可以增强菌体吸附金属离子的能力。另一个生物吸附剂的丰富来源是海洋，各种海藻都有从复杂溶液中分离和回收金属离子的独特性质。将海藻细胞固定化可以生产比离子交换树脂更具优点的生物吸附剂。

二、微生物与废物资源化

目前由于人口爆炸式增长，以及社会对生活资料、生产资料日益增长的占有欲，导致自然资源无节制地开发，同时人类又将大量的废弃物抛入环境中，使人类社会面临着环境恶化和资源短缺的巨大挑战，因此，采用微生物技术开发新的可再生利用资源是人类共同努力的方向。

1．利用废物生产单细胞蛋白

单细胞蛋白（SCP）即微生物蛋白，是指在各种基质上通过大规模培养细菌、酵母菌、霉菌、藻类和担子菌获得的微生物蛋白，微生物菌体不仅蛋白质含量高，达菌体干重的 42%～75%，且蛋白质含量高，富含赖氨酸、苏氨酸、蛋氨酸等必需氨基酸。微生物繁殖快，生长周期短，生产原料廉价，受自然条件的影响小，因此，SCP 的生产和开发利用的前景非常广阔。利用废物生产单细胞蛋白，即是利用微生物巨大的物质转化能力和现代微生物工程技术将人类生产和生活中产生的废物转化为可作为人类食物、家禽家畜饲料、经济水生生物饵料的微生物细胞，以菌代粮，缓解粮食供应不足，减少对农业的压力，这对满足人类对食物的需求增长具有重要意义，在获取巨大经济效益的同时还可以减少环境污染，同时还具有重大的环境效益和社会效益。

2．利用废物生产生物能源

用于生产能源的废物主要是高浓度有机废水和固体有机物，它们经微生物转化可产生具有高热值的沼气、分子氢或乙醇等。

（1）沼气发酵　微生物在厌氧条件下代谢可将有机物转化为以甲烷为主的沼气。目前，沼气发酵法处理高浓度有机废水和沼气的利用在世界范围内得到了广泛应用。我国在1980年代也已建造了一些大型沼气生产厂或站，其经济效益和环境效益都很好。

（2）利用废物生产醇类　微生物厌氧发酵可产生可燃性醇类，其中乙醇的用途最广泛。发酵生产醇类不仅可用高浓度的有机废水作为原料，而且可用野生植物和农业废物作为原料，用于醇类发酵的微生物主要是酵母菌类微生物和某些细菌。

（3）微生物产氢　在新能源的开发利用这一研究领域，人们普遍将注意力集中在有“有清洁能源”之称的H_2上，常规制氢的方法成本高，因此，许多国家正在研究和开发生物制氢技术，以寻求制氢效率高、成本低的技术来开拓H_2使用的前景。

H_2是厌氧产酸发酵的产物，将污水处理与生物制氢工艺相结合，在产酸厌氧污泥中分离、筛选出产氢能力高的菌株，为厌氧产氢的理论研究和应用提供了必要的依据。

3．固体废物的处理利用

利用微生物处理使固体废物资源化的主要对象是生活垃圾、剩余污泥、贵重金属尾矿和农业及木材加工固体废物，利用的微生物类群主要有细菌、放线菌以及真菌。

（1）垃圾和污泥堆肥　随着人们生活水平的提高和城市人口的增加，生活垃圾的排出量日渐增多，其成分也不断变化，与此同时，食品工业废渣和城市污水处理厂的剩余污泥都成为环境污染物，但它们也都可成为微生物堆肥的材料，堆肥作为一种废物资源化方法具有重要意义，不仅可以防止环境污染同时还可以改良土壤增加土壤肥力。

（2）发酵饲料　农业废物、禾本科植物的茎叶、废纸中含有大量纤维素和半纤维素等糖类物质，牲畜直接食用营养价值较低，要使之转变为简单的糖类，才易被牲畜利用，各国微生物学家致力于寻找纤维素酶高产菌株，如分离到的绿色木霉产纤维素酶活性较高，经遗传学改良后的菌株，纤维素酶活性可提高19倍。用纤维素酶处理旧报纸可产葡萄糖，其转化率为50%。通过微生物发酵饲料不仅具有良好的经济效益，同时也是解决人类粮食危机的途径之一。

复习与思考题

1. 什么是细胞工程、酶工程、发酵工程？
2. 简述发酵工程的应用。
3. 生物修复技术的主要类型有哪些？生物修复中应该注意哪些问题？
4. 举例说明微生物与可持续发展的关系。
5. 用于生产单细胞蛋白的微生物应具备什么特性？

第十章　实　验

实验一　显微镜的使用及细菌、放线菌和蓝细菌个体形态的观察

一、目的

（1）掌握光学显微镜的结构、原理，学习显微镜的操作方法和保养。

（2）观察细菌、放线菌和蓝细菌的个体形态，学会生物图的绘制。

二、显微镜的结构、光学原理及其操作方法

显微镜的结构（图 10-1）分机械装置和光学系统两部分。

1．机械装置

①镜筒　镜筒上端装目镜，下端接转换器。镜筒有单筒和双筒两种。单筒有直立式（长度为 160 mm）和后倾斜式（倾斜 45°）；双筒全是倾斜式的，其中一个筒有屈光度调节装置，以备两眼视力不同者调节使用。两筒之间可调距离，以适应两眼宽度不同者调节使用。

②转换器　转换器装在镜筒的下方，其上有 3 个孔，有的有 4 个或 5 个孔。不同规格的物镜分别安装在各孔上。

③载物台　载物台为方形（多数）和圆形的平台，中央有一光孔，孔的两侧各装 1 个夹片，载物台上还有移动器（其上有刻度标尺），可纵向和横向移动，移动器的作用是夹住和移动标本用。

④镜臂　镜臂支撑镜筒、载物台、聚光器和调节器。镜臂有固定式和活动式（可改变倾斜度）两种。

⑤镜座　镜座为马蹄形，支撑整台显微镜，其上有反光镜。

⑥调节器　调节器包括大、小螺旋调节器（调焦距）各一个。可调节物镜和所需观察的物体之间的距离。调节器有装在镜臂上方或下方的两种，装在镜臂上方的是通过升降镜臂来调焦距，装在镜臂下方的是通过升降载物台来调焦距，新式显微镜多半装在镜臂的下方。

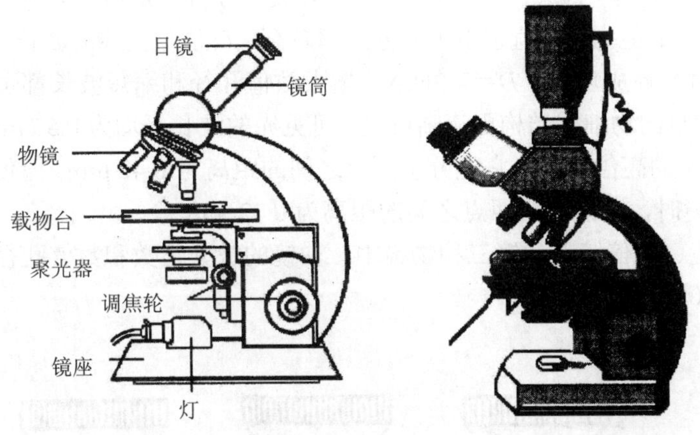

图 10-1 显微镜的结构

2．光学系统及其光学原理

①目镜 每台显微镜备有 3 个不同规格的目镜，例如，5 倍（5×）、10 倍（10×）和 15 倍（15×），高级显微镜除了上述三种外，还有 20 倍（20×）的。

②物镜 物镜装在转换器的孔上，物镜有低倍（8×、10×、20×三种）、高倍（40×或 45×）及油镜（100×）。物镜的性能由数值孔径（Numerical Aperture，N.A.）决定，数值孔径=$n\cdot\sin(\alpha/2)$，其意为玻片和物镜之间的折射率乘上光线投射到物镜上的最大夹角（称镜口角）的一半的正弦。光线投射到物镜的角度越大，显微镜的效能越大，该角度的大小决定于物镜的直径和焦距。n 为介质折射率，也是影响数值孔径的因素。当物镜与装片之间的介质为空气时，由于空气（n=1）和玻璃（n=1.52）的折射率不同，光线会发生折射，不仅使进入物镜的光线减少，而且会减小镜口角；当以香柏油（n=1.515）为介质时，由于它的折射率与玻璃相近，光线经过载玻片后可直接通过香柏油进入物镜而不发生折射，增加了数值孔径（图 10-2）。

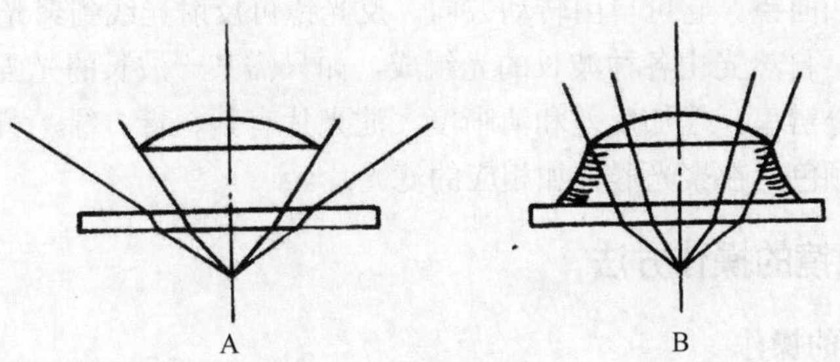

图 10-2 介质为空气

A. 香柏油 B. 时光线通过的比较

显微镜的分辨率与数值孔径和入射波长有关。分辨率是指能分辨物体两点之间最小居里（*D*）的能力。*D* 值越小表明分辨率越高。*D* 值与光线的波长（λ）成正比，与物镜的数值孔径成反比，$D=\lambda/2N.A$。增大数值孔径和缩短波长都可提高显微镜的分辨率，使目的物细微结构更清晰可见。可见光的波长平均为 0.55 μm，当使用数值孔径为 0.65 的高倍镜时，它能分辨两点之间的距离为 0.42 μm；而使用数值孔径为 1.25 的油镜时，则能分辨两点之间的距离为 0.22 μm。

在低倍镜、高倍镜及油镜三种物镜中，油镜的放大倍数和数值孔径最大，而工作距离最短（图 10-3）。

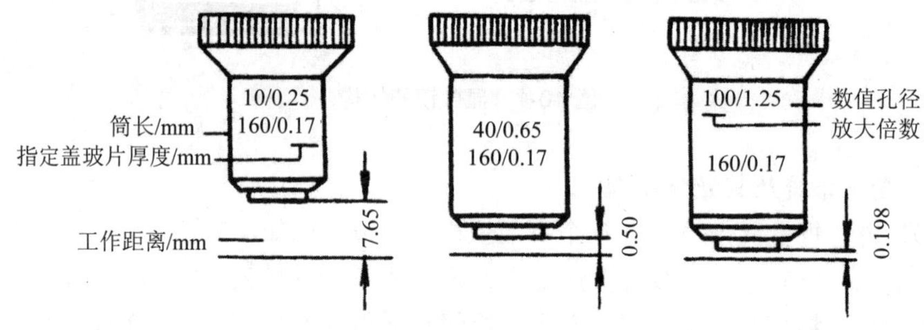

图 10-3 显微镜物镜参数

显微镜的总放大倍数为物镜放大倍数和目镜放大倍数的乘积。

③聚光器 聚光器安装在载物台的下面，反光镜反射来的光线通过聚光器被聚集成光锥照射到标本上，可增强照明度，提高物镜的分辨率。聚光器可上、下调节，它中间装有光圈可调节光亮度，在看高倍镜和油镜时需调节聚光器，合理调节聚光器的高度和光圈的大小，可得到适当的光照和清晰的图像。

④反光镜 反光镜装在镜座上，有平、凹两面，光源为自然光时用平面镜，光源为灯光时用凹面镜。它可自由转动方向。反光镜可反射光线到聚光器上。

⑤滤光片 自然光由各种波长的光组成，如只需某一波长的光强选用合适的滤光片，以提高分辨率，增加反差和清晰度。滤光片有紫、青、绿、黄、橙、红等颜色。根据标本颜色，在聚光器下加相应的滤光片。

三、显微镜的操作方法

1. 低倍镜的操作

（1）置显微镜于固定的桌上。窗外不宜有障碍视线之物。

（2）旋动转换器，将低倍镜移到镜筒正下方，和镜筒对直。

（3）转动反光镜向着光源处，同时用眼对准目镜（选用适当放大倍数目镜）仔细观察，使视野亮度均匀。

（4）将标本片放在载物台上，使观察的目的物置于圆孔的正中央。

（5）将粗调节器向下旋转（或载物台向上旋转），眼睛注视物镜，以防物镜和载玻片相碰。当物镜的尖端距载玻片约 0.5 cm 处时停止旋转。

（6）左眼向目镜里观察，将粗调节器向上旋转，如果见到目的物，但不十分清楚，可用细调节器观察，至目的物清晰为止。

（7）如果粗调旋得太快，合超过焦点，必须从第（5）步重调，不应在正视目镜情况下调粗调节器，以防没把握的旋转使物镜与载玻片相碰撞坏。

（8）观察时两眼同时睁开（双眼不感疲劳），单筒显微镜应习惯用左眼观察，以便于绘图。

2．高倍镜的操作

（1）使用高倍镜前，先用低倍镜观察，发现目的物后将它移到视野正中处。

（2）旋动转换器换高倍镜，如果高倍镜触及载玻片立即停止旋动，说明原来低倍镜就没有调准焦距，目的物并没有找到，要用低倍镜重调。如果调对了换高倍镜时基本可以看到目的物。若有点模糊，用细调节器调就清晰可见。

3．油镜的操作

（1）如果用高倍镜日的物未能看清，可用油镜。先用低倍镜和高倍镜检查标本片，将目的物移到视野正中。

（2）在载玻片上滴一滴香柏油，将油镜移至正中使油镜头浸没在油中，刚好贴近载玻片。用细调节器微微向上调（切记不用粗调节器）即可。

（3）油镜观察完毕，用擦镜纸将镜头上的香柏油擦去，再用擦镜纸蘸少许二甲苯擦去残留的香柏油，最后用干净的擦镜纸擦干残留的二甲苯。

四、目测微尺、物测微尺及其使用方法

1．目测微尺

目测微尺是一圆形玻片，使用时放于目镜的隔板上（图 10-4）。目测微尺的中央刻有 5 mm 长的、等分为 50 格（或 100 格）的标尺，每格的长度随使用目镜和物镜的放大倍数及筒长度而定。使用前用镜台测微尺标定，用时放在目镜内。

2．镜台测微尺

镜台测微尺是一载玻片（图 10-5A），中央有一圆形盖玻片，其上精确刻有 1 mm 长的标尺，等分为 100 格，每格为 10 μm，用以标定目测微尺在不同放大倍数下每格的实际长度。

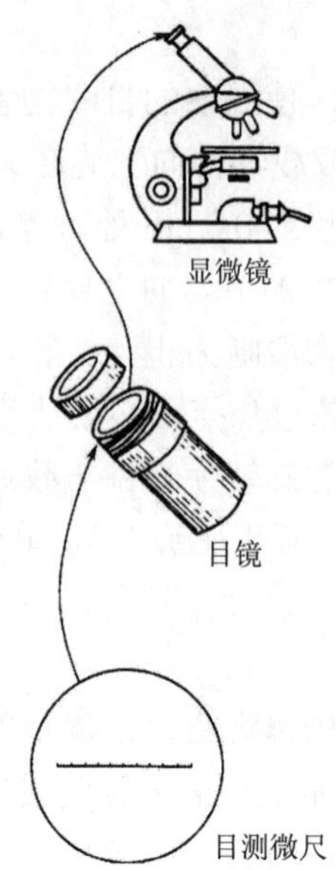

图 10-4　目测微尺及安装方法

3．目测微尺的标定

将目测微尺装入目镜的隔板上，使有刻度的一面朝下。把镜台测微尺放在载物台上，并使刻度朝上。先用低倍镜观察，待看清镜台测微尺的刻度后，转动目镜，使目测微尺的刻度与镜台测微尺的刻度相平行，并使两尺左边的一条线重合，向右寻找另一条两尺相重合的直线（图 10-5B）。按下面的公式换算出在不同放大倍数下目测微尺每格所代表的实际长度：

目测微尺每格长度（μm）=两条重合线间镜台测微尺的格数×10/
两条重合线间测微尺的格数

例如，目测微尺的 20 个小格等于镜台测微尺 3 个小格，已知镜台测微尺每格为 10 μm，则 3 小格的长度为 30 μm，那么相应地在目测微尺上每小格的长度为 3×10/20=1.5（μm）。用以上方法分别校正低倍镜、高倍镜及油镜下目测微尺每格的实际长度。

4．菌体大小的测量

将物测微尺取下，换上标本片，选择适当的物镜测量目的物的大小，分别找出菌体的长和宽占测微尺的格数，再按目测微尺 1 格的长度算出菌体的长度和宽度。

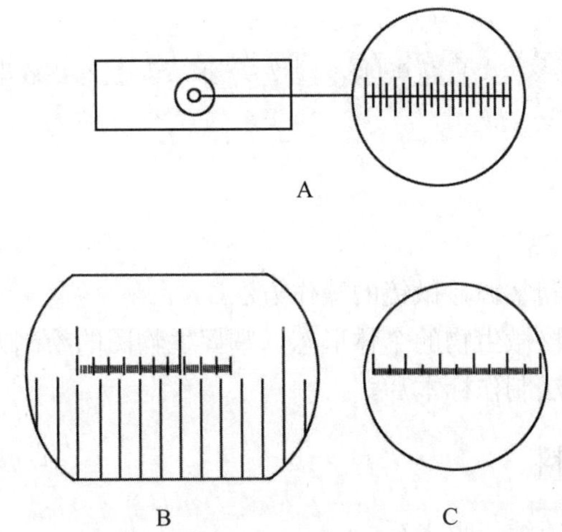

A. 目镜及镜台测微尺；B. 目测微尺；C. 校正方法

图 10-5　目测微尺的标定

五、显微镜的保养（见附录四）

六、细菌、放线菌及蓝细菌的个体形态观察

1. 仪器和材料

（1）显微镜、擦镜纸、香柏油、二甲苯。

（2）示范片：大肠杆菌（杆状）、小球菌（球形）、硫酸盐还原菌（弧形）、浮游球衣菌（丝状）、枯草芽孢杆菌、细菌鞭毛及细菌荚膜。放线菌、颤藻、鱼腥藻或念珠藻。

2. 实验内容和操作方法

严格按光学显微镜的操作方法，先低倍、再高倍、最后用油镜观察各种原核微生物的形态，并绘出其形态图。

复习与思考题

1. 怎样使用油镜？有哪些注意事项？
2. 使用油镜时为何加香柏油？
3. 观察标本时为什么按低倍→高倍→油镜的顺序进行？

实验二 霉菌、酵母菌、藻类及原生动物形态的观察

一、目的

（1）进一步熟悉和掌握显微镜的操作方法。

（2）观察几种真核微生物的个体形态，掌握生物图的绘制方法。

（3）学习用压滴法制作标本片。

二、仪器和材料

（1）显微镜、擦镜纸、吸水纸。

（2）酵母菌、霉菌示范片，藻类培养液及活性污泥混合液（内有原生动物和微型后生动物）。

三、实验内容和操作方法

（1）取 0.05%美蓝染色液 1 滴，置于载玻片中央，并用接种环取少许酵母菌与染色液混匀，染色 2～3 min，加盖玻片（图 10-5），观察酵母菌的形态，区分其母细胞与芽体，区分死细胞（蓝色）与活细胞（不着色）。

（2）按显微镜的操作方法，先用低倍镜，后用高倍镜观察霉菌的形态，并将霉菌的特征绘图。

（3）用压滴法制作藻类、原生动物和微型后生动物的标本片。制作方法如下（图 10-6），并绘图。

取一片干净的载玻片放在实验台上，用一支滴管吸取试管中藻类培养液于载玻片的中央，用干净的盖玻片覆盖在液滴上（注意不要有气泡）即成标本片。用低倍镜和高倍镜观察。

（4）用压滴法观察活性污泥中的原生动物和微型后生动物，制作方法与（2）同。

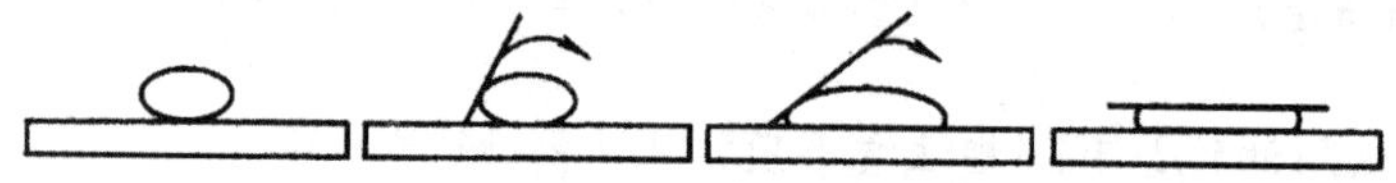

图 10-6 用压滴法制作标本的过程

复习与思考题

1. 为什么可通过细胞颜色判断酵母菌的活细胞和死细胞?
2. 比较你观察到的几种微生物形态上的差异。
3. 霉菌、酵母菌、藻类、原生动物及微型后生动物分别在多大倍数下易于观察。

实验三　微生物细胞的计数

一、目的

了解血球计数板的结构，掌握使用和计算方法。

二、仪器与材料

显微镜、血球计数板、移液管、酵母菌液（不用酵母菌，改用其他微生物作材料亦可）。

三、计数板直接镜检计数

1. 血球计数板的结构与计算方法

血球计数板（图 10-7）是一块比普通载玻片厚的特制玻片制成。玻片中央刻有四条槽，中央两条槽之间的平面比其他平面略低，中央有一小槽，槽的两边的平面上各刻有 9 个大方格。中间的一个大方格为计数室，它的长和宽各为 1 mm，深度为 0.1 mm，其体积为 0.1 mm^3。计数室有两种规格：一种是把一大方格分成 25 中格，每一中格分成 16 小格，总共也是 400 小格；另一种是把大方格分成 16 中格，每一中格分成 25 小格，共 400 小格。

计算方法如下：

（1）25×16 的计数板计算公式：

细胞数/ml=（80 小格内的细胞数/80）×400×1 000×稀释倍数

（2）16×25 的计数板计算公式：

细胞数/ml=（100 小格内的细胞数/100）×400×1 000×稀释倍数

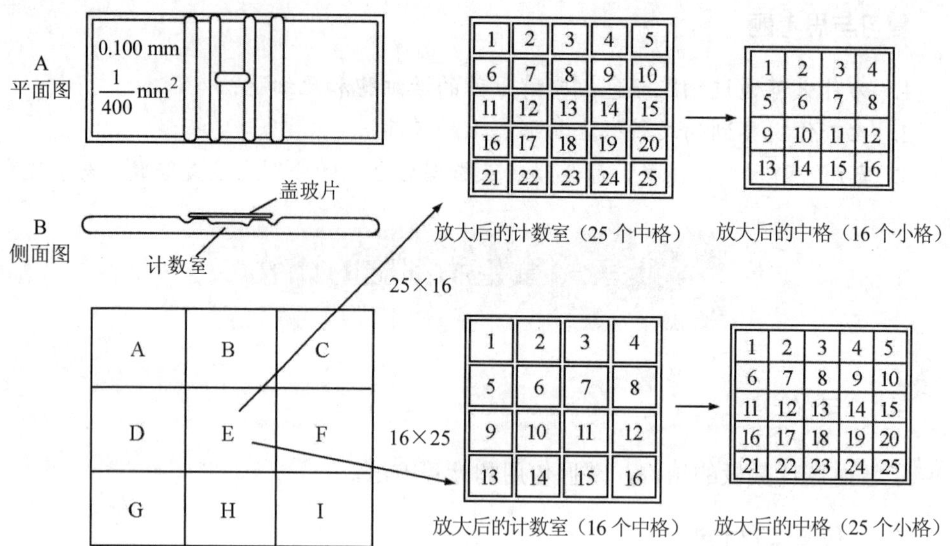

图 10-7 血球计数板的结构

2．操作步骤

（1）稀释样品，为了便于计数，将样品适当稀释，使每格约含 5 个细胞。

（2）取干净的血球计数板，用厚盖玻片盖住中央的计数室，用移液管吸取少许充分摇匀的待测菌液于盖玻片的边缘，菌液则自行渗入计数室，静置 5～10 min 即可计数。

（3）将血球计数板置于载物台上，用低倍镜找到小方格网后换高倍镜观察计数。需不断地上、下旋动细调节器，以便看到计数室内不同深度的菌体。现以 16×25 规格的计数板为例，数四个角（左上、右上、左下、右下）的四中格（即 100 小格）的酵母菌数。如果是 25×16 规格的计数板，除取四个角上四中格外，还取正中的一个中格（即 80 小格），对位于大格线上的酵母菌只计大格的上方及左方线上的酵母菌，或只计下方及右方线上的酵母菌。

每个样品重复计数 3 次，取平均值，再按公式计算每毫升菌液中所含的酵母菌数。

四、载玻片直接镜检计数

（1）摇动菌液使其混合均匀，用无菌微量移液管取菌液 0.01 ml 于载玻片上，并用无菌接种环均匀地涂布在 1 cm^2 的面积上。风干、固定、染色、冲洗、干燥备用。

（2）用物镜测微尺测量显微镜油镜观察时的视野直径，并以 $S=\pi r^2$ 公式计算出视野面积。

（3）将涂片置于载物台，滴香柏油以油镜观察，共观察 10 个视野，计数每一个视野中的细菌数目，以下列公式计算每毫升菌液中的含菌数量。

原菌液菌数/ml= 1 cm^2/1 个视野的面积×视野中的平均数×100×稀释倍数

五、平板菌落计数

取灭菌移液管吸取稀释菌液 1 ml，放入已灭菌的培养皿中，再倒入融化并冷却至 50℃左右的牛肉膏蛋白胨琼脂培养基同时制作 3 个平板，皿中铺成一薄层，并使平皿作前后左右滑动，使样品和培养基混匀，待其凝固后倒置，37℃培养 24 h 后计算菌落数，并计算其每 1 ml 的含菌数量。

复习与思考题

1. 为什么用两种不同规格的计数板测同一样品时，其结果一样？
2. 根据你的体会，血球计数板计算的误差主要来自哪些方面，应如何减少？

实验四　微生物的染色

一、目的

学习微生物的染色原理、染色的基本操作技术，从而掌握微生物的一般染色法和革兰氏染色法。

二、染色原理

微生物（尤其是细菌）的机体是无色透明的，在显微镜下，由于光源是自然光，使微生物体与其背景反差小，不易看清微生物的形态和结构，若增加其反差，微生物的形态就可看清楚。通常用染料将菌体染上颜色以增加反差，便于观察。

微生物细胞是由蛋白质、核酸等两性电解质及其他化合物组成。所以，微生物细胞表现出两性电解质的性质。两性电解质兼有碱性基和酸性基，在酸性溶液中离解出碱性基呈碱性带正电。在碱性溶液中离解出酸性基呈酸性带负电。经测定，细菌等电点在 pH=2～5，故细菌在中性（pH=7）、碱性（pH＞7）或偏酸性（pH=6～7）的溶液中，细菌的等电点均低于上述溶液的 pH 值，所以细菌带负电荷，容易与带正电荷的碱性染料结合，故用碱性染料染色的为多。碱性染料有美蓝、甲基紫、结晶紫、龙胆紫、碱性品红、中性红、孔雀绿和番红等。

微生物体内各结构与染料结合力不同，故可用各种染料分别染微生物的各结构以便观察。

三、染色方法：简单染色法和复染色法

1．简单染色法

简单染色法又叫普通染色法，只用一种染料使细菌染上颜色，如果仅为在显微镜下看清细菌的形态，用简单染色即可。

2．复染色法

用两种或多种染料染细菌，目的是为了鉴别不同性质的细菌，所以又叫鉴别染色法。主要的复染色法有革兰氏染色法和抗酸性染色法。抗酸性染色法多在医学上采用。此处介绍革兰氏染色法。

革兰氏染色法是细菌学中很重要的一种鉴别染色法。它可将细菌区别为革兰氏阳性菌和革兰氏阴性菌两大类。它的染色步骤如下：先用草酸铵结晶紫染色，经路哥尔氏碘液（媒染剂）处理后用乙醇脱色，最后用番红液复染。如果细菌能保持草酸铵结晶紫与碘的复合物而不被乙醇脱色，用番红液复染后仍呈紫色者为革兰氏阳性菌。被乙醇脱色用番红液复染后呈红色者为革兰氏阴性菌。

四、仪器和材料

（1）显微镜、香柏油、二甲苯、擦镜纸、吸水纸、接种环、载玻片、酒精灯。

（2）石炭酸复红染液、草酸铵结晶紫染液、路哥尔氏碘液、95%乙醇、番红染液。

（3）菌种：四联球菌、枯草杆菌、大肠杆菌。

五、实验内容和步骤

1．细菌的简单染色步骤

（1）涂片　取干净的载玻片于实验台上，在正面边角作个记号并滴一滴无菌蒸馏水于载玻片的中央，将接种环在火焰上烧红，待冷却后从斜面挑取少量菌种（大肠杆菌或枯草杆菌）与玻片上的水滴混匀后，在载玻片上涂布成一均匀的薄层，涂布面不宜过厚（图 10-8）。

（2）干燥　最好在空气中自然晾干，为了加速干燥，可在微小火焰上方烘干。但不宜在高温下长时间烤干，否则急速失水会使菌体变形。

（3）固定　将已干燥的涂片正面向上，在微小的火焰上通过 2～3 次，由于加热使蛋白质凝固而固着在载玻片上。

（4）染色　在载玻片上滴加染色液（石炭酸复红、草酸铵结晶紫或美蓝任选一种），使染液铺盖涂有细菌的部位作用约 2 min。

（5）水洗 倾去染液，斜置载玻片，在自来水龙头下用小股水流冲洗，直至水呈无色为止。

（6）吸干 将载玻片倾斜，用吸水纸吸去涂片边缘的水珠（注意勿将细菌擦掉）。

（7）镜检 用显微镜观察，并绘出细菌形态图。

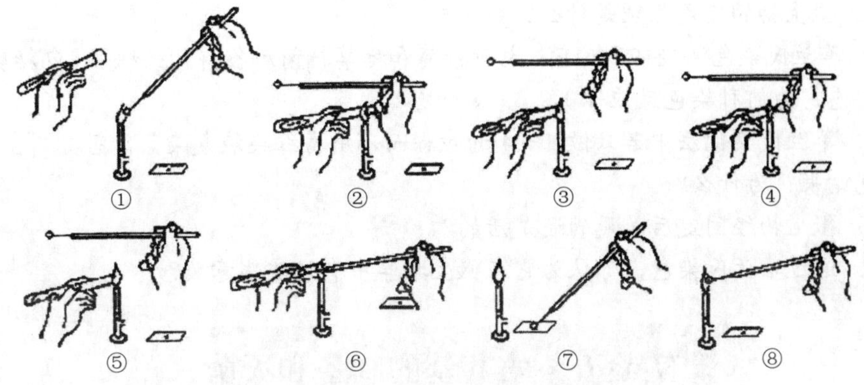

图 10-8 无菌操作及做涂片的过程

2．细菌的革兰氏染色步骤

（1）取大肠杆菌和枯草杆菌（均以无菌操作）分别做涂片、干燥、固定；另取大肠杆菌和四联球菌涂在同一载玻片上，然后干燥、固定。方法均与简单染色的相同。

（2）用草酸铵结晶紫染液染色 1 min，水洗。

（3）路哥尔氏碘液媒染 1 min，水洗。

（4）斜置载玻片于一烧杯之上，滴加 95%乙醇脱色，至流出的乙醇不显紫色即可，随即水洗。（注：为了节约乙醇，可将乙醇滴在涂片上静置 30 s～45 s，水洗。）

（5）用番红染液复染 1 min，水洗。染色结果见图 10-9。

（6）用吸水纸吸掉水滴，待标本片干后置显微镜下，用低倍镜观察，发现目的物后用油镜观察，注意细菌的颜色。绘出细菌的形态图并说明革兰氏染色的结果。

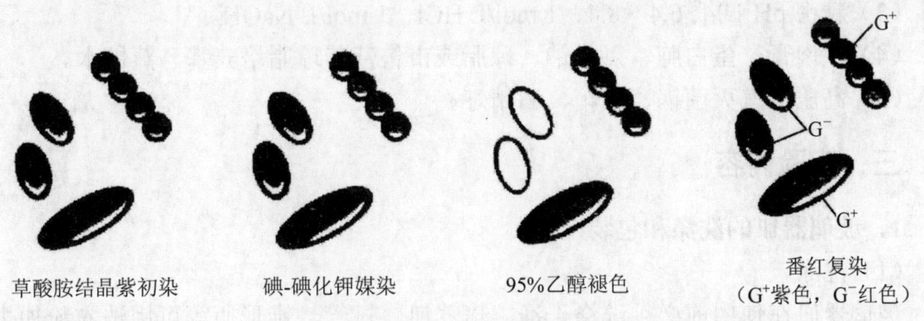

图 10-9 革兰氏染色结果

染色关键：必须严格掌握乙醇脱色程度，如果脱色过度，阳性菌被误染为阴性菌；若脱色不够时，阴性菌被误染为阳性菌。

复习与思考题

1. 微生物的染色原理是什么？

2. 革兰氏染色法染四联球菌、大肠杆菌和枯草杆菌后各得什么结果（包括颜色、细菌形态、为何种染色反应等）？

3. 革兰氏染色法中若只做 1～4 的步骤而不用番红染液复染，能否分辨出革兰氏染色结果？为什么？

4. 微生物经固定后是死的还是活的？

5. 通过革兰氏染色，你认为它在微生物学中有何实践意义？

实验五 培养基的制备和灭菌

一、目的

（1）熟悉玻璃器皿的洗涤和灭菌前的准备工作。

（2）掌握培养基和无菌水的制备方法。

（3）掌握高压蒸汽灭菌技术。

二、仪器和材料

（1）培养皿（直径 90 mm）10 套，试管（15 mm×150 mm）5 支，（18 mm×180 mm）5 支，移液管（10 ml）1 支，（1 ml）2 支，锥形瓶（250 ml）2 个，烧杯（300 ml）1 个，玻璃珠数粒。

（2）纱布、棉花、牛皮纸、报纸。

（3）精密 pH 试纸 6.4～8.4、1 mol/L HCl、1 mol/L NaOH。

（4）牛肉膏、蛋白胨、氯化钠、琼脂或市售营养琼脂培养基、蒸馏水。

（5）高压蒸汽灭菌锅、烘箱、酒精灯。

三、实验内容

1. 玻璃器皿的洗涤和包装

（1）洗涤

玻璃器皿在使用前必须洗涤干净。培养皿、试管、锥形瓶等可用洗衣粉加去污粉洗刷并用自来水冲净。移液管先用洗液浸泡，再用水冲洗干净。洗刷干净的玻璃器皿自然晾干或放入烘箱中烘干、备用。

（2）包装

①移液管的吸端用细铁丝将少许棉花塞入构成 1～1.5 cm 长的棉塞（以防细菌吸入口中，并避免将口中细菌吹入管内）。棉塞要塞得松紧适宜，吸时既能通气，又不致使棉花滑入管内。将塞好棉花的移液管的尖端，放在 4～5 cm 宽的长纸条的一端，移液管与纸条约成 30° 夹角，折叠包装纸包住移液管的尖端，用左手将移液管压紧，在桌面上向前搓转，纸条螺旋式地包在移液管外面，余下纸头折叠打结（图 10-10）。按实验需要，可单支包装或多支包装，待灭菌。

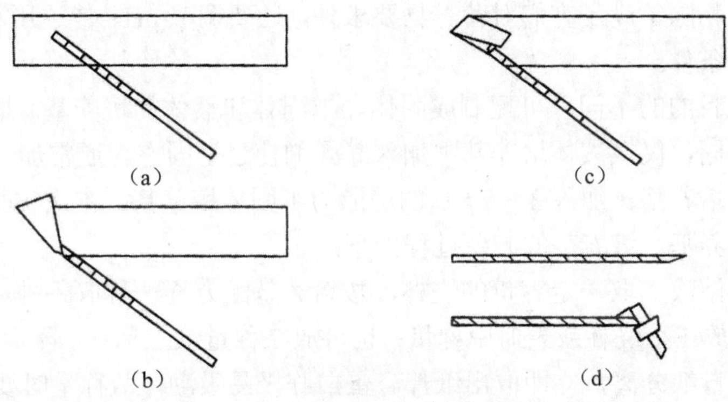

图 10-10 吸管的包装

②棉塞的制作 先撕下一块棉花（按试管口或锥形瓶口大小估计用棉量），在桌面上铺成约 10 cm^2 左右的正方块，上面再放一小块棉花，将一个角向上折，然后拿起，拇指将棉花压紧用力卷搓即成（图 10-11）。棉塞的大小要依试管或锥形瓶的规格进行调整，不宜过松或过紧，用手提棉塞，以管、瓶不掉下为准。棉塞四周应紧贴管壁和瓶壁，不能有皱折，以防空气微生物沿棉塞皱折侵入。棉塞插 2/3，其余留在管口（或瓶口）外，便于拔塞。

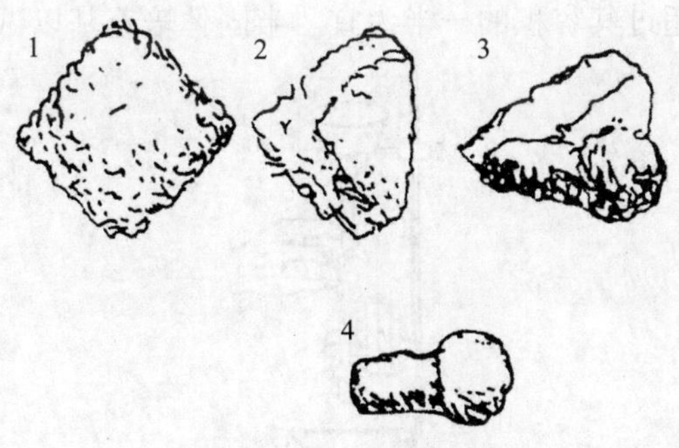

图 10-11 棉塞的制作

③培养皿由一底一盖组成一套，用牛皮纸将10套培养皿（皿底朝里，皿盖朝外，5套相对）包好，待灭菌。

2．培养基的制备

培养基是微生物生长繁殖的基地。通常根据微生物生长繁殖所需要的各种营养物配制而成。其中含水分、碳化合物、氮化合物、无机盐等，这些营养物可提供微生物能源、碳源、氮源等，组成细胞成分及调节代谢活动。按培养目的不同或培养不同种类微生物可配成各种培养基。通常培养细菌是用牛肉膏蛋白胨培养基，培养放线菌常用淀粉培养基，培养霉菌用豆芽汁培养基，培养酵母菌用麦芽汁培养基。

培养微生物除了满足它们对营养物要求外，还要调节pH、渗透压和温度等，给予适宜的环境条件。

根据研究目的的不同，可配制成固体、半固体和液体的培养基。固体培养基的成分与液体相同，仅在液体培养基中加入凝固剂使之呈固态。通常加入15～20 g/L的琼脂为固体培养基；加入3～5 g/L的琼脂为半固体培养基。本次实验采用固体培养基和液体培养基。培养基的制备过程如下：

（1）配制溶液　取一定容量的烧杯，按培养基配方逐一称取各种成分放入烧杯中。牛肉膏可放在小烧杯或表皿中称量；也可放在称量纸上称量，随后放入热水中，牛肉膏便与称量纸分离，立即取出纸片。蛋白胨极易吸潮，故称量时要迅速。

蛋白胨、牛肉膏等可加热促进溶解，待全部溶解后，加水补足因加热蒸发的水量。注意：在制备固体培养基加热融化琼脂时要不断搅拌，避免琼脂糊底烧焦或溢出。

（2）调节pH　用精密pH试纸检测培养基的pH，按pH的要求用1 mol/L NaOH或1 mol/L HCl调节至所需的pH。

（3）过滤　液体培养基可用滤纸过滤，固体培养基可用纱布趁热过滤。但供一般使用的培养基，这步可省略。

（4）分装　按图10-12所示，将培养基分装于试管中或锥形瓶中，分装时可用漏斗以免使培养基沾在管口或瓶口上而造成污染。分装量固体培养基约为试管高度的1/5，锥形瓶以不超过其容积的一半为宜。半固体培养基以试管高度的1/3为宜。

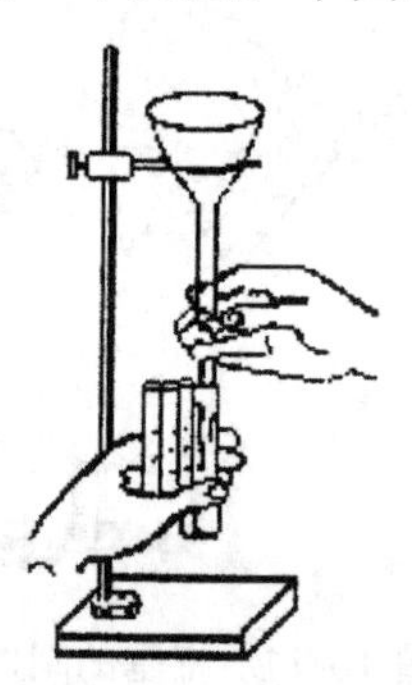

图10-12　培养基的分装

（5）包扎 加塞后，将锥形瓶的棉塞外包一层牛皮纸或双层报纸，以防灭菌时冷凝水沾湿棉塞。若培养基分装于试管中，则应先把试管扎成捆后，再于棉塞外包一层牛皮纸，然后用记号笔注明培养基名称、组别、日期。

（6）斜面培养基的制作 将已灭菌的装有琼脂培养基的试管取出，趁热斜置在木棒（或橡皮管）上，待培养基凝固后即制成斜面（图 10-13）。

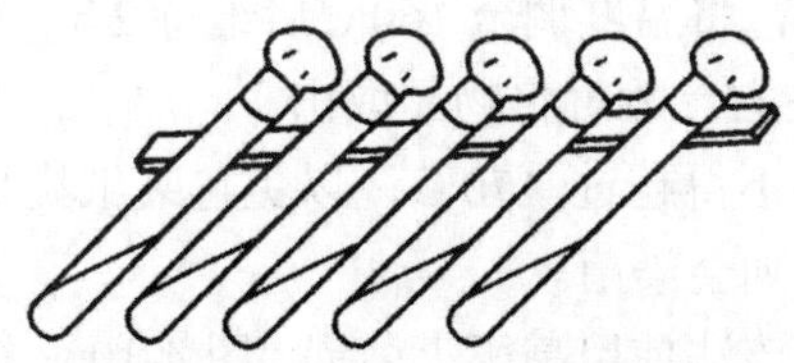

图 10-13 置放成斜面的试管

3．本实验用培养基的制备

牛肉膏蛋白胨琼脂培养基（供测定细菌总数用及细菌纯种分离培养用）。

（1）培养基配方

牛肉膏 0.5 g 蛋白胨 1 g 氯化钠 0.5 g 琼脂 2 g 蒸馏水 100 ml

pH=7.4～7.6 灭菌：1.05 kg/cm^2，20 min。

（2）操作

取一个 300 ml 的烧杯，在药物天平上依次称取配方中各成分，放入烧杯中，加热溶解，待琼脂完全融化后停止加热，补足蒸发损失的水量。用 1 mol/L NaOH 调整 pH 至 7.6，本实验省略过滤。将培养基分装 5 支试管中，其余的全部倒入 250 ml 的锥形瓶中，分别塞上棉塞，包扎好待灭菌。

4．无菌稀释水的制备

（1）取一个 250 ml 的锥形瓶装 90（或 99）ml 蒸馏水，放 30 颗玻璃珠（用于打碎活性污泥、菌块或土壤颗粒）于锥形瓶内，塞棉塞、包扎，待灭菌。

（2）另取 5 支 18 mm×180 mm 的试管，分别装 9 ml 蒸馏水，塞棉塞、包扎，待灭菌。

5．灭菌

灭菌是用物理、化学因素杀死全部微生物的营养细胞和它们的芽孢（或孢子）。消毒和灭菌有些不同，它是用物理、化学因素杀死致病微生物或杀死全部微生物的营养细胞及一部分芽孢。

（1）灭菌方法 灭菌方法很多，有过滤除菌法；化学药品消毒和灭菌法，如利用酚、含汞药物及甲醛等使细菌蛋白质凝固变性以达灭菌目的；还有利用物理因素，例如高温、紫外线和超声波等灭菌的。加热灭菌是最主要的灭菌方法，加热灭菌法有两种：干热灭菌和湿热灭菌，湿热灭菌比干热灭菌优越，因为湿热的空透力和热传导都比干热的强，湿热时微生物吸收高湿水分，菌体蛋白很易凝固变性，所以湿热灭菌效果好。湿热灭菌中最常用的方法是高压蒸汽灭菌，此方法一般是在 121℃下，灭菌 15～30 min。而干热灭菌则需 160℃下灭菌 2 h，才能达到湿热灭菌的同样效果。

①干热灭菌法　培养皿、移液管及其他玻璃器皿可用干热灭菌。先将已包装好的上述物品放入恒温箱中，将温度调至 160℃后维持 2 h，把恒温箱的调节旋扭调回零处，待温度降到 50℃左右，才可将物品取出。

请注意：灭菌时温度不得超过 170℃，以免包装纸烧焦。灭菌好的器皿应保存好，切勿弄破包装纸，否则会染菌。

②高压蒸汽灭菌法　该法使用高压灭菌锅（图 4-10），微生物实验所需的一切器皿、器具、培养基（不耐高温者除外）等都可用此法灭菌。

高压蒸汽灭菌锅是能耐一定压力的密闭金属锅，有立式和卧式两种。灭菌锅上附有压力表、排气阀、安全阀、加水口、排水口等。灭菌锅的加热源有电、煤气和蒸汽三种。

（2）灭菌的操作过程

①加水　立式锅是直接加水至锅内底部隔板以下 1/3 处或由加水口处加水至止水线处。

②装锅　把需灭菌的器物放入锅内（请注意：器物不要装得太满，否则灭菌不彻底），关严锅盖（对角式均匀拧紧螺旋），打开排气阀，并加温。

③排气　待锅内水沸腾后，水蒸气和空气一起从排气孔排出。一般认为，当排出的气流很强并有嘘声时，表明锅内空气已排净，此时可关排气阀。

④升压、升温　关闭排气阀以后，锅内成为密闭系统，蒸汽不断增多，压力计和温度计的指针上升，当压力达到 1.05 kg/cm^2（温度为 121℃）灭菌即开始。这时调整火力大小使压力维持在 1.05 kg/cm^2 15～30 min。除含糖培养基用 0.56 kg/cm^2 压力外，一般都用 1.05 kg/cm^2 压力。

⑤中断热源　达到灭菌时间后停止加热，让压力自然下降到零，打开排气阀放净余下的蒸汽。

⑥揭开锅盖，取出器物，排掉锅内剩余水。

⑦待培养基冷却后置于 37℃恒温箱内培养 24 h，若无菌生长则放入冰箱或阴凉处保存备用。

湿热灭菌除高压蒸汽灭菌以外，还可用间歇灭菌。此法用于一些受高温破坏的培养基的灭菌。它是在连续的 3 d 内，每天蒸煮一次，100℃煮 30～60 min 后冷却，置于 37℃培养 24 h，次日又蒸煮一次，重复前一天的工作，第三天蒸煮后基本无菌了，为确保无菌仍要置于 37℃培养 24 h，确无菌方可使用。

复习与思考题

1. 培养基根据什么原理配制？牛肉膏蛋白胨琼脂培养基中不同成分各起什么作用？

2. 为什么湿热灭菌比干热灭菌优越？

3. 高压蒸汽灭菌中为什么要把冷空气排净？

实验六 细菌纯种分离、培养和接种技术

一、目的

（1）掌握从环境（土壤、水体、活性污泥、垃圾、堆肥等）中分离培养细菌的方法，从而获得若干种细菌纯培养技能。

（2）掌握几种接种技术。

二、仪器和材料

（1）无菌培养皿、无菌移液管 1 ml 5 支、10 ml 1 支、锥形瓶

（2）活性污泥（土壤或湖水）1 瓶、无菌稀释水 90 ml 1 瓶、9 ml 5 管

（3）接种环、酒精灯、恒温箱

（4）蛋白胨、牛肉膏、氯化钠、琼脂

三、细菌纯种分离的操作方法

细菌纯种分离的方法有两种：稀释平板法和平板划线法。

1．稀释平板分离法

（1）取样 用无菌锥形瓶到现场取一定量的活性污泥、土壤或湖水，迅速带回实验室。

（2）制备稀释液 用 10 ml 的无菌移液管吸取 10 ml 水样（或 10 g 样品）加入到盛有 90 ml 无菌水的锥形瓶（内含玻璃珠）中，振荡 20 min，将团粒打碎，即制成 10^{-2} 的菌液。

（3）稀释 将 5 管 9 ml 的无菌水排列好，按 10^{-2}、10^{-3}、10^{-4}、10^{-5} 及 10^{-6} 依次编号。在无菌操作条件下，将移液管吹洗三次，用手摇 10 min 将颗粒状样品打散。即为 10^{-1} 浓度的菌液。用 1 ml 无菌移液管吸取 10^{-1} 浓度的菌液 1 ml 于 9 ml 无菌水中即为 10^{-2} 稀释液，如此重复，可依次制成 10^{-2}～10^{-6} 的稀释液（图 10-14）。

注意：操作时移液管尖不能接触液面，为一个稀释度换一支移液管，每次吸入

稀释液后，要将移液管插入液面，吹吸三次，每次吸上的液面要高于前一次，以减少稀释中的误差。

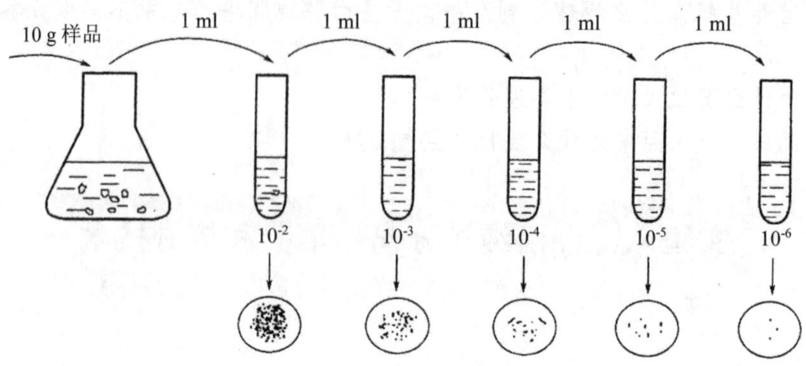

图 10-14 样品稀释过程

（4）平板的制作 取 9 套无菌培养皿编号，10^{-4}、10^{-5}、10^{-6} 各 3 个。取 1 支 1 ml 无菌移液管从浓度小的 10^{-6} 菌液开始，以 10^{-6}、10^{-5}、10^{-4} 为序分别吸取 0.5 ml 菌液于相应编号的培养皿内（注：每次吸取前，用移液管在菌液中吹泡使菌液充分混匀）。然后取冷却至 50℃左右的培养基，分别倒入以上培养皿（培养基的量约为 15～20 ml）中，并轻轻转动平皿，使培养基和菌液流分混匀，但不沾湿培养皿的边缘，待冷凝后即成平板，置于 30℃培养 24～48 h，然后观察结果。倒平板时要注意无菌操作（图 10-15）。

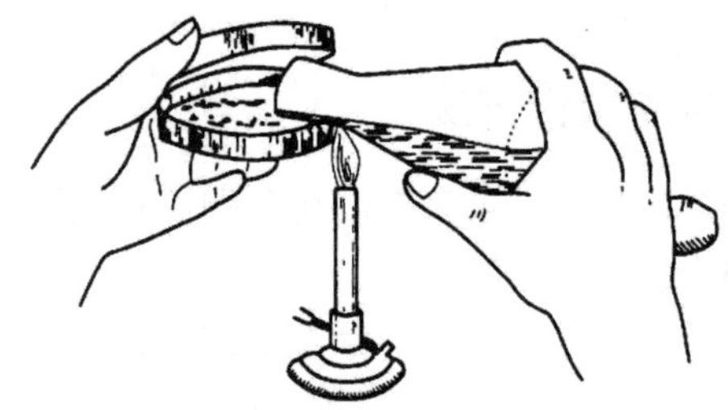

图 10-15 倒平板

2．平板划线分离法

（1）平板的制作 按无菌操作要求将冷却至约 50℃的牛肉膏蛋白胨琼脂培养基倒入无菌培养皿内，待其凝固成平板后备用。

（2）操作 用接种环挑取一环活性污泥（或土壤悬液等），左手拿培养皿，中指、无名指和小指托住皿底，拇指和食指夹住皿盖，将培养皿稍倾斜，左手拇指和食指将皿盖掀半开，右手将接种环伸入培养皿内，在平板上轻轻划线（切勿划破培养基），划线方法见图 10-16。划线完毕盖好皿盖，倒置，30℃培养 24～48 h 后观察结果。

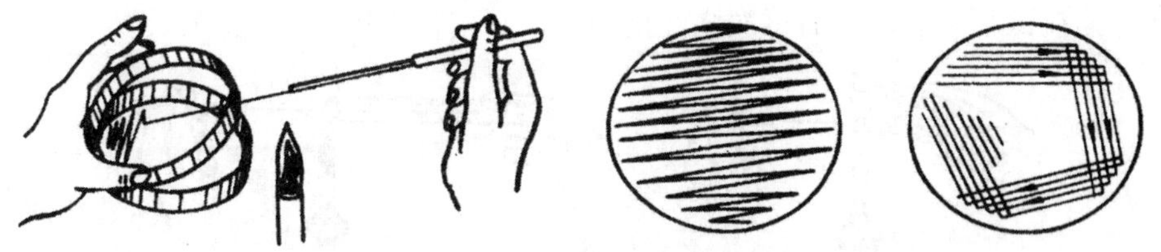

图 10-16 平板划线法

四、几种接种技术操作

由于实验的目的、所研究的微生物种类、所用的培养基及容器的不同，因此，接种方法也有多种，现简介如下：

1．接种用具

常用的接种用具有接种环、接种针、接种钩、玻璃刮刀、铲、移液管、滴管等。接种环和接种针等总长约 25 cm，环、针、钩的长为 4.5 cm，可用白金、电炉丝或镍丝制成。上述材料以白金丝最为理想，其优点是：在火焰上灼烧红得快，离火焰后冷得快，不易氧化且无毒。但价格昂贵，一般用电炉丝和镍丝。接种环的柄为金属的，其后端套上绝热材料套。柄也可用玻璃棒制作。

2．接种环境

微生物的分离培养、接种等操作需在经紫外线灯灭菌的无菌操作室、无菌操作箱或生物超净台等环境下进行。教学实验由于人多，无菌室小，无法一次容纳所有实验者。所以，在一般实验室内进行时要特别注意无菌操作。也可多组分批进行。

3．几种接种技术

（1）斜面接种技术　这是将长在斜面培养基（或平板培养基）上的微生物接到另一支斜面培养基上的方法（图 10-17）。

①接种前将桌面擦净，将所需的物品整齐有序地放在桌上。

②将试管贴上标签，注明菌名、接种日期、接种人、组别、姓名等。

③点燃酒精灯。

④将一支斜面菌种和一支待接的斜面培养基放在左手上，拇指压住两支试管，中指位于两支试管之间，斜面向上，管口齐平。

⑤右手先将棉塞拧松动，以便接种时拔出。右手拿接种环，在火焰上将环烧红以达到灭菌（环上凡是可能进入试管的部分都应灼烧）。

⑥在火焰旁，用右手小指、无名指和手掌夹住棉塞将它拔出。试管口在火焰上微烧一周，将管口上可能沾染的少量菌或带菌尘埃烧掉。将烧过的接种环伸入菌种管内，先触及没长菌的培养基使环冷却，然后轻轻挑取少许菌种，将接种环抽出管

外迅速伸入另一试管底部，在斜面上由底部向上画曲线。抽出接种环，将试管塞上棉塞并插在试管架上，最后再次烧红接种环，则接种完毕。

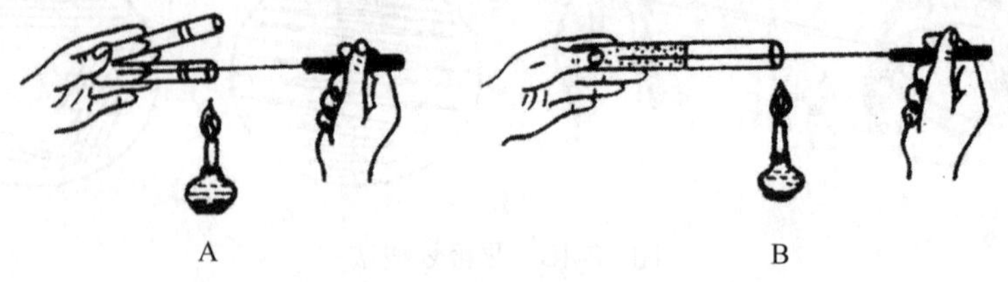

图 10-17 斜面接种（A）和穿刺接种（B）

（2）液体培养基中的菌种被接入液体培养基　接种用具是无菌移液管和无菌滴管。移液管和滴管是玻璃制的，不能在火焰上烧，以免碰到水时玻璃破裂，需预先灭菌。用无菌移液管从菌种管中吸取一定量的菌液接到另一管液体培养基中，将试管塞好棉塞即可。

（3）液体接种　这是由斜面培养基接种到液体培养基的方法。用接种环挑取斜面培养基上的菌种一环送入液体培养基中，使环在液体表面与管壁接触轻轻研磨，将环上的菌种全部洗入液体培养基中，取出接种环塞上棉塞。将试管轻轻撞击手掌使菌体在液体培养基中均匀分布。最后将接种环烧红灭菌。

（4）穿刺接种　这是将斜面菌种接种到半固体深层培养基的方法。

①如前斜面接种操作，用接种针（必须很挺直）挑取少量菌种。

②将带菌种的接种针刺入固体或半固体深层培养基中直到接近管底，然后沿穿刺线缓慢地抽出（图 10-17），塞上棉塞，烧红接各针，则接种完毕。

（5）稀释平板涂布法　稀释平板涂布法与稀释平板法、平板划线法的作用一样，都是把聚集在一起的群体分散成能在培养基上长成单个菌落的分离方法。此法接种量不宜太多，只有在 0.5 ml 以下，培养时起初不能倒置，先正摆一段时间等水分蒸发后倒置。此法步骤如下：

①稀释样品：方法与稀释平板法中的稀释方法和步骤一样。

②倒平板：半融化的并冷却至 50℃左右的培养基倒入无菌培养皿中，冷凝后即成平板。

③用无菌移液管吸取一定量的经适当稀释的样品液于平板上，换上无菌玻璃刮刀在平板上旋转涂布均匀。

④正摆在所需温度的恒温箱内培养，如果培养时间较长，次日把培养皿倒置继续培养。

⑤待长出菌落观察结果。

复习与思考题

1. 分离活性污泥为什么要稀释？
2. 用一要无菌移液管接种几种浓度的水样时，应从哪个浓度开始？为什么？
3. 你掌握了哪几种接种技术？

实验七 细菌菌落总数（CFU）的测定

细菌菌落总数（CFU）是指1 ml水样在牛肉膏蛋白胨琼脂培养基中，于37℃培养24 h后所生长的腐生性细菌菌落总数。它是有机物污染程度的指标，也是卫生指标。在饮用水中所测得的细菌菌落总数除说明水被生活废物污染程度外，还指示该饮用水能否饮用。但水源水中的细菌菌落总数不能说明污染的来源。因此，结合大肠菌群数以判断水的污染源的安全程度就更全面。

一、目的

通过本试验掌握水中细菌总数的测定方法。

二、原理

细菌种类很多，有各自的生理特性，必须用适合它们生长的培养基才能将它们培养出来。然而，在实际工作中不易做到，通常用一种适合大多数细菌生长的培养基培养腐生性细菌，以它的菌落总数表明有机物污染程度。

三、仪器和材料

（1）锥形瓶（500 ml）、试管（18 mm×180 mm）、移液管 1 ml 2 支及 10 ml 1 支、培养皿（直径90 mm）、接种环、试管架、酒精灯

（2）自来水（或受粪便污染的河、湖水）400 ml

（3）无菌水、蛋白胨、牛肉膏、氯化钠、琼脂

（4）1 mol/L NaOH、1 mol/L HCl、精密pH试纸6.4～8.4

四、水样的采集和保存

采集水样的器具必须事前灭菌。

（1）自来水水样的采集　先冲洗水龙头，用酒精灯灼烧水龙头，放水5～10 min，在酒精灯旁打开水样瓶盖（或棉花塞），取所需的水量后盖上瓶盖（或棉塞），迅速送回实验室。

经氯处理的水中含余氯，会减少水中细菌的数目，采样瓶在灭菌前加入硫代硫酸钠，以便取样时消除氯的作用。硫代硫酸钠的用量视采样瓶的大小而定。若是500ml 的采样瓶，加入 1.5%的硫代硫酸钠溶液 1.5 ml（可消除余氯量为 2 mg/L 的450 ml 水样中全部氯量）。

（2）河湖、井水、海水的采集　要用特制的采样器（采样器种类很多，图 10-18是其中一种），采样器是一金属框，内装玻璃瓶，其底部装有重沉坠，可按需要坠入一定深度。瓶盖上系有绳索，拉起绳索，即可打开瓶盖，松开绳索瓶盖即自行塞好瓶口。水样采集后，将水样瓶取出，若是测定好氧微生物，应立即改换无菌棉花塞。

（3）水样的处置　水样采取后，迅速送回实验室立即检验，若来不及检验放在4℃冰箱内保存。若缺乏低温保存条件，应在报告中注明水样采集与检验相隔的时间。较清洁的水可在 12 h 以内检验，污水要在 6 h 内结束检验。

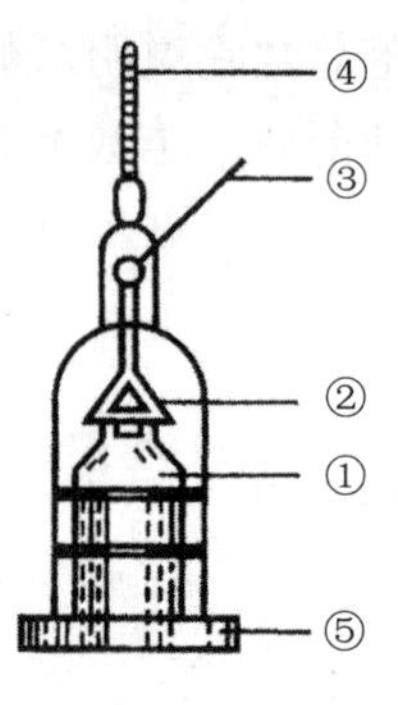

图 10-18　采样器

①玻璃瓶；②瓶盖；③瓶启闭绳索；④采水器绳索；⑤沉坠

五、实验内容与操作方法

（1）自来水　以无菌操作方法，用无菌移液管吸取 1 ml 充分混匀的水样注入无菌培养皿中，倾注入已融化并冷却至 50℃左右的营养琼脂培养基，平放于桌上迅速旋摇培养皿，使水样与培养基充分混匀，冷凝后成平板。每个水样倒三个平板。另取一个无菌培养皿倒入培养基冷凝成平板作空白对照。将以上所有平板倒置于 37℃恒温箱内培养 24 h，计菌落数。算出三个平板上长的菌落总数的平均值即为 1 ml 水样中的细菌总数。

（2）地表水

①稀释水样　在无菌操作条件下，以 10 倍稀释法稀释水样，视水体污染程度定稀释倍数。取在平板上能长出 30～300 个菌落的该种水样的稀释倍数。具体操作如实验六。

②接种　用无菌移液管吸取三个适宜浓度的稀释液 1 ml（或 0.5 ml）加入无菌

培养皿内，再倒培养基，冷凝后倒置 37℃恒温箱中培养。

③计菌落数 将培养 24 h 的平板取出计菌落数。

六、菌落计数及报告方法

用肉眼观察，计平板上的细菌菌落数，也可用放大镜和菌落计数器计数。记下同一浓度的三个平板的菌落总数，计算平均值，再乘以稀释倍数即 1 ml 水样中的细菌菌落总数。各种不同情况的计算方法如下（表 10-1）：

①首先选择平均菌落数在 30～300 进行计算，当只有一个稀释度的平均菌落符合此范围时，则以该平均菌落数乘以稀释倍数报告之。

②若有两个稀释度的平均菌落数均在 30～300，则按两者之菌落总数之比值来决定，若其比值小于 2 应报告两者之平均数，若大于 2 则报告其中较小的菌落总数。

③若所有稀释度的平均菌落数均大于 300，则应按稀释度最高的平均菌落数乘以稀释倍数报告之。

④若所有稀释度的平均菌落数均小于 30，则应按稀释度最低的平均菌落数乘以稀释倍数报告之。

⑤若所有稀释度的平均菌落数均不在 30～300，则以最接近 300 或 30 的平均菌落数乘以稀释倍数报告之。

⑥在求同一稀释度的平均数时，若其中一个平板上有较大片状菌落生长时，则不宜采用，而应以无片状菌落生长的平板作为该稀释度的平均菌落数。若片状菌落约为平板的一半，而另一半平板上菌落数分布很均匀，则可按半平板上的菌落计数，然后乘以 2 作为整个平板的菌落数。

⑦菌落计数的报告，菌落数在 100 以内时按实有数报告，大于 100 时，采用二位有效数字，在二位有效数字后面的位数，以四舍五入方法计算。为了缩短数字后面的零数，可用 10 的指数来表示。在报告菌落数为“无法计数”时，应注明水样的稀释倍数。

表 10-1 稀释度选择及菌落总数报告方式

例次	不同稀释度的平均菌落数			两个稀释度菌落数之比	菌落总数 /CFU·ml^{-1}	报告方式 / CFU·ml^{-1}
	10^{-1}	10^{-2}	10^{-3}			
1	1 365	164	20	—	16 400	16 000 或 1.6×10^4
2	2 760	295	46	1.6	37 750	38 000 或 3.8×10^4
3	2 890	271	60	2.2	27 100	27 000 或 2.7×10^4
4	无法计算	4 650	513	—	513 000	510 000 或 5.1×10^5
5	27	11	5	—	270	270 或 2.7×10^2
6	无法计算	305	12	—	30 500	31 000 或 3.1×10^4

复习与思考题

1. 测定水中细菌菌落总数有什么实际意义？
2. 根据我国饮用水水质标准，讨论你这次检验结果。

实验八　总大肠菌群的测定

一、目的

（1）了解大肠菌群分解糖类产酸产气的生理特性；
（2）掌握水中总大肠菌群的测定方法；
（3）了解总大肠菌群作为卫生指标的意义。

二、原理

大肠菌群是一群能发酵乳糖，并产酸产气的好氧及兼性厌氧的革兰氏阴性无芽孢杆菌的统称，它们主要包括埃希氏菌属、柠檬酸杆菌属、肠杆菌属、克雷伯氏菌属等的细菌。它可反映水体是否有肠道致病菌污染的可能性，并可以作为评价水处理效果、水输配系统清洁度和完整性的指示菌。

总大肠菌群的检验方法中，多管发酵法可适用于饮用水、水源水、污水等各种水样，但操作较繁琐，需要时间较长；滤膜法适用于检验自来水、水源水等杂质较少的水样，能比多管发酵更快地活度肯定结果，但对浑浊度高、非大肠菌群类细菌密度大的水样，具有局限性。

三、仪器和材料

（1）锥形瓶（500 mL）1 个、试管（18 mm×180 mm）至少 15 支、移液管 1 mL 2 支及 10 mL 2 支、培养皿（直径 90 mm）15 套、接种环、试管架 1 个。

（2）无菌水、蛋白胨、乳糖、磷酸氢二钾、琼脂、无水亚硫酸钠、牛肉膏、氯化钠、1.6%溴甲酚紫乙醇溶液、5%碱性品红乙醇溶液、2%伊红水溶液、0.5%美蓝水溶液。

（3）草酸铵结晶紫、路哥尔氏碘液、95%乙醇、番红染液。

（4）显微镜、香柏油、二甲苯、擦镜纸、吸水纸、载玻片、酒精灯。

（5）过滤器、抽滤设备、无菌镊子、滤膜（直径 3.5 cm 和 4.7 cm）。

（6）其他与实验七相同。

四、实验前准备工作

1．配培养基

（1）乳糖蛋白胨培养基（供多管发酵法用）

配方：蛋白胨 10 g、牛肉膏 3 g、乳糖 5 g、氯化钠 5 g、1.6%溴甲酚紫乙醇溶液 1 mL、蒸馏水 1 000 mL、pH=7.2～7.4。

制备：按配方分别称取蛋白胨、牛肉膏、乳糖及氯化钠加热溶解于 1 000 mL 蒸馏水，调整 pH 为 7.2～7.4。加入 1.6%溴甲酚紫乙醇溶液 1 mL，充分混匀后分装于试管内，每管 10 mL，另取一支小导管倒放入试管内。塞好棉塞、包扎。置于高压灭菌锅内以 115℃灭菌 20 min，取出置于阴冷处备用。

（2）三倍浓缩乳糖蛋白胨培养液（供多管法初发酵用）

按上述乳糖蛋白胨培养液浓缩三倍配制，分装于试管中，小试管 5 mL，大试管 50 mL。然后在每管内倒放装满培养基的小倒管。塞棉塞、包扎，置高压灭菌锅内以 115℃灭菌 20 min，取出置于阴冷处备用。

（3）伊红美蓝培养基（供多管发酵法的平板分离）

配方：蛋白胨 10 g、乳糖 10 g、磷酸氢二钾 2 g、琼脂 20～30 g、蒸馏水 1 000 mL、2%伊红水溶液 20 mL、0.5%美蓝水溶液 13 mL。

制备：先将琼脂加入 900 mL 蒸馏水中加热溶解，然后加入磷酸氢二钾及蛋白胨，混匀使之溶解，加蒸馏水补足至 1 000 mL，调整 pH 为 7.2～7.4，再加入乳糖，混匀后定量分装于锥形瓶内，置高压灭菌锅内以 115℃灭菌 20 min，取出备用。

将备用的培养基加热融化，冷却至 55℃左右，按瓶内培养基的量加入经煮沸处理的伊红水溶液和美蓝水溶液，充分混匀后立即倒入平皿制成平板。

（4）品红亚硫酸钠培养基 1（供多管发酵法用）

配方：蛋白胨 10 g、乳糖 10 g、磷酸氢二钾 3.5 g、琼脂 20～30 g、蒸馏水 1 000 mL、无水亚硫酸钠 5 g 左右、5%碱性品红乙醇溶液。

制备：先将琼脂加入 900 mL 蒸馏水中加热溶解，然后加入磷酸氢二钾及蛋白胨，混匀使之溶解，加蒸馏水补足至 1 000 mL，调整 pH 为 7.2～7.4，再加入乳糖，混匀后定量分装于锥形瓶内，置高压灭菌锅内以 115℃灭菌 20 min，取出置于阴冷处备用。

称取约 5g 的无水亚硫酸钠置于无菌空试管中，加无菌水少许使其溶解，再置于沸水中煮沸 10 min 以灭菌。用无菌移液管吸取 5%碱性品红乙醇溶液，滴加入亚硫酸钠溶液中直至粉红色。将亚硫酸钠和碱性品红乙醇的混合液加入已制备好的上述培养基中，充分混匀后倒入无菌的培养皿内制成平板。

（5）品红亚硫酸钠培养基 2（供滤膜法用）

配方：蛋白胨 10 g、酵母浸膏 5 g、牛肉膏 5 g、乳糖 10 g、磷酸氢二钾 3.5 g、琼脂 15～20 g、蒸馏水 1 000 mL、无水亚硫酸钠 5 g 左右、5%碱性品红乙醇溶液。

制备：方法与（4）相同。

本培养基也可不加琼脂，制成液体培养基，使用时吸取 2～3 mL 于灭菌吸收垫上，再将滤膜置于营养垫上培养。

2．水样的采集和保存

与实验七相同。

五、多管发酵法

1．生活饮用水和水源水的测定

(1)初步发酵试验　在各装有 5 mL 三倍浓缩乳糖蛋白胨培养液的 5 支试管中（内有倒管），各加入 10 mL 水样；在各装有 10 mL 乳糖蛋白胨培养液的 5 支试管中（内有倒管），各加入 1 mL 水样；在各装有 10 mL 乳糖蛋白胨培养液的 5 支试管中（内有倒管），各加入 1 mL 1∶10 的稀释水样。共 15 支试管，三个稀释度，将各管充分混匀后置于 37℃恒温箱中培养 24 h+2 h，观察其产酸产气的情况（图 10-19）。情况分析如下：

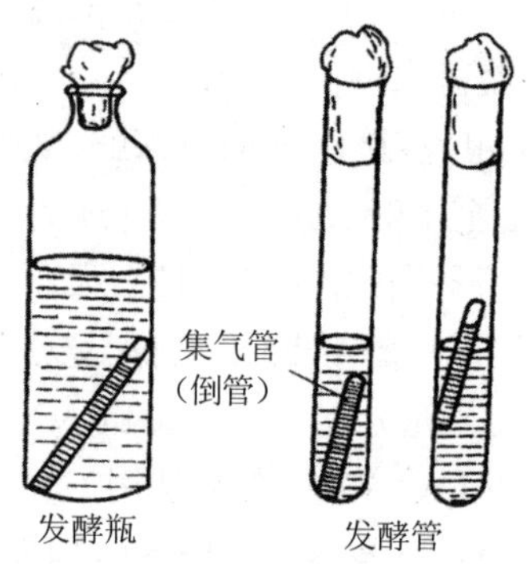

图 10-19　发酵瓶和发酵管

①若培养基红色不变为黄色，小倒管没有气体，既不产酸又不产气，为阴性反应，表明无大肠菌群存在。

②若培养基由红色变为黄色，小倒管有气体产生，既产酸又产气，为阳性反应，说明可能有大肠菌群存在。

③培养基由红色变为黄色说明产酸，但不产气，仍为阳性反应，表明可能有大肠菌群存在。结果为阳性者，说明水可能被粪便污染，需进一步检验。

④若小倒管有气体，培养基红色不变，也不浑浊，操作技术上有问题，应重作检验。

（2）平板划线分离　将经初发酵后产酸、产气或只产酸不产气的发酵管取出，以无菌操作，用接种环挑取一环发酵液于品红亚硫酸钠培养基（或伊红美蓝培养基）平板上划线分离，共三个平板。置于37℃恒温箱内培养18～24 h，观察菌落特征。如果平板上长有如下特征的菌落并经涂片进行革兰氏染色，结果为革兰氏阴性，则表明有大肠菌群存在。

在品红亚硫酸钠培养基上的菌落特征：①紫红色，具有金属光泽的菌落；②深红色，不带或略带金属光泽的菌落；③淡红色，中心色较深的菌落。

在伊红美蓝培养基上的菌落特征：①深紫黑色，具有金属光泽的菌落；②紫黑色，不带或略带金属光泽的菌落；③淡紫红色，中心色较深的菌落。

（3）复发酵试验 以无菌操作，用接种环在具有上述菌落特征、革兰氏染色阴性的无芽孢杆菌的菌落上挑取一环于装有10 mL普通浓度乳糖蛋白胨培养基的发酵管内，每管可接种同一平板上（即同一初发酵管）的1～3个典型菌落的细菌。盖上棉塞置于37℃恒温箱内培养24h+2h，产酸、产气者证实有大肠菌群存在。

根据证实有大肠菌群存在的阳性管数查表（见附录五），报告每100 mL水样中总大肠菌群最可能数（MPN）值，如所有初发酵管均为阴性时，可报告总大肠菌群为未检出。

2．地表水和废水的测定

（1）地表水中较清洁的水可采用生活饮用水和水源水的测定方法。有污染的地表水和废水）初步发酵试验的水样应作 1∶10，1∶100，1∶1 000 或更高的稀释，测定步骤同生活饮用水和水源水的测定方法。

（2）如果接种的水样量不是10mL、1mL 和 0.1mL，而是其它三个浓度的水样量，也可查表求得MPN值，再通过以下公式换算为100mL水样的MPN值。

$$100\text{mL 水样 MPN 值} = \text{MPN 值} \times \frac{10\ \text{mL}}{\text{接种量最大的一管（mL）}}$$

六、滤膜法

1．滤膜和滤器的灭菌

滤膜灭菌：将滤膜放入烧杯中，加入蒸馏水，置于沸水浴中煮沸灭菌3次，每次15min，前两次煮沸后需更换蒸馏水洗涤2～3次，以除去残留溶剂。

滤器灭菌：使用高压灭菌锅在121℃下，灭菌20min，也可用点燃的酒精棉球火焰灭菌。

2．过滤水样

用无菌镊子夹住滤膜边缘部分，将粗糙面向上，贴放在滤器上，稳妥地固定好滤器，将100mL水样（如果水样中含菌量多，可先稀释水样再过滤，或减少过滤水样量）注入滤器中，打开滤器阀门抽滤。

3．培养

水样滤毕，再抽气 5 s，关上滤器阀门，取下滤器，用镊子夹住滤膜边缘移放在品红亚硫酸钠培养基平板上，滤膜载留细菌面向上，滤膜应与培养基完全贴紧，两者间不得留有气泡，然后将平皿倒置，放入 37℃恒温箱内培养 24h+2h 后观察结果。挑取具有大肠菌群菌落特征的菌落（菌落特征见上述多管发酵法）进行革兰氏染色、镜检。

将具有大肠菌群菌落特征、革兰氏染色阴性的无芽孢杆菌接种到乳糖蛋白胨培养基。经 37℃培养 24 h，产酸产气者判定为大肠菌群阳性。

按下式计算水样中总大肠菌群数，以每 100 mL 水样中的总大肠菌群数（CFU/100 mL）报告之。

$$\text{总大肠菌群数（CFU/100 mL）}=\frac{\text{滤膜上的总大肠菌群数}\times 100}{\text{过滤的水样体积（mL）}}$$

复习与思考题

1. 测定水中总大肠菌群数有什么实际意义？为什么选用大肠菌群为水的卫生指标？

2. 多管发酵法测定总大肠菌群为什么进行复发酵？

3. 根据我国饮用水水质标准，讨论你这次检验结果。

实验九　耐热大肠菌（粪大肠菌群）的测定

一、目的

（1）掌握耐热大肠菌群的测定方法；

（2）了解耐热大肠菌群作为卫生指标的意义。

二、原理

耐热大肠菌（粪大肠菌群）是总大肠菌群中的一部分，主要来自人和动物的粪便。在 44.5℃温度下能生长并发酵乳糖产酸产气的大肠菌群称为粪大肠菌群。用提高培养温度的方法，造成不利于来自自然环境的大肠菌群生长的条件，使培养出来的菌主要为来自粪便中的大肠菌群，从而更准确地反映出水质受粪便污染的情况。耐热大肠菌（粪大肠菌群）的测定可以用多管发酵法或滤膜法。

三、培养基

（1）单倍和三倍乳糖蛋白胨培养液见实验八

（2）EC 培养基

配方：胰蛋白胨 20 g，乳糖 5g，3 号胆盐或混合胆盐 1.5 g，磷酸氢二钾 4 g，磷酸二氢钾 1.5 g，氯化钠 5 g，蒸馏水 1 000 mL。

制备：将上述成分加热溶解，调整 pH 为 6.7～7.1，然后分装于装有小倒管的试管中，置于高压蒸汽灭菌锅内以 115℃灭菌 20 min。

（3）伊红美蓝培养基见实验八

（4）MFC 培养基

配方：胰胨 10 g，多胨 5 g，酵母浸膏 3 g，乳糖 12.5 g，3 号胆盐或混合胆盐 1.5 g，氯化钠 5 g，琼脂 15 g，蒸馏水 1 000 mL，1%苯胺蓝水溶液 10 mL，1%玫瑰色酸 10 mL（溶于 0.2 mol/L 氢氧化钠溶液中）。

制备：先将琼脂加入 900 mL 蒸馏水中加热溶解，然后加入除苯胺蓝和玫瑰色酸以外其他成分，混匀使之溶解，加蒸馏水补足至 1 000 mL，调整 pH 为 7.4，定量分装于锥形瓶内，置高压灭菌锅内以 115℃灭菌 20 min，取出备用。

将备用的培养基加热融化，冷却至 55℃左右，按瓶内培养基的量加入玫瑰色酸和经煮沸处理的苯胺蓝，充分混匀后立即倾入平皿制成平板。

本培养基也可不加琼脂，制成液体培养基，使用时吸取 2～3 mL 于灭菌吸收垫上，再将滤膜置于营养垫上培养。

四、多管发酵法

1．水样接种量

将水样充分混匀后，根据水样污染的程度确定水样接种量。每个样品至少用三个不同的水样量接种。同一接种水样量要有五管。

相对未受污染的水样接种量为 10 ml、1 ml、0.1 ml。受污染水样接种量根据污染程度接种 1 ml、0.1 ml、0.01 ml 或 0.1 ml、0.01 ml、0.001 ml 等。

如接种体积为 10 ml，则试管内应装有三倍浓度乳糖蛋白胨培养液 5 ml；如接种量为 1 ml 或少于 1 ml，则可接种于普通浓度的乳糖蛋白胨培养液 10 ml 中。

2．实验步骤

自总大肠菌群初发酵的阳性管中取 1 滴转种于 EC 培养基中，置于 44.5℃±0.5℃水浴箱（水浴箱的水面应高于试管的培养基液面）或隔水式恒温培养箱培养 24 h+2 h，如所有试管均不产气，则可报告为阴性，如有产气者，则转种于伊红美蓝培养基上，置于 44.5℃培养 18～24 h，凡平板上有典型菌落者，则证实为耐热大肠菌群阳性。

如只想检测耐热大肠菌群，或调查水源水、地表水的耐热大肠菌群污染状况时，可在第一步乳糖发酵试验时按总大肠菌群初发酵方式接种乳糖蛋白胨培养液在 44.5℃±0.5℃水浴箱或隔水式恒温培养箱培养，方法同上。

根据证实有耐热大肠菌群存在的阳性管数查表（见附录五），报告每 100 mL 水样中耐热大肠菌群最可能数（MPN）值。

五、滤膜法

（1）滤膜和滤器的灭菌　同实验八

（2）过滤水样　同实验八

（3）培养

水样滤毕，再抽气 5s，关上滤器阀门，取下滤器，用镊子夹住滤膜边缘移放在 MFC 培养基，滤膜载留细菌面向上，滤膜应与培养基完全贴紧，两者间不得留有气泡，然后将平皿倒置，放入 44.5℃±0.5℃隔水式恒温培养箱培养 24 h+2 h 后观察结果。

耐热大肠菌群在 MFC 培养基上形成的特征菌落为蓝色，非耐热大肠菌群的菌落为灰色至奶油色。

将可疑菌落转种到 EC 培养基，经 44.5℃培养 24 h+2 h，如产气则证实为耐热大肠菌群。

按下式计算水样中耐热大肠菌群数，以每 100 mL 水样中的耐热大肠菌群数（CFU/100mL）报告之。

$$\text{耐热大肠菌群数（CFU/100mL）}=\frac{\text{MFC培养基上的耐热大肠菌群数}\times 100}{\text{过滤的水样体积（mL）}}$$

复习与思考题

1. 测定水中耐热大肠菌群数有什么实际意义？
2. 总大肠菌群的测定和耐热大肠菌群的测定有何差异？
3. 根据我国饮用水水质标准，讨论你这次检验结果。

实验十　空气微生物的检测

一、目的

（1）通过实验了解一定环境空气中微生物的分布状况。

（2）学习并掌握检定和计数空气微生物的基本方法。

二、器材和材料

（1）锥形瓶（250 ml）、10 L 蒸馏瓶、培养皿、移液管。

（2）牛肉膏蛋白胨琼脂培养基，查氏培养基，高氏一号培养基。

三、操作步骤

1．过滤法

（1）按图 10-20 安装空气采样器。

（2）按对角线的方法布 5 个点，将空气采样器分放在各点上。

（3）打开蒸馏瓶的水阀，使水缓慢流出，这时外界的空气被吸入，经喇叭口进入盛有 20 ml 无菌水的三角瓶中，至 10 L 水流完后，则 10 L 体积空气中的微生物被截留在 20 ml 水中。

（4）将 5 个三角瓶的过滤液充分摇匀，分别从中各吸 1 ml 过滤液于无菌培养皿中（平行做 3 个皿），然后加入已溶化而冷却至 50℃的牛肉膏蛋白胨琼脂培养基，摇匀凝固后置 37℃培养。

（5）培养 24 h 后，按平板上长的菌数计算出每升空气中细菌的数目。

先按下式分别求出每套采样器的细菌数，再求五大采样器细菌数的平均值。

菌数/L（空气）= 1 ml 水中培养所得菌数×20/10

2．落菌法

（1）将牛肉膏蛋白胨琼脂培养基、查氏琼脂培养基、高氏一号琼脂培养基溶化后，三种培养基各倒 15 个平板，冷凝。

（2）在一定面积的房间内，按上述方法布点，每种培养基每个点放三个平板，打开盖，放置 5 min 和 10 min 后盖上盖子，牛肉膏蛋白胨琼脂培养基培养细菌的，置 37℃恒温箱培养 24 h。查氏琼脂培养基、高氏一号琼脂培养基分别培养霉菌和放线菌，置于 28℃恒温箱中培养 24～48 h。

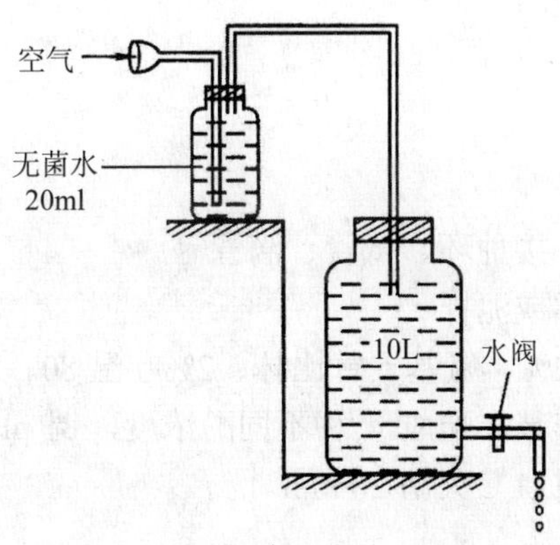

图 10-20 过滤法微生物采样

四、观察结果与计算

培养结束，观察各种微生物的菌落形态、颜色。计它们的菌落数。将空气中微生物种类和数量记录在实验表 10-2 中。

表 10-2 空气微生物的测定结果

环境		菌落数		
		细菌	霉菌	放线菌
室内	5 min			
室内	10 min			

实验十一 酚降解菌的驯化、分离与筛选

一、目的

（1）了解高效降解菌的驯化、分离与筛选的意义。

（2）掌握高效降解菌的驯化、分离与筛选的方法。

二、原理

驯化是通过人工方法使微生物逐步适应某特定条件，以获得具有较高耐受力菌株的一种定向选育方法。借助该方法，可以得到对污染物具有较高降解能力的菌株，这在环境工程中是很重要的。

三、仪器和材料

（1）恒温振荡器

（2）移液管、漏斗、接种环、试管、滴管等

（3）受酚污染的土样或泥样

（4）4 mol/L 氨水、2% 4-氨基安替比林、2%吐温 80、16%铁氰化钾

（5）无机盐含酚培养基，配成 4 种不同酚浓度，调 pH 为 7.5，分装于 100 ml 锥形瓶中，每瓶 25 ml，121℃灭菌 20 min

四、操作步骤

（1）接种　取土样 1 g 接入含酚浓度为 500 mg/L 的培养液中，共接两瓶，一瓶在 28～30℃下进行振荡培养；另一瓶置于 4℃冰箱不培养。

（2）检查 经 24 h 培养后，经培养与不培养的锥形同时取出，摇动混匀，放置片刻待泥沙沉降后，再按下列步骤进行检查。

①培养液浑浊度 用肉眼比较，如培养瓶中浑浊度高说明已有菌体增殖。

②苯酚的消失 取少量培养液分别过滤，各取 0.5 ml 过滤液加至小试管中，再按顺序加入下列试剂：4 mol/L 氨水 1 滴、2%4-氨基安替比林 1 滴、2%吐温 801 滴、16%铁氰化钾 2 滴。培养液中若含苯酚则呈红色，为阴性结果；若不含苯酚则呈微黄色，为阳性结果。

（3）一次传代 取经上述检查证实有分解酚细菌生长的培养液（母菌液）2.5 ml，接种于含酚浓度为 1 g/L 的培养液 25 ml 中，重复上述培养与检查。接种后余下的母菌液存入冰箱，用于与下代培养进行比较。

（4）二次至多次传代 经检查证实有细菌生长的一次传代培养液接入含酚浓度更高的培养液中继续进行驯化培养，约至 2 g/L 浓度时，选取耐酚能力和解酚能力均高的菌株。

（5）分离纯化 用灭菌移液管吸取适量已驯化好的菌液或用接种环蘸取一环，加至无机盐含酚琼脂培养基上涂布分离或划线分离，经 28～30℃保温培养 48 h 后，挑取平板上的单个菌落接至试管斜面或再经划线分离，可获得解酚菌的纯种。

复习与思考题

比较各代培养液中菌体增殖及苯酚消失的情况。

附　录

附录 1　教学用染色液的配制

1．普通染色液

（1）吕氏（Loeffler）美蓝染色液

溶液 A：美蓝（Methylene blue）0.6 g、95%乙醇 30 ml。

溶液 B：KOH 0.01 g、蒸馏水 100 ml。

分别配制溶液 A 和 B，配好后混合即可。

（2）齐氏（Zehl）石炭酸品红染色液

溶液 A：碱性品红（Basic fuchsin）0.3 g、95%乙醇 10 ml。

溶液 B：石炭酸 5 g、蒸馏水 95 ml。

将碱性品红在研钵中研磨后，逐渐加入体积分数 95%乙醇，继续研磨使之溶解，配成溶液 A。将石炭酸溶解于水中配成溶液 B。将溶液 A 和溶液 B 混合即成石炭酸品红染色液。使用时将混合液稀释 5～10 倍，稀释液易变质失效，一次不宜多配。

2．革兰氏（Gram）染色液

（1）草酸铵结晶紫染色液

溶液 A：结晶紫（Crystal）2.5 g、95%乙醇 25 ml。

溶液 B：草酸铵（Ammonium Oxalate）1 g、蒸馏水 100 ml。

溶液 A 和溶液 B 混合后便成为草酸铵结晶紫染色液。

（2）路哥尔（Lugol）氏碘液

碘 1 g、碘化钾 2 g、蒸馏水 300 ml。

先将碘化钾溶于少量蒸馏水，再将碘溶解在碘化钾溶液中，然后加入其余的水即成。

（3）番红复染液

番红（Safranine 0）2.5 g　体积分数 95%乙醇 100 ml，取 20 ml 番红乙醇溶液与 80 ml 蒸馏水混匀成番红稀释液。

3．芽孢染色液

（1）孔雀绿染色液

孔雀绿（Malachachite green）5 g、蒸馏水 100 ml。

（2）番红水溶液：番红 0.5 g、蒸馏水 100 ml。

4．荚膜染色液

（1）石炭酸品红（配法同普通染色液（2））

（2）黑色素水溶液

黑色素 5 g、蒸馏水 100 ml、福尔马林（40%甲醛）0.5 ml

将黑色素在蒸馏水中煮沸 5 min，然后加入福尔马林作防腐剂。

5．鞭毛染色液（方法之一）

溶液 A：钾明矾（Potassium alum）饱和水溶液 20 ml、20%丹宁酸（Tannic acid）10 ml、95%乙醇 15 ml、碱性乙醇饱和液 3 ml、蒸馏水 100 ml。

将上述各溶液混合，静置 1 d 后使用，可保存一星期。

溶液 B：美蓝 0.1 g、硼砂钠 1 g、蒸馏水 100 ml。

附注：染色液配制后必须用滤纸过滤。

6．鞭毛染色（方法之二）

溶液 A：丹宁酸（即鞣酸）5 g、甲醛（15%）2 ml、$FeCl_3$ 1.5 g、1%NaOH 1 ml、蒸馏水 100 ml。

配好后当日使用，次日效果差，第三日不可使用。

溶液 B：$AgNO_3$2 g、蒸馏水 100 ml。

待 $AgNO_3$ 溶解后，取出 10 ml 备用，向其余的 90 ml $AgNO_3$ 溶液中滴入浓 NH_4OH 形成很浓厚的悬浮液，再继续滴加 NH_4OH，直到新形成的沉淀又刚刚重新溶解为止。再将备用的 10 ml $AgNO_3$ 慢慢滴入，则出现薄雾，轻轻摇动后薄雾状沉淀又消失，再滴入 $AgNO_3$ 直到摇动后仍呈现轻微而稳定的薄雾状沉淀为止。如果雾不重，此染剂可使用一周。如果雾重则银盐沉淀出，不宜使用。

7．乳酸石炭酸棉蓝染色液

石炭 10 g、蒸馏水 10 ml、乳酸（密度 1.21）10 ml、甘油 20 ml、棉蓝（cotton blue）0.02 g。

将石炭酸加在蒸馏水中加热，直到溶解后加入乳酸和甘油，最后加入棉蓝使之溶解即成。

8．聚-β-羟基丁酸染色液

（1）3 g/L 苏丹黑

苏丹黑 B（Sudan black B）0.3 g、70%乙醇 100 ml，混合后用力振荡，放置过夜备用，用前最好过滤。

（2）褪色剂：二甲苯

（3）复染液：50 g/L 番红水溶液

9．异染颗粒染色液

甲液：95%乙醇 2 ml、甲苯胺蓝（Toluidine blue）0.15 g、冰醋酸 1 ml、孔雀绿 0.2 g、蒸馏水 100 ml。

先将染料溶于乙醇中，向染料液中加入事先混合的冰醋酸和水，放置 24 h 后过滤备用。

乙液：先将碘化钾 3 g 溶于蒸馏水 10 ml 中，再加碘 2 g，待溶解后加蒸馏水 300 ml。

附录 2　几种常用染色方法

1．芽孢染色法

（1）取有芽孢的杆菌（例如枯草芽孢杆菌）制成涂片、干燥、固定。

（2）在涂片上滴加质量浓度 76 g/L 孔雀绿水溶液，然后把片子放在火焰上方加热，在加热过程中，勿使染料干掉，需不断地向涂片上添加孔雀绿溶液。使载玻片上出现蒸汽约 10 min，取下载玻片使冷却，水洗。

（3）用番红染液复染 1 min，水洗。

（4）吸干，镜检，芽孢呈绿色，细胞呈红色。

2．荚膜染色法（黑汁背景染色法）

荚膜对染料的亲和力低，常用背景染色（衬托）法。用有色的背景来衬托出无色的荚膜。染色时不能用加热固定，不能用水冲洗，方法如下：

（1）取少许有荚膜的细菌与一滴石炭酸品红在载玻片上混合均匀，制成涂片。

（2）在空气中干燥。

（3）滴一滴墨汁于载玻片的一端，取另一块边缘光滑的载玻片将墨汁从一端刮至另一端，使整个涂片涂上一薄层墨汁，在室内自然晾干。

（4）镜检。菌体呈红色，背景黑色。

3．鞭毛染色法

（1）在染色前将菌种连续移植 2～3 次，16～24 h 移植一次，染鞭毛的菌种也要培养 16～24 h。

（2）染色步骤

①在一片光滑无伤痕的、无油脂的载玻片的一端滴一滴蒸馏水，用接种环在斜面上挑取少许菌在载玻片上的水滴中轻沾几下，将玻片稍倾斜，菌液缓慢流到另一端，然后平放在空气中自然晾干。

②涂片干燥后，滴加甲液（染色液用附录一中鞭毛染色液（方法之二）染 3～5 min，用蒸馏水冲洗，将残水沥干或用乙液冲去残水后，加乙液染 30～60 s，并在

酒精灯上稍加热，使其稍冒蒸汽而染液不干，然后用蒸馏水冲洗。镜检时应多找几个视野，因有时只在部分涂片上染出鞭毛，菌体为深褐色，鞭毛为褐色。

4．聚-β-羟基丁酸（类脂粒、脂肪球）染色

（1）按常规制成涂片，用苏丹黑染 10 min。

（2）用水冲去染液，用滤纸将残水吸干。

（3）用二甲苯冲洗涂片至无色素洗脱。

（4）用质量浓度 5 g/L 番红复染 1～2 min。

（5）水洗、吸干、镜检。聚 β-羟基丁酸颗粒呈蓝黑色，菌体呈红色。

5．异染颗粒染色

（1）按常规制涂片，用异染颗粒染液（见附录一（九）的甲液染 5 min。

（2）倾去甲液，用乙液冲去甲液，并染 1 min。

（3）水洗、吸干、镜检。异染颗粒呈黑色，其他部分呈暗绿或浅绿色。

附录 3　教学用培养基

1．牛肉膏蛋白胨培养基

牛肉 3 g（或 5 g）、琼脂 15～20 g、蛋白胨 10 g、蒸馏水 1 000 ml、NaCl 5 g、pH=7.4～7.6

灭菌：121℃（103.43 kPa），20 min

若不加琼脂为液体培养基，若琼脂量 3.5～5 g 为半固体培养基。

2．查氏培养基

$NaNO_3$ 2 g、$MgSO_4$ 0.5 g、琼脂 15～20 g、K_2HPO_4 1 g、$FeSO_4$ 0.01 g、蒸馏水 1 000 ml、KCl 0.5 g、蔗糖 30 g 灭菌：115℃（68.95 kPa），20 min

3．淀粉琼脂培养基（高氏一号）

可溶性淀粉 20 g、$FeSO_4$ 0.5 g、KNO_3 1 g、琼脂 20 g、NaCl 0.5 g、K_2HPO_4 0.5 g、$MgSO_4$ 0.5 g、蒸馏水 1 000 ml、pH 7.0～7.2

灭菌：121℃，20 min

制法：配制时先用少量冷水将淀粉调成糊状，在火上加热，然后加水及其他药品，加热溶化并补足水分至 1 000 ml

4．亚硝化细菌培养基

$(NH_4)_2SO_4$ 2 g、$MgSO_4 \cdot 7H_2O$ 0.03 g、NaH_2PO_4 0.25 g、$CaCO_3$ 5 g、K_2HPO_4 0.75 g、$MnSO_4 \cdot 4H_2O$ 0.01 g、蒸馏水 1 000 ml、pH=7.2

灭菌：121℃，20 min。

培养亚硝化细菌 2 周后，取培养液于白瓷板上，加格利斯试剂甲、乙液 1 滴，呈红色证明有亚硝酸存在，有亚硝化作用。

5．硝化细菌培养基

$NaNO_2$ 1 g、$MgSO_4 \cdot 7H_2O$ 0.03 g、K_2HPO_4 0.75 g、$MnSO_4 \cdot 4H_2O$ 0.01 g、NaH_2PO_4 0.25 g、$NaCO_3$ 1 g、蒸馏水 1 000 ml

灭菌：121℃，20 min。

培养硝化细菌 2 周后，先用格利斯试剂测定，不呈红色时再用二苯胺试剂测试，若呈蓝色表明有硝化作用。

6．反硝化细菌（硝酸还原细菌）

（1）蛋白胨 10 g、KNO_3 1 g、蒸馏水 1 000 ml、pH=7.6

（2）柠檬酸钠（或葡萄糖）5 g、KH_2PO_4 1 g、KNO_3 2 g、K_2HPO_4 1 g、$MgSO_4 \cdot 7H_2O$ 0.2 g、蒸馏水 1 000 ml、pH=7.2～7.5

灭菌：121℃，20 min。

用奈氏试剂及格利斯试剂测定有无 NH_3 和 NO_2^- 存在。若其中之一或二者均呈正反应，均表示有反硝化作用。若格利斯试剂为负反应，再用二苯胺测试，亦为负反应时，表示有较强的反硝化作用。

7．反硫化（硫酸还原）细菌培养基

乳酸钠（可改用酒石酸钾钠）5 g、$MgSO_4 \cdot 7H_2O$ 2 g、K_2HPO_4 1 g、天门冬素 2 g、$FeSO_4 \cdot 7H_2O$ 0.01 g、蒸馏水 1 000 ml

培养 2 周后，50 g/L 柠檬酸铁 1～2 滴，观察是否有黑色沉淀，如有沉淀，证明有反硫化作用。或在试管中吊一条浸过醋酸铅的滤纸条，若有 H_2S 生成则与醋酸铅反应生成 PbS 沉淀（黑色），使滤纸变黑。

8．无机盐含酚培养基（培养四种不同酚浓度）

K_2HPO_4 0.5 g，KH_2PO_4 0.5 g，$MgSO_4 \cdot 7H_2O$ 0.2 g，$CaCl_2$ 0.1 g，NaCl 0.2 g，$MnSO_4 \cdot H_2O$ 痕量，$FeCl_2$ 10%溶液 1 滴，NH_4NO_3 1 g，苯酚 0.5 g、1 g、1.5 g、2 g，蒸馏水 1 000 ml

附录 4　显微镜的保养

显微镜的光学系统是显微镜的主要部分，尤其是物镜和目镜。一架显微镜的机械装置虽好，但光学系统不好，这架显微镜是不会起好作用的。因此，对显微镜要妥善保管。

（1）避免直接在阳光下暴晒，因为透镜与透镜之间，透镜与金属之间都是用树脂或亚麻仁油粘合起来的。金属与透镜膨胀系数不同，受高热因膨胀不均，透镜可能脱落或破裂，树脂受高热溶化，透镜也会脱落。

（2）避免和挥发性药品或腐蚀性酸类一起存放，碘片、酒精、醋酸、盐酸和硫酸等对显微镜金属机械装置和光学系统都是有害的。

（3）透镜要用擦镜纸擦拭，若仅用擦镜纸擦不净，可用擦镜纸蘸二甲苯擦拭，但用量不宜过多，擦拭时间也不宜过长，以免黏合透镜的树脂被溶化，而使透镜脱落。

（4）不能随意拆卸显微镜，尤其是物镜、目镜、镜筒不能随意拆卸，因拆卸后空气中的灰尘落入里面引起生霉。机械装置经常加润滑油，以减少因摩擦而受损。

（5）避免用手指沾抹镜面，否则会影响观察，沾有有机物的镜片，时间长了会生霉。因此，每使用一次，目镜和物镜都得用擦镜纸擦净。

（6）显微镜放在干燥处，镜箱内要放硅胶吸收潮气。目镜、物镜放在盒内并存于干燥器中，以免受潮生霉。

附录 5　总大肠菌群 MPN 检索表

（总接种量 55.5 ml，其中 5 份 10 ml 水样，5 份 1 ml 水样，5 份 0.0 ml 水样）

接种量/mL			总大肠菌群/（MPN/100 mL）	接种量/mL			总大肠菌群/（MPN/100 mL）
10	1	0.1		10	1	0.1	
0	0	0	＜2	1	0	0	2
0	0	1	2	1	0	1	4
0	0	2	4	1	0	2	6
0	0	3	5	1	0	3	8
0	0	4	7	1	0	4	10
0	0	5	9	1	0	5	12
0	1	0	2	1	1	0	4
0	1	1	4	1	1	1	6
0	1	2	6	1	1	2	8
0	1	3	7	1	1	3	10
0	1	4	9	1	1	4	12
0	1	5	11	1	1	5	14
0	2	0	4	1	2	0	6
0	2	1	6	1	2	1	8
0	2	2	7	1	2	2	10
0	2	3	9	1	2	3	12
0	2	4	11	1	2	4	15
0	2	5	13	1	2	5	17

接种量/mL			总大肠菌群/（MPN/100 mL）	接种量/mL			总大肠菌群/（MPN/100 mL）
10	1	0.1		10	1	0.1	
0	3	0	6	1	3	0	8
0	3	1	7	1	3	1	10
0	3	2	9	1	3	2	12
0	3	3	11	1	3	3	15
0	3	4	13	1	3	4	17
0	3	5	15	1	3	5	19
0	4	0	8	1	4	0	11
0	4	1	9	1	4	1	13
0	4	2	11	1	4	2	15
0	4	3	13	1	4	3	17
0	4	4	15	1	4	4	19
0	4	5	17	1	4	5	22
0	5	0	9	1	5	0	13
0	5	1	11	1	5	1	15
0	5	2	13	1	5	2	17
0	5	3	15	1	5	3	19
0	5	4	17	1	5	4	22
0	5	5	19	1	5	5	24
2	0	0	5	3	0	0	8
2	0	1	7	3	0	1	11
2	0	2	9	3	0	2	13
2	0	3	12	3	0	3	16
2	0	4	14	3	0	4	20
2	0	5	16	3	0	5	23
2	1	0	7	3	1	0	11
2	1	1	9	3	1	1	14
2	1	2	12	3	1	2	17
2	1	3	14	3	1	3	20
2	1	4	17	3	1	4	23
2	1	5	19	3	1	5	27
2	2	0	9	3	2	0	14
2	2	1	12	3	2	1	17
2	2	2	14	3	2	2	20
2	2	3	17	3	2	3	24
2	2	4	19	3	2	4	27
2	2	5	22	3	2	5	31

接种量/mL			总大肠菌群/（MPN/100 mL）	接种量/mL			总大肠菌群/（MPN/100 mL）
10	1	0.1		10	1	0.1	
2	3	0	12	3	3	0	17
2	3	1	14	3	3	1	21
2	3	2	17	3	3	2	24
2	3	3	20	3	3	3	28
2	3	4	22	3	3	4	32
2	3	5	25	3	3	5	36
2	4	0	15	3	4	0	21
2	4	1	17	3	4	1	24
2	4	2	20	3	4	2	28
2	4	3	23	3	4	3	32
2	4	4	25	3	4	4	36
2	4	5	28	3	4	5	40
2	5	0	17	3	5	0	25
2	5	1	20	3	5	1	29
2	5	2	23	3	5	2	32
2	5	3	26	3	5	3	37
2	5	4	29	3	5	4	41
2	5	5	32	3	5	5	45
4	0	0	13	5	0	0	23
4	0	1	17	5	0	1	31
4	0	2	21	5	0	2	43
4	0	3	25	5	0	3	58
4	0	4	30	5	0	4	76
4	0	5	36	5	0	5	95
4	1	0	17	5	1	0	33
4	1	1	21	5	1	1	46
4	1	2	26	5	1	2	63
4	1	3	31	5	1	3	84
4	1	4	36	5	1	4	110
4	1	5	42	5	1	5	130
4	2	0	22	5	2	0	49
4	2	1	26	5	2	1	70
4	2	2	32	5	2	2	94
4	2	3	38	5	2	3	120
4	2	4	44	5	2	4	150
4	2	5	50	5	2	5	180

接种量/mL			总大肠菌群/（MPN/100 mL）	接种量/mL			总大肠菌群/（MPN/100 mL）
10	1	0.1		10	1	0.1	
4	3	0	27	5	3	0	79
4	3	1	33	5	3	1	110
4	3	2	39	5	3	2	140
4	3	3	45	5	3	3	180
4	3	4	52	5	3	4	210
4	3	5	59	5	3	5	250
4	4	0	34	5	4	0	130
4	4	1	40	5	4	1	170
4	4	2	47	5	4	2	220
4	4	3	54	5	4	3	280
4	4	4	62	5	4	4	350
4	4	5	69	5	4	5	430
4	5	0	41	5	5	0	240
4	5	1	48	5	5	1	350
4	5	2	56	5	5	2	540
4	5	3	64	5	5	3	920
4	5	4	72	5	5	4	1 600
4	5	5	81	5	5	5	>1 600

（生活饮用水标准检验方法微生物指标　GB/T 5750.12—2006）

参考文献

[1] 王国惠. 环境工程微生物学. 北京：化学工业出版社，2005.

[2] 杨柳燕，肖琳. 环境微生物技术. 北京：科学出版社，2003.

[3] 周少奇. 环境生物技术. 北京：科学出版社，2003.

[4] 吴庆余. 基础生命科学. 北京：高等教育出版社，2002.

[5] 王建龙，文湘华. 现代环境生物技术. 北京：清华大学出版社，2002.

[6] 冯玉杰. 现代生物技术在环境工程中的应用. 北京：化学工业出版社，2004.

[7] 周云，何义亮. 微污染水源净化技术及工程实例. 北京：化学工业出版社，2003.

[8] 张自杰. 排水工程（第四版）. 北京：中国建筑工业出版社，2001.

[9] 王镜岩，朱圣庚，徐长法. 生物化学（第三版）. 北京：高等教育出版社，2002.

[10] 黄秀梨. 微生物学（第二版）. 北京：高等教育出版社，2003.

[11] 毛跟年，许牡丹，黄建文. 环境中有毒有害物质与分析检测. 北京：化学工业出版社，2004.

[12] 胡亨魁. 水污染控制工程. 武汉：武汉理工大学出版社，2003.

[13] 袭著革. 室内空气污染与健康. 北京：化学工业出版社，2003.

[14] 周中平. 室内污染检测与控制. 北京：化学工业出版社，2002.

[15] 曲建翘. 室内空气质量检验方法指南. 北京：中国标准出版社，2002.

[16] 沈德中. 环境和资源微生物学. 北京：中国环境科学出版社，2003.

[17] M. T. 马迪根，等. 微生物生物学. 杨文博等译. 北京：科学出版社，2001.

[18] 胡家骏，周群英. 环境工程微生物学. 北京：高等教育出版社，2000.

[19] 伦世仪. 环境生物工程. 北京：化学工业出版社，2002.

[20] 周德庆. 微生物学教程. 北京：高等教育出版社，2002.

[21] 王焕校. 污染生态学. 北京：高等教育出版社，2000.

[22] 孙铁珩，周启星，李培军. 污染生态学. 北京：科学出版社，2001.

[23] 李博. 生态学. 北京：高等教育出版社，2000.

[24] 沈萍. 微生物学. 北京：高等教育出版社，2000.

[25] 徐亚同，史家栋，张明. 污染控制微生物工程. 北京：化学工业出版社，2001.

[26] P.C.温特，等. 遗传学. 谢雍，译. 北京：科学出版社，2001.

[27] A.N.格拉泽，二介堂弘. 微生物生物技术. 陈守文，喻子牛，译. 北京：科学出版社，2002.

[28] 周群英，高廷耀. 环境工程微生物学（第二版）. 北京：高等教育出版社，2000.

[29] 孔繁翔. 环境生物学. 北京：高等教育出版社，2000.

[30] 黄秀梨. 微生物学实验指导. 北京：高等教育出版社，1999.
[31] 马文漪，杨柳燕. 环境工程微生物学. 南京：南京大学出版社，1998.
[32] 顾夏声，李献文，竺建荣. 水处理微生物学（第三版）. 北京：中国建筑工业出版社，1998.
[33] J.尼克林，等. 微生物学. 林稚兰等，译. 北京：科学出版社，2000.
[34] B.D.黑姆斯，等. 生物化学. 王镜岩等，译. 北京：科学出版社，2001.
[35] 王焕校，常学秀. 环境与发展. 北京：高等教育出版社，2003.
[36] 须藤隆一. 水环境净化及废水处理微生物学. 俞辉群，全浩，译. 北京：中国建筑工业出版社，1988.
[37] 王家玲. 环境微生物学. 北京：高等教育出版社，1988.
[38] 诸葛健，李华钟. 微生物学. 北京：科学出版社，2004.
[39] 李阜棣，胡正嘉. 微生物学. 北京：中国农业出版社，2000.
[40] 张景来，等. 环境生物技术及应用. 北京：化学工业出版社，2002.
[41] 赵斌，何绍江. 微生物学实验. 北京：科学出版社，2002.
[42] 国家环保局《水和废水监测分析方法》编委会. 水和废水监测分析方法（第三版）. 北京：中国环境科学出版社，1998.
[43] 陈坚，堵国成. 环境友好材料的生产与应用. 北京：化学工业出版社，2002.
[44] 夏北成. 环境污染物生物降解. 北京：化学工业出版社，2002.
[45] 喻林. 水质监测分析方法标准实务手册. 北京：中国环境科学出版社，2002.